铁路科技图书出版基金资助出版

铁路货车概要

《铁路货车概要》编委会　编著

中国铁道出版社有限公司
2020年·北　京

内 容 简 介

本书全面总结了我国铁路货车的发展过程、关键技术和最新成果，从车辆类型、结构、技术特点等方面，系统地阐述了铁路货车技术知识、技术特征和产品谱系。全书共分为十四章，详细介绍了铁路货车的发展历程、主要成就及未来发展方向，铁路货车的特点及组成、基本定义和术语、用途和编码，铁路货车设计原则与方法、仿真分析及试验，铁路货车转向架、制动系统及连接缓冲系统，铁路货车制造技术及修程修制，敞车、棚车、平车、罐车、漏斗车、小汽车运输车、长大货物车、冷藏保温车、特种车的发展历程、主要结构特点、技术参数及配置。

本书集专业性、技术性、工具性于一体，条理清晰、内容丰富，堪称中国的"铁路货车百科全书"，既是铁路车辆行业研发、设计、制造、运用、维护、检修等方面技术人员、管理人员以及铁路专业高校师生的专业参考资料，又是广大铁路爱好者了解我国铁路货车技术的专业书籍。

图书在版编目(CIP)数据

铁路货车概要/《铁路货车概要》编委会编著. —北京：中国铁道出版社有限公司，2020.3
ISBN 978-7-113-26351-5

Ⅰ.①铁… Ⅱ.①铁… Ⅲ.①铁路车辆-货车 Ⅳ.①U272

中国版本图书馆 CIP 数据核字(2019)第 248437 号

书　　名： **铁路货车概要**
作　　者：《铁路货车概要》编委会

责任编辑： 李润华　孙　楠　　**编辑部电话：** 010-51873138　　**电子信箱：** tdpress@126.com
编辑助理： 吕自强
封面设计： 郑春鹏
责任校对： 孙　玫
责任印制： 高春晓

出版发行： 中国铁道出版社有限公司(100054，北京市西城区右安门西街 8 号)
网　　址： http://www.tdpress.com
印　　刷： 北京盛通印刷股份有限公司
版　　次： 2020 年 3 月第 1 版　2020 年 3 月第 1 次印刷
开　　本： 787 mm×1 092 mm 1/16　印张：23.5　字数：470 千
书　　号： ISBN 978-7-113-26351-5
定　　价： 150.00 元

编 委 会

审核人员： 王春山　穆　鑫　刘吉远　侯亚捷　杨忠良
王京波　张振翔　盛震风　邵文东　刘凤伟
侯　军　王爱民　谢剑锋　刘寅华　王玉明
许英奎　许秀峰　邬平波　傅茂海　李　强
刘宏友　田葆栓

序

新中国成立初期，我国没有自己主导的铁路货车技术和产品。经过七十年的发展，通过技术引进、消化吸收，逐步到自主创新，我国研发设计了品类齐全、谱系完整的铁路货车产品，满足了不同时期的铁路货物运输发展需要，形成了完整的铁路货车研发、制造、试验、运用、维护、检修体系。尤其自2000年以来，在我国铁路技术政策的指引下，随着国民经济的持续快速增长，通过广大铁路货车科技工作者的原始创新和集成创新，一大批科技成果集中涌现，货车技术得到了突飞猛进的发展，最大轴重达到30 t，最高运行速度达到120 km/h，重载货物列车牵引重量达到1万t、2万t。与此同时，我国实现了向四十多个国家和地区批量出口货车产品，最大轴重达到40 t、45 t。时至今日，我国铁路货车技术总体已跨入世界先进行列，车体轻量化、零部件可靠性等技术已达到世界领先水平。

铁路货车取得的瞩目成就，为实现中华民族伟大复兴插上了腾飞的翅膀。但与此同时，重载运输、快捷运输、多式联运、专业化运输，不断带来新的发展机遇与挑战；数字化、网络化、智能化、平台化、绿色化，不断带来新的发展方向与趋势。《铁路货车概要》一书的出版，恰逢其时。书中系统地总结了我国铁路货车设计和试验技术、重载和快捷技术、制造和检修技术的发展历程与先进成果，展示了我国铁路货车新技术、新工艺和新产品，对开展创新研究、持续推进技术进步具有十分重要的指导和引领作用。

进入新时代，铁路更要把握住发展的历史机遇期，期待此书的出版能为交通强国的建设提供源源不断的知识和动力。

中国工程院院士、中国科学院院士 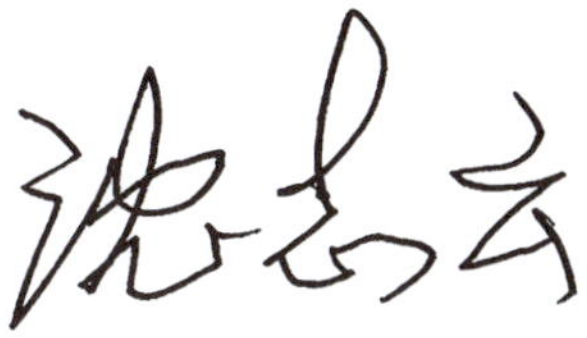

2019年3月

序

新中国成立后，我国铁路货车历经七十年的发展，从学习借鉴到自主创新，实现了从无到有、发展超越。尤其是 20 世纪 80 年代以来，我国国民经济快速发展，铁路领域新技术得到大量应用，铁路货车也进入了快速发展阶段，形成了敞车、棚车、平车、罐车、漏斗车、长大货物车和特种货车全系列产品，构建了符合中国国情的系列化货车研发平台和标准体系，满足了我国经济社会平稳快速发展对铁路货运的要求，走出了一条中国特色的重载、提速发展之路。

我国铁路货车科技工作者始终坚持以国家战略为支撑、以行业需求为导向，在关键技术开发、新产品研究、试验平台建设上不断突破；加强提升自主创新能力，持续推进 27 t、30 t 轴重新型重载货车向第四次升级换代迈进；同时，服务“一带一路”建设，推进中国产品向中国品牌的转变，频频向国际市场输出高端产品，向世界发出一张张闪亮的中国名片。

《铁路货车概要》一书是国内第一本全面介绍铁路货车技术的科技专著，涵盖铁路货车全方面技术知识、型号体系与关键技术，展示了七十年的发展成就，内容之丰富，数据之齐全，堪称中国目前最系统的“铁路货车百科全书”。

当前，国家正在推进高质量发展，铁路作为交通领域的先行者，更要把握优势，乘势而为。我相信此书的出版能为铁路货车领域科技创新及产业进步做出贡献，能有益于我国从交通大国向交通强国挺进，能激励后来人为我国铁路事业开拓更加光明的未来。

中国科学院院士、西南交通大学首席教授

2019 年 3 月

前　　言

铁路货物运输在我国综合交通运输体系中处于骨干地位，承担着煤炭、矿石、钢铁、石油、粮食等涉及国计民生大宗物资的运输，是支撑国民经济发展的重要力量。铁路货车作为货物运输的载运主体，是铁路货物运输高质量发展的关键因素之一。

经过新中国成立后七十年的发展，在广大铁路货车技术工作者的共同努力下，我国铁路货车技术历经学习借鉴、自主研发、能力提升、创新发展四个阶段，货车装备实现了载重由 30 t 级到 50 t 级、50 t 级到 60 t 级、60 t 级到 70 t 级三次大的升级换代，逐步向 80 t 级发展。目前我国铁路货车以通用货车 23 t 轴重为主，专用货车有 25 t、30 t 轴重；速度达到 100～120 km/h；货物列车既有线牵引 5 500 t～1 万 t，专用线牵引 1 万 t、2 万 t。我国已形成敞车、棚车、平车、罐车、漏斗车、集装箱车、长大货车以及特种专用货车完整的车型谱系，形成了从理论研究、产品研发、试验验证，到制造、检修维护完整的铁路货车技术创新体系，铁路货车装备技术整体达到世界先进水平。既有线 27 t 轴重列车的开行、煤运通道 30 t 轴重货运列车的开行，将使我国铁路货运全面实现重载运输。随着现代物流的发展，快捷货运、多式联运、专业化运输等装备和节能环保、智能化技术将成为我国铁路货车未来发展方向。

以国内货车技术积累和不断进步为基础，依托自主创新，具有我国完全自主知识产权的铁路货车产品已全面走向世界，已累计向澳大利亚、哈萨克斯坦、德国、法国、新西兰、肯尼亚、沙特阿拉伯、巴西、阿根廷等四十多个国家和地区出口 7 万余辆整机产品，涵盖不同轨距、不同轴重 100 多种车型。出口澳大利亚重载矿石车最大轴重达到45 t,列车编组3.84万t～4.2万t。

本书共分为十四章,“概述”介绍了铁路货车的发展历程、主要成就及未来发展;第一章“铁路货车基本知识”介绍了铁路货车的特点及组成、基本定义和术语、用途和编码;第二章“铁路货车设计与试验”介绍了铁路货车设计原则与方法、仿真分析及试验;第三章“铁路货车关键技术”介绍了铁路货车转向架、制动系统及连接缓冲系统;第四章“铁路货车制造与检修”介绍了铁路货车制造技术及修程修制;第五章“敞车”介绍了通用敞车及专用敞车的发展历程、主要结构特点、技术参数及配置;第六章“棚车”介绍了通用棚车、专用棚车及毒品车的发展历程、主要结构特点、技术参数及配置;第七章“平车”介绍了通用平车、集装箱专用平车及专用平车的发展历程、主要结构特点、技术参数及配置;第八章“罐车”介绍了液体类罐车、液化气体类罐车及粉状货物类罐车的发展历程、主要结构特点、技术参数及配置;第九章“漏斗车”介绍了煤炭漏斗车、石砟漏斗车、粮食漏斗车及矿物漏斗车的发展历程、主要结构特点、技术参数及配置;第十章“小汽车运输车”介绍了小汽车运输车的发展历程、主要结构特点、技术参数及配置;第十一章“长大货物车”介绍了凹底平车、长大平车、落下孔车、钳夹车及双联平车的发展历程、主要结构特点、技术参数及配置;第十二章“冷藏保温车”介绍了冷藏保温车的发展历程、主要结构特点、技术参数及配置;第十三章“特种车”介绍了检衡车、长钢轨运输车组、自翻车及驮背车的发展历程、主要结构特点、技术参数及配置。

本书全面总结了我国铁路货车技术发展和取得的成果,系统地介绍了铁路货车技术知识及不同车型的技术特征和产品谱系,集专业性和系统性于一体,希望能对从事铁路货车设计、制造、运用、维护、检修等方面的广大工程技术人员,大专院校、科研院所及社会各界系统了解和掌握我国铁路货车技术和产品有所帮助。

本书由中国国家铁路集团有限公司机辆部组织成立编委会，编委会由中国国家铁路集团有限公司机辆部、中国中车公司、中车齐齐哈尔车辆有限公司、中车北京二七车辆有限公司、中车长江车辆有限公司、中车眉山车辆有限公司、中车太原机车车辆有限公司、中车西安车辆有限公司、中车哈尔滨车辆有限公司、中车山东机车车辆有限公司、中车沈阳机车车辆有限公司、中车石家车辆有限公司、包头北方创业有限责任公司、中国铁道科学研究院集团有限公司、中车青岛四方车辆研究所有限公司、西南交通大学、北京交通大学、大连交通大学等单位的技术人员、管理人员、科研专家组成。

本书是在长期从事铁路货车工作的工程技术人员和老一辈铁路机辆人多年工作成果的基础上完成的，在此向他们表示衷心的感谢！

由于时间有限，难免有遗漏和错误之处，诚请读者批评指正。

《铁路货车概要》编委会

2019 年 10 月

目　　录

0 概　　述

铁路运输是国民经济发展的大动脉，货物运输在国民经济和国防建设中发挥着重要支撑作用。我国铁路货车经过新中国成立后七十余年的发展，经历了三次大的升级换代，由仿制国外产品，发展到现在自主设计、生产具有国际领先水平的货车，向着引领世界铁路货车技术的目标迈进。

0.1　我国铁路货车的发展历程

新中国成立以前，我国铁路运行的均是外国车辆，没有我国自己设计制造的货车，这些货车有 500 多种 4 万多辆，它们的装载吨位很小，多为 30 t 级，一部分为 20 t 级和 40 t 级。车型种类庞杂，运行性能差，技术指标落后，安全性差，零部件千差万别，检修不方便。

新中国成立后，我国铁路货车得到了长足发展，在七十余年的发展过程中经历了四个阶段，实现了三次大的升级换代，如图 0-1 所示。

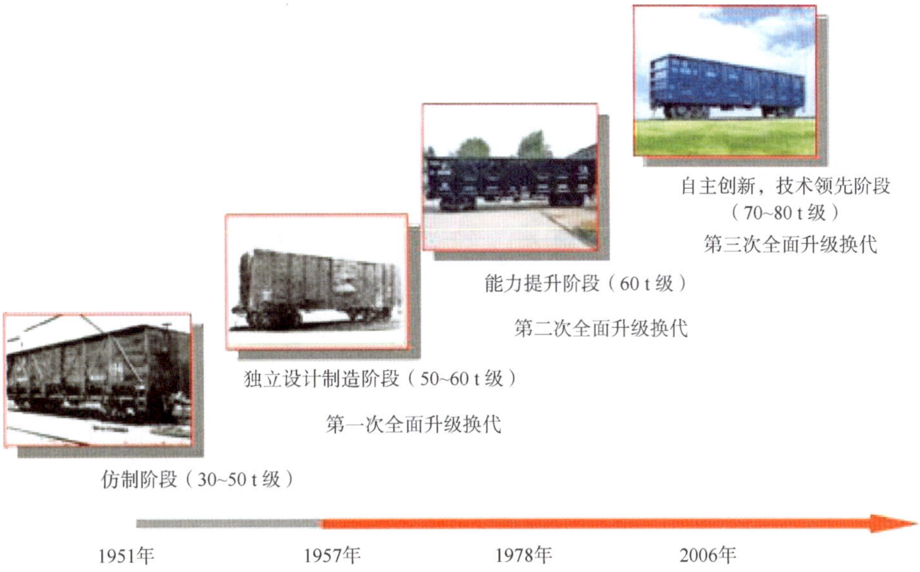

图 0-1　我国铁路货车发展过程

0.1.1 仿制阶段(1949年～1957年)

新中国成立后,我国开始制造货车,首先仿制了载重30 t的C_1型敞车,该车为底架承载钢木混合铆接结构,1956年改为焊接。仿制的车辆结构虽然不十分先进,但新中国开始了自己制造货车的历史。

1952年,为提高车辆的载重吨位,在C_1型敞车的基础上设计了载重50 t的C_{50}型敞车,它是底架承载式钢架木墙混合结构,自1953年试制并投产以来一直到1976年,生产了约35 000辆,是当时敞车中的主型车。

1951年～1953年,设计制造了载重30 t的P_1型和P_3型棚车,P_1型棚车车体是钢骨架外包钢皮内衬木板结构,P_3型棚车车体是钢骨桁架式木墙板结构。1952年,为提高车辆载重,在P_1型棚车的基础上设计了P_{50}型棚车,该车为全钢结构内衬木板,设计初期采用全铆接结构,后期随着焊接工艺的发展,逐步改为底架焊接、上部铆接的结构,后全部采用焊接结构。

1949年,仿制日本产品生产了载重25 t的G_3型轻油罐车;1953年,设计了G_{50}型轻油罐车,载重50 t。

1949年～1953年,主要生产N_1型平车,后期生产了载重40 t的N_4型平车和一小批载重50 t的N_5型平车。1955年,生产了一批改进后的N_6型平车,定型为N_{60}型平车。1956年,设计了载重60 t的N_{12}型平车,为适应当时钢材供应的情况,底架分为电焊与铆接两种结构。

1952年,我国开始制造第一批B_5型车顶冰箱冷却式保温车,后续又生产了B_{10}型、B_4型和B_3型保温车。这些车辆端墙结构强度较低,车体隔热性能差,车内温度不均匀。1955年,设计的B_{11}型保温车解决了上述问题,在相当长的时间内满足了我国铁路冷藏运输的要求。

1953年,我国设计了底架为铆接结构的D_{10}型载重90 t凹底平车,是我国最早的长大货物车。

1956年～1957年,我国第一个自主设计的P_{13}型棚车诞生,如图0-2所示,载重30 t级铁路货车全面停产,标志着铁路货车实现了由载重30 t级向50 t级的第一次升级换代开始。

这一阶段,我国铁路货车主要采用滑动轴承、K型空气控制阀和2号车钩,车体材料为碳素结构钢或钢木混合,车体采用铆焊结合或焊接结构型式,车辆自重大、承载能力低,速度慢、运用故障较多。

0.1.2 独立设计制造阶段(1958年～1978年)

经过一段时间的仿制,我国铁路货车设计制造企业已积累了丰富的设计制造经验。

1959年,在总结C_{50}型敞车运用经验的基础上设计了C_{13}型敞车,该车在端部增加

图 0-2　P_{13} 型棚车

了下侧门，解决了端部卸货困难的问题。1965 年，设计完成了全钢结构侧壁承载的新型敞车，采用 09Mn2、09Mn2Cu 低合金钢，投入批量生产后，定型为 C_{65} 型敞车。C_{65} 型敞车运用后暴露出一些问题，1971 年将 C_{65} 型敞车的载重由 65 t 减为 60 t，容积也相应减小。同年在 C_{65} 型敞车的基础上缩短底架、降低车体高度，定型为 C_{62} 型敞车，1972 年起投入大批生产，同年在 C_{62} 型敞车的基础上设计了侧、端墙及车门为钢木结构的 C_{62M} 型敞车，如图 0-3 所示，投入大批生产，C_{65} 型、C_{62} 型、C_{62M} 型敞车成为当时我国铁路的主型敞车。

图 0-3　C_{62M} 型敞车

随着铁路货车事业的发展，1958 年开始设计试制载重 60 t、容积 120 m^3 的新型 P_{13} 型棚车，并于 1963 年投入批量生产。为方便制造、检修和运用管理，后期生产的 P_{13} 型棚车取消了装、卸货口，改型为 P_{60} 型棚车，P_{13} 型和 P_{60} 型棚车曾是我国铁路货车的主型棚车。随着机械化作业的不断发展，为便于叉车装卸作业，研制了宽车门的 P_{61} 型棚车。

随着设计技术和焊接工艺水平的提升，1958 年设计并试制了我国第一辆无底架 G_{60} 型轻油罐车。至 20 世纪 60 年代，各货车设计制造企业经过不断的设计改进，设计生产了 G_{60}、G_{17}、G_{12} 等型罐车，载重由 30 t 提高到 50 t，运输介质有轻油类、黏油类、浓硫酸、液化气体及化工类产品等。

1958 年，设计了第一辆载重 120 t 焊接结构的凹底平车。1959 年，为了装运 12 万 kV·A 和24 万 kV·A 变压器，又设计、试制了载重 280 t 的 D_{20} 型钳夹车。同年，又设计了供运输长钢轨、桥梁及各种型钢用的载重 120 t 长大平车。为适应中小型变压器、发电机等货物的运输需求，分别于 1959 年和 1968 年设计、试制了载重 50 t 的 D_{50} 型和载重 60 t 的 D_5 型凹底平车。1969 年设计了载重 150 t 的 D_{17} 型落下孔车。1973 年～1975 年，设计制造了 D_{23} 型 235 t 长大平车、D_{30} 型 370 t 双联平车和 D_{27} 型 150 t 长大平车。1974 年～1978 年，又研制了 32 轴载重 350 t 的 D_{35} 型钳夹车。

1959 年，我国首次设计制造了第一辆 K_{13} 型风动卸砟车，填补了我国机械化卸砟的空白。1960 年，我国自行设计的 K_1 型载重 60 t 自翻车因在使用过程中存在强度不足的问题，1961 年对 K_1 型自翻车作了较大的改进和加强。1963 年研制了 KF-60 型自翻车，1964 年初正式投产，是 60 t 级自翻车的主要车型。

1965 年，在总结经验的基础上设计了 N_{16} 型平车。共生产了 10 000 多辆，是当时我国铁路的主型平车。N_{16} 型平车在铁路运输事业中发挥了很大的作用，但也存在集中载重能力小、不能满足一些重型机械及某些预应力钢筋混凝土桥梁的运输要求、没有侧板、不能装运砂石等散粒货物等缺点，为此，1970 年研制了 N_{17} 型平车，共生产了6 700 辆。1965 年，铁道部在各铁路局成立衡器管理所，开始研制 30 t、40 t 检衡车。1971 年设计制造的 30 t 检衡车投入运用，该车采用 2 根车轴，在单辆或两辆连挂使用时，可实现 30 t、60 t 两种吨位的检测，同年研制了 25 t、30 t、40 t、50 t 检衡车。

1969 年，随着粮食的运输任务日益扩大，设计了 L_{17} 型粮食漏斗车，为了满足大型电厂、冶金企业等煤炭需求的增长，1966 年～1967 年设计试制了载重 60 t 以人力和风力作为动力源，具有单辆卸、分组卸、整列卸及边走边卸功能的 K_{18} 煤型炭漏斗车。在 K_{18} 型煤炭漏斗车的基础上，后期又开发出 K_{18F}、K_{18S} 和 K_{18D} 等型煤炭漏斗车。

1976 年～1978 年，载重 60 t 级 C_{62A} 型敞车的生产和载重 50 t 级铁路货车已全面停产，标志着我国铁路货车实现了由载重 50 t 级向 60 t 级的第二次大的升级换代。

在这一阶段，转 8A 型转向架研制成功，推广应用滚动轴承、103 型空气控制阀和 13 型车钩，车体材料采用了耐候钢，车辆承载能力和性能得到了全面提升，车辆商业运营速度主要为空车 70 km/h、重车 80 km/h，列车编组一般不超过 5 000 t。

0.1.3 能力提升阶段(1979 年～2006 年)

1980 年，在 C_{62M} 型敞车的基础上，设计了车体的端墙、侧墙、车门由钢架木衬改为全钢结构的 C_{62A} 型敞车，共生产近 9 万辆。随着我国耐候钢材料研制成功，1986 年将 C_{62A} 型敞车的车体改用耐候钢，车型定为 C_{62B}。1988 年，为满足重载组合列车和翻车机卸货的发展要求，研制了 C_{64} 型敞车并开始投入批量生产，到 2005 年的 17 年间，C_{64}

型敞车一直为我国新造铁路货车的主力车型。

为进一步解决空车地板面高度与货物站台匹配问题，便于机械化装卸作业，1979年研制了 P_{62} 型棚车，1982 年投入批量生产，至 1994 年共计生产了 45 700 余辆。1987 年将 P_{62} 型棚车主要板材件改用耐候钢，定型为 P_{62N} 型棚车。

1980 年，我国研制了第一代 NJ_{4A} 型集装箱专用平车，用于运输铁标规定的 5 t、10 t 集装箱和 20 ft、40 ft 国际标准集装箱。为适应集装箱运输快速发展需要，相继开发了 X_{6A}(原为 NJ_{6A})型、X_{6B} 型、X_{6C} 型集装箱运输专用车，其中 X_{6B} 型车是 1993 年为提高铁标箱的装载数量及长大集装箱的装载能力而设计的，是当时我国集装箱运输的主型车辆。2003 年，为适应我国开展集装箱双层运输的需要，研制了我国第一代双层集装箱车，配装转 K6 型转向架时车型为 X_{2K}，配装转 K5 型转向架时车型为 X_{2H}。

为提高铁路运输效率，减少运输中的排空，1998 年研制开发了 NX_{17A} 型平车—集装箱两用平车。1999 年在 NX_{17A} 型平车—集装箱两用平车和 X_{6B} 型集装箱专用车基础上研制开发了载重 61 t、具有装运普通货物和集装箱多种功能的 NX_{17B} 型共用车。2002 年换装转 K2 型转向架提速改造后的车辆定型为 NX_{17BK}，2003 年换装转 K4 型转向架后的车辆定型为 NX_{17BH}。

1999 年，装用转 K2 型转向架的 P_{65} 型行包快运棚车研制成功并投入运用，如图 0-4 所示，商业运营速度达到 120 km/h，拉开了我国铁路货车提速技术发展的序幕。

图 0-4　P_{65} 型行包快运棚车

2001 年，在 P_{64} 型、P_{65} 型棚车的基础上研制了 P_{64GK} 型棚车，采用了 09CuPCrNiA 高耐候结构钢、新型竹编内衬板及新型棚车门锁，开发应用了十余种新型冷弯型钢，采用成熟、可靠的转 K2 型转向架、13A 型小间隙车钩，有效减轻了车辆自重，载重较 P_{64} 型棚车增加了 2 t，商业运营速度达到 120 km/h。

除上述通用货车外，我国专用货车和长大货物车也取得了较快发展。

为配合大秦运煤专线建设，1986 年研制完成了我国第一代装用转动车钩的 C_{63} 型单元列车敞车，该车装用 17 型固定车钩和 16 型转动车钩，能够在翻车机上不摘钩连续卸车。1990 年，对 C_{63} 型敞车进行了改进和完善，定型为 C_{63A} 型敞车。为提高运输能力，1998 年研制了 C_{76} 型、C_{76A} 型、C_{76B} 型、C_{76C} 型 25 t 轴重运煤专用敞车，车体采用浴盆结构，充分利用了机车车辆的下部限界空间，有效地增大了装载容积和载重量，车辆载重大、重心低、自重轻；在相同站线长度和列车编组辆数的条件下，较 C_{63A} 型敞车运量增加 24.6%，每列货车多运煤炭 1 080 t，极大地提高了运输能力。C_{63A} 型、C_{76} 型敞车分别如图 0-5、图 0-6 所示。

图 0-5　C_{63A} 型敞车

图 0-6　C_{76} 型敞车

1979 年～1980 年，在总结原有 K_{18} 型煤炭漏斗车的运用经验后，研制了 K_{18F} 型、K_{18D} 型煤炭漏斗车。1999 年，在原 K_{18D} 型煤炭漏斗车的基础上设计了 K_{18DA} 型煤炭漏斗车。2002 年，为适应车辆提速要求，在 K_{18DA} 型煤炭漏斗车的基础上研制了装用转 8G 型转向架的 K_{18AT} 型煤炭漏斗车。2003 年，在 K_{18AT} 型煤炭漏斗车的基础上研制了装用转 K2 型转向架的 K_{18AK} 型煤炭漏斗车。

1979 年～1982 年，在总结各型检衡车运用经验的情况下，我国设计了 T_6 型检衡车和 T_{6F} 型法码检衡车，在全国实现了量值的统一传递。同年，随着动态轨道衡的出现，研制了 T_{6D} 型动态检衡车。2001 年研制了 T_7 型静态检衡车，并于 2002 年投入批量生产。

1986 年，设计完成了第一列四层 500 m 长钢轨车组，车型初定为 T_{11}。1989 年，修改设计后定型为 T_{11A}。1999 年，对 T_{11A} 型长轨车组进行改型设计，定型为 T_{11B}。2005 年，车组升级改进并换装转 K2 型转向架，定型为 T_{11BK}。

为提高小汽车铁路运输效率，我国 1989 年研制了第一代 SQ_1 型双层运输汽车专用车，该车主要用于运输国产主型及进口各种小型汽车；1995 年～2008 年，分别研制了 SQ_2 型、SQ_3 型、SQ_{3K} 型、SQ_5 型和 SQ_6 型小汽车运输专用车。

1994 年，为提高车辆的使用寿命，延长检修周期，对 K_{13} 型石砟漏斗进行了重新设计，改型后的车辆定型为 K_{13N}(K_{13A})型石砟漏斗车。2001 年，K_{13NA} 型车应用转 8G 型转向架、NSW 型手制动机、不锈钢制动、除尘、风控管系及配件等新技术，定型为 K_{13NT} 型石砟漏斗车。2003 年 5 月，K_{13NA} 型车装用转 K2 型转向架提速改造后定型为 K_{13NK} 型石砟漏斗车。

1995 年，我国研制了 X_{3TEU} 型集装箱专用平车，2004 年底至 2005 年，该车换装转 K2 型转向架提速改造后定型为 X_{3K}。1999 年，我国设计了 X_{1K} 型集装箱专用平车，该车采用转 K3 型焊接构架式转向架，运行速度 120 km/h，是我国第一代快运集装箱专用平车。

1970 年，为适应进口大型化肥设备运输的需要，自行研制了 D_{30} 型载重 370 t 双联平车、D_{35} 型载重 350 t 钳夹车、D_{23} 型载重 235 t 平车等车型，我国正式开始了铁路长大货物车的自主研发工作，载重吨位由进口时的 200 t 级迈向 300 t 级。1990 年后，先后研制了 D_{30A} 型载重 300 t、DQ_{35} 型载重 350 t、D_{38} 型载重 380 t 以及 DQ_{45} 型载重 450 t 钳夹车，DQ_{45} 型钳夹车如图 0-7 所示；DK_{17A} 型载重 155 t、DK_{23} 型载重 230 t、D_{26B} 载重 290 t、D_{32} 型载重 350 t、DK_{36A} 型载重 360 t 以及 D_{45} 型载重 450 t 落下孔车；D_{22A} 型载重 120 t 以及 D_{26A} 型载重 260 t 长大平车；D_{9A} 型载重 90 t、D_{15A} 型载重 150 t、D_{18A} 型载重 180 t、DA_{21} 型载重 210 t、DA_{25} 型载重 250 t、D_{32} 型载重 320 t 以及 DA_{37} 型载重 370 t 凹底平车等。这个阶段研制的车辆结构和性能较前期车辆有了较大改进和提升，全面实现了自主创新以及不同车型载重系列化的发展，载重吨位也由 300 t 级跨进 400 t 级。

图 0-7　DQ_{45} 型钳夹车

2001 年 7 月至 2008 年底，我国铁路对既有货车进行了大面积的提速改造，在此期间，完成了对既有 60 t 级敞车、棚车、平车、罐车和漏斗车等车型的提速改造。为满足铁路货车速度达 120 km/h 的运输需要，将原车装用的转 8A(G)型转向架换装成经改造后的转 K2 型转向架，配套更换上心盘、上旁承，以使改造后的车体与改造后的转 K2 型转向架相匹配，采用组合式制动梁、高摩擦因数合成闸瓦、无级自动空重车调整装置等新技术及支撑座专用自动化机械焊接装置、交叉支撑定位组装、自动检测装置等新工艺。改造后既有铁路货车的速度由 70～80 km/h 提高到了 120 km/h，保证了我国铁路既有货车运行速度与新造货车的运行速度同步，适应了我国铁路客运高速、货运提速的运输发展要求及客货共线混跑的实际国情。

为满足国民经济快速发展对电煤运输的迫切需求，在 C_{63}、C_{76} 系列运煤专用敞车的基础上，2003 年研制了 C_{80} 型铝合金运煤敞车，如图 0-8 所示；2005 年研制了 C_{80B} 型不锈钢运煤敞车，如图 0-9 所示，在车辆轴重 25 t 不变的前提下，载重提高至 80 t，为大秦线顺利开行 2 万 t 重载列车提供了装备保障。

图 0-8 C_{80} 型铝合金运煤敞车

图 0-9 C_{80B} 型不锈钢运煤敞车

2005 年～2006 年，我国相继研制成功了 C_{70} 型通用敞车、P_{70} 型棚车、X_{4K} 型集装箱平车、NX_{70} 型平车—集装箱两用平车、GQ_{70} 型罐车、KM_{70} 型煤炭漏斗车等 70 t 级货车，各型车如图 0-10 所示。

(a) C_{70}型通用敞车

(b) P_{70}型棚车

(c) X_{4K}型集装箱平车

图 0-10

(d) NX_{70}型平车—集装箱两用平车

(e) GN_{70}型黏油罐车

(f) GQ_{70}型轻油罐车

(g) GF_{70}型氧化铝粉罐车

(h) L_{70}型粮食漏斗车

(i) KM_{70}型煤炭漏斗车

(j) KZ_{70}型石砟漏斗车

图 0-10　70 t 级系列货车

2003 年～2006 年，C_{80} 型、C_{70} 型等载重 80 t 级运煤专用敞车、70 t 级通用货车研制生产，120 km/h 货车技术全面应用，载重 60 t 级货车全面停产，标志着我国铁路货车实现了载重由 60 t 级向 70 t 级和 80 t 级、速度由 70～80 km/h 向 120 km/h 的第三次大的升级换代，走出了一条独具中国特色的提速、重载之路，带动了我国铁路货车设计、制造水平全面提升，推动我国重载货车技术达到了世界先进水平。70 t 级、80 t 级货运列车如图 0-11 所示。

图 0-11　行驶中的 70 t 级、80 t 级货运列车

这一阶段，铁路货车在速度、载重和技术性能上有了质的飞跃。转 K2、转 K4、转 K5、转 K6 等轴重 21 t、25 t 的 120 km/h 转向架全面应用，通用货车普遍采用 120 型空气控制阀、17 型高强度车钩、Q450NQR1 高强度耐候钢车体材料，大秦线专用货车采用 120-1 型空气控制阀、16 型和 17 型高强度车钩、锻造钩尾框、不锈钢或铝合金车体材料，车辆综合技术性能达到了世界先进水平，实现了专用线列车牵引 2 万 t、通用线列车牵引万吨的重载运输。

0.1.4　自主创新，技术领先阶段(2007 年～至今)

经过多年积累，我国铁路货车技术迎来自主创新阶段。重载运输装备技术方面，在我国既有 70 t 级通用货车和 80 t 级专用货车成功设计制造基础上，我国货车设计制造技术逐渐成熟，大量成熟可靠技术应用到出口澳大利亚、巴西等国家的大轴重车上。立足自主创新、原始创新，应用车辆结构可靠性设计理论和轻量化设计理念，通过整车结构疲劳可靠性研究，自 2008 年起，我国开始设计轴重 27 t、载重 80 t 级通用货车和轴重 30 t、载重 100 t 级运煤专用货车，各型车如图 0-12、图 0-13 所示。

(a) C_{80E}型通用敞车　　(b) P_{80}型通用棚车

图　0-12

(c) NX_{80}型平—集共用车

(d) GQ_{80}型轻油罐车

(e) GN_{80}型黏油罐车

(f) KM_{80}型煤炭漏斗车

(g) KZ_{80}型石砟漏斗车

(h) U_{80H}型水泥罐车

(i) GF_{80}型氧化铝粉罐车

图 0-12　27 t 轴重通用货车

图 0-13　30 t 轴重专用货车

27 t 轴重通用货车采用新型高强度耐候钢车体材料、27 t 轴重交叉支撑或其他低动力作用转向架、17 型高强度车钩、大容量缓冲器、120 型控制阀；30 t 轴重专用货车采用 T4003 不锈钢或 S450AW 型耐酸钢车体材料、30 t 轴重交叉支撑或其他低动力作用转向架、16 型和 17 型高强度车钩、HM-1 型大容量缓冲器、120-1 型控制阀、BAB-1 或 DAB-1 型集成制动装置。27 t 轴重转向架如图 0-14 所示。

(a) 27 t 轴重DZ1型交叉支撑转向架

(b) 27 t 轴重DZ2型摆动式转向架

(c) 27 t 轴重DZ3型副构架式转向架

图 0-14　27 t 轴重转向架

27 t 轴重通用货车和 30 t 轴重专用货车的自主研发和创新设计，推动我国铁路货车进行第四次大的升级换代，使我国铁路货车整体技术达到国际先进水平，车体轻量化技术、交叉支撑技术和重载车钩等关键技术已达到世界领先水平。

快捷运输装备技术方面，我国目前开行的快捷运输主要为 P_{65} 快运行包班列、中欧班列、循环运输班列等，最高运行速度 80～120 km/h。2000 年以来，我国先后开发储备了 16.5 t、18 t 轴重的系列化 160 km/h 快运货车转向架、220 km/h 快运货车转向架和塞拉门快运棚车、活顶棚车、集装箱平车，形成了具有完全自主知识产权的快运货车产品平台和技术体系。2014 年初以来，为满足快速发展的电商货物和高附加值货物运输需求，在前期研究基础上，研制了容积 200 m^3 以上、适应集装化运输的新一代 160 km/h 塞拉门快捷棚车、全侧开快捷棚车和 160 km/h 快捷集装箱平车。160 km/h 快捷棚车如图 0-15、图 0-16 所示。

图 0-15　160 km/h 塞拉门快捷棚车

图 0-16　160 km/h 全侧开快捷棚车

多式联运装备技术方面，研制完成了适用于我国公铁联运的轴重 23 t、最高运行速度 120 km/h 的 QT 系列驮背运输车，如图 0-17、图 0-18 所示，丰富铁路运输供给模式，实现了公铁联运的无缝对接，满足货物门到门运输，填补了我国铁路驮背运输装备的空白，为实现公铁联运新模式推广应用打下坚实基础。

图 0-17　自力装卸驮背车

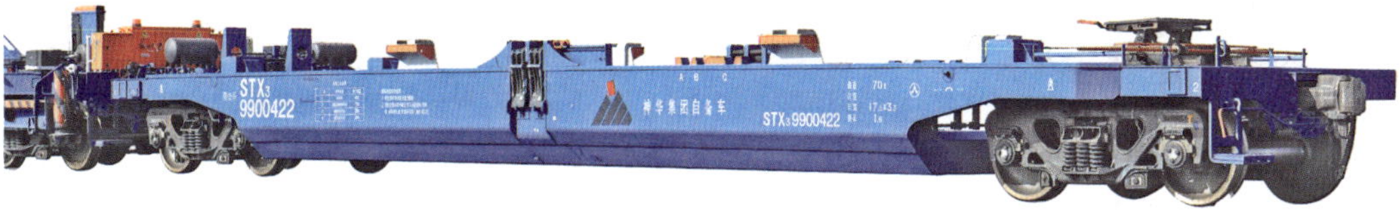

图 0-18　吊装式驮背车

专用货车装备技术方面，研制了 SQ_8 型关节式双层运输汽车专用车。研制了 T_8 型静态检衡车、T_{8D} 型动态检衡车、T_{8P} 型超偏载检衡车。研制了新型铁路机械冷藏车，通过智能化和信息化等远程监控技术实现无人押运。

0.2 我国铁路货车的主要成就

新中国成立后，我国铁路货车技术经过了七十余年的持续发展，在客货共线运营、安全可靠性要求高的条件下，实现了速度、密度、重量同步提升，走出了一条具有中国特色的提速、重载并举发展之路。铁路货运能力迅速提高，我国铁路用仅占世界6%的里程，完成了世界铁路货运25%的换算周转量，表明我国铁路货车重载提速技术及其支撑体系已进入世界先进行列，多项关键技术达到了世界领先水平，满足了国民经济又好又快的发展需要。

货车重载提速关键技术主要包括货车走行技术、车体轻量化及新材料技术、车辆连接技术、制动技术和制造技术等，各项关键技术同步提升和系统集成，使我国铁路货车轴重、载重、运行速度和列车牵引重量等综合技术性能实现了新突破。

新中国成立以来，我国铁路货车基本形成了以铁标、规程、技术文件等为主体的铁路货车技术标准体系，较好地总结了我国铁路货车的发展经验。随着货车提速重载技术的发展和货车的全面升级换代，我国铁路货车在车辆设计、制造、试验评估、运用、检修、安全保障等各个领域得到了全面提升，与之配套的铁路货车标准也不断丰富、完善，有效指导了我国铁路货车技术的全面发展，在我国铁路货车技术提升的过程中发挥了重要作用。

根据我国铁路货车多年发展形成的技术体系和专业划分的特点，形成了管理、设计、制造、验证与评估、运用与维护、检修、安全监测、信息化等八个方面，内容全面、层次清晰，适应重载、快捷技术的发展和创新需求的中国货车标准体系。

0.3 我国铁路货车的未来发展方向

七十余年来，我国铁路货车取得了快速发展，在铁路货运发展新时期，我国铁路货车面临新的机遇与挑战。

0.3.1 重载运输货车

战略性大宗物资运输在很长一段时间仍将是铁路货运的基本运量，在铁路运输总量中仍将占据绝对主导地位，保证战略性大宗物资运输仍然是铁路货运市场持续发展的主要运输任务。国际及我国近年来的重载运输实践证明，持续提升重载运输装备技术水平是实现铁路大宗物资运输降本、提质、增效的最佳途径，是进一步提高铁路运输能力的最有效方式。

0.3.2 快捷运输货车

多品种、小批量、时效化的"高附加值货物"运输是当前货运发展的重要方向之一，发展高附加值货物运输是新常态下实现铁路货运增运、创收、增效的重要手段，建立和发展铁路快捷货物运输系统势在必行。借鉴欧洲和北美快捷货运发展经验，发展160 km/h快捷棚车和集装箱平车，降低购置及运用检修成本、无乘检人员、增大容积及载重、适应机械化装卸作业，适应电商用户运输需求，提高运输效率和综合经济效益。

0.3.3 多式联运货车

随着"一带一路"、长江经济带、京津冀一体化等国家建设加快推进，行业管理体制加快理顺，交通运输基础设施和布局逐渐完善，适应多式联运需求是铁路货运与社会大物流之间协同发展的必然要求。国务院《物流业发展中长期规划(2014～2020年)》和交通部《关于开展多式联运示范工程的通知》均将多式联运工程列为重点工程，开展铁路多式联运一体化关键技术及系统研究，突破多式联运的站场转接瓶颈，研制满足不同站场装卸条件、兼顾不同车种车型的系列化驮背运输装备、公铁联运专用货车、集装化多元产品和站场设施，建立我国铁路多式货物联运标准体系和产品平台。

0.3.4 专用货车

面向市场对专业化运输发展需求，研制冷藏、鲜活货物、小汽车运输、LNG运输专用特种货车，吸引社会物资理性回归铁路运输，不断为铁路现代物流发展提供系统解决方案。

1　铁路货车基本知识

1.1　铁路货车的特点及组成

1.1.1　铁路货车的基本特点

一般将为铁路货运或为货运提供服务和维修的车辆归为铁路货车，有两个基本要素：一是在轨道上运行，二是运载对象为货物或为此提供服务。

铁路车辆的车轮须沿专门为它铺设的轨道运行，鉴于这种特殊的轮轨关系，铁路货车具有以下特征。

1. 自行导向

铁路货车与在铁道上运行的机车车辆一样，通过其特殊的轮轨结构，使车轮沿轨道运行而无需控制运行的方向；而非铁道上运行的其他各种运输工具都要有操纵运行方向的机构。

2. 低运行阻力

铁路货车运行阻力包括坡道、弯道及空气阻力，走行机构中的轴与轴承以及车轮与轨面的摩擦阻力。由于车辆的车轮及轨道均采用硬度较高的钢材，轮轨接触处的变形较小，铁路货车运行中的摩擦阻力较小，而且铁路轨道的结构对车辆运行产生的阻力也较小。

3. 成列运行

铁路货车可以编组、连挂组成列车。为了适应成列运行，车与车之间需设连接、缓冲装置；为保障行车及线路安全，每辆车均需设制动装置。

4. 严格的外形尺寸限制

铁路货车只能在规定的线路上行驶，无法像其他车辆那样主动避让靠近它的物体，为此要确定车辆限界，严格限制车辆的外形尺寸和装载后车辆与货物的轮廓尺寸，以确保运行安全。

1.1.2　铁路货车的组成

由于铁路货车不同的用途及运用条件，车辆的结构、类型各有不同，铁路货车主要有以下五个基本部分。

1. 车体

车体的主要功能是装载运输对象和整备品，也是安装与连接其他四个组成部分的基础。早期的车体，除底架外，多为木结构，辅以钢板、弓形杆等来增加其强度；现在的车体以钢结构或轻金属结构为主，尽量使车体所有构件均承受载荷以减轻自重。绝大部分车体均有底架，视需要添加端墙、侧墙及车顶等。

2. 走行部

它的位置介于车体与轨道之间，引导车辆沿轨道行驶，承受来自车体及线路的各种载荷并缓和动作用力，是保证车辆运行品质的关键部件，一般称之为转向架。早期二轴车的走行部把轮对、轴箱、弹簧等直接装在车体底架下，现在走行部的结构形式多样，一般都做成一个相对独立的通用部件以适应多种车辆的需要。

3. 制动装置

它是保证列车准确停车及安全运行所必不可少的装置。为克服列车的惯性，保证运行中的车辆按需要减速或在规定的距离内停车，减少制动过程中的纵向冲击力，不仅要在机车上设制动装置，还在每辆车上设制动装置。铁路货车通常采用空气制动装置，在一些长大编组或速度较高的铁路货车上，为提高制动一致性有时采用电空制动装置。此外，车辆上还设有手制动装置，用于编组、调车作业时人力制动和调速。

4. 连接和缓冲装置

铁路货车要成列运行需要装用连接装置。早期的连接装置仅仅考虑了牵引工况，采用由链条、钩及铰接装置组成的链子钩，后在链子钩两侧装了带弹性的缓冲盘以适应压缩工况，这种结构多在欧洲国家使用，其他国家铁路货车的连接装置多采用自动车钩，在车钩后部的钩尾框中装设能储存和吸收机械能的缓冲装置，以缓和列车运行和制动时的纵向冲动。

5. 车辆附属设备

是一些能提供某种功能而设于车体内或车体上的附属装置。铁路货车由于类型和用途不同，附属设备也千差万别，如保温车的制冷机组及电气设备，罐车、长大货物车押运间等。

1.2 铁路货车的基本定义和术语

1.2.1 基本定义

货车：供运输货物和为此服务的，一般编组在铁路货物列车中使用的车辆。按用途可分为通用货车和专用货车。

通用货车：适用于运输多种货物的车辆，如通用敞车、通用棚车、共用平车等。

专用货车：专门运输某一种类货物的车辆，如罐车、集装箱车、漏斗车等。

敞车：设有底架、侧墙和端墙的铁路货车，底架为平底或浴盆（单浴盆或双浴盆）结构，不设车顶，通用敞车设有一定数量的侧开门和下侧门。供运输各种无需防止湿损、日晒的货物。

棚车：设有底架、侧墙、端墙及车顶和门、窗（或通风口）的铁路货车，可防止雨水进入，供运输各种需防止湿损、日晒或散失的货物。按结构不同可分为通用棚车、活顶棚车、活墙棚车等。

平车：设有底架的铁路货车，通常两侧设有柱插，不设侧墙、端墙和车顶。部分车辆设有可活动向下翻倒的端门和侧门，大部分车辆的底架承载面为平形结构，也有少部分车辆的底架为凹形结构。

罐车：设有圆筒形或圆锥形罐体和底架或牵枕装置的铁路货车，供运输液体、液化气体和粉状货物等介质。罐体采用钢、玻璃钢、铝、铝合金等不同的材质制造。按用途不同可分为轻油罐车、黏油罐车、机油罐车、沥青罐车、食油罐车、水泥罐车、化工品罐车、粉状货物罐车、液化气罐车、特种罐车等。按结构不同分为有中梁罐车、无中梁罐车、上卸式罐车、下卸式罐车等。

漏斗车：设有底架、侧墙、端墙、漏斗、底门及开闭机构的铁路货车，车辆底架上设有一个或数个周边带一定斜度的漏斗，每个漏斗口上设有底门及开闭机构。通常借助货物自身的重力从漏斗口卸货。根据运输货物特性要求，部分车辆设有车顶、顶盖及开闭机构。按装运货物品种可分为煤炭、矿石、石砟、粮食、盐、石灰石、水泥漏斗车等。按结构形式不同可分为有盖漏斗车和无盖漏斗车。

保温车：设有底架、侧墙、端墙、车顶和侧门的铁路货车，车体设有隔热层，并设制冷和（或）加温设备。按制冷方式主要分为隔热车、加冰冷藏车、冷冻板冷藏车、机械冷藏车。

毒品车：设有底架、侧墙、端墙、车顶和侧门的铁路货车，供运输有毒物品（如农药等）。

集装箱车：设有底架和集装箱固定装置的铁路货车，供运输集装箱。

长大货物车：设有中、小底架和支承架的铁路货车，供运输重量特重、长度特长或体积庞大的货物。其支承架支承在两端的中底架或小底架上，车辆长度一般在 19 m 以上，但少数车辆长度小于 19 m，按承载架的结构分主要有长大平车、凹底车、落下孔车、钳夹车。

小汽车运输车：设有上下两层底架、端门、端渡板和止轮装置的铁路货车，专供运输小汽车。

自翻车：设有底架、车厢及倾翻机构，将卸车设备和车辆结构结合在一起的铁路货车，车厢可绕底架上的转轴向任一侧回转，在车厢回转过程中，侧门能自动打开卸货。按动力源可分为气动自翻车、液压自翻车、气液自翻车等。

检衡车：设有底架、侧墙、端墙、活动车顶、砝码及车内设备的铁路货车，用于检定轨道衡性能的车辆。

长钢轨车组：由宿营车、发电车、作业车、运轨车、安全（防护）车等多种车辆组成的铁路货车车组，供铁道线路施工中装、运、卸、收钢轨，通常可简称为“长轨车”。

1.2.2 术　　语

车辆纵向：车辆位于平直线路时，沿车辆前后的连接牵引方向。

车辆横向：与车辆纵向相垂直的水平方向。

车端：车辆上，沿车辆纵向的前后两端部分。

轨面：水平线路上的轨道顶面。

车钩中心线高度：空车时，车钩钩舌端面(外侧面)的中心线至轨面的垂直距离。密接式车钩为凸锥中心至轨面的垂直距离。可简称为“车钩高”。(注：轨面系平直线路上的轨道顶面，下同)

车辆长度：车辆不受纵向外力影响时，车辆两端钩舌内侧面间的距离。

车辆宽度：车辆两侧的最外凸出部位之间的水平距离。

车辆最大宽度：车辆侧面的最外凸出部位与车体纵向中心线间的水平距离的两倍。

车辆高度：空车时，车体或罐体上部外表面至轨面的垂直距离。

车辆最大高度：空车时，车辆上部最高部位至轨面的垂直距离。

地板面高度：空车时，底架地板上表面至轨面的垂直距离(不包括木地板覆盖物，例如地板布、地毯等的厚度)。

车辆定距：支承车体的前后两走行部中心之间的距离。

车辆换长：车辆长度(m)除以 11 所得之值(保留一位小数，尾数四舍五入)。

自重：空车时，车辆自身具备的重量。

载重：车辆标记中所注明的允许装运货物的允许垂量(包括整备品重量和乘务人员的重量)。

总重：自重与载重之和。对不装运货物的车辆，总重是指车辆自重与整备品重和乘务员的重量之和。

自重系数：车辆自重与标记载重之比值。

比容系数：设计容积与标记载重之比值。

每延米重：车辆总重与车辆长度之比值。

车辆重心高度：车辆重心至轨面的垂直距离。

最高运行速度：安全及结构强度等条件限定的，车辆能够持续稳定地运行的最高行驶速度。

通过最小曲线半径：车辆在线路运行及站场或厂、段内调车时所能安全通过的最小曲线半径。

型式试验：对车辆的基本参数、结构、性能等是否符合标准要求所做的考核试验。

例行试验：对批量生产的每辆车，检验其外观、结构、性能而做的常规性试验。

强度试验：测定车辆各主要零部件在试验载荷下的应力的试验。包括静强度试验和动强度试验。

刚度试验:测定车辆主要部件在试验载荷下的变形量的试验。

动力学试验:测定车辆在各种运行速度下的运行品质的试验。

冲击试验:测定车辆在受冲击过程中发生的冲击力、加速度、应力等参数的试验。

通过最小曲线半径试验:测定车辆是否能安全通过最小曲线半径的试验。

单车试验:测定车辆制动机和整个车辆制动装置在静止状态的性能试验。

漏雨试验:检查有盖车辆有无渗漏现象所进行的喷水和浇水试验。喷水试验用于全车落成的车辆,浇水试验用于车体的钢结构。

水压试验:利用一定压力的水,检查车辆罐体或管系强度及密封性能所进行的试验。

车种:车辆的种类。

车型:用于标明车辆种类和结构特点的代号。

车号:按有关规定编排的车辆顺序号码。

1.3 铁路货车的用途和编码

1.3.1 铁路货车的用途

在铁路上用于载运货物的车辆统称为铁路货车。按其用途不同,可分为通用货车和专用货车。

1. 通用货车

通用货车可适合装运各种不同类型的货物,主要有下列三种:

敞车——通用性强,它既可运输煤炭等散粒货物,也可以装运木材、钢材、集装箱等,也可在其上部覆盖防雨雪的篷布。

棚车——能运输怕日晒雨淋的货物及大牲畜等,在需要时也能运送兵员或其他旅客。

平车——一般用于装运钢材、木材、集装箱、汽车、拖拉机、机器设备及军用装备等较大的货物。部分设有活动下翻式矮端墙和侧墙的平车,可用来装运矿石、砂土等块粒状货物。

2. 专用货车

专用货车专供运送某些种类的货物,主要有如下几种:

(1)罐车——用于装载液体、液化气体或粉末状货物,包括:轻油、重油、沥青、食油、水泥、化工品、粉状货物、液化气等。

(2)保温车——用以装运易腐货物,如肉类、水果等;也可以装运对温度有特殊要求的货物。

(3)自翻车——主要用以运送各种矿石、矿粉。整个车体能借液压或空气压力的作用向一侧倾斜,并自动开启侧门,把货物倾泻出来。

(4)长大货物车——装运无法用一般铁路货车装运的特长和特重货物,对于长大平车和凹底车,货物坐落在支承架上;对于钳夹车,货物钳夹在两节车之间或通过专门的货物承载架装载在两节车之间的钳夹上等。

(5)集装箱车——用以装运集装箱的车辆。采用集装箱车运输可大大提高装卸车效率,加速车辆的周转。

(6)漏斗车——漏斗车种类繁多,用途较广,可装运煤炭、矿石、石灰石、石砟、粮食、盐、水泥等散粒货物。对于不需要防水、防尘,污染性小的货物,采用无盖车辆,对于需要防水、防尘和污染性较重的货物,采用有盖车辆。

(7)毒品车——专供运送有毒物品的车辆,如运输农药等。

(8)小汽车运输车——专供运送小汽车。

(9)检衡车——用于鉴定静态轨道衡、动态轨道衡、超偏载检测装置性能。

(10)长钢轨车组——供铁道线路施工中装、运、卸、收钢轨。

1.3.2 货车编码方法

为了对车辆识别和管理,必须对每一辆车都进行编码,且每一辆车的代码需唯一。代码包括车种、车型和车号。

1. 货车车种

按货车的形状特征和所装运货物的特征或车辆的技术特征划分的货车种类。

货车车种编码原则上按货车车种名称的汉语拼音的第一个大写字母表示。货车车种的具体编码见表 1-1。

表 1-1 车种编码

车种名称	车种编码	车种名称	车种编码	车种名称	车种编码
敞 车	C	保温车	B	集装箱专用车	X
棚 车	P	粮食车	L	小汽车专用车	SQ
平 车	N	毒品车	W	汽车驮背专用车	QT
罐 车	G	水泥车	U	长大货物车	D
漏斗车	K	家畜车	J	特种车	T

2. 货车车型

表征车种和车辆用途、技术特征、结构特征等的字母和数字组合。货车车型采用大写汉语拼音字母和阿拉伯数字编码,由车种编码、辅助编码 1、辅助编码 2、载重级别或速度级别或顺序序列、定型序号、转向架编码等组成。可无辅助编码 1、辅助编码 2、定型序号、转向架编码。

辅助编码 1 用于区分货车的不同用途或特殊结构,具体编码见表 1-2。

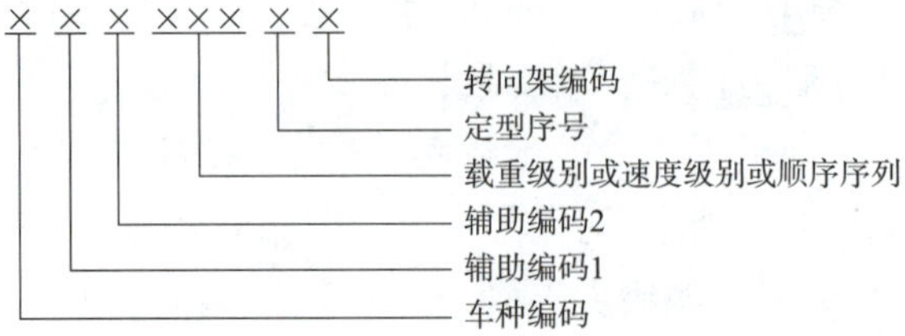

表 1-2　辅助编码 1

货车车种	辅助编码 1	含义	货车车种	辅助编码 1	含义
平　车	X	集装箱	罐　车	Q	轻油类
	P	带活动棚		N	黏油类
	J	铺架机组车辆		S	酸
	A	凹底平车		J	碱
漏斗车	M	煤炭		L	沥青类
	Z	石砟		W	食品类
	S	石灰石		H	其他化工类
	T	铁矿石		Y	压力
	L	熟料		F	粉状货物
	F	自翻	保温车	H	货物
长大货物车	N	平		F	发电
	Q	钳夹	特种车	G	罐
	A	凹底		P	棚
	K	落下孔		B	保温
	F	机身运输			
	L	运梁			

辅助编码 2 用于区分压力罐车、酸类罐车、化工类罐车、食品类罐车、粉状货物罐车等车型的不同用途，具体编码见表 1-3。

表 1-3　辅助编码 2

货车车种	辅助编码 2	含　义
压力罐车	A	表示第 2.1 项易燃气体
	B	表示第 2.2 项非易燃无毒气体
	C	表示第 2.3 项毒性气体
	D	表示液体，装运该类液体的压力罐车受《移动式压力容器安全技术监察规程》的监察
酸类罐车	—	表示浓硫酸罐车
	A	表示浓硝酸罐车
	B	表示盐酸罐车
	C	表示磷酸罐车

续上表

货车车种	辅助编码 2	含　义
化工类罐车	—	表示未划入危险货物分类的物质
	A	表示第 3 类易燃液体
	B	表示第 4 类易燃固体、易于自燃的物质、遇水放出易燃气体的物质
	C	表示第 5 类氧化性物质和有机过氯化物
	D	表示第 6 类有毒物质和感染性物质
	E	表示除强酸、强碱外的第 8 类腐蚀性物质
	F	表示第 9 类杂项危险物质和物品
食品类罐车	—	表示食用油等需要加热的食品类物质
	A	表示牛奶等需要保洁的食品
粉状货物罐车	—	表示氧化铝粉
	M	表示煤粉
注："第 2.×项" "第×类"为《铁路危险货物品名表》中的分项。		

载重级别、速度级别、顺序序列编码采用 1～3 位阿拉伯数字表示，应符合下列要求：

(1)长大货物车载重级别编码取载重级别的百位和十位数字，无百位数字时仅取十位数字。

(2)特种车采用顺序序列表示。

(3)除长大货物车和特种车外的其他货车，当最高运行速度小于或等于 120 km/h 时，用 1～3 位数字表示载重级别；当运行速度大于 120 km/h 时，用 3 位数字表示速度级别。

首次定型的车辆，无定型序号。其后定型的同类货车依次用大写字母 A、B、C、D、…表示，F、H、I、K、O 等字母除外。车型定型序号按照同一车种内车辆产品定型时间顺序确定。

转向架编码采用一位大写字母表示。货车装用交叉支撑转向架时不表示，装用摆式转向架时用"H"表示，装用副构架转向架时用"F"表示。不需要区分时，可无转向架编码。

新型货车车型的编码不应与已有货车车型重复。

货车车型编码不应超过 6 位。

货车车型编码具体示例如下：

示例 1：新研制的化工类罐车，用于装运甲醇(《铁路危险货物品名表》中第 3 类易燃液体)，载重级别为 80 t，首次设计定型，装用交叉支撑转向架。其货车车型编码为 GHA_{80}。

示例 2：新研制的快捷货运棚车，最高运行速度为 160 km/h，第二个型号的快捷货

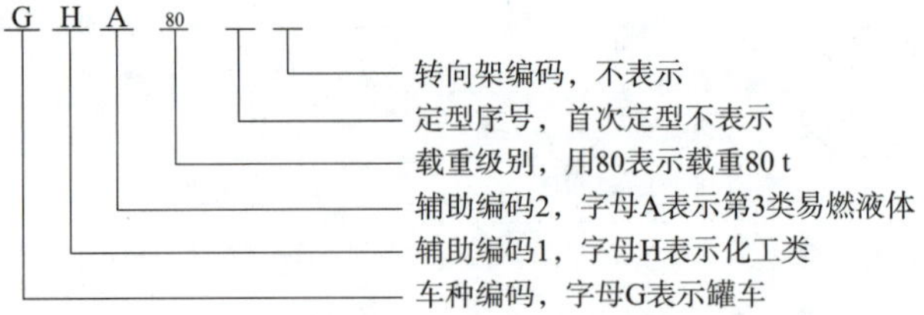

运棚车。其货车车型编码为 P_{160A}。

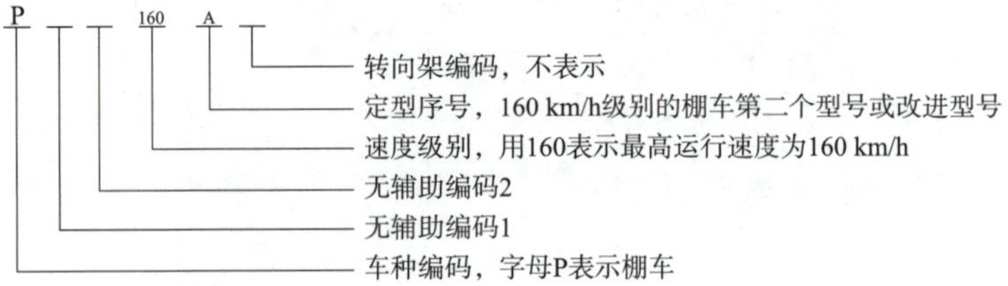

示例 3：新研制的落下孔长大货物车，载重级别为 320 t，第二个型号的落下孔长大货物车。其货车车型编码为 DK_{32A}。

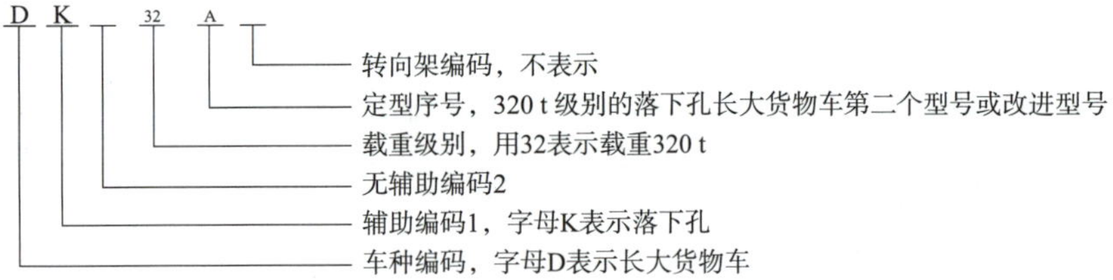

3. 货车车号

货车车号编码采用 7 位阿拉伯数字，每一辆货车应有唯一的车号。

2 铁路货车设计与试验

2.1 设计原则与方法

2.1.1 设计原则

产品设计是铁路货车生产制造、运用、维护、检修、安全事故追责等的主要依据，其设计图纸和技术文件规定了产品的功能、性能、结构以及制造、质量等方面的要求。铁路货车设计应符合以下原则。

1. 符合国家法令、法规及铁路规范原则

须遵守国家对人身及财产安全、环境保护、产业发展等方面相关法令、法规。同时还需符合相应国家标准、铁道行业标准、行业标准和铁路货车管理部门颁布的规章、规程及相关文件的要求。

2. 保证功能、方便使用、利于维护原则

满足用户对产品功能的要求，方便用户使用，便于检修维护，体现“用户至上”原则。要充分识别产品的使用环境，保证产品性能稳定可靠，人工或机械化装卸安全方便，保证产品的可靠性、可用性、可维护性。

3. 安全可靠、经济合理、技术先进原则

铁路货车多为无固定配属、客货共线运营，空、重车工况变化大，对货车安全可靠性要求较高。因此要确保货车产品整车及各零部件结构强度和寿命满足使用要求、安全可靠。

铁路货车保有量大，运用条件复杂，在保证安全可靠的前提下，应提高运输效率、降低检修维护成本，统筹兼顾，实现全寿命周期费用经济合理。

为进一步提高铁路货车技术性能、安全可靠性，满足运输需求，应积极采用和发展新技术、新工艺、新材料，推动铁路货车技术进步。

4. 坚持标准化、系列化、简统化原则

立足于既有成熟技术及产品平台，统一接口，实现零部件标准化、通用化、系列化，产品及配件的简统化，提高互换性，方便运用、检修及管理。

5. 与既有制造、检修、维护体系融合原则

我国已经形成了铁路货车完整的以装备保工艺、以工艺保质量、以质量保安全为原则的制造、检修、维护体系。产品设计应与既有制造、检修、维护体系融合，保

证设计质量、制造质量、检修维护质量，快速的形成在精益制造指导下的装备工程化能力。

2.1.2 考核标准

目前世界各国铁路货车产品设计主要采用北美 AAR、欧盟 UIC、独联体国家 ГОСТ 和中国铁路标准 TB 等四大标准体系。其中，我国铁路货车产品的设计考核主要遵循以下标准。

1. 静强度及刚度考核标准

以 TB/T 1335《铁道车辆强度设计及试验鉴定规范》为基础，结合我国重载列车的运用经验和试验数据，确定产品实际需要的纵向力考核标准，进行考核。

2. 冲击考核标准

按照 TB/T 1335《铁道车辆强度设计及试验鉴定规范》的标准进行考核。

3. 动力学考核标准

车辆动力学试验鉴定规范执行 GB/T 5599《铁道车辆动力学性能评定和试验鉴定规范》。

4. 可靠性设计及疲劳评估

随着我国铁路货车产品运行速度的提高、载重吨位的加大、轻量化设计理念的引入以及新型材料的采用，传统的以静强度为主的强度、刚度考核方法已不能完全涵盖实际运用中产生的问题，疲劳及可靠性设计已逐步成为急需解决的问题。

基于疲劳损伤累积理论形成的疲劳分析法在国内外已被普遍认可和采用，并有较为成功地运用该理论进行前期设计和故障分析的实例。我国完成了基于国内线路的载荷谱，同美国 AAR 标准(机务标准 M-1001-97 第Ⅶ章“新造货车的疲劳设计”)一样可对车辆进行寿命预测和分析。

2.1.3 设计步骤

铁路货车设计应符合以下步骤。

1. 设计输入

铁路货车产品设计首先需确定车辆运用环境、线路条件、使用要求、装卸货方式等重要的设计输入，全面识别用户需求，指导参数选取和结构确定，保证产品性能及各项指标合理。

2. 参数的选取

(1) 轴重

自 2003 年开始，铁路货车实现了载重由 60 t 级向 70 t 级和 80 t 级的第三次大的升级换代，发展的主要货车均为通用线货车轴重 23 t、专用线货车轴重 25 t。目前国铁货车中 23 t、25 t 轴重的货车已占总量的 50%，随着 21 t 轴重货车的逐渐淘汰，此占比正逐年上升，今后一段时间货车轴重仍将继续以通用线 23 t、专用线 25 t 为主。根据铁路主要技术政策的要求，我国今后重载货车的发展定位在通用线 27 t 轴重、专用线 30 t 轴重。因此，我国铁路货车轴重定位为：既有线通用货车以 23 t 轴重为主，加快发展 27 t 轴重；重载专线专用货车以 25 t 轴重为主，加快发展 30 t 轴重。

(2)载重、自重

铁路货车的发展都是以提高运输效率、效益为最终目的。相同轴重条件下，车辆载重越大，自重越小，运输效率、效益越好，因此，在综合考虑车辆可靠性、服役时间、寿命及运用维护成本的情况下，通过优化车辆结构设计，采用新材料等轻量化设计手段，尽可能降低车辆自重，增加载重。

目前，铁路货车轻量化技术主要包括结构优化设计、轻量化材料的应用、先进制造工艺技术等，通过这些轻量化技术手段，通用货车实现了 23 t 轴重载重为 70 t 级、27 t 轴重载重为 80 t 级；运煤专用敞车实现了 25 t 轴重载重为 80 t 级、30 t 轴重载重为 100 t 级。随着仿真分析及设计方法的不断进步，非金属材料及高性能钢材的应用，能够进一步降低车辆自重，增加车辆载重。因此，我国铁路货车载重定位为：既有线以 70 t 级通用货车为主，加快发展 80 t 级通用货车；重载运煤专线以 80 t 级专用货车为主，条件具备的加快发展 100 t 级专用货车。

(3)最高运行速度

根据我国铁路主要技术政策，结合速度与轨道、路基、桥梁、供电、能耗等之间的关系，综合分析，目前我国铁路货车速度定位为：重载货车或重载专线专用货车(轴重 25 t 及以上)，最高运行速度 100 km/h；既有线非重载货车(轴重 23 t 及以下)，最高运行速度 120 km/h；快捷货运货车，最高运行速度 160 km/h。

3. 主要结构的选取

(1) 承载结构的选取

车辆承载结构，一般应在既有成熟结构型式基础上，结合先进的仿真分析方法，对其进行优化设计，考虑结构强度和寿命，合理选材，实现满足性能要求下的轻量化。

(2) 转向架型式的选取

我国既有铁路货车采用 2 轴铸钢三大件转向架为主，在专用车上采用多轴焊接构架式转向架。综合考虑运输货物特点、车辆的类型、载重、自重、轴重、限界、车长、过桥性能等，一般通用车选用 2 轴铸钢三大件转向架，专用车根据运输需要选用多轴焊接构架式转向架。

(3) 车钩缓冲装置的选取

我国既有铁路货车已经形成了 13 系列，16、17 型车钩，HM-1、HN-1、MT-2、MT-3 型缓冲器的配置。根据车辆的轴重和编组情况，结合列车的纵向牵引力和纵向冲动，选取车钩和缓冲器型号，目前设计的新车型应选用 17 型车钩，MT-2 或 HM-1 型缓冲器；

有特殊要求或者需与客车编组的车辆选用13系列车钩，优先选用MT-2、HM-1、MT-3型缓冲器，有特殊需要时可选用HN-1型缓冲器；有翻车机卸货要求的车辆选用16型车钩，MT-2或HM-1型缓冲器；根据专用车的需求可以选用新型的车钩及缓冲器。

（4）制动系统的选取

制动系统包括空气制动系统和基础制动装置系统。空气制动系统一般均应选择120型空气制动机，但制动中有常用加速制动要求的长大编组的车辆应选择120-1型空气制动机。基础制动装置一般选择杠杆型式，在有特殊使用要求或者带有浴盆、漏斗的车辆可选择转向架集成制动装置。

2.1.4　车辆研制程序

1. 方案论证

根据设计输入完成方案论证，编写研制开发论证报告。

2. 设计方案评审

对新型铁路货车在研究开发过程中拟定的技术条件、设计方案进行评价。主要评审样车技术条件，设计方案研究报告，整车和关键零部件结构、参数、性能等计算报告，知识产权评估报告，主要设计图样等。

3. 样机试制及试验

根据设计方案评审批复进行整车图样设计，进行样机试制，样机试制完成后，按照GB/T 5601《铁道货车检查与试验规则》中规定的试验项目进行相关试验。

4. 试用评审及试用

对新型铁路货车样车是否能够上正线运用考核进行评价。主要评审研制工作报告，试制工作报告，质量检测报告，监造相关工作报告，主要设计图样、技术条件和使用维护说明书，整车和关键零部件型式试验报告，运用考核和解体检查大纲等。

5. 技术评审

对新型铁路货车样车是否能够满足设计定型条件进行全面评价。主要评审研制工作报告，试制工作报告，质量检测报告，监造相关工作报告，主要设计图样、技术条件和使用维护说明书，整车和关键零部件型式试验报告，运用考核和解体检查报告，知识产权评估和规划报告等。

6. 设计定型

按照国家相关定型管理办法要求，完成车辆定型工作。

2.2　仿真分析及试验

2.2.1　车体结构强度仿真分析与试验

车体需要承受货物重量以及各种车辆附属件的重量，在运用中还承受着纵向、横向、垂向、扭转等动态载荷的作用，这些动态载荷往往与线路条件、司机操纵和列车动力学性能相关，具有很强的随机变动特性。车体结构强度仿真分析与试验就是验证车体结构在这些静态及动态载荷的单独或联合作用下的强度可靠性，通常包括车体静强度仿真分析与试验、车体疲劳强度仿真分析和车辆冲击试验。

1. 车体静强度仿真分析与试验

车体静强度仿真分析与试验是按照 TB/T 1335《铁道车辆强度设计及试验鉴定规范》和 TJ/CL 025—2012《大轴重铁路货车总体技术条件(暂行)》的有关规定进行。

(1)车体基本作用载荷

①车体垂向静载荷

车体垂向静载荷包括车体自重、载重和车体的整备重量。车体自重是空车时车体自身具备的重量。一般货车载重取标记载重，为考虑雨雪增载对敞车和无盖漏斗车车体结构强度的影响，取标记载重的 1.15 倍为载重。车体的整备重量是指为保证编组车辆的正常工作而必须具备的食品、燃料、水、工具等的重量之和。

②车体垂向动载荷

垂向动载荷由垂向静载荷乘以垂向动荷系数确定。

③车体垂向总载荷

垂向静载荷与垂向动载荷之和为垂向总载荷。

④侧向力(包括离心惯性力和风力)

如果在设计任务书中没有特殊规定离心惯性力，则按垂向静载荷的 7.5%取值。风力按单位风压力乘以车体的侧向投影面积计算。风力的合力作用于投影面积的形心上，单位风压力可取 540 Pa。在计算或试验车体侧梁、枕梁、侧墙以及车顶的强度时，可不施加侧向力而以加大垂向载荷来考虑侧向力的影响。垂向载荷增加值为垂向静载荷的 10%。

⑤扭转载荷

扭转载荷取值为 40 kN·m。

⑥纵向力

纵向力取值见表 2-1，该力分别沿车钩中心线作用于车体两端的前、后从板座上。

表 2-1 纵向力

纵 向 力	单列编组总重≤10 000 t 的货车	单列编组总重 10 000 t 且组合列车总重≤20 000 t 的货车	单列编组总重≤6 000 t 的专用货车
第一工况纵向拉伸力(kN)	1 780	2 250	1 125
第一工况纵向压缩力(kN)	1 920	2 500	1 400
第二工况纵向压缩力(kN)	2 500	2 800	2 250

上表中第一工况和第二工况是指 TB/T 1335 中关于纵向力定义时的两种情况。

⑦罐体压力

罐体的内压力为所装液体的蒸发气体的压力、液力冲击时所产生的压力及所装液体自重引起的静压力三部分之和。罐体内的蒸发气体压力根据技术条件规定的安全阀调整压力取值。液力冲击时产生的单位面积压力等于液体惯性力 N_g除以罐体端面的投影面积所得的商。静强度计算及试验时，假定此压力的作用沿整个罐体是均匀的。N_g值可用表 2-1 所规定的相应工况的纵向力值乘以载重与车辆总重的比而求得。

⑧散装粒状货物的侧压力

散装粒状货物的侧压力作用于垂直侧(端)墙之上。

⑨上翻车机作业时所受的载荷

需上翻车机的敞车，其上侧梁和立柱必须满足翻车机的作业要求。翻车机一个压头的最大垂向压力作用在上侧梁的任何位置，均布于最小 200 mm 的长度上；侧墙立柱根部的内倾总弯矩均匀分摊给所有立柱。对于轴重为 21 t 的敞车，翻车机压头最大垂向压力和侧墙立柱的内倾总弯矩分别取 118 kN 和 235 kN·m，对于轴重大于 21 t 的敞车，翻车机压头最大垂向压力和侧墙立柱的内倾总弯矩分别取 140 kN 和 235 kN·m。

⑩叉车作业时所受的载荷

地板应能满足叉车装卸作业的要求，前轮距为 760 mm，载荷为 40 kN(每轮 20 kN)，作用在地板任何位置。

⑪顶车载荷

在车体一端枕梁的两侧或其他顶车位顶起重载车体。

(2)评定标准

①车体静强度

第一工况纵向力产生的应力与垂向总载荷、侧向力、扭转载荷等所产生的应力相加(对于装运散装粒状货物的车辆，还应加上侧压力产生的应力；对于罐体，还应加上罐体压力产生的应力)，其和不得大于所用材料的第一工况许用应力；第二工况纵向力产生的应力与垂向静载荷产生的应力相加(对于装运散装粒状货物的车辆，还应加上侧压力产生的应力；对于罐体，还应加上罐体压力产生的应力)，其和不得大于所用材料的第二工况许用应力。上翻车机作业时的压车力、内倾弯矩，叉车作业时的叉车载荷以及顶车载荷作用产生的应力不得大于所用材料的屈服强度 R_e或规定非比例延伸强度 $R_{p0.2}$。车体结构常用钢制材料、铝合金材料的屈服强度 R_e或规定非比例延伸强度 $R_{p0.2}$和许用应力分别见表 2-2、表 2-3。

表 2-2 车体结构常用钢制材料的屈服强度 R_e 或规定非比例延伸强度 $R_{p0.2}$ 和许用应力

材料及其牌号		屈服强度 R_e 或规定非比例延伸强度 $R_{p0.2}$(MPa)	第一工况许用应力(MPa)	第二工况许用应力(MPa)
普通碳素钢	Q215	215	147	194
	Q235	235	161	212
	Q275	275	188	248
耐候钢	Q345NQR2	345	216	293
	Q295NQR2	295	184	250
	Q450NQR1	450	281	382
	Q500NQR1	500	313	424
	Q550NQR1	550	344	467
不锈钢	1Cr17Mn6Ni5N	275	188	248
铁素体不锈钢	T4003	350	219	297
	TCS275	275	172	233
低合金钢	16Mn	345	216	293
普通铸钢	ZG200-400	200	115	154
	ZG230-450	230	132	177
低合金铸钢	B 级钢	260	139	185
	B+级钢	345	184	246
	C 级钢	415	192	256

表 2-3 车体结构常用铝合金材料的规定非比例延伸强度 $R_{p0.2}$ 和许用应力

合金牌号	状态	产品形式	厚度 t(mm)	规定非比例延伸强度 $R_{p0.2}$(MPa)		第一工况许用应力(MPa)		第二工况许用应力(MPa)	
				母材	焊接热影响区	母材	焊接热影响区	母材	焊接热影响区
5083	H321	板材	$t\leqslant 40$	215	155	137	98	191	138
6061	T6	板材	$t\leqslant 12.5$	240	115	152	73	214	102
		挤压型材	$t\leqslant 20$	240	115	152	73	214	102

②车体垂向弯曲刚度

车体垂向弯曲刚度采用垂向静载荷作用下的挠跨比评价，推荐数值按照式(2-1)～式(2-4)计算。

底架承载的敞、平车 $$\frac{f_z}{l_2}\leqslant\frac{1}{900} \tag{2-1}$$

侧墙承载的车体 $$\frac{f_z}{l_2}\leqslant\frac{1}{1\,500} \tag{2-2}$$

$$\frac{f_c}{l_2}\leqslant\frac{1}{2\,000} \tag{2-3}$$

受集中载重的平车 $$\frac{f_z}{l_2}\leqslant\frac{1}{700} \tag{2-4}$$

式中 f_z——中梁中央挠度，mm；

f_c——侧梁中央挠度，mm；

l_2——车辆定距，mm。

2. 车体疲劳强度仿真分析

轨道车辆车体结构在其运行期间将承受大量的不同程度的动态载荷。可以采用疲劳极限法和疲劳累积损伤法对车体疲劳强度进行评价。

(1)疲劳极限法

采用疲劳极限法进行车体疲劳强度的评价适用于所有动应力循环的应力水平均低于疲劳极限的场合。当应用国外标准或其他等效的数据资料所示的疲劳极限的循环次数小于或等于 10^7 且使用 EN 12663-1：2010《铁路应用 铁道车辆车体结构要求》第 6.6 至 6.8 条规定的载荷时(表 2-4)，可以使用 EN 12663-1：2010 中推荐的疲劳极限，不同焊接接头类型下各种常用钢的疲劳极限许用应力见表 2-5，车体结构的常见焊接接头见表 2-6。在表 2-4 中所示疲劳载荷作用下，当车体结构各处应力均小于表 2-5 所示材料母材或者接头的疲劳极限时，表明车体疲劳强度满足要求。

表 2-4 EN 12663-1：2010 规定的疲劳强度载荷

疲劳载荷	疲劳载荷类型	数 值
工况 1	常规垂向疲劳载荷	$(1\pm0.3)g$ *
工况 2	常规横向疲劳载荷	$\pm0.2g$
工况 3	牵引和制动疲劳载荷	$\pm0.3g$

* g 为重力加速度。

表 2-5 疲劳极限许用应力

许用应力		$2\sigma_{Alim}$(N/mm²)			σ_{mlim}(N/mm²)			σ_{maxlim}(N/mm²)		
钢种		S235	S275	S355	S235	S275	S355	S235	S275	S355
接头类型	A	110	128	164	180 165[a]	211 192[a]	273 248[a]	235 214[a]	275 250[a]	355 323[a]
	B	90			150			195		
	C	80			133			173		
	D	66			110			143		
	E	54			90			117		

[a] 机加工对接焊缝。

$2\sigma_{Alim}$——许用动应力范围。

σ_{mlim}——许用平均应力。

σ_{maxlim}——最大主应力。

表 2-6 铁路常见焊接接头示例

接头类型	图　　示	描　　述
A	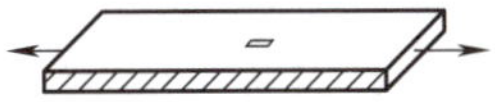	远离焊缝
	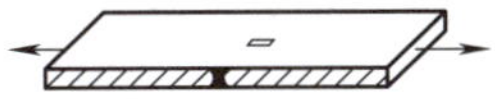	机加工对接焊缝
B		对接焊缝
		机加工斜面对接焊缝
C	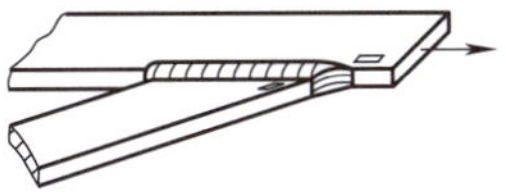	焊接件间成角度对接焊缝
D	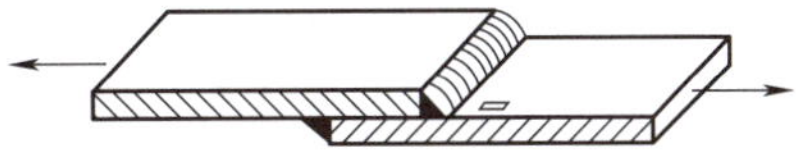	搭接焊缝
D	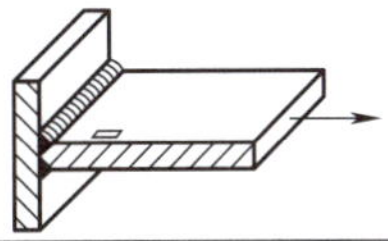	角接接头
E		销保护焊缝 螺柱保护焊缝

(2)疲劳累积损伤法

AAR 标准 AAR M-1001《货车设计制造规范》第 7 章“货车的疲劳设计”中,建议采用应力寿命方法计算车体有限元模型中各节点上造成的损伤以及车体疲劳寿命。

①疲劳估算的基本假设

a. 疲劳评估是基于有限元方法计算获得的节点主应力;

b. 应力采用弹性分析来获得;

c. 利用麦勒线性累计损伤理论;

d. 在 100 000 到 2 000 000 循环下 S—N 曲线是与应力比 R 无关的一条直线;

e. 疲劳损伤不受载荷谱顺序的影响,不同载荷谱下的损伤分别计算;

f. 焊接接头的疲劳分析假设认为只有主应力范围决定了疲劳破坏,即焊接接头疲劳评价忽略平均应力的影响;

g. 应力范围等于最大应力和最小应力的代数差;

h. 材料之前没有疲劳破坏；

i. 当肉眼可视的裂纹产生时，认为已经发生疲劳破坏。

②车体疲劳寿命分析步骤

首先，选择车体疲劳寿命分析适用的载荷谱，确定载荷谱换算系数。对车体疲劳寿命影响最大的主要是心盘垂向总载荷谱、车钩纵向载荷谱以及车体扭转载荷谱，一般可以按照轴重或者载重成线性比例对垂向和扭转载荷谱进行换算，车钩纵向载荷谱则直接使用。

其次，进行车体跟载荷谱相对应的基础载荷下的有限元应力分析。

然后按线性关系由载荷谱分别换算出车体各处在这些载荷谱作用下的应力范围谱，接着选用与车体结构焊接接头和焊接细节相当的疲劳 $S—N$ 曲线，采用疲劳损伤理论估算车体在这些单一载荷下的疲劳损伤，最后将损伤进行叠加，即可得到车体疲劳寿命。

3. 车辆冲击试验

车辆冲击试验按照 TB/T 1335《铁道车辆强度设计及试验鉴定规范》和 TJ/CL 025—2012《大轴重铁路货车总体技术条件(暂行)》的有关规定进行。

车辆冲击试验是用一辆具有一定速度的车辆(冲击车)向一辆静止(非制动状态)在平直轨道的车辆(受试车)冲击，同时用测试仪器测量和记录冲击过程中发生的冲击力及应力等动态参数。在受试车后面(非直接受冲击的一端)约 1 m 处，停放一辆或数辆处于制动状态的阻挡车以限制冲击后受试车的移动距离。

冲击车获得速度的方式是让其从斜坡上适当高度处靠重力作用自由溜下斜坡。

(1)试验车辆

①受试车

受试车应经制造商检验合格，在冲击试验前应进行车体静强度试验并记录其技术状态，如变形等。受试车应装有设计时所采用的缓冲装置。受试车应装载到标记载重。

②冲击车

冲击车应装用 MT-2 型缓冲器，其车辆总重应与受试车相近，且不应小于 92 t。

③阻挡车

阻挡车的手制动机应处于制动位，并在轨道上适当位置放置不少于两对铁鞋。

(2)测量项目

①车钩力

在受试车直接受冲击端换上测力车钩。测力车钩应预先在钩身上贴电阻应变片组成电桥，电桥应能消除由于纵向冲击力偏离车钩纵向中心而引起的附加应变，然后在试验机或荷重传感器上进行静标定。标定载荷为 1.1 倍的第二工况纵向压缩力。

②动应力

测量车体主要部件(如牵引梁、中枕梁节点、枕侧梁节点、敞车端墙横梁等部位，必要时包括转向架等其他零部件)的动应力。

③缓冲器行程

测量缓冲器行程的位移传感器安装在钩尾框纵向中心线下方前、后从板座间的适当位置。

④加速度

一般主要测量车体中梁的纵向加速度。传感器应安装在车体中央横向水平中心线附近的中梁腹板外侧处。对于无中梁车体，传感器应安装在车体中部主要承载结构件上。

⑤冲击速度

冲击速度是指冲击车与受试车即将发生冲击前瞬间冲击车的速度。可用轨道贴片法、在冲击车上安装速度传感器法或其他更为精确的方法测量。轨道贴片法是在轨道腹板上相距 500 mm 的两点分别贴一组电阻应变片，记录发生冲击前瞬间冲击车最靠近受试车的轮对越过第一点和第二点所经历的时间，通过换算得出冲击速度。

(3)评定标准

冲击试验合成应力不得大于所用材料的第二工况许用应力(车体结构常用材料的第二工况许用应力见表 2-2、表 2-3)。冲击试验后受试车仍应具有良好的运用技术状态，车体不得产生残余变形，不得有任何车辆零部件发生损伤。

2.2.2 摇枕、侧架仿真分析与试验

摇枕、侧架静载荷及疲劳仿真分析与试验按照 TB/T 1959《铁道货车摇枕、侧架静载荷及疲劳试验》的有关规定进行。摇枕静载荷仿真分析与试验考核横向载荷、旁承垂向载荷、心盘垂向载荷下的弹性变形和永久变形、心盘垂向最小极限载荷。摇枕疲劳仿真分析与试验考核旁承侧滚载荷、心盘边缘侧滚载荷、心盘浮沉载荷三种疲劳载荷工况下的强度。侧架静载荷仿真分析与试验考核水平载荷、垂向载荷下的弹性变形和永久变形、垂向最小极限载荷。侧架疲劳仿真分析与试验考核垂向载荷、横向载荷、扭转载荷三种疲劳载荷工况下的强度。

摇枕、侧架静强度仿真分析与试验按照 TB/T 1335《铁道车辆强度设计及试验鉴定规范》的有关规定进行。摇枕静强度仿真分析与试验包括两种工况，分别为 $1P$ 垂向载荷与 $0.25P$ 横向载荷共同作用工况和 $0.8P$ 横向载荷单独作用工况，其中 P 为一个转向架承受的垂向静载荷。侧架静强度仿真分析与试验的工况为 $1.5C$ 垂向载荷与 $0.4C$ 横向载荷共同作用工况，其中 C 为轴载荷。

摇枕、侧架仿真分析与试验细节描述详见《铁路货车转向架》(中国铁道出版社有限公司出版，2019)第三章。

2.2.3 车辆动力学性能仿真分析与试验

1. 车辆动力学性能仿真分析

(1)目的和意义

随着货车轴重和运行速度的提高，动力学性能仿真技术在货车的研发过程中得到

了广泛的应用，确保研发货车的运行品质，提高了货车研发的可靠性，降低了开发的周期和成本，推动了货车的研发进程。因此，动力学性能仿真是货车研发过程中必不可少的技术手段之一。

货车动力学性能仿真分析就是利用计算机仿真技术，对货车在运行中的动力学问题进行求解，得出各项动力学性能指标，并根据相关标准对货车的运行性能进行评估。货车动力学性能仿真分析主要包括以下几项主要内容：

①分析货车蛇行运动的失稳临界速度；

②分析货车在直线及曲线上运行的安全性；

③分析货车横向和垂向振动对外部激扰的响应；

④对货车转向架悬挂参数进行优化分析；

⑤研究各零部件性能对货车动力学性能的影响；

⑥对货车在运行中出现异常现象的原因进行分析。

(2)模型的建立

①转向架主要结构特点

铁路货车转向架有三大件式和整体构架式两种结构模式，为满足空、重车工况下的动力学性能和连挂要求，主悬挂装置多数采用空、重车两级(或多级)刚度特性弹簧和摩擦减振器，采用心盘和常接触弹性旁承联合承载模式，采用踏面制动。三大件式转向架采用中央悬挂为主悬挂，整体构架式转向架采用轴箱悬挂为主悬挂。

②非线性因素

铁路货车系统中有多种非线性因素，对货车的动力学性能有重要影响，在货车动力学性能仿真分析时应重点考虑。货车系统中的非线性因素主要有以下几个。

a. 轮轨接触非线性

我国货车车轮采用 LM 车辆磨耗型踏面，LM 型踏面和 60 kg/m 钢轨配合时的接触几何关系如图 2-1 所示，可见，轮轨之间的接触几何关系有着明显的非线性特征。

b. 悬挂非线性

货车车辆悬挂系统中存在多个非线性因素，主要有：

(a)各种止挡，如承载鞍和侧架之间、摇枕和侧架之间的纵向止挡和横向止挡；

(b)非线性弹簧，如两级或多级刚度弹簧；

(c)摩擦减振器，如常摩擦减振器和变摩擦减振器；

(d)摇枕(或构架)与车体之间的回转力矩。

③货车广义坐标及自由度

铁道货车是一个复杂的多体系统，不但有各部件之间的相互作用力和相对运动，而且还有轮轨之间的相互关系。因此，仿真分析模型只能根据研究的主要目的和要求，对一些次要因素进行相应的假定或简化，而在对动力学性能影响较大的主要因素上尽可能做出符合实际情况的模拟，使分析模型中各刚体的运动方式与实际运动方式尽可能

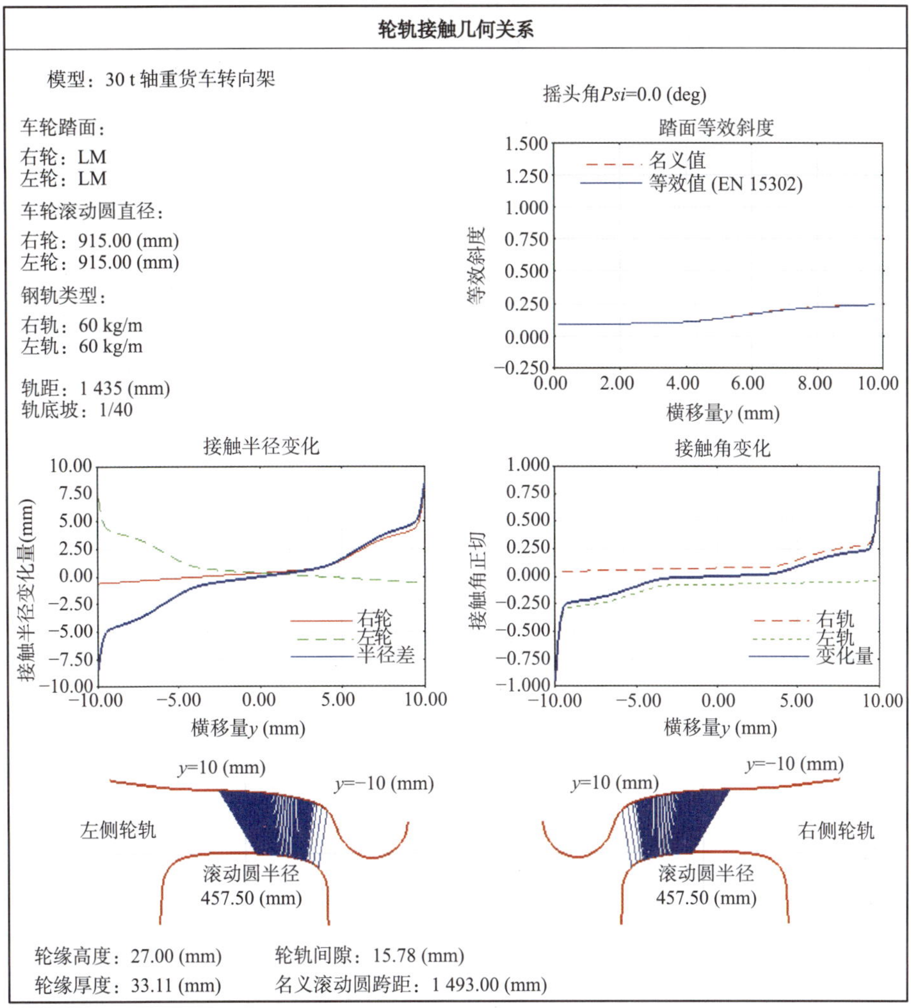

图 2-1 轮轨接触几何关系

一致。根据货车的结构特点，在建立货车的动力学模型时，将做如下假定：① 轮对、承载鞍（或轴箱）、侧架（或构架）、摇枕和车体（个别刚度较小的车体除外）等部件的弹性比悬挂系统的弹性要小得多，均视为刚体，即忽略各部件的弹性变形；② 不考虑相邻车辆的纵向相对运动，即只考虑一辆车的匀速运动；③ 不考虑钢轨的弹性变形。

忽略货车各部件本身的弹性变形后，则车辆可模拟为离散的多自由度系统。由于车辆垂向运动和横向运动是相互耦合的，因此计算中将车辆在横向和垂向的运动综合起来作为一个系统考虑。

装三大件式转向架的货车有 4 个轮对、8 个承载鞍、4 个侧架、2 个摇枕和 1 个车体，共 19 个刚体，在动力学性能仿真分析中车辆各刚体的广义坐标见表 2-7，共有 58 个独立的自由度；装整体构架式转向架的货车有 4 个轮对、8 个轴箱、2 个构架和 1 个车体，共 15 个刚体，在动力学性能仿真分析中车辆各刚体的广义坐标见表 2-8，共有 30 个独立的自由度。

表 2-7 装三大件式转向架货车的动力学模型自由度

刚　　体	纵向 x	横移 y	浮沉 z	侧滚 ϕ	点头 θ	摇头 ψ
车　　体	x_c	y_c	z_c	ϕ_c	θ_c	ψ_c
摇枕($i=1,2$)				ϕ_{bi}		ψ_{bi}
左侧架($j=1,2$)	x_{SLj}	y_{SLj}	z_{SLj}	ϕ_{SLj}	θ_{SLj}	ψ_{SLj}
右侧架($k=1,2$)	x_{SRk}	y_{SRk}	z_{SRk}	ϕ_{SRk}	θ_{SRk}	ψ_{SRk}
轮对($n=1,2,3,4$)		y_{wn}			θ_{wn}	ψ_{wn}
承载鞍($m=1,2,\cdots,8$)					θ_{chm}	

表 2-8 装整体式转向架货车的动力学模型自由度

刚　　体	纵向 x	横移 y	浮沉 z	侧滚 ϕ	点头 θ	摇头 ψ
车　　体	x_c	y_c	z_c	ϕ_c	θ_c	ψ_c
构架($i=1,2$)				ϕ_{fi}		ψ_{fi}
轮对($n=1,2,3,4$)		y_{wn}			θ_{wn}	ψ_{wn}
轴箱($m=1,2,\cdots,8$)					θ_{zhm}	

④软件建模

车辆运行性能的仿真是通过计算机实现的，常用的货车动力学仿真分析软件主要有 SIMPACK、NUCARS、Adams/rail(Vi-rail)、UM 等。根据货车结构参数、质量特性参数和悬挂参数，在 SIMPACK 仿真平台上建立的某型货车的动力学性能仿真模型如图 2-2 所示。

图 2-2 货车动力学性能仿真模型

(3)动力学性能考核标准

货车动力学性能标准根据 GB/T 5599《铁道车辆动力学性能评定和试验鉴定规范》执行，主要性能指标有以下几个。

①轮轨横向力

按车辆通过时对线路的影响，轮轨横向力采用以下标准。

a. 道钉拔起，道钉应力为弹性极限时的横向力标准：

$$Q_b \leqslant 19+0.3P_{st}=[Q_b]$$

式中 P_{st}——车轮静载重。

b. 道钉拔起，道钉应力为屈服极限时的横向力标准：

$$Q_s \leqslant 29+0.3P_{st}=[Q_s]$$

②轮轴横向力

$$H \leqslant 0.85\times(15+\frac{P_{st1}+P_{st2}}{2})=[H]$$

式中 P_{st1}、P_{st2}——左右车轮静载重。

③脱轨系数

第一限度：$\frac{Q}{P}\leqslant 1.2$，　　第二限度：$\frac{Q}{P}\leqslant 1.0$

式中 Q——爬轨侧车轮作用于钢轨上的横向力，kN；

P——爬轨侧车轮作用于钢轨上的垂向力，kN。

④轮重减载率

第一限度：$\frac{\Delta P}{\overline{P}}\leqslant 0.65$，　第二限度：$\frac{\Delta P}{\overline{P}}\leqslant 0.60$

式中 ΔP——轮重减载量，kN；

$\overline{P}$——增载和减载侧车轮的平均轮重，kN。

⑤倾覆系数

根据 GB/T 5599 规定，倾覆系数 D 应满足下列标准：

$$D<0.8$$

⑥车辆运行平稳性

根据 GB/T 5599 规定，货车运行平稳性用车体心盘内侧纵向 1 000 mm 内中梁下盖板上的平稳性指标和振动最大加速度来表示。新造货车的平稳性指标应达到 GB/T 5599 的良好标准，经 40Hz 滤波后横向和垂向最大振动加速度应分别小于 $0.5g(4.905\ m/s^2)$和 $0.7g(6.867\ m/s^2)$。GB/T 5599 对货车平稳性指标的评定标准见表 2-9。

表 2-9　货车平稳性评定标准

平稳性等级	评　　定	平稳性指标 W
1	优	<3.5
2	良	3.5～4.0
3	合格	4.0～4.25
4	不合格	>4.25

注：横向和垂向采用相同标准进行评定，且新造货车应不低于 2 级标准。

(4)线路不平顺等激扰输入

货车动力学性能仿真分析中选取用于仿真分析的线路不平顺数据应根据车辆最高运行速度及运营中线路的实际不平顺数据大小来选取，选择对应等级的轨道几何尺寸及轨道不平顺参数。一般情况下，在没有特殊规定时，设计运行速度在 100～120 km/h 范围内，可以选择 AAR Ⅴ级线路谱进行仿真分析；通过曲线时，欠超高一般取 75 mm（对于未平衡离心加速度 0.05g），特殊情况可以取 90 mm。

(5)仿真实例

图 2-3 为某型货车在空、重车工况下轮对横移量的时间历程，根据图 2-3 的结果，可以判定该车空、重车蛇行运动失稳临界速度分别为 153 km/h、198 km/h。

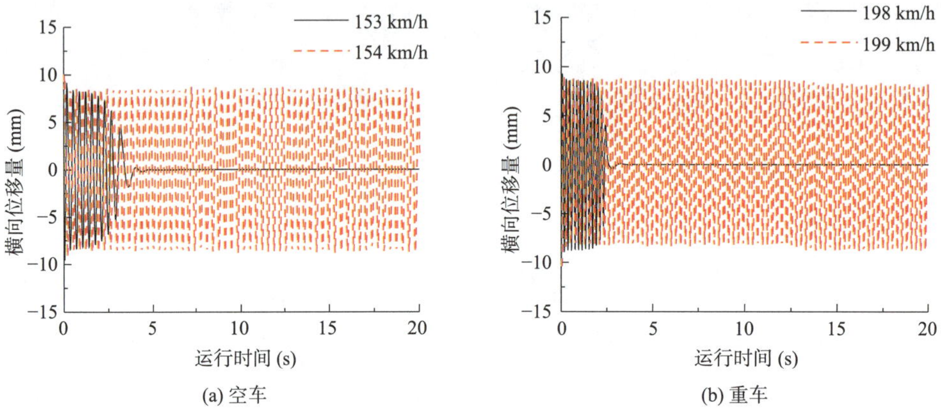

图 2-3　轮对横移量时间历程

图 2-4 为某型货车在空、重车工况下，运行速度 110 km/h 内车体的横向及垂向平稳性指标，根据图 2-4 的结果，可以判定该车空、重车工况下的平稳性指标小于 4.0，满足 GB/T 5599 的良好级。

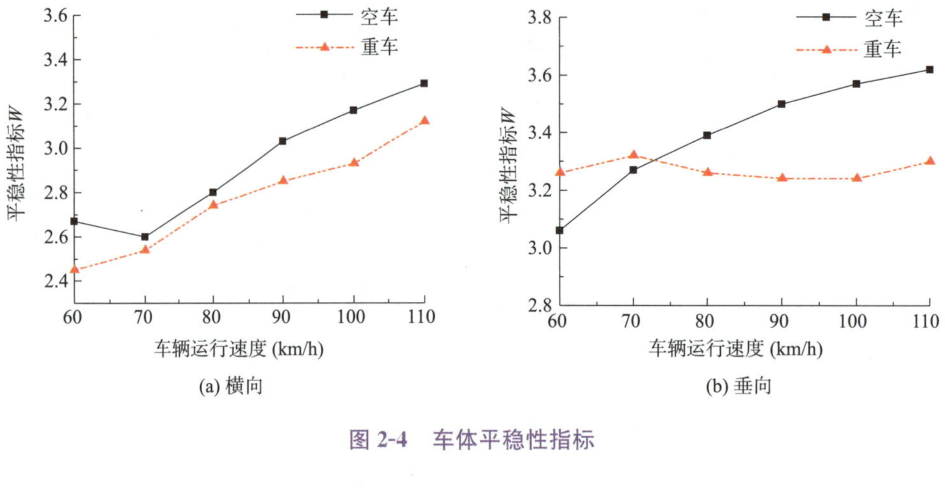

图 2-4　车体平稳性指标

2. 车辆动力学性能试验

车辆动力学性能试验按照GB/T 5599《铁道车辆动力学性能评定和试验鉴定规范》的有关规定进行。

(1)试验条件

进行车辆动力学性能试验之前试验车辆和试验线路需满足以下条件。

①试验车辆

试验车辆技术状态应符合设计要求及有关的技术标准、规程的规定，并且新造车还需经5 000～8 000 km的运用考验。

②试验线路

a. 试验车辆应在《铁路技术管理规程》中规定的Ⅰ级线路或Ⅱ级线路上运行。

b. 试验线路的主要技术特征(包括钢轨型式、钢轨长度、轨枕类型、每公里轨枕数、道床种类等)及维护保养状态符合规定。

c. 试验线路应包含直线、曲线、道岔区，且长度不少于50 km。试验车通过曲线地段的曲线半径在300～800 m之间，通过车站侧线道岔的最小号数道岔为12号单开道岔。

③试验速度

a. 试验车辆在试验时的最高速度应较该车辆的设计构造速度高10 km/h。自最高速度以下，分若干速度级，各速度级差为10～20 km/h。

b. 试验车辆在曲线上的试验速度按该曲线允许的最高速度通过(取决于曲线半径和外轨超高度)。试验时若无该曲线允许通过的最高速度资料，可按式(2-5)计算。

$$v_{max}=\sqrt{\frac{(h+h_0)R}{11.8}} \tag{2-5}$$

式中 v_{max}——曲线允许通过的最高速度，km/h；

R——曲线半径，m；

h——外轨超高度，mm；

h_0——允许最大未被平衡的超高度(取75 mm)。

c. 试验车辆通过车站侧线道岔速度按该道岔允许的最高速度通过。

④列车编组

动力学性能试验列车一般为小编组的试验专列，试验车辆不与机车直接连挂、不放在列车尾部，试验列车应编有具有代表性的、符合正常技术状态的比较车辆。

⑤试验工况

货车车辆动力学性能试验一般包含空车、重车两种工况，特殊情况下可根据用户要求增加试验工况。空车工况被试车与比较车均不装载；重车工况一般取标记载重装载，对于无盖货车取标记载重的1.15倍(考虑雨雪增载影响)，对于需考虑集中载重的货车，按设计任务书或建议书确定。

(2)测试内容及测量点的布置

货车车辆动力学试验测定的各项参数包括:轮轨间的作用力(垂直力和横向力)、车体垂向和横向加速度、相对摩擦系数、摇枕弹簧或轴箱弹簧的动挠度。

①轮轨间作用力

轮轨间的作用力指货车车轮作用于钢轨上的垂向力和横向力。轮轨间作用力的测试方法有多种。最直接的方法是利用测力轮对直接测试,利用测力轮对测得轮轨垂向力和轮轨横向力后,经计算得到脱轨系数、轮轴横向力、轮重减载率、倾覆系数等安全性指标。

测力轮对的每个车轮上有2个应变片组成的电桥,1个用于测试轮轨垂向力,1个用于测试轮轨横向力。测力轮对使用前需要经过标定,对测力轮对分别施加垂向载荷和横向载荷,由每个车轮上的垂向电桥和横向电桥可以得到以下系数:

垂向力比例系数

$$K_p = \varepsilon_{pp}/P \tag{2-6}$$

横向力比例系数

$$K_q = \varepsilon_{qq}/Q \tag{2-7}$$

垂向力对横向力桥路的影响系数

$$E_{qp} = \varepsilon_{qp}/P \tag{2-8}$$

横向力对垂向力桥路的影响系数

$$E_{pq} = \varepsilon_{pq}/Q \tag{2-9}$$

式中 ε_{pp}——垂向载荷作用下垂向电桥输出的应变量;

ε_{qq}——横向载荷作用下横向电桥输出的应变量;

ε_{qp}——垂向载荷作用下横向电桥输出的应变量;

ε_{pq}——横向载荷作用下垂向电桥输出的应变量;

P、Q——车轮承受的轮轨垂向力和轮轨横向力,kN。

由测力轮对测得的车轮垂直力 P 和横向力 Q 分别按照式(2-10)、式(2-11)统计计算。

$$P = \frac{K_q}{\Delta} h_p S_p - \frac{E_{pq}}{\Delta} h_q S_q \tag{2-10}$$

$$Q = \frac{K_p}{\Delta} h_q S_q - \frac{E_{qp}}{\Delta} h_p S_p \tag{2-11}$$

此处

$$\Delta = \begin{vmatrix} K_p & E_{qp} \\ E_{pq} & K_q \end{vmatrix}$$

式中 h_p、h_q——车辆动力试验时测试仪器记录的垂直力、横向力电平,mA(mV);

S_p、S_q——车辆动力试验前垂直力、横向力的标定值,$\mu\varepsilon$/mA($\mu\varepsilon$/mV)。

②车体加速度

测定车体垂向和横向加速度的加速度传感器，安装在 1 或 2 位心盘内侧距心盘中心线小于 1 000 mm 的车底架中梁下盖板上，如图 2-5 所示。

各测量点测得的垂向和横向加速度，用于统计计算铁路货车垂向、横向平稳性指标，最大加速度和平均最大加速度。

③相对摩擦系数

相对摩擦系数 φ 可在转向架试验台上进行测定。由垂直加载器对转向架心盘平稳地逐级加载。加载自零位开始到最大试验载荷后(垂直加载的最大试验载荷应大于转向架簧上静载荷)，再平稳地逐级减载至零位。在进行加减载的同时，用位移传感器测定各级载荷下的弹簧静挠度，根据测得的载荷和挠度绘制出相对摩擦系数 φ 的载荷—挠度试验曲线，如图 2-6 所示。

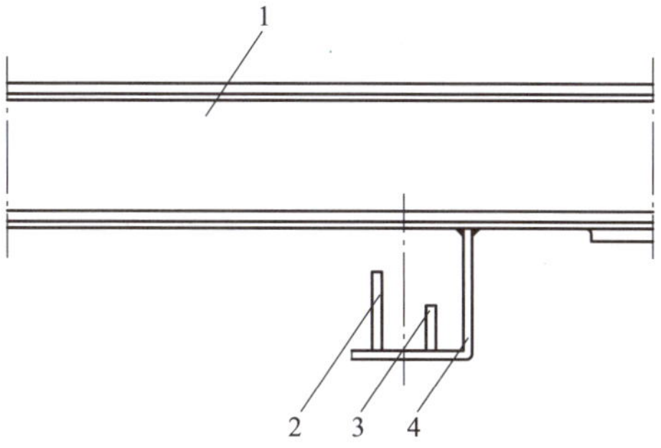

图 2-5　加速度测量点布置

1—中梁；2、3—垂向、横向加速度传感器；4—安装工装

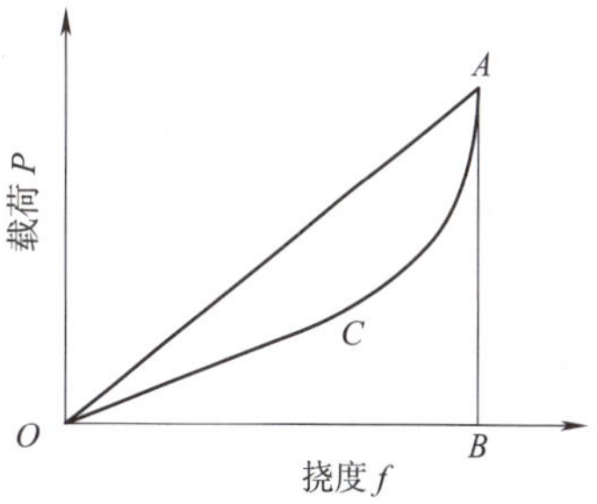

图 2-6　相对摩擦系数 φ 的测定

据此，按照式(2-12)求出相对摩擦系数 φ：

$$\varphi=\frac{\text{面积}\,OAC}{\text{面积}\,OAB+\text{面积}\,OCAB} \tag{2-12}$$

④弹簧动挠度

对于轴箱悬挂的铁路货车，在前进方向转向架的 1、2、3、4 位轴箱弹簧处布置位移测点；对于采用摇枕弹簧的铁路货车，在 1′、2′、3′、4′位摇枕弹簧处布置位移测点。传感器测点布置如图 2-7 所示。

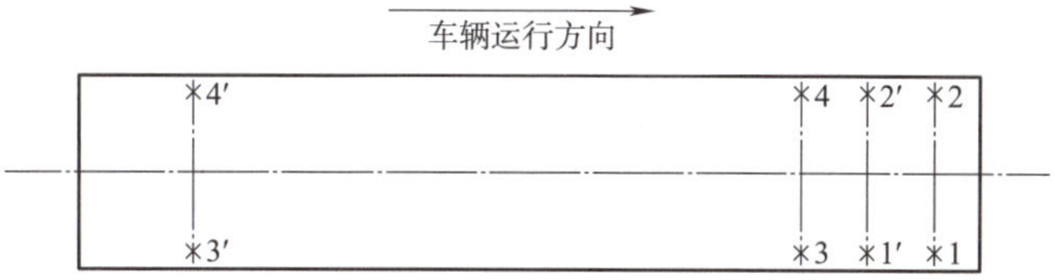

图 2-7　弹簧动挠度测量点布置

(3)试验方法

①试验车辆在直道运行,一般情况下其每一速度级随机采样 8～10 段数据。每段的采样时间为 18～20 s。

②试验车辆通过曲线时不分速度级,不规定采样时间。其通过曲线的速度按该曲线允许通过的最高速度确定。采样段自试验车辆驶入曲线的第一缓和曲线前开始,至驶出曲线的第二缓和曲线后结束。对于长曲线区段,可在曲线两端(包括缓和曲线和部分圆曲线)间断采样。在试验线路全程内,采样段数为 5 段～10 段。

③试验车辆通过车站侧线道岔时不分速度级,不规定采样时间,其通过道岔的最高速度按道岔号数确定。采样段自试验车辆驶入道岔前的轨道开始,至驶出道岔后的轨道结束,即包括道岔全长(道岔前后两轨缝中心线的距离)在试验线路全程内,采样段数(进行采样的道岔数)为 3 段～5 段。

④进行比较性试验时,试验鉴定车辆和比较车辆(测点对应)同步采样,以减小两车激振输入的时间差。

(4)评定指标

①运行平稳性

货车运行平稳性分别按平稳性指标、最大振动加速度和平均最大振动加速度评定。

a. 平稳性指标

货车运行平稳性指标参见式(2-13):

$$W=7.08\sqrt[10]{\frac{A^3}{f}F(f)} \tag{2-13}$$

式中 W——平稳性指标;

A——振动加速度,g;

f——振动频率,Hz;

$F(f)$——频率修正系数(表 2-10)。

表 2-10 频率修正系数

垂直振动		横向振动	
0.5～5.9 Hz	$F(f)=0.325f^2$	0.5～5.4 Hz	$F(f)=0.8f^2$
5.9～20 Hz	$F(f)=400/f^2$	5.4～26 Hz	$F(f)=650/f^2$
>20 Hz	$F(f)=1$	>26 Hz	$F(f)=1$

货车运行平稳性的评定等级见表 2-9。

b. 最大振动加速度

货车最大振动加速度(包括最大推断值)为货车振动强度的极限值,对于垂直振动为 0.7g,对于横向振动为 0.5g。该极限值以货车在每 100 km 试验区段内通过直线、曲线、侧线测定的振动加速度的超限个数来评定。规定超限个数不大于 3 个为合格，若不合格时，则以出现超限值的某最低速度级为该试验车辆的限制速度。

c. 平均最大振动加速度

货车平均最大振动加速度用于试验鉴定车辆和比较车辆振动性能的分析对比。

②运行稳定性(安全性)

货车运行稳定性分别按脱轨系数、轮重减载率、横向力允许限度、倾覆系数等指标评定。

a. 脱轨系数

脱轨系数用于鉴定试验车辆其车轮轮缘在横向力作用下是否会因逐渐爬上轨头而脱轨。试验车辆若利用测力轮对测定轮轨横向力 Q 和轮轨垂向力 P，则脱轨系数 $\frac{Q}{P}$ 应符合以下条件：

第一限度

$$\frac{Q}{P} \leqslant 1.2 \tag{2-14}$$

第二限度

$$\frac{Q}{P} \leqslant 1.0 \tag{2-15}$$

式中 Q——爬轨侧车轮作用于钢轨上的横向力，kN；

P——爬轨侧车轮作用于钢轨上的垂直力，kN。

公式(2-14)和公式(2-15)中，横向力的作用时间应大于 0.05 s。其中所列第一限度为评定车辆运行安全的合格标准，第二限度为增大了安全裕量的标准。

b. 轮重减载率

试验鉴定车辆轮重减载率 $\frac{\Delta P}{\overline{P}}$ 应符合以下条件：

第一限度

$$\frac{\Delta P}{\overline{P}} \leqslant 0.65 \tag{2-16}$$

第二限度

$$\frac{\Delta P}{\overline{P}} \leqslant 0.60 \tag{2-17}$$

式中 ΔP——轮重减载量，kN；

$\overline{P}$——减载和增载侧车轮的平均轮重，kN。

第一限度为评定车辆运行安全的合格标准，第二限度为增大了安全裕量的标准。

c. 轮轨横向力和轮轴横向力

推荐应用横向力允许限度鉴定试验车辆在运行过程中是否会导致轨距扩宽(道钉

拔起)或线路产生严重变形(钢轨和轨枕在道床上出现横向滑移或挤翻钢轨),按车辆通过时对线路的影响,横向力的允许限度采用以下标准。

道钉拔起,道钉应力为弹性极限时的限度,即

$$Q\leqslant 19+0.3P_{st} \tag{2-18}$$

道钉拔起,道钉应力为屈服极限时的限度,即

$$Q\leqslant 29+0.3P_{st} \tag{2-19}$$

计算得到的轮轴横向力应符合以下限度值:

对于木轨枕

$$H\leqslant 0.85\left(10+\frac{P_{st1}+P_{st2}}{2}\right) \tag{2-20}$$

对于混凝土枕

$$H\leqslant 0.85\left(15+\frac{P_{st1}+P_{st2}}{2}\right) \tag{2-21}$$

式中　Q——轮轨横向力(车轮力),kN;

H——轮轴横向力,kN;

P_{st}、P_{st1}、P_{st2}——车轮静载荷,kN。

车辆通过直线、弯道和道岔时,其横向力的允许限度以式(2-18)为目标,不应超过式(2-20)、式(2-21)的规定值。

d. 倾覆系数

倾覆系数用于鉴定试验车辆在侧向风力、离心力、横向振动惯性力的同时作用下是否会导致车辆倾覆,其倾覆的临界条件为

$$D=\frac{P_d}{P_{st}}=1 \tag{2-22}$$

式中　D——倾覆系数;

P_d——车辆或转向架同一侧车轮的动载荷,kN;

P_{st}——相应车轮的静载荷,kN。

倾覆系数应在试验车辆以线路允许的最高速度通过时的运行状态下测试。试验鉴定车辆同一侧各车轮或一台转向架的同一侧各车轮其倾覆系数 D 同时达到或超过 0.8 时,方被确认为有倾覆危险。

3 铁路货车关键技术

3.1 转向架

3.1.1 概述

铁路货车转向架作为铁路货物运输载运工具——铁路货车的关键部件，是铁路货车的走行装置，起着承受来自车体和线路的载荷、引导车辆沿轨道行驶、缓和动作用力的重要作用，其技术水平是保证铁路货物运输安全、高效的基础。

我国铁路货车转向架经过新中国成立后七十余年的发展，在重载、提速技术上取得了举世瞩目的成就。通用货车轴重由 21 t 提高到 25 t、27 t，专用货车轴重发展到 30 t，车辆运行速度由 50～60 km/h 提高到 100～120 km/h，转向架运行平稳、磨耗轻微、运行可靠性高、检修成本低，适应了我国铁路"客货共线、高效周转、安全可靠"三大特殊要求，创造了我国铁路货车提速重载并举、独具特色的运输模式。

自新中国成立至今，我国铁路货车转向架主要经历了三个发展阶段。第一阶段从 1949 年至 1963 年，为仿制生产、多种转向架并存运用阶段；第二阶段从 1964 年至 1997 年，为自主设计制造，以转 8A 型转向架为主型转向架的生产运用阶段；第三阶段从 1998 年至今，为提速重载转向架创新发展阶段。在三个发展阶段中实现了四次大的技术升级：

第一次技术升级，20 世纪 50 年代至 70 年代，逐步淘汰性能不良、轴重低的多种杂型转向架，使结构简单、性能较好的转 8A 型转向架成为货车主型转向架，方便制造、运用、检修，货车运营速度由 50～60 km/h 提高到 70～80 km/h。

第二次技术升级，20 世纪 90 年代至 2003 年，采用侧架交叉支撑技术对转 8A 型转向架进行提速改造，停止生产转 8A 型转向架，全面采用转 K2 型侧架交叉支撑转向架替换运用货车的转 8A 型转向架，对既有 50 多万辆运用货车进行提速改造，使货车运营速度由 70～80 km/h 提高到 120 km/h，满足货车全面提速要求；

第三次技术升级，2005 年至 2011 年，新造货车逐步停止装用 21 t 轴重转向架，载重 70 t 级通用货车和载重 80 t 级专用货车全面采用转 K6、转 K5 型提速重载转向架，使我国铁路货车轴重由 21 t 提升到 23～25 t，速度 100～120 km/h，实现重载提速要求。

第四次技术升级，从 2011 年开始，我国开始研制应用 27 t 轴重 DZ1、DZ2、DZ3 型转向架和 30 t 轴重 DZ4、DZ5 型转向架，最高运行速度满足 100 km/h 运用要求，我国铁路货车的列车轴重、牵引重量和年运量达到国际重载标准。

我国铁路货车转向架的发展历程如图 3-1 所示。

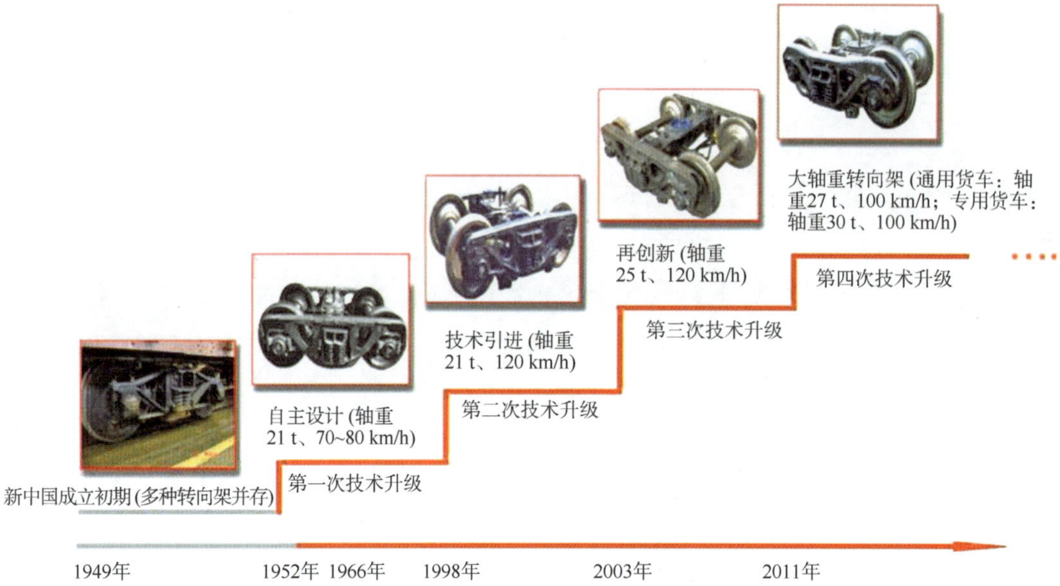

图 3-1　我国铁路货车转向架的发展历程

3.1.2　我国铁路货车主型转向架

1. 21 t 轴重转向架

我国 21 t 轴重转向架主要包括转 8 系列，转 K2、转 K3 和转 K4 型转向架。转 8 系列转向架又包括转 8A 型、转 8G(转 8AG)型、转 8B(转 8AB)型转向架，如图 3-2～图 3-6 所示，曾是我国 21 t 轴重铁路货车的主型转向架，现已被转 K2 型转向架替代。

图 3-2　转 8 型转向架

图 3-3　转 8A 型转向架

图 3-4　转 8AG 型转向架

图 3-5　转 8G 型转向架

图 3-6　转 8B 型转向架

转 K2 型转向架采用交叉支撑、两级刚度弹簧、耐磨心盘磨耗盘、双作用弹性旁承、组合式制动梁、耐磨衬套等新技术，满足我国铁路货车 120 km/h 提速需要，如图 3-7 所示。主要装用于我国 21 t 轴重敞车、棚车、平车、罐车、漏斗车、集装箱车等车型，装车数量超过 40 万辆，是我国 21 t 轴重货车的主型转向架，装车数量约占 21 t 轴重货车的 97.7%。

转 K3 型转向架是在 Y_{25} 型构架式转向架技术的基础上研制的，如图 3-8 所示，该转向架采用了整体焊接构架、轴箱一系悬挂、常接触弹性旁承、球面心盘等技术，基础制动装置装用单侧吊挂式踏面制动，主要用于 X_{1K} 型快运集装箱平车。

图 3-7 转 K2 型转向架

图 3-8 转 K3 型转向架

转 K4 型转向架是在摆动式转向架技术基础上研制开发的，如图 3-9 所示，该转向架结构是在传统的三大件式转向架的基础上增加了弹簧托板，提高了转向架的抗菱刚度和车辆的横向运行品质，在 C_{64H}、NX_{17BH} 等新造车型上装车使用。

图 3-9 转 K4 型转向架

转 K2 型、转 K3 型、转 K4 型转向架的主要技术参数见表 3-1。

表 3-1 转 K2 型、转 K3 型、转 K4 型转向架的主要技术参数

转向架型号	转 K2	转 K3	转 K4
轨距(mm)	1 435	1 435	1 435
轴重(t)	21	21	21
自重(t)	≤4.2	4.2	≤4.2
最高运行速度(km/h)	120	120	120
车轮直径(mm)	840	840	840
轮型	HDS 或 HDSA 型辗钢轮或 HDZC 型铸钢轮	HDS 型辗钢轮	HDSA 型辗钢轮或 HDZB 型铸钢轮

续上表

转向架型号	转 K2	转 K3	转 K4
固定轴距(mm)	1 750	1 800	1 750
轴颈中心距(mm)	1 956	1 956	1 956
旁承中心距(mm)	1 520	1 520	1 520
下心盘直径(mm)	355	*SR*190	355
基础制动装置制动倍率	4	6.48	6
通过最小曲线半径(m)	100	100	100
限界	符合 GB 146.1—1983《标准轨距铁路机车车辆限界》车限-2 要求		

2. 25 t 轴重转向架

转 K5 型转向架是在摆动式转向架技术基础上研制开发的，如图 3-10 所示，结构与转 K4 型转向架基本相同，主要由摇枕、侧架、弹簧托板、摇动座、摇动座支承、承载弹簧、减振装置、轮对和轴承、基础制动装置及常接触式弹性旁承等组成。与转 K4 型转向架相比，转 K5 型转向架车轴采用 E 轴、轴距增大至 1 800 mm、弹簧托板由平板改为凹形结构、摇枕一端增加 2 组承载弹簧、下心盘直径为 375 mm、摇枕和侧架的断面加大。主要装用于 C_{70H}、P_{70H}、C_{80H}、C_{80BH} 等车型，装车数量约占我国 23 t 轴重通用货车和 25 t 轴重专用货车的 6.2%。

转 K6 型转向架为铸钢三大件式下交叉支撑转向架，如图 3-11 所示，主要由轮对、侧架、橡胶垫、摇枕、基础制动装置、交叉支撑装置、滚动轴承装置、双作用弹性旁承、斜楔等组成，其中交叉支撑装置与转 K2 型转向架相同。采用伸缩式挡键。转 K6 型转向架一系采用轴箱弹性剪切垫，实现了低动力和准径向作用，保证高速运行性能稳定同时具有良好曲线通过性能。自 2006 年开始大批量装用于 70 t 和 80 t 级铁路货车，成为我国 23 t、25 t 轴重货车的主型转向架，装车数量约占 92.4%。

图 3-10　转 K5 型转向架

图 3-11　转 K6 型转向架

转 K7 型转向架是在 Scheffel 径向转向架技术原理基础上研制的铸钢三大件式货车转向架，主要由轮对、侧架、摇枕、橡胶堆、基础制动装置、滚动轴承装置、弹性旁承、轮对径向装置和中央悬挂装置等部件组成。一系悬挂采用橡胶堆，相对于轮轴中心线呈斜对称分布;轮对径向装置由两个U形副构架通过两个连接杆交叉销接组成,实现与侧架的弹性连接并降低了轮对的摇头约束,提高转向架曲线通过性能。转K7型转向架主要装用于C_{80BF}型敞车。

转K5型、转K6型、转K7型转向架的主要技术参数见表3-2。

表3-2 转K5型、转K6型、转K7型转向架的主要技术参数

转向架型号	转K5	转K6	转K7
轨距(mm)	1 435	1 435	1 435
轴重(t)	25	25	25
自重(t)	≤4.7	4.68	约4.7
最高运行速度(km/h)	120	120	120
车轮直径(mm)	840	840	840
轮型	HESA型辗钢轮或HEZD型铸钢轮		
固定轴距(mm)	1 800	1 830	1 800
轴颈中心距(mm)	1 981	1 981	1 981
旁承中心距(mm)	1 520	1 520	1 520
下心盘直径(mm)	375	375	375
基础制动装置制动倍率	4	4	6
通过最小曲线半径(m)	145	145	145
限界	符合GB 146.1—1983《标准轨距铁路机车车辆限界》车限-2要求		

3. 27 t轴重转向架

DZ1型转向架为铸钢三大件式交叉支撑转向架,如图3-12所示,主要由轮对、滚动轴承组成、侧架、摇枕、制动装置、弹簧减振装置、弹性旁承组成、轴箱橡胶垫、交叉支撑装置等组成。横跨梁托座和支撑座与侧架铸造一体,侧架不设轴距标志,不铲豆,无条件互换;一系采用TJC-1型轴箱橡胶垫和JF-1型承载鞍;采用CJC系列双作用弹性旁承;采用组合式斜楔,两级刚度弹簧;采用直径为375 mm的下心盘,下心盘内装用导电型心盘磨耗盘;采用HFS型辗钢整体车轮或HFZ型铸钢车轮;采用RF_2型车轴;采用353132A型或353132B型滚动轴承装置;采用杠杆制动装置或BAB-1型或DAB-1型集成制动装置,采用GM915D型高摩合成闸瓦,组合式制动梁;采用伸缩式挡键。DZ1型转向架主要装用于C_{80E}、P_{80}和GQ_{80}等27 t轴重通用货车。

DZ2型摆动式转向架为铸钢三大件式货车转向架,如图3-13所示,主要由轮对、滚动轴承组成、侧架、摇枕、制动装置、弹簧减振装置、弹性旁承组成、轴箱悬挂装置、摇动座、弹簧托板等组成。横跨梁托座与侧架铸造一体;采用TBS-1型轴箱橡胶弹簧,TBZ-1型轴箱纵向弹性垫,SF-1型承载鞍;采用CZC-1型长行程弹性旁承;采用YDZ-1型摇动座,THB-1型弹簧托板;采用组合式斜楔,两级刚度弹簧;采用直径为375 mm的下心盘,下心盘内装用导电型心盘磨耗盘;采用HFS型辗钢整体车轮或HFZ型铸钢车轮；采用 RF_2 型车轴；采用 353132A 型或 353132B 型滚动轴承装置；采用杠杆制动装置或 BAB-1 型或 DAB-1 型集成制动装置，采用 GM915D 型高摩合成闸瓦，组合式制动梁；采用伸缩式挡键。DZ2 型转向架主要装用于 C_{80EH} 型敞车。

图 3-12　DZ1 型转向架

图 3-13　DZ2 型转向架

DZ3 型副构架转向架为铸钢三大件式货车转向架，如图 3-14 所示，主要由轮对、滚动轴承组成、摇枕、侧架、弹性旁承组成、制动装置、弹簧减振装置、轮对径向装置、橡胶堆等组成。采用 TFG-A 型橡胶堆；采用 CBC-1 型或 CJC 系列弹性旁承；采用轮对径向装置，两个 FG-A 型 U 形副构架通过两个连接杆交叉销接组成；导框部位装用伸缩式挡键，位于轮轴中心线两侧；采用直径为 375 mm 的下心盘，下心盘内装用导电型心盘磨耗盘；采用 HFS 型辗钢整体车轮或 HFZ 型铸钢车轮；采用 RF_2 型车轴；采用 353132A 型或 353132B 型滚动轴承装置；采用杠杆制动装置，采用 GM915D 型高摩合成闸瓦，组合式制动梁；采用伸缩式挡键。DZ3 型转向架主要装用于 C_{80EF} 型敞车。

图 3-14　DZ3 型转向架

DZ1 型、DZ2 型、DZ3 型转向架的主要技术参数见表 3-3。

表 3-3　DZ1 型、DZ2 型、DZ3 型转向架的主要技术参数

转向架型号	DZ1	DZ2	DZ3
轨距(mm)	1 435	1 435	1 435
轴重(t)	27	27	27

续上表

转向架型号	DZ1	DZ2	DZ3
自重(t)	5.15	5.2	5.44
最高运行速度(km/h)	100	100	100
车轮直径(mm)	915	915	915
轮型	HFS 型辗钢轮或 HFZ 型铸钢轮		
固定轴距(mm)	1 860	1 860	1 860
轴颈中心距(mm)	2 006.6	2 006.6	2 006.6
旁承中心距(mm)	1 520	1 520	1 520
下心盘直径(mm)	375	375	375
基础制动装置制动倍率	4	4	6
通过最小曲线半径(m)	145	145	145
限界	符合 GB 146.1—1983《标准轨距铁路机车车辆限界》车限-2 要求		

4. 30 t 轴重转向架

DZ4 型转向架主要结构与 DZ1 型转向架基本相同,如图 3-15 所示,横跨梁托座和支撑座与侧架铸造一体,侧架不设轴距标志,不铲豆,无条件互换;一系采用 TJC-1 型轴箱橡胶垫和 JF-1 型承载鞍;采用 CJC 系列双作用弹性旁承;采用 ZX-1 型组合式斜楔,两级刚度弹簧;采用直径为 419 mm 的下心盘,下心盘内装用 MP419X50 型导电式心盘磨耗盘;采用 HFS 型辗钢整体车轮或 HFZ 型铸钢车轮;采用 RF2 型车轴;采用 353132A 型或 353132B 型滚动轴承装置;采用杠杆制动装置或 BAB-1 型或 DAB-1 型集成制动装置,采用 GM915D 型高摩合成闸瓦,组合式制动梁;采用伸缩式挡键。DZ4 型转向架主要装用于 C_{96}、KM_{98} 等 30 t 轴重专用货车。

图 3-15 DZ4 型转向架

DZ5 型转向架结构与 DZ2 型转向架基本相同,如图 3-16 所示,横跨梁托座与侧架铸造一体;采用 TBS-1 型轴箱橡胶弹簧,TBZ-1 型轴箱纵向弹性垫,SF-1 型承载鞍;采用 CZC-1 型长行程弹性旁承;采用 YDZ-1 型摇动座,THB-1 型弹簧托板;采用组合式斜楔，两级刚度弹簧；采用直径为 419 mm 的下心盘，下心盘内装用 MP419X50 型导电式心盘磨耗盘；采用 HFS 型辗钢整体车轮或 HFZ 型铸钢车轮；采用 RF_2 型车轴；采用 353132A 型或 353132B 型滚动轴承装置；采用杠杆制动装置或 BAB-1 型或 DAB-1 型集成制动装置，采用 GM915D 型高摩合成闸瓦，组合式制动梁；采用伸缩式挡键。DZ5 型转向架主要装用于 C_{96H}、KM_{98AH} 等 30 t 轴重专用货车。

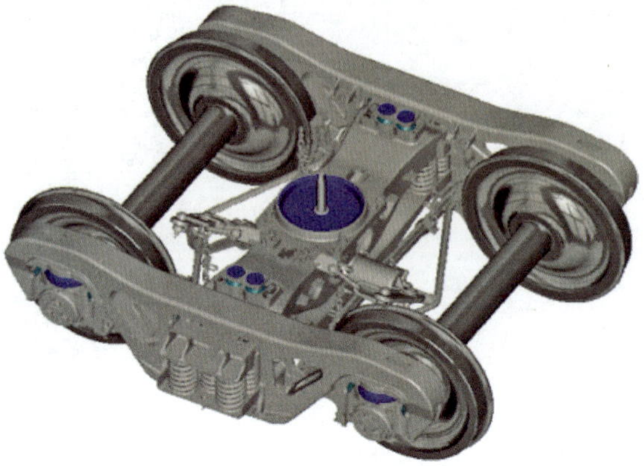

图 3-16　DZ5 型转向架

DZ4 型、DZ5 型转向架的主要技术参数见表 3-4。

表 3-4　DZ4 型、DZ5 型转向架的主要技术参数

转向架型号	DZ4	DZ5
轨距(mm)	1 435	1 435
轴重(t)	30	30
自重(t)	≤5.4	≤5.4
最高运行速度(km/h)	100	100
车轮直径(mm)	915	915
轮型	HFS 型辗钢轮或 HFZ 型铸钢轮	
固定轴距(mm)	1 860	1 860
轴颈中心距(mm)	2 006.6	2 006.6
旁承中心距(mm)	1 520	1 520
下心盘直径(mm)	419	419
心盘磨耗盘内径(mm)	405	405
侧架上平面距轨面(上弦杆范围内)(mm)	≤790	≤790
转向架制动装置倍率	4.0(传统杠杆制动) 5.3(BAB-1 型集成制动)	4.0(传统杠杆制动) 10(DAB-1 型集成制动)
限界	符合 GB 146.1—1983《标准轨距铁路机车车辆限界》车限-2 要求	

3.1.3　其他型式转向架

为适应我国快捷货物运输发展需要，自 2003 年先后研制了 16.5 t、18 t 和 21 t 轴

重系列 160～220 km/h 快捷转向架，如图 3-17 所示，早期采用轴箱定位方式，研制的快捷转向架基本采用转臂定位结构，一系、二系安装有可变阻尼的垂向和横向液压减振器，提高车辆高速运行的稳定性和安全性。快捷转向架已完成样机试制，正在开展相关试验研究工作，不久将会投入到实际运用中，这为深入推进货运组织改革、适应高附加值货物运输需要，进一步发展快捷货物运输进行了有益尝试，积累了宝贵经验。

轴箱定位　　　　转臂定位

图 3-17　快捷货车转向架

此外，为满足长大、特种、专用货车及个性化运输需求，还研制了 3 轴、4 轴、5 轴焊接构架转向架，如图 3-18 所示；为满足我国"一带一路"建设实施和互联互通技术发展需要，正在开展不同轨距间过轨运输转向架及变轨距转向架研制。

图 3-18　构架式转向架

同时，近十年来我国自主研发了出口货车转向架系列产品，实现技术输出，轨距从 1 000 mm 到1 676 mm，轴重从 14 t 到 45 t，如图 3-19、图 3-20 所示，展示了我国铁路货车综合实力，标志着我国铁路货车转向架综合技术水平达到了世界领先。

图 3-19　出口货车用 ZK1 型中交叉转向架

图 3-20　出口货车用控制型转向架

3.2 制动系统

3.2.1 功能及构成

铁路货车制动系统主要包括空气制动装置、基础制动装置、人力制动机，可实现列车减速、停车、驻车功能，确保铁路货车安全运行。铁路货车制动能力的大小会影响到铁路运输能力和闭塞区间的设置。

空气制动装置一般由控制阀（或分配阀）、空重车调整装置、制动缸、储风缸、软管连接器、折角塞门、截断塞门、集尘器及管系等组成，它是以压力空气作为原动力，通过空气压力变化实现铁路货车制动和缓解作用。

基础制动装置主要由杠杆、拉杆、闸瓦间隙自动调整器（以下简称闸调器）、制动梁及闸瓦等组成。制动缸的推力通过各杠杆及拉杆的传递、放大，使闸瓦压紧车轮踏面而实施制动。

人力制动机是通过人力驱动基础制动装置实现车辆驻车制动的装置，通常在停车和调车时使用。

为提高长大编组列车车辆制动缓解动作的一致性或高速列车制动距离，在空气制动机上增加电控部件，利用电信号控制空气制动机的制动和缓解，称之为电控制空气制动系统（简称电空制动系统 ECP）。根据信号传输方式可分为有线电空制动机和无线电空制动机。

3.2.2 发展历程

铁路货车制动机最主要部件为控制阀，控制阀的性能决定了制动机的组成结构。制动阀主要分为二压力机构式和三压力机构式，根据二种或三种压力之间的变化来控制三通阀或分配阀的主活塞动作，以实现制动、缓解与保压作用的制动阀称为二压力机构制动阀或三压力机构制动阀。按列车管压强和主活塞动作是否直接控制其制动缸的制动与缓解，又分直接作用和间接作用两种。我国铁路货车空气制动机一般采用二压力空气制动阀。

新中国成立初期，我国铁路货车主要采用 K1 和 K2 型三通阀，随着货车载重的增加，相继采用 GK 型三通阀和 103 型分配阀，103 型分配阀为间接作用式二压力机构阀。1988 年，我国开始研制 120 型货车空气控制阀（以下简称 120 阀），120 阀为直接作用式二压力机构阀，能提高缓解和紧急制动波速，减小列车纵向作用力，与装用 GK 型三通阀和 103 型分配阀的车辆有较好的混编性能；1996 年开始 120 阀在新造货车上批量装用，成为我国铁路货车的主型制动控制阀。2005 年，在 120 阀基础上增添常用加速制动功能，成功研制 120-1 型货车空气控制阀（以下简称 120-1 阀），主要用于长大编组列车，提高了制动波速。2014 年，电空制动系统 ECP 在 $C_{96(H)}$型运煤专用敞车上装用，以提高长大编组列车车辆制动缓解动作的一致性。

随着车辆载重的不断增加，铁路货车空重车重量差别越来越大，而铁路货车空车和重车时对制动力的需求又不尽相同，为保证重车时能提供足够的制动力且在空车制动时不发生车轮擦伤甚至抱死的现象，研制了空重车调整装置，该装置可实现制动时在空车或重车时闸瓦（片）施加给车轮踏面或制动盘上不同的压力，避免闸瓦（片）压力过大或过小而影响行车安全。我国早期铁路货车采用手动两级空重车调整装置，与 GK 型三通阀和 103 型分配阀配套使用。其主要缺点是该装置需逐辆人工扳动空重车手柄，工作量繁重，并存在人为错调、漏调，造成车轮擦伤或制动力不足。2000 年，研制了 KZW 系列和 TWG-1 型空重车无级自动调整装置，该装置取代手动空重车转换机构，根据车辆重量在一定范围内自动、无级地调整制动缸压力，缩短车辆不同载重状态下的制动率变化时间，有效改善车辆制动性能。自 2006 年 1 月起，新造货车统一装用 KZW-A 型空重车自动调整装置。

为有效降低因车辆脱轨造成的损失，我国铁路货车从 2005 年起逐步安装脱轨自动制动装置，该装置采用机械作用方式，在车辆脱轨时能及时使制动主管连通大气，使列车产生紧急制动而停车，避免造成过大损失。

为满足安装空间受限车辆制动布置需要，2014 年，我国研制了 BAB 型和 DAB 型集成制动装置。集成制动装置是将制动缸、闸调器和制动杠杆集成在转向架上，该装置已在 SQ_6 型小汽车运输车、$C_{80(H)}$型铝合金运煤敞车、$C_{96(H)}$型运煤敞车和 $KM_{98(AH)}$型煤炭漏斗车等货车上装用。

3.2.3 空气制动系统

我国现有铁路货车空气制动机为直接作用式二压力制动机，主要由 120/120-1 阀、副风缸、加速缓解风缸、制动缸、制动管、空重车调整装置（包括限压阀/调整阀、测重机构/传感阀等）、降压风缸等组成，如图 3-21 所示。

1. 控制阀

(1)120/120-1 阀

120/120-1 阀为滑阀结构货车空气控制阀，由主阀、半自动缓解阀、紧急阀和中间体等四部分组成，如图 3-22、图 3-23 所示。120-1 阀在 120 阀的基础上，增设了加速常用制动功能，并对 120 阀的主阀作用部进行了优化设计，以更好的适应长大列车的制动性能要求，缩短列车制动时间，减小纵向冲动。滑阀结构货车空气控制阀利用列车管与副风缸的空气压力差，推动主活塞上下移动，带着节制阀相对于滑阀以及带着滑阀相对于滑阀座移动，分别使滑阀与滑阀座以及节制阀与滑阀背面的有关通路连通或切断，从而产生充气、缓解、局减、制动和保压等作用。滑阀副采用润滑油进行被动润滑，（一次性涂抹润滑油）在运用中时常因润滑油殆尽而出现干摩擦现象，从而出现滑阀副工作面

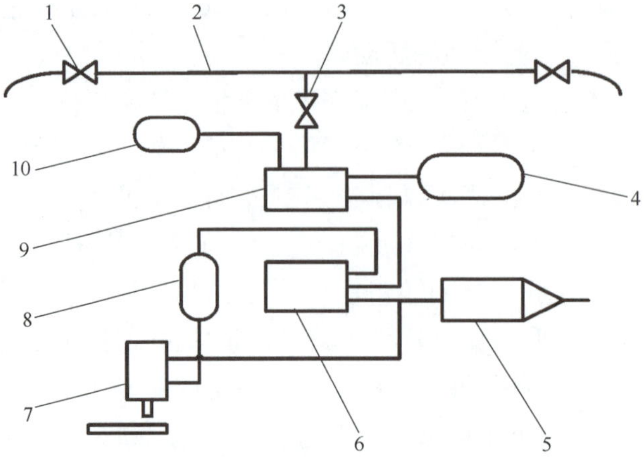

图 3-21　空气制动机组成

1—折角塞门；2—制动管；3—截断塞门及防尘器；4—副风缸；5—制动缸；
6—限压阀/调整阀；7—测重机构/传感阀；8—降压风缸；9—120/120-1 阀；10—加速缓解风缸

擦伤而导致控制阀漏泄的现象，创新研发的主动润滑空气控制阀，具有主动润滑功能，能将储油腔室中的润滑油持续输送到滑阀副工作面，使滑阀副工作面得到更长时间的润滑，可有效减少滑阀副拉伤，延长滑阀副使用寿命。

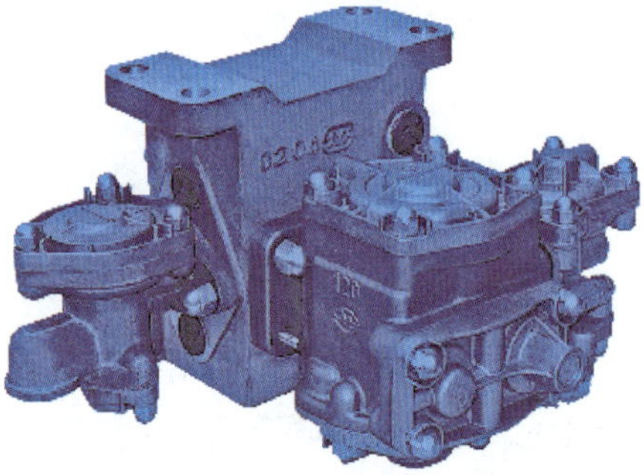

图 3-22　120 阀

图 3-23　120-1 型阀主阀

(2)柱塞结构货车空气控制阀

柱塞结构货车空气控制阀由主阀、缓解阀、紧急阀和中间体等四部分组成，如图 3-24 所示。其作用原理、作用性能与 120 阀一致，能很好的混编运行，采用柱塞结构、新型夹布橡胶膜板、铝合金铸造等技术。

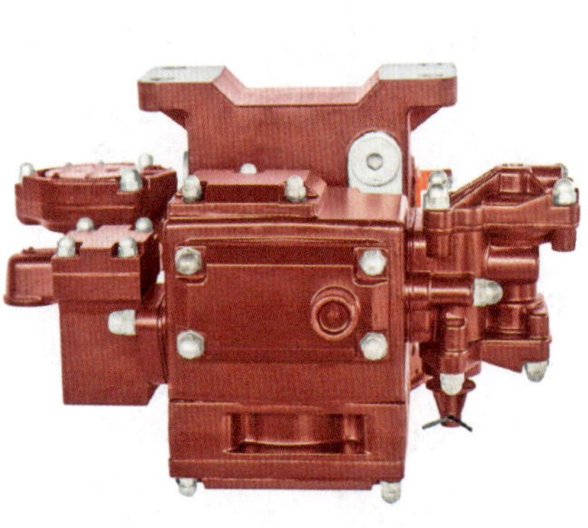

图 3-24　柱塞式货车空气控制阀

2. 空重车自动调整装置

空重车自动调整装置主要分为 KZW-A 型和 TWG-1 两种型号，由限压阀(限压阀、阀管座)、测重机构（传感阀、支架、抑制盘、复位弹簧、触头）及相应管路组成，其作用原理如图 3-25 所示。当车辆载重不同摇枕挠度变化时，传感阀据此将一部分制动缸压缩空气分流进入降压气室，并控制限压阀/调整阀的输入与输出之比，从而使制动缸压力随车辆载重而无级地、成比例地变化，实现空重车自动无级调整。

空重车自动调整装置传感阀在制动时触杆伸出测量枕簧挠度变化，反馈车辆载重变化，调整制动力。在缓解状态时传感阀触杆缩回，不与抑制盘接触，属于非常接触式，因而在车辆运行时没有常年接触磨耗的部件，极大延长了传感阀及挡铁的使用寿命。KZW-A 型和 TWG-1 型空重车自动调整装置具有结构简单、性能可靠、维修方便等特点。

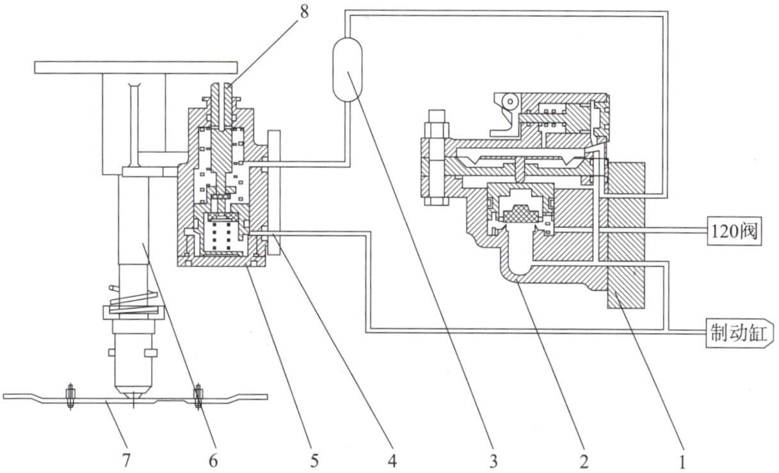

图 3-25　空重车自动调整装置作用原理

1—阀管座；2—限压阀；3—降压风缸；4—支架；5—传感阀；6—抑制盘组成；7—横跨梁；8—传感阀触杆

（1）KZW-A 型空重车自动调整装置

KZW-A 型货车空重车自动调整装置主要由测重机构（C-A 型传感阀、支架、抑制盘、复位弹簧、触头等）和限压阀总成（X-A 型限压阀、管座等）组成，如图 3-26 所示。适用于配装转 K2、转 K4、转 K5、转 K6 或转 K7 型转向架的铁路货车。

（2）TWG-1 型空重车自动调整装置

TWG-1 型空重车自动调整装置由 T-1 型调整阀（显示部、比例控制部、跃升部）和 WG-1 型传感阀（活塞、顶杆、触头及顶杆簧、复原簧、上盖、阀体）组成，如图 3-27 所示。调整行程为 0～21 mm，适用于配装转 8G、转 8AG、转 K2 型转向架的铁路货车。

TWG-1C 型空重车自动调整装置由 T-1A 型调整阀和 WG-1C 型传感阀组成，调整行程为 0～27 mm，适用于配装转 K4、转 K5 或转 K6 型转向架的铁路货车。

3. 制动缸

我国主型货车装用 12 英寸旋压密封式制动缸，最大活塞行程为 254 mm，主要由缸

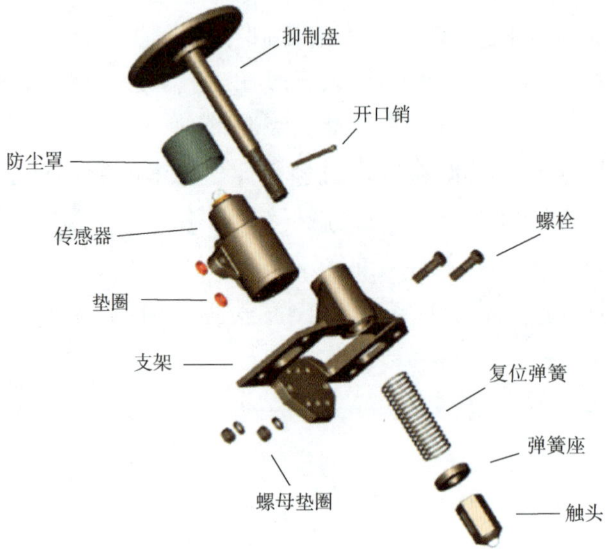

(a) 测重机构

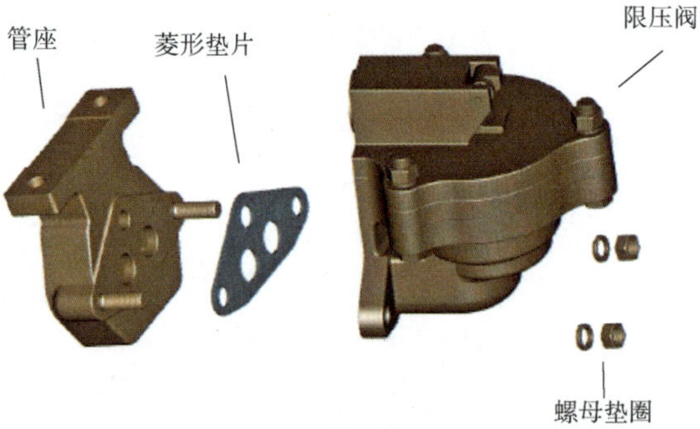

(b) 限压阀总成

图 3-26　KZW-A 型空重车自动调整装置

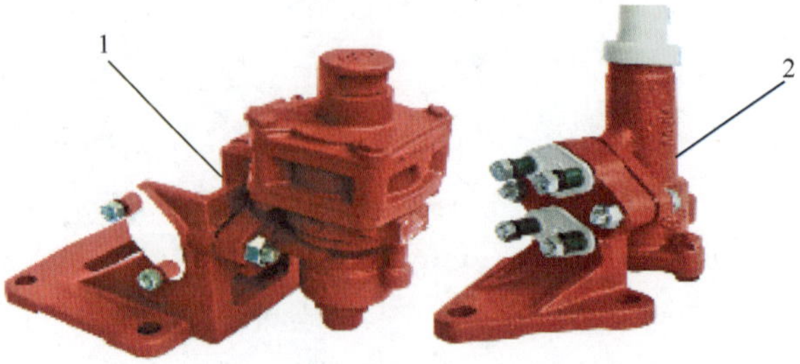

图 3-27　TWG-1 型空重车自动调整装置

1—调整阀；2—传感阀

座、缸体、活塞、活塞杆、缓解弹簧、前盖组成、滤尘器、推杆等组成。

我国开发有 10 英寸、12 英寸及 14 英寸不同直径规格的制动缸，以适应我国货物列车在增加轴重及提高速度的同时仍能满足制动距离的要求。我国主型货车空气控制阀 120/120-1 阀在与 10 英寸制动缸配套时，副风缸容积为 40 L；与 12 英寸制动缸配套使用时，副风缸容积为 50 L；与 14 英寸制动缸配套使用时，副风缸为 60 L。

2016 年研制了 LBC 系列主动润滑制动缸，该系列制动缸是在旋压密封式制动缸结构基础上增设防水、防尘结构和活塞旋转机构，可改善缸体内壁润滑状态，解决因润滑不足造成缸体漏泄等问题。LBC 系列制动主要有 LBC-1 和 LBC-2 两种型号，LBC-1 型制动缸采用棘轮棘爪旋转润滑机构，如图 3-28 所示，LBC-2 型制动缸采用斜齿导向锥面式旋转润滑机构。

图 3-28　LBC-1 型主动润滑制动缸

另外，还有少量铁路货车装用带推杆复原装置的制动缸，其结构如图 3-29 所示。

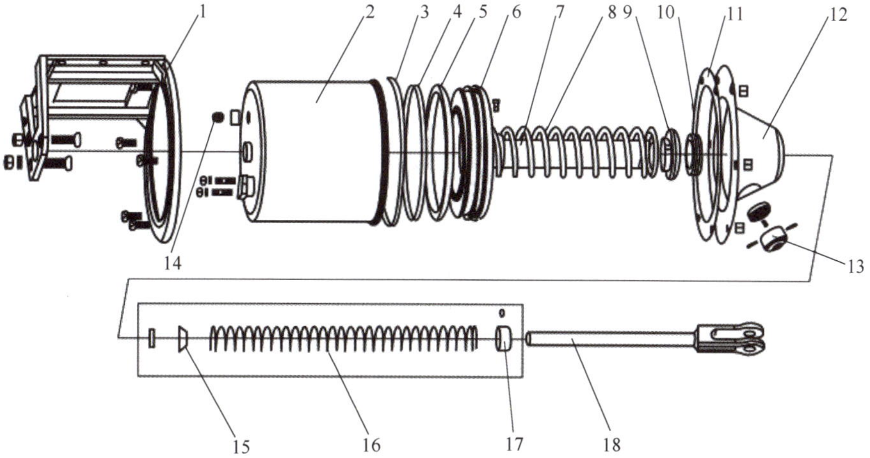

图 3-29　带推杆复原装置的旋压密封式制动缸

1—缸座组成；2—缸体组成；3—毡托组成；4—润滑套；5—Y 形密封圈；6—活塞；7—活塞杆；8—缓解弹簧；9—弹簧座；10—前盖滤尘套组成；11—前衬垫；12—前盖组成；13—滤尘器组成；14—螺堵 R1/2；15—弹簧托；16—复原弹簧；17—弹簧挡圈；18—推杆

4. 脱轨自动制动装置

脱轨自动制动装置主要作用是当列车发生脱轨事故时，沟通制动主管到大气的通路，使列车发生紧急制动作用，从而避免脱轨事故的影响扩大。我国主型脱轨自动制动装置有 TZD 型和 TZD-1 型两种型号，其主要技术参数见表 3-5。

表 3-5　脱轨自动制动装置主要技术参数

项　　目	参　　数
适用车型	铁路货车
适应钢轨	50 kg/m 及以上级
脱轨自动制动装置支管路的通径(mm)	≥ϕ15.7
每车加装脱轨制动装置支管路的容积(L)	≤1.5
车辆通过最小曲线半径(m)	80

TZD 型脱轨自动制动装置由 TZD 型脱轨制动阀和 TZD 型拉环组成。TZD 型脱轨制动阀包括制动阀杆、作用杆、弹片、阀体和锁紧螺母等，TZD 型拉环组成包括顶梁组成(包括顶梁、限位筒、护套及调节杆)、隔套及拉环等，如图 3-30 所示。

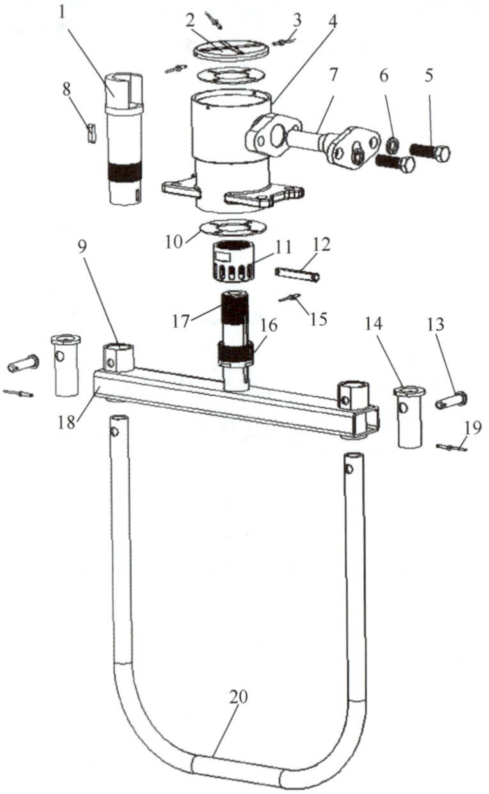

图 3-30　TZD 型脱轨自动制动装置

1—作用杆；2—阀盖；3、15—抽芯铆钉 3×10；4—阀体；5—螺栓 M12×45；6—弹性垫圈 12；7—制动阀杆；8—键 6×22；9—限位筒；10—弹片；11—锁紧螺母；12—扁销；13—圆销；14—隔套；16—护套；17—调节杆；18—顶梁；19—抽芯铆钉 3×14；20—拉环

TZD-1 型脱轨自动制动装置由 TZD-1 型脱轨制动阀和 TZD-1 型拉环组成。TZD-1 型脱轨制动阀包括制动阀杆、作用杆、内套、弹片、阀体和锁紧螺母等，TZD-1 型拉环组成包括顶梁组成(包括顶梁、限位筒及调节杆)、隔套及拉环等，如图 3-31 所示。

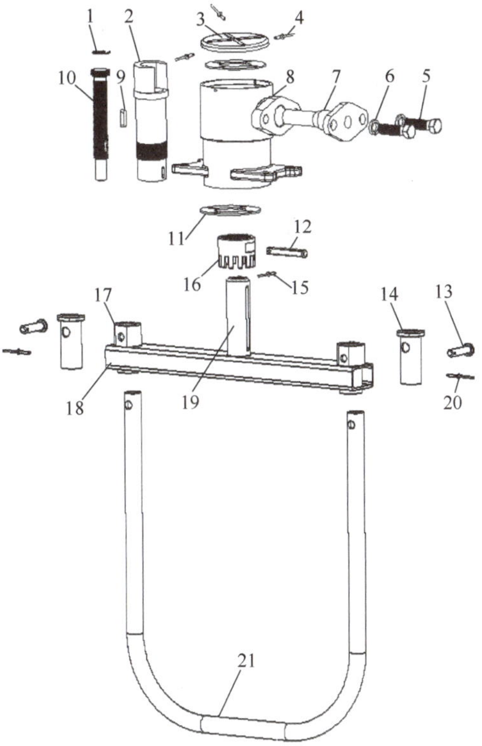

图 3-31 TZD-1 型脱轨自动制动装置

1—弹性挡圈 24；2—作用杆；3—阀盖；4、15—抽芯铆钉 3×10；5—螺栓 M12×45；6—弹性垫圈 12；7—制动阀杆；8—阀体；9—键 6×22；10—内套；11—弹片；12—扁销；13—圆销；14—隔套；16—锁紧螺母；17—限位筒；18—顶梁；19—调节杆；20—抽芯铆钉 3×14；21—拉环

5. 其他零部件

储风缸一般由封头、缸体、排水座、管座或法兰焊接组成。按结构形式可分为单室储风缸和多室储风缸；按功能用途可分为副风缸、降压风缸和加速缓解风缸，副风缸容积有 40 L、50 L、60 L 等规格，降压缸容积有 17 L、28 L 等规格，加速缓解风缸容积为 11 L。目前我国铁路新造货车广泛采用不锈钢嵌入式储风缸代替传统的吊带安装储风缸和焊装有角型安装座的储风缸。

球芯折角塞门通径为 1¼英寸，安装于车辆制动主管两端，其主要作用是连接制动主管和制动软管总成，控制车辆之间制动主管的通断。球芯折角塞门主要由塞门体、密封座、球芯、拨芯轴、垫圈、密封圈、密封垫、盖、套口、手把、锁紧螺帽、压紧圈和压圈等零部件组成。

组合式集尘器的通径为 1 英寸，安装于制动主管与制动阀之间的制动支管上，具有截断塞门和集尘器的双重作用。组合式集尘器主要由集尘器体、密封座、球芯、垫圈、密封圈、拨芯轴、密封垫、盖、手把、垫、集尘盒和止尘伞等零部件组成。为进一步提高集尘器性能，还研发了 GL 型组合式集尘器。

3.2.4 基础制动装置

基础制动装置按闸瓦的配置可分为单侧闸瓦制动和双侧闸瓦制动，按传动机构的配置可分为散开式和单元式，按作用原理和结构型式不同可分为杠杆制动和集成制动。杠杆制动装置因其结构简单、组装方便等特点在我国铁路货车转向架上广泛应用，集成制动装置将制动缸和闸调器集成在转向架上，主要应用于车体底架结构复杂、空间狭窄的浴盆敞车、漏斗车、小汽车运输车等部分铁路货车。“散开式单侧闸瓦”基础制动装置示意如图 3-32 所示。

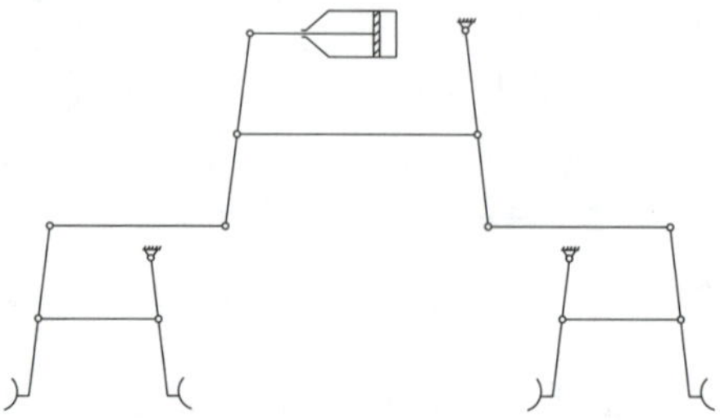

图 3-32 “散开式单侧闸瓦”基础制动装置示意

我国铁路货车转向架广泛采用杠杆式单侧闸瓦制动。杠杆制动装置主要由制动梁、制动杠杆、中(下)拉杆、闸瓦、支点及配套连接扁孔圆销、拉铆销等组成。为降低磨耗，各连接部位采用耐磨销套，同时减小销套配合间隙，提高装配精度，以改善销套的受力状态。按拉(压)杆相对摇枕位置的不同，又可分为中拉杆和下拉杆两种型式。下拉杆单侧闸瓦基础制动装置如图 3-33 所示，中拉杆单侧闸瓦基础制动装置(转 K6 型转向架)如图 3-34 所示。

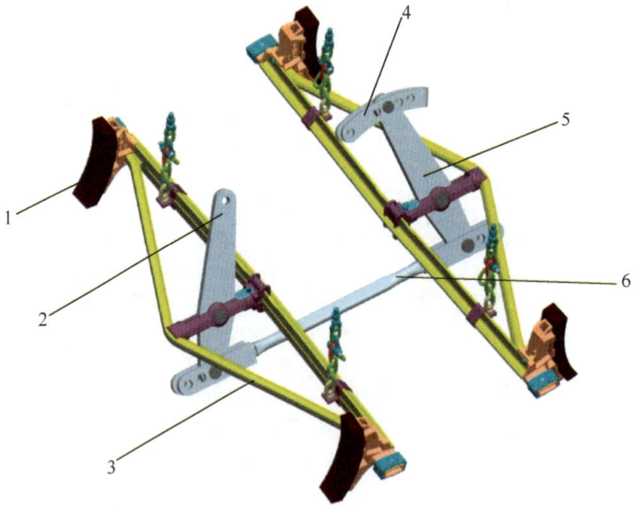

图 3-33 下拉杆单侧闸瓦基础制动装置

1—闸瓦；2—游动杠杆；3—制动梁；4—固定杠杆支点；5—固定杠杆；6—下拉杆

1. 制动梁

制动梁是基础制动装置中的关键配件，既要承受制动缸输出并经各杠杆传动机构放大后的负荷，又要使闸瓦紧贴车轮踏面。我国铁路货车主要使用组合式制动梁，目前

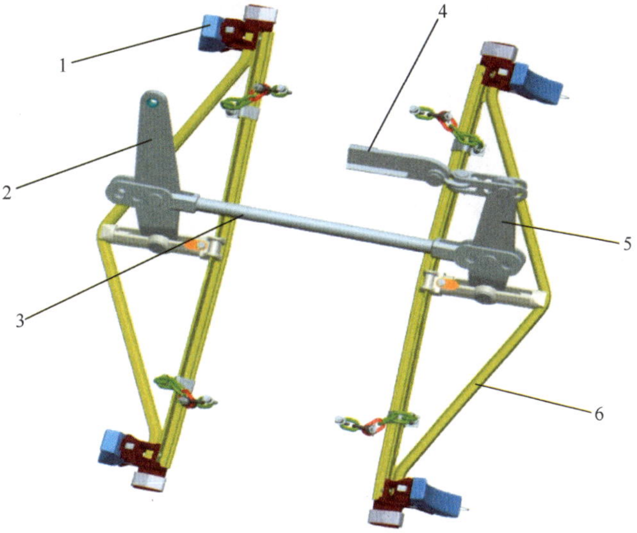

图 3-34　中拉杆单侧闸瓦基础制动装置(转 K6 型转向架)

1—闸瓦;2—游动杠杆;3—中拉杆;4—固定杠杆支点;5—固定杠杆;6—制动梁

拥有 L-A 型、L-B 型和 L-C 型三种组合式制动梁。这三种组合式制动梁的主要区别在于 L-A 型制动梁架采用整体锻造工艺制造,L-B 型制动梁架采用整体热轧工艺制造,L-C 型制动梁架采用整体热套装工艺制造。L-A 型、L-B 型组合式制动梁如图 3-35 所示。

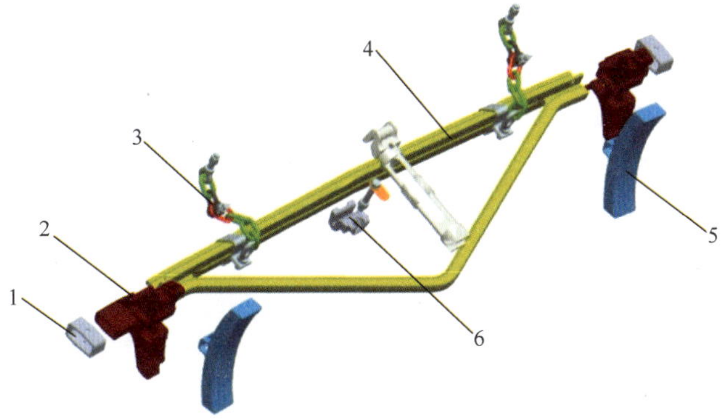

图 3-35　L-A 型、L-B 型组合式制动梁

1—滑块磨耗套;2—闸瓦托;3—安全链及卡子;4—制动梁架;5—闸瓦;6—夹扣

L-B 和 L-B1 型组合式制动梁使用数量较多,其中 L-B 型组合式制动梁应用于 21 t、25 t 轴重货车,L-B1 型组合式制动梁应用于 27 t 轴重货车。另外,还有 BLB 型和 TMX 型系列组合式制动梁,适用于装用 BAB 型集成制动装置的转向架。BLB 型制动梁架采用整体热轧工艺制造,TMX 型制动梁架采用焊接工艺制造。根据装用的闸瓦托所适应的轮径不同,这两种型号的制动梁又可细分为以下型号,见表 3-6。

表 3-6　BLB 型和 TMX 型制动梁分类

制动梁型号	适应轮径(mm)
BLB-1 型	915
BLB-2 型	840
TMX-915 型	915
TMX-840 型	840

2. 闸瓦

闸瓦是铁路货车制动系统的最终执行部分,可分为铸铁闸瓦和合成闸瓦两大类。铸铁闸瓦分为灰铸铁闸瓦(简称灰铁闸瓦)、中磷铸铁闸瓦(简称中磷瓦)、高磷铸铁闸瓦(简称高磷瓦)。合成闸瓦是以树脂、石棉、石墨、铁粉、硫酸钡等材料热压而成的,按摩擦系数高低可分为低摩擦系数合成闸瓦(简称低摩瓦)和高摩擦系数合成闸瓦(简称高摩瓦)。

因合成闸瓦强度小,需在其背部衬压一块钢板(钢背)来增加它的抗压强度,整个合成闸瓦由钢背和摩擦体两部分组成。我国铁路货车主要使用高摩瓦,为方便管理和使用,同一辆车装用同一型式的闸瓦。

3. 闸调器

闸调器是自动调整车轮与闸瓦间隙的关键制动部件,其作用是根据闸瓦间隙变化自动进行调整,保持闸瓦与车轮的间隙处于基本恒定值,从而使制动缸活塞行程保持在规定的范围内,确保车辆制动力不衰减,使列车中各车辆的制动缸活塞行程基本一致,减小列车纵向冲动。

我国铁路货车主要采用 ST 型闸调器。ST 型闸调器由本体部、控制部和连接部等部分组成,目前主要有 ST1-600 和 ST2-250 两种型号。ST1-600 型闸调器具有双向自动调整的特点,安装在车辆一位上拉杆的位置上方,螺杆工作长度为 600 mm。ST2-250 型闸调器是在 ST1-600 型闸调器基础上研发的,安装在车辆前、后制动杠杆间,具有体积小、重量轻、双向调整性能好,适用性强等特点,螺杆工作长度为 250 mm。ST1-600 型和 ST2-250 型闸调器性能参数见表 3-7。

表 3-7　ST1-600 型和 ST2-250 型闸调器性能参数

技术性能	ST1-600 型闸调器	ST2-250 型闸调器
最大调整范围(mm)	600	250
最大允许拉力(kN)	78.4	78.4
作用方式	双向	双向
最大安装长度(mm)	2 566	1 420
缩至最短长度(mm)	1 966	1 170
一次最大缩短量(mm)	135	60
一次最大伸长量(mm)	30	30

续上表

技术性能	ST1-600 型闸调器	ST2-250 型闸调器
闸调器本体重量(kg)	33	28
有无手动调整功能	有	有

4. 集成制动装置

集成制动装置可分为侧置式和背推式集成制动装置。侧置式主要用于车体底部设备很多、空间特别紧张的铁路机车和客车转向架上;货车转向架一般采用背推式集成制动装置,通常由制动缸、制动梁、推杆和闸调器等组成。我国铁路货车主要采用 BAB 型和 DAB 型集成制动装置。

BAB 型集成制动装置由手制动杠杆、制动缸、推杆组成、制动梁、后制动杠杆、非制动缸侧 J 型杠杆、闸调器、制动缸侧 J 型杠杆、高摩合成闸瓦等组成,如图 3-36 所示。BAB 型集成制动装置可根据制动缸规格、制动倍率、闸调器规格和车轮直径采用不同配置,如 BAB-1 型集成制动装置适用于 915 mm 轮径,而 BAB-2 型集成制动装置适用于 840 mm 轮径。

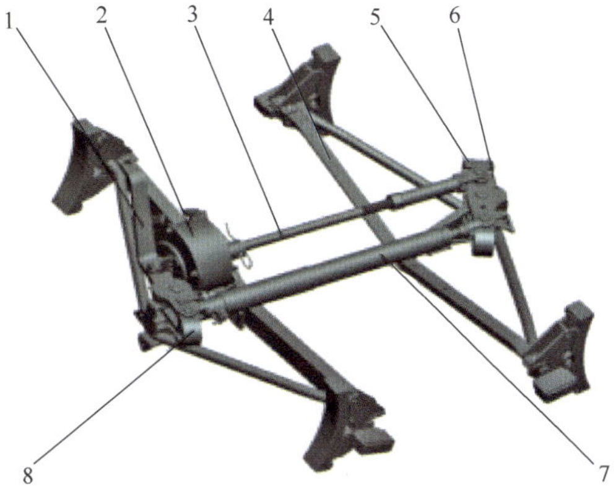

图 3-36 BAB 型集成制动装置

1—手制动杠杆(制动缸侧杠杆);2—制动缸;3—制动推杆;4—制动梁;5—后制动杠杆;
6—非制动缸侧 J 型杠杆;7—压缩式闸调器;8—制动缸侧 J 型杠杆

DAB 型集成制动装置由 DAB 型单元制动缸、前制动杠杆、后制动杠杆、右组合式制动梁、左组合式制动梁、链蹄环等组成,如图 3-37 所示,分为带手制动和不带手制动两种形式,其中单元制动缸布置在中拉杆位置,闸调器采用内置式控制装置。根据制动缸规格、制动倍率、闸调器规格和车轮直径采用不同配置,如 SQ_6 型小汽车运输车装用的是 DAB-1 型集成制动装置,采用压力比为 5.4 的单元制动缸,转向架制动倍率为 6.6。

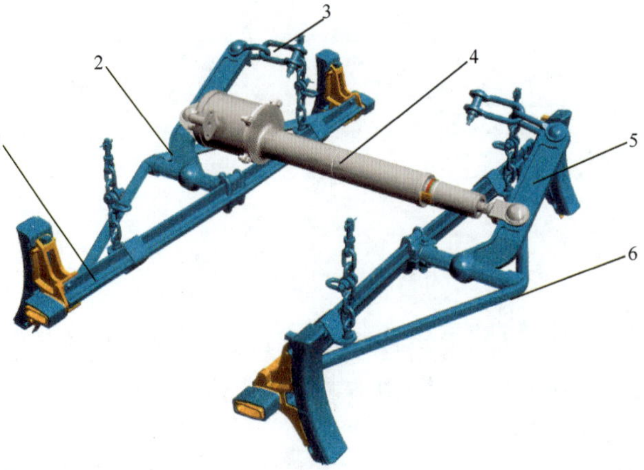

图 3-37 DAB 型集成制动装置

1—右组合式制动梁；2—前制动杠杆；3—链蹄环；4—DAB 型单元制动缸；5—左组合式制动梁；6—后制动杠杆

BAB-1 型和 DAB-1 型集成制动装置性能参数见表 3-8。

表 3-8 BAB-1 型和 DAB-1 型集成制动装置性能参数

技术性能	BAB-1 型	DAB-1 型
自重(kg)	248	≤215
适应环境温度(℃)	−50～70	
压力比	5.4/6.3/7.2/8.2/9.2	
重车传动效率	≥80%	≥75%
制动缸直径(mm)	254	178
闸调器调整能力(mm)	≥200	≥120

3.2.5 人力制动机

人力制动机主要有脚踏式制动机和手制动机。我国铁路货车主要采用 FSW 型和 NSW 型手制动机，它们均是棘轮式手制动机。FSW 型手制动机主要装用在 C_{63A} 型车及部分厂矿企业自备车上，NSW 型手制动机适用于各种铁路货车。

FSW 型手制动机由手轮、主动轴、卷链轴、手柄、底座和箱壳等零件组成，具有制动、阶段缓解和快速缓解三种功能，如图 3-38 所示。

NSW 型手制动机是在 FSW 型手制动机的基础上经局部改进而成，保留了 FSW 型手制动机的优点，简化了结构，有较好的防溜功能，提高了货车停发安全性。NSW 型手制动机由箱壳、底座、手轮、功能手柄、主动轴、卷链轴、棘轮、大齿轮、小齿轮、离合器和链条等组成，如图 3-39 所示。

NSW-Ⅰ型手制动机是在 NSW 型手制动机基础上优化箱壳、底座改进而成，该型手制动机内部结构、手轮及主要技术参数与 NSW 型手制动机相同，如图 3-40 所示，敞、棚车装用该型手制动机时，可以通过在一定范围内移动安装位置，避免与客车连挂时手轮与客车风挡干涉。

图 3-38　FSW 型手制动机

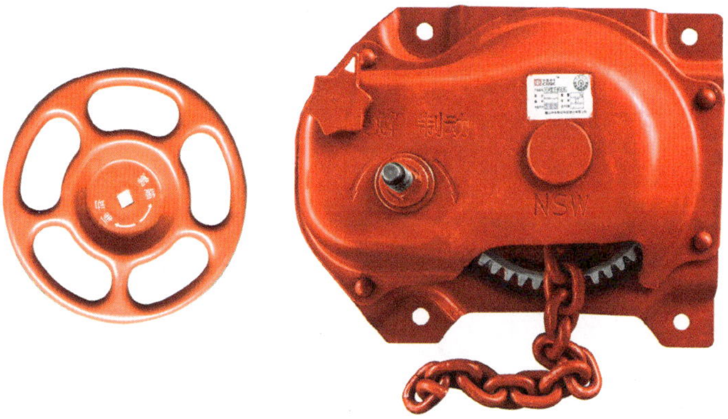

图 3-39　NSW 型手制动机

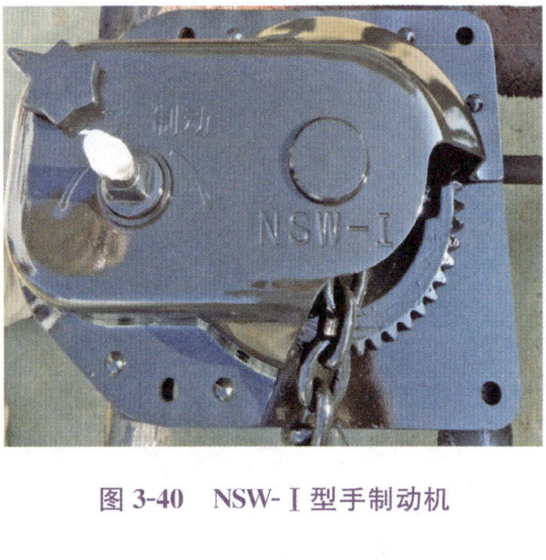

图 3-40　NSW-Ⅰ型手制动机

FSW 型、NSW 型和 NSW-Ⅰ型手制动机性能参数见表 3-9。

表 3-9　FSW 型、NSW 型和 NSW-Ⅰ型手制动机性能参数

技术性能项目	参数值	
	FSW 型	NSW 型(NSW-Ⅰ型)
自重(kg)	39	36
手轮直径(mm)	560	400
倍率	—	27
外形尺寸(不包括链条)(宽×高×厚)(mm)	560×618×270	524×400×236
输入扭矩(N·m)	156	
缓解扭矩	<施加制动时的扭矩	
链条输出拉力(kN)	≥10	
适应环境温度(℃)	−40～+50	

3.2.6　电空制动系统 ECP

电空制动系统 ECP(Electronically Controlled Pneumatic)诞生于 20 世纪 90 年代，电空制动系统 ECP 的主要特点：可有效降低传统空气制动系统对重载运输列车高制动性能要求的制约作用，实现长大编组列车全列车的同步制动与缓解。

电空制动系统 ECP 按通信网络方式可分为有线与无线两种。有线电空制动系统 ECP 采用贯通列车的总线电缆通信，而无线电空制动系统 ECP 采用车辆间无线信号进行通信。ECP 技术的应用方案还分独立模式和叠加模式两种。独立模式取消自动空气控制阀，采用纯 ECP 电子控制。叠加模式在车辆上同时装有 ECP 控制部件和自动空气控制阀，两者共同作用并且相互功能冗余备份。

ECP 制动系统主要由机车单元、车辆单元、列尾装置及列车总线四部分组成，如图 3-41 所示。

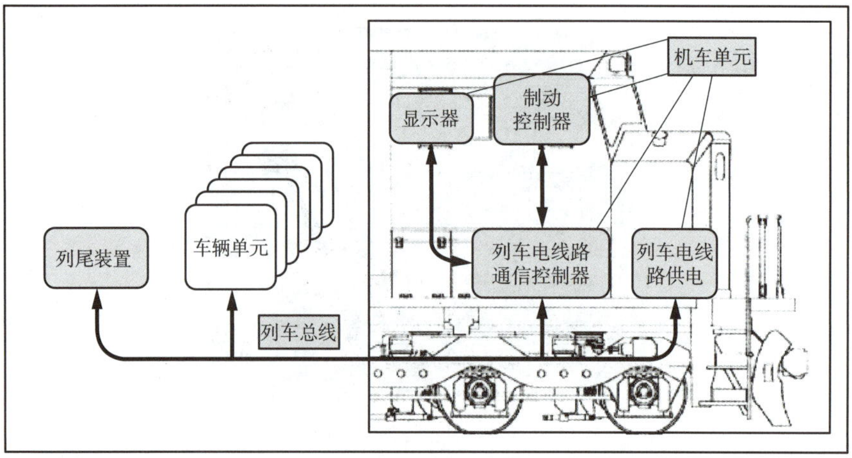

电控空气制动（ECP）

图 3-41　ECP 制动系统基本组成

有线 ECP 制动系统采用贯通列车的列车总线(电缆)通信,司机操纵制动控制器产生的控制指令通过列车总线传递到车辆单元,由车辆单元直接控制制动缸快速充排风,实现全列车快速一致制动和缓解。

有线 ECP 技术的应用方案还分独立模式和叠加模式两种。独立模式取消自动空气控制阀,采用纯 ECP 电子控制。叠加模式在车辆上同时装有 ECP 控制部件和自动空气控制阀,两者共同作用并且相互功能冗余备份。国内研制和装车试验的有线 ECP 制动系统采用的即是叠加模式,组成如图 3-42 所示。

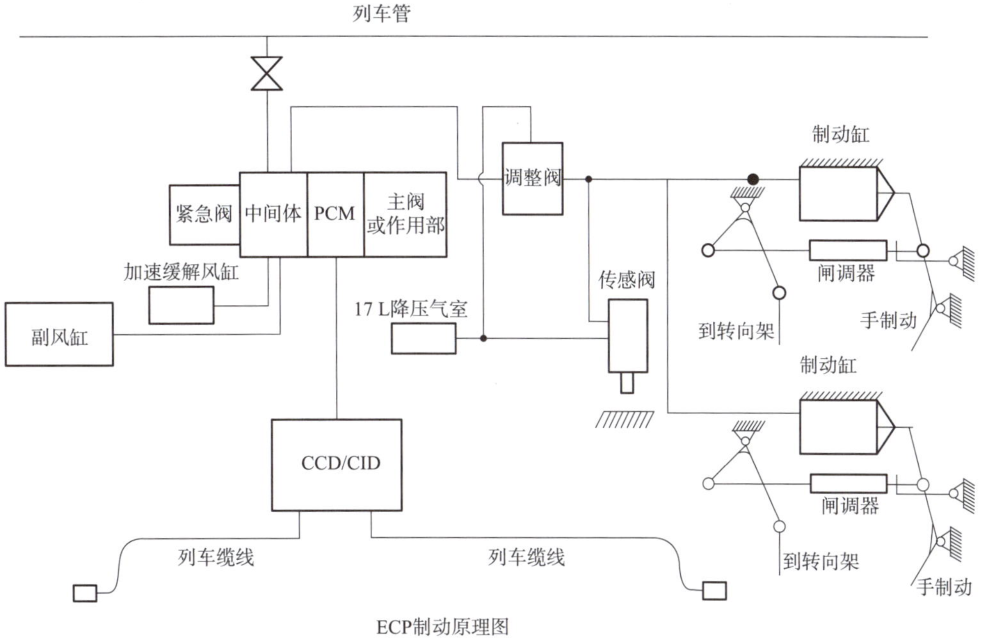

图 3-42 有线 ECP 制动系统基本组成

无线 ECP 制动系统目前在国外尚未查到成功应用的案例,国内目前研制的无线 ECP 制动系统采用的是自动式的制动模式,系统原理如图 3-43 所示。

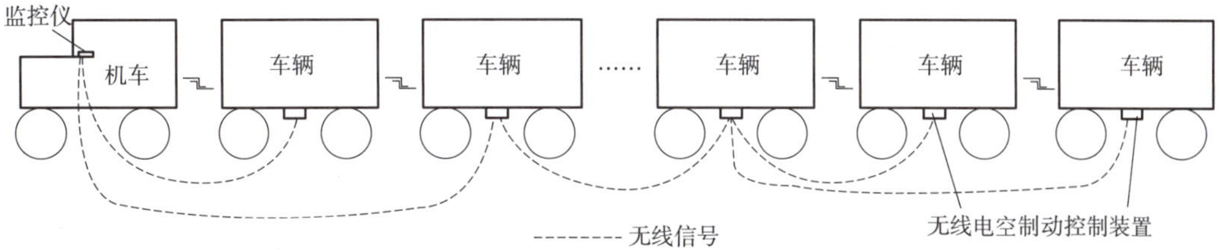

图 3-43 无线 ECP 制动系统作用原理示意

系统在机车或是头部车辆获得司机对列车管的操纵控制信息,转换为控制指令,利用列车上监控仪和无线电空制动控制装置联合建立的无线自组网络发送到各车辆,控制各车辆列车管压力快速跟随变化，提高列车各空气制动控制阀动作的一致性，降低列车因制动产生的纵向冲动。

ECP 制动系统在系统中使用了传感器，也在列车上建立了通信网络，列车的状态和故障信息也可以向司机或地面进行及时反馈。

3.3 连接缓冲系统

3.3.1 功能及构成

连接缓冲系统是铁路货车的关键部件，其作用是连接车辆、传递车辆间纵向力和缓和列车纵向冲动。连接缓冲系统分为车钩连接缓冲系统、牵引杆连接缓冲系统和关节连接器系统。车钩连接缓冲系统是我国铁路货车大部分车辆采用连接缓冲系统，主要由车钩、钩尾框、缓冲器三大部件以及从板、钩尾销等零部件组成；牵引杆连接缓冲系统能够减少车辆连接间隙，应用于两单元或三单元车组间，由牵引杆、钩尾框、缓冲器三大部件以及从板、钩尾销等零部件组成；关节连接器系统能够消除车辆连接间隙，实现回转功能，应用于铁路关节式平车、关节式小汽车运输车、驮背运输车等关节式货车，采用凸关节、凹关节与车体连接。

3.3.2 发展历程

1. 车钩发展历程

随着铁路货车技术发展，为满足不同时期，不同轴重、载重车辆及列车牵引重量的需要，我国研制并应用了多种型号的车钩，从 20 世纪 70 年代以来，应用的铁路货车车钩主要有 13 型、13A 型、13B 型、16 型和 17 型车钩。

20 世纪 70 年代初，我国铁路货车装用 13 型车钩，采用 ZG25 普通碳素铸钢制造，车钩的静拉破坏载荷为 2 250 kN。1996 年开始采用 C 级钢材质制造，13 型车钩的静拉破坏载荷提高到 2 820 kN。2001 年在 13 型车钩基础上改进研制了 13A 型车钩，将车钩的纵向连挂间隙缩小由 13 型车钩的 19.5 mm 缩减到 11.5 mm，采用 C 级钢材质制造，车钩静拉破坏强度提高到 2 950 kN 以上，13A 型车钩在新造货车及检修货车上推广使用，取代 13 型车钩。2007 年在 13A 型车钩基础上研制了 13B 型车钩，采用 E 级钢材质制造，车钩静拉破坏强度提高到 3 430 kN 以上，13B 型车钩在新造货车及检修货车上推广应用，取代 13A 型车钩。以上 13 系列车钩主要应用于载重 60 t 级货车。

为满足大秦运煤专用线开行重载列车且不摘钩上翻车机连续翻转卸货的需要，1988 年开始研制 16 型联锁式旋转车钩和 17 型联锁式固定车钩，1990 年开始投入使用。我国大秦铁路运煤专用线上的运煤专用敞车均装用了 16 型旋转车钩和 17 型固定车钩，采用 E 级钢制造，车钩静拉破坏强度提高到 3 430 kN 以上，满足了大秦铁路开行重载单元列车的需要。鉴于17型车钩在大秦线的良好运用效果，2006年开始17型车钩在载重70 t级货车上得到了全面推广。

车钩按开启方式可分为上作用式和下作用式两种。解钩装置在车钩上部，通过上锁销机构进行解钩的称为上作用式车钩。解钩装置在车钩下部，通过下锁销机构进行解钩的称为下作用式车钩。国内常用的13系列车钩有上作用和下作用两种作用形式，16、17型车钩均为下作式车钩。上、下作用式车钩结构如图3-44、图3-45所示。

图3-44 上作用式车钩

图3-45 下作用式车钩

2. 钩尾框发展历程

随着铁路货车技术发展，为满足不同时期，不同轴重、载重车辆及列车牵引重量的需要，我国研制应用了多种型号的铸造钩尾框和锻造钩尾框，从20世纪70年代以来，应用的铁路货车钩尾框主要有13系列、16、17型铸造钩尾框和13B、16、17型锻造钩尾框。

20世纪70年代初，我国铁路货车装用13型车钩配套的钩尾框，采用ZG25普通碳素铸钢制造，静拉破坏载荷为2 800 kN。1996年开始采用C级钢材质制造，13型钩尾框的静拉破坏载荷提高到3 150 kN。2001年在13型钩尾框基础上改进研制了13A型钩尾框，采用C级钢材质制造，静拉破坏强度提高到3 340 kN以上，13A型钩尾框在新造货车及检修货车上推广使用，取代13型钩尾框。2007年在13A型钩尾框基础上研制了13B型钩尾框，采用E级钢材质制造，静拉破坏强度提高到4 005 kN以上，13B型钩尾框在新造货车及检修货车上推广应用，取代13A型钩尾框。

为满足大秦运煤专用线开行重载列车且不摘钩上翻车机连续翻转卸货的需要，1988年开始研制16、17型车钩的同时，配套研制了16、17型钩尾框，1990年开始与配套的16、17型车钩一起投入大秦线运煤专用敞车上运用。

为进一步提高铁路货车各型钩尾框的疲劳强度及运用可靠性，分别于2005年、2007年、2008年创新研制了17型锻造钩尾框、16型锻造钩尾框、13B型锻造钩尾框，并在新造铁路货车上全面推广使用。锻造钩尾框内部组织致密，有效提高了钩尾框的使用寿命，由铸造钩尾框的8年提高到锻造钩尾框的25年，实现了钩尾框技术升级换代。

目前在新造及检修货车上已经采用锻造钩尾框全面取代17、16、13B型铸造钩尾框。

3. 牵引杆发展历程

针对大秦线重载货车运用特点和进一步发展需要，2002年研制了RFC型旋转牵引杆，并在C_{80}系列等运煤专用敞车上使用。RFC型牵引杆能与秦皇岛三、四期卸煤码头的拨车机、列车定位机和三车翻车机相匹配，实现不摘钩连续翻转卸货作业。RFC型牵引杆的应用减小了车辆间的纵向间隙，显著降低了重载列车的纵向冲动，提高了车辆纵向动力学性能。

4. 缓冲器发展历程

20世纪50年代起，货车装用的缓冲器主要为2号、3号和MX-1型缓冲器。伴随着货运列车总重的提高，对缓冲器容量、可靠性提出更高要求，20世纪90年代，相继研制了ST、MT-2、MT-3型缓冲器。其中ST型缓冲器容量32 kJ，主要用于60 t级以下的各型铁路货车，2006年起ST型缓冲器停止新造；MT-2型缓冲器容量50 kJ，主要用于载重70 t级的货车；MT-3型缓冲器容量45 kJ，主要用于21 t轴重、载重60 t的各种通用货车。

随着大轴重重载货车的应用及1万t、2万t重载列车的开行，2003年研制了HM-1、HN-1型大容量缓冲器，容量提高到80 kJ。HM-1型缓冲器是27 t轴重货车的主型缓冲器，满足30 t轴重货车的运用要求，HN-1型缓冲器主要用于特种货车。

5. 关节连接器发展历程

关节连接器是一种新型铁路车辆连接装置，取消了车辆间的车钩及缓冲器，采用关节连接器连接车辆可消除车辆连接间隙，有效降低列车纵向冲击，同时减轻车辆自重和缩短车辆之间的连接距离。2015年研制了GJ1型关节连接器，满足了快捷、驮背运输及多式联运技术的发展需要，为我国多式联运技术的发展提供了技术支持。

3.3.3 车　　钩

目前我国铁路新造货车使用的车钩有三种，分别为13B型车钩、16型车钩、17型车钩。

1. 13B型车钩

13B型车钩是在13A型车钩基础上研制的车钩，材质为E级钢，主要改进是钩体取消了钩尾端面工艺孔，增加钩尾销的接触面积，防止钩尾销磨耗的凹槽增加钩尾销向下作用力；钩舌增加了鼻部内腔的加强筋数量，同时进行内腔结构改进，取消了钩舌牵引面的起模斜度。13B型车钩按开启方式不同分为两种，一种为上作用式车钩；另一种为下作用式车钩。车钩主要由钩体、钩舌、钩舌销、钩锁、钩舌推铁和锁销机构组成。主要结构如图3-46所示。

图 3-46　13B 型车钩

13B 型车钩主要技术参数见表 3-10。

表 3-10　13B 型车钩主要技术参数

项　目		参　数
车钩连接轮廓		TB/T 2950
车钩纵向连挂间隙（mm）		11.5
车钩连接线到钩肩的长度（mm）		298.5
车钩连接线到钩尾端面的长度(mm)		838.5
两车钩连挂时允许的车钩中心线高度差（mm）		75
最大相对转角	在水平面内	6.3°
	在垂直面内	2.2°
最大横向摆角		7°
车钩钩尾端面至钩肩的长度（mm）		540
钩肩截面外形尺寸		203 mm×160 mm
钩体静拉破坏载荷（kN）		≥4 005
钩舌静拉破坏载荷（kN）		≥3 430

13B 型车钩主要特点：

(1)连挂间隙小。采用小间隙钩舌技术，车钩连挂间隙为 11.5 mm，比 13 型车钩的 19.5 mm 减小了 41%，可改善列车的纵向动力学性能、延长车辆及其零件的使用寿命。

(2)互换性能好。整体及零部件可与 13 型、13A 型车钩互换，零部件标准化程度高，通用性、互换性、适用性好，方便了制造、检修及运用维护。

(3)连挂性能好，适应性强。可与 13 型、13A 型、15 号及 16、17 型车钩实现安全连挂。

(4)防分离可靠性高。采用与钩尾销接触区域大的钩体，消除钩尾销发生偏磨后对钩尾销螺栓产生过大垂向作用力，引起钩尾销螺栓折断、造成钩尾销脱落；采用三连杆上锁销组成，使上锁销组成防跳性能较原上锁销组成有了较大的提高，提高了车钩的防分离可靠性。

2. 16、17 型车钩

16 型和 17 型车钩采用小间隙、联锁、防脱设计，具有防跳性能可靠的下作用式锁销机构，钩体、钩舌、钩锁采用 E 级铸钢制造，16 型车钩为旋转车钩，17 型车钩为固定车钩。17 型车钩的主要型式尺寸及性能与 16 型车钩相同，并采用了 16 型钩舌、钩锁、钩舌推铁，最大限度地保证了主要零件的通用性、互换性要求。17 型车钩与 16 型车钩主要区别是 17 型车钩钩尾端部采用球面与突肩结合的结构设计，具有自动对中功能和良好的曲线通过性能。16、17 型车钩配套使用可实现列车车辆在不摘车钩及分解列车的情况下实现连续翻卸作业，满足煤炭等大宗散装货物运输要求，可提高卸货及运输组织效率 25%以上。16 型车钩由 16 型钩体、钩舌、钩舌销、钩锁、钩舌推铁、下锁销、下锁销杆和下锁销转轴等零部件组成。17 型车钩由 17 型钩体、钩舌、钩舌销、钩锁、钩舌推铁、下锁销、下锁销杆和下锁销转轴等零部件组成。

16、17 型车钩主要结构如图 3-47、图 3-48 所示。

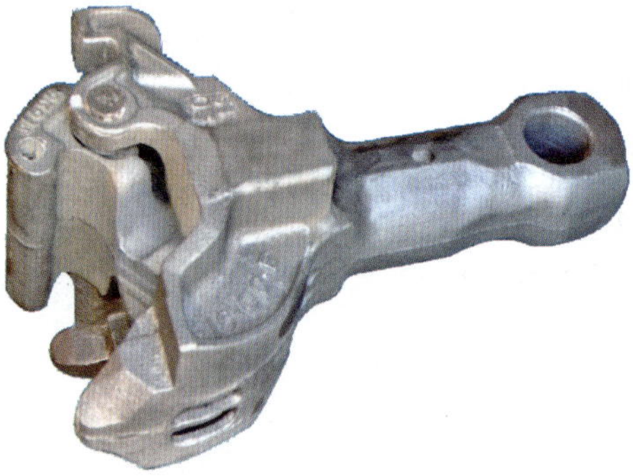

图 3-47　16 型车钩

图 3-48　17 型车钩

16、17 型车钩主要技术参数见表 3-11。

表 3-11　16、17 型车钩主要技术参数

项　　目		16 型车钩参数	17 型车钩参数
车钩连接轮廓		TB/T 2950	TB/T 2950
车钩纵向连挂间隙 (mm)		9.5	9.5
车钩连接线到钩肩的长度 (mm)		305	305
车钩连接线到钩尾端面的长度(mm)		876.5	876.5
两车钩连挂时允许的车钩中心线高度差 (mm)		75	75
最大相对转角	在水平面内	3°45′	3°45′
	在垂直面内	2°	2°
最大横向摆角		13°	13°
最大垂直摆角	向上	5°30′	5°30′
	向下	7°	7°

续上表

项　　目	16 型车钩参数	17 型车钩参数
车钩钩尾端面至钩肩的长度(钩体长度)(mm)	571.5	571.5
钩肩截面外形尺寸	203 mm×163.5 mm	203 mm×163.5 mm
钩体静拉破坏载荷 (kN)	≥4 005	≥4 005
钩舌静拉破坏载荷 (kN)	≥3 430	≥3 430
转动角度	360°	—

16、17 型车钩主要特点：

(1)车钩的连挂间隙仅为 9.5 mm，比 13 型车钩的 19.5 mm 减小了 52%，使用后可改善列车的纵向动力学性能、延长车辆及其零件的使用寿命。

(2)结构强度高、耐磨性能好。钩体、钩舌均采用 E 级低合金铸钢制造，增加了结构强度、提高了耐磨性能；并对钩尾端面及钩尾销孔后圆弧面进行了提高表面硬度的特殊处理，具有更高的硬度和更好的耐磨性；钩体的下方增设了磨耗板，防止钩体磨耗。

(3)设有车钩联锁装置和防脱装置，可防止车钩自动脱离及增加车钩连接强度，具有类似牵引杆装置的作用。

(4)17 型车钩钩尾端部采用球面与突肩结合的结构设计，采用竖圆销与钩尾框垂直连接，具有自动对中功能和良好的曲线通过性能。16 型车钩钩尾端部采用球面的结构设计，采用竖圆销通过配套转动套连接，具有良好的转动功能和曲线通过性能；可实现车辆不摘钩连续翻卸作业。

(5)锁销机构防跳作用性能可靠。可与 13 型、13A 型、16 型车钩实现安全连挂，适应性强。

3.3.4 钩 尾 框

目前我国铁路新造货车使用的钩尾框有三种，分别为 13B 型锻造钩尾框、16 型锻造钩尾框、17 型锻造钩尾框。

1. 13B 型锻造钩尾框(三孔)

13B 型锻造钩尾框(三孔)是 13B 型铸造钩尾框的升级换代产品，适用于前后从板座间距离符合标准套口尺寸(625 mm)，并与 13 系列车钩配套的各型铁路货车，用于传递车辆间的作用力。13B 型锻造钩尾框(三孔)结构如图 3-49 所示。

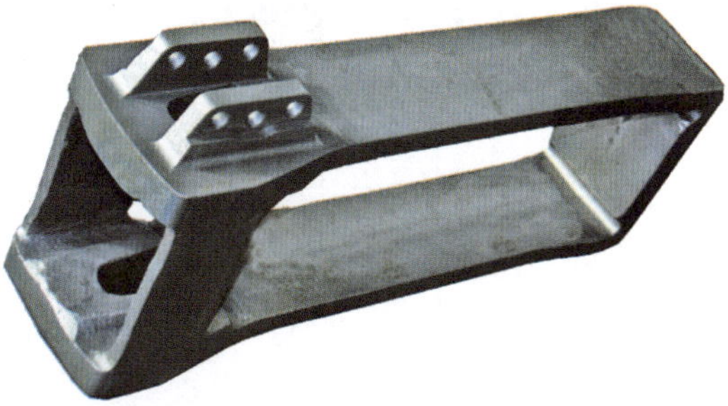

图 3-49　13B 型锻造钩尾框(三孔)

13B 型锻造钩尾框(三孔)主要参数见表 3-12。

表 3-12　13B 型锻造钩尾框(三孔)主要技术参数

项　目	参　数
上下框板间距离 (mm)	235
框板厚度 (mm)	31.5
钩尾销孔长度 (mm)	106
钩尾销孔牵引面至尾部承载面距离 (mm)	777
最小极限载荷 (kN)	4 005

13B 型锻造钩尾框(三孔)主要特点:

(1)疲劳寿命长。锻造钩尾框内部组织致密,可避免由于采用铸造工艺引起的砂眼、气孔、缩松等铸造缺陷,有效的提高钩尾框的疲劳寿命,减少检修工作量,降低运用成本。

(2)互换性能好。可与 13B 型铸造钩尾框互换,零部件标准化程度高,通用性、互换性、适用性好,方便了制造、检修及运用维护。

(3)适应性强。可与 13 型、13A 型、13B 型车钩配套使用。

(4)防分离可靠性高。配套采用一个螺栓承载、两个螺栓保护的方式,彻底解决了由于钩尾销螺栓折断而引发的车钩分离事故。

2. 16、17 型锻造钩尾框

16、17 型锻造钩尾框是 16、17 型铸造钩尾框的升级换代产品,在铸造钩尾框结构基础上采用锻造工艺方法及相应特殊结构开发的锻造钩尾框,采用力学性能与 E 级低合金铸钢相同的 25MnCrNiMoA 锻钢制造。适用于前后从板座间距离符合标准套口尺寸(625 mm)的与 16、17 型车钩配套使用的各型铁路货车。16、17 型锻造钩尾框结构如图 3-50、图 3-51 所示。

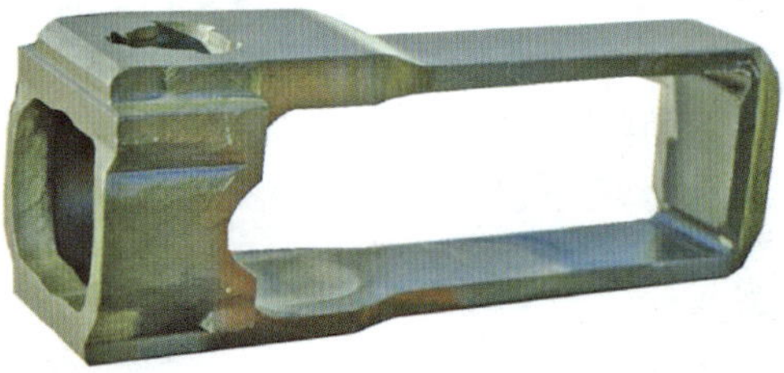

图 3-50　16 型锻造钩尾框

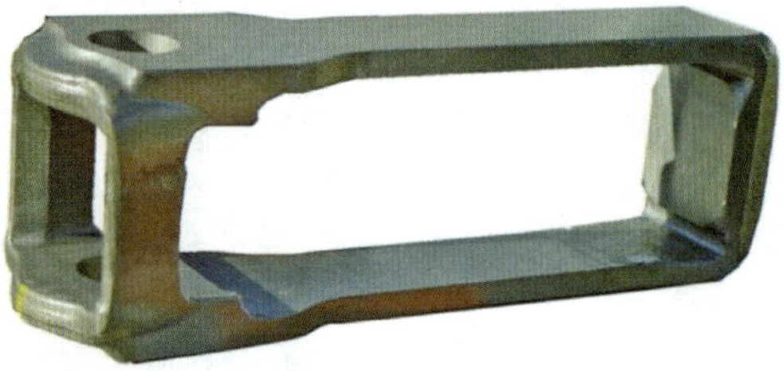

图 3-51　17 型锻造钩尾框

16、17 型锻造钩尾框主要技术参数见表 3-13。

表 3-13 16、17 型锻造钩尾框主要技术参数

项　　目	16 型锻造钩尾框参数	17 型锻造钩尾框参数
上下框板间距离（mm）	235	235
框板厚度（mm）	31.5	31.5
钩尾孔直径(mm)	—	92
钩尾孔中心至前唇牵引面长度(mm)	93.5	—
前唇牵引面至尾部承载面距离（mm）	834	—
钩尾销孔中心至尾部承载面距离（mm）	—	740.5
转动套口直径(mm)	272	—
最小极限载荷（kN）	4 005	4 005

16、17 型锻造钩尾框主要特点：

(1)使用寿命长。锻造钩尾框内部组织致密，可避免由于采用铸造工艺引起的砂眼、气孔、缩松等铸造缺陷，有效的提高钩尾框的疲劳寿命，减少检修工作量，降低运用成本。

(2)结构强度高、耐磨性能好。采用了 25MnCrNiMoA 的 E 级锻钢制造，结构强度高，耐磨性能好。

(3)互换性好。16 型锻造钩尾框可与 16 型铸造钩尾框互换，17 型锻造钩尾框可与 17 型铸造钩尾框互换，零部件标准化程度高，通用性、互换性、适用性好，方便制造、检修及运用维护。

3.3.5 牵 引 杆

目前我国铁路货车使用的牵引杆为 RFC 型牵引杆，分为固定端和转动端。RFC 型牵引杆的固定端结构与 17 型车钩尾部结构基本一致，转动端结构与 16 型车钩尾部一致。RFC 型牵引杆采用了与 16、17 型车钩配套使用的钩尾框、从板、转动套及钩尾销等零部件，保证了该牵引杆装置与现有 16、17 型车钩缓冲装置具有良好的互换性，RFC 型牵引杆能与秦皇岛三、四期卸煤码头的拨车机、列车定位机和三车翻车机相匹配，实现不摘钩连续翻卸作业。RFC 型牵引杆结构如图 3-52 所示。

图 3-52 RFC 型牵引杆

RFC 型牵引杆主要技术参数见表 3-14。

表 3-14　RFC 型牵引杆主要技术参数

项　　目	参　　数
全长（mm）	1 753
尾销孔中心距（mm）	1 486
最小极限载荷（kN）	4 005

RFC 型牵引杆主要特点：

(1)可降低列车纵向冲动。RFC 型牵引杆减小了车辆间的纵向间隙，显著降低了重载列车的纵向冲动，改善了车辆运行品质，提高了车辆纵向动力学性能。

(2)结构强度高、耐磨性能好。RFC 型牵引杆采用了 TB/T 2942—E 级或符合 AAR M201 标准的 E 级铸钢制造，结构强度高，最小破坏载荷可达到 4 005 kN；同时借鉴 16、17 型车钩的使用经验，牵引杆两端面及钩尾销孔牵引圆弧面经提高表面硬度处理，硬度可达 375～476 HBW，显著提高了牵引杆的耐磨性能。

(3)互换性好。RFC 型牵引杆能够与 16、17 型车钩互换，牵引杆两端回转中心的距离与 16、17 型车钩连挂后的回转距离相同；牵引杆的转动端借鉴了 16 型车钩转动部分的结构特点，可以实现牵引杆的转动功能；挡肩设计结构可防止拨车机作业对车体的损坏，满足翻车机卸货的需要。

(4)简化车辆结构，降低了车辆自重和维护费用。RFC 型牵引杆简化了车辆连挂装置结构，提高了防列车分离安全可靠性；降低了车辆自重，采用牵引杆后每对车钩缓冲装置可降低重量约 280 kg；还可降低钩缓装置及转向架的磨耗，减少运用、定检中的工作量和维修费用，提高车辆运用效率，符合修制制度改革的发展方向，具有较好的社会经济效益。

3.3.6　缓 冲 器

目前我国铁路新造货车使用的缓冲器有四种，分别是 MT-2、MT-3、HM-1 和 HN-1 型缓冲器。

1. MT-2、MT-3 型缓冲器

MT-2、MT-3 型缓冲器是全钢干摩擦式缓冲器，具有使用寿命长、制造和维修成本低、适用范围广、使用方便的特点。MT-2 型缓冲器适用于前后从板座间距离符合标准套口尺寸(625 mm)的载重 70 t 级的各型铁路货车。MT-3 型缓冲器适用于前后从板座间距离符合标准套口尺寸(625 mm)的载重 60 t 级的各型铁路货车。MT-2、MT-3 型缓冲器由摩擦系统、弹性系统、箱体三部分组成。摩擦系统主要由中心楔块、动板、楔块等组成；弹性系统由一个外圆弹簧、一个内圆弹簧和四个角弹簧组成。MT-2、MT-3 型缓冲器结构相同，仅内、外圆弹簧高度不同。复原弹簧置于中心楔块和弹簧座之间，用来辅助中心楔块受冲击后恢复原位，防止摩擦系统产生卡滞。楔块上有铜条，起固体润滑作用，对防止摩擦机构产生卡滞起积极作用。在车体受冲击或牵引载荷时，缓冲器始终受冲击载荷，在冲击过程中，冲击力所做的功一部分被摩擦系统消耗，另一部分转化为弹性系统中的弹簧的弹性势能，这部分能量在缓冲器恢复时再释放出来，被摩擦系统消耗。MT-2 型缓冲器结构如图 3-53 所示。

图 3-53 MT-2 型缓冲器

MT-2、MT-3 型缓冲器主要技术参数见表 3-15。

表 3-15 MT-2、MT-3 型缓冲器主要技术参数

项　目	MT-2 型缓冲器参数	MT-3 型缓冲器参数
阻抗力（kN）	≤2 270	≤2 000
正式容量（kJ）	≥50	≥45
行程（mm）	≤83	≤83
能量吸收率	≥80%	≥80%
外形尺寸（预缩短状态）	227 mm×320 mm×561 mm	227 mm×320 mm×561 mm

MT-2、MT-3 型缓冲器主要特点：

(1)使用寿命长。MT-2、MT-3 型缓冲器是全钢干摩擦式缓冲器，箱体不直接参与摩擦作用，使用寿命长、性能相对稳定。

(2)便于制造和检修，制造和维修成本低。

(3)适用范围广，满足环境温度−50～70 ℃的使用要求，高、低温性能稳定。

(4)使用方便。缓冲器以预压缩状态交货，装车使用方便。

2. HM-1 型缓冲器

HM-1 型缓冲器为摩擦组合式缓冲器，具有缓冲能力好、使用寿命长、能量吸收率高、适用范围广、使用方便的特点。HM-1 型缓冲器适用于前后从板座间距离符合标准套口尺寸(625 mm)的载重 70 t 级及以上的各型铁路货车。HM-1 型缓冲器由摩擦系

统、弹性系统和箱体三部分组成。摩擦系统又分为两组，一组由两个形状相同并带有三个倾斜角的楔块、中心楔块、固定斜板和弹簧座的斜面滑动，固定斜板置于箱体口部两个凸肩之间不动；另一组由动板、固定斜板、外固定板组成，外固定板也置于箱口部两个凸肩之间不动，动板沿着固定斜板、外固定板的平面滑动。

弹性系统由一个外圆弹簧、一个弹性胶泥芯体和四个角弹簧组成。复原弹簧置于中心楔块和弹簧座之间，用来辅助中心楔块受冲击后恢复原位，防止摩擦系统产生卡滞。楔块上有铜条，起固体润滑作用。在车体受冲击或牵引载荷时，缓冲器始终受冲击载荷，在冲击过程中，冲击力所做的功一部分被摩擦系统和弹性胶泥芯体阻尼消耗，另一部分转化为弹性系统中弹簧的弹簧能和弹性胶泥芯体中胶泥的弹性恢复能，这部分能量在缓冲器恢复时再释放出来，被摩擦系统消耗。剩下的一小部分能量传递到了车体。HM-1 型缓冲器结构如图 3-54 所示。

图 3-54　HM-1 型缓冲器

HM-1 型缓冲器主要技术参数见表 3-16。

表 3-16　HM-1 型缓冲器主要技术参数

项　　目	参　　数
阻抗力（kN）	≤2 270
正式容量（kJ）	≥50
行程（mm）	≤83
能量吸收率	≥80%
冲击速度(km/h)	≥10
外形尺寸(预缩短状态)	227 mm×320 mm×561 mm

HM-1 型缓冲器主要特点：

(1)缓冲能力好，可满足运行速度 120 km/h、轴重 21～30 t 的各型铁路货车的使用要求，可满足冲击速度 10 km/h 的使用要求。

(2)使用寿命长，性能相对稳定。HM-1 型缓冲器是干摩擦组成式缓冲器，箱体不直接参与摩擦作用，使用寿命长，且摩擦系统进行了优化，性能稳定性相对较好。

(3)能量吸收率高。HM-1 型缓冲器除摩擦系统吸收能量外，弹性胶泥芯体也可以吸收能量，能量吸收率相对较高。

(4)适用范围广，满足环境温度－50～70 ℃的使用要求。

(5)使用方便。缓冲器以预压缩状态交货，装车使用方便。

3. HN-1 型缓冲器

HN-1 型缓冲器为弹性胶泥缓冲器，具有性能好、使用寿命长、能量吸收率高、使用方便的特点。HN-1 型缓冲器适用于前后从板座间距离符合标准套口尺寸(625 mm)的各型铁路货车。HN-1 型缓冲器由预压板、弹性胶泥芯子和箱体三部分组成。预压板是为了实现装车方便并将弹性胶泥芯子固定而设计的方形平板,四角开有 4 个孔,4 根预压螺栓从此孔通过。胶泥芯子通过活塞杆的往复运动吸收能量,运动过程中弹性胶泥的分子之间产生内摩擦、弹性胶泥通过阻尼孔产生摩擦而耗散能量。当活塞杆受到外力作用而压缩时,活塞杆向左运动,使活塞杆左侧弹性胶泥压力上升,弹性胶泥通过阻尼孔向右流动,使缓冲器能承受压力。当外力撤消后,活塞杆自动回复原位。HN-1 型缓冲器结构如图 3-55 所示。

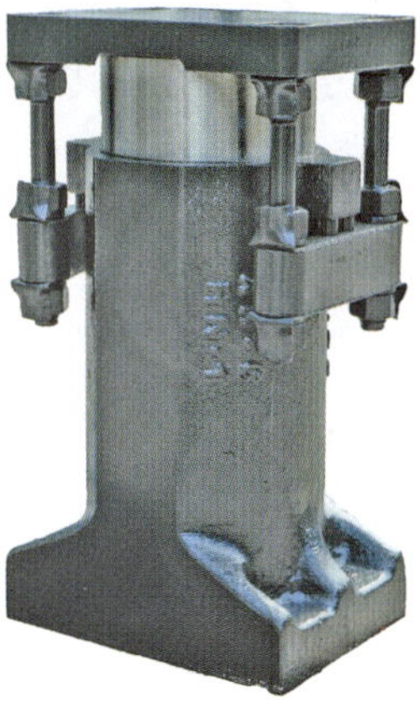

图 3-55 HN-1 型缓冲器

HN-1 型缓冲器主要技术参数见表 3-17。

表 3-17 HN-1 型缓冲器主要技术参数

项 目	参 数
阻抗力 (kN)	≤2 270
正式容量 (kJ)	≥80
行程 (mm)	≤73
能量吸收率	≥80%
冲击速度(km/h)	≥10
外形尺寸(预缩短状态)	228 mm×318 mm×560 mm

HN-1 型缓冲器主要特点:

(1)性能好,具有优异的动静态性能,可满足标准套口铁路货车的运用要求。

(2)使用寿命长,性能稳定。HN-1 型缓冲器是弹性胶泥缓冲器,弹性胶泥缓冲器的可靠性取决于活塞杆与密封件的磨耗可靠性,而活塞杆是镀铬磨削面,与密封件之间的摩擦系数很小,所以具有很高的可靠性。

(3)能量吸收率高。实际吸收率 90%以上。

(4)适用范围广,满足环境温度−50~50 ℃的使用要求。

(5)使用方便。缓冲器以预压缩状态交货,装车使用方便。

3.3.7 关节连接器

目前我国铁路货车使用的关节连接器为 GJ1 型关节连接器。GJ1 型关节连接器通过向心关节轴承和球面配合的结构设计,实现了水平、垂向、侧滚的转动功能;通过设置转换套和斜楔机构,优化了关节轴承、牵引销的载荷传递方式,实现了载荷的无间隙传递;通过采用非金属技术,提高了转动的灵活性及凸、凹关节等关键部件的无磨耗。GJ1 型关节连接器由凸关节组成、转换套、牵引销、从板组成、楔块、斜楔、凹关节、支撑块、销托组成等组成,GJ1 型关节连接器结构如图 3-56 所示。

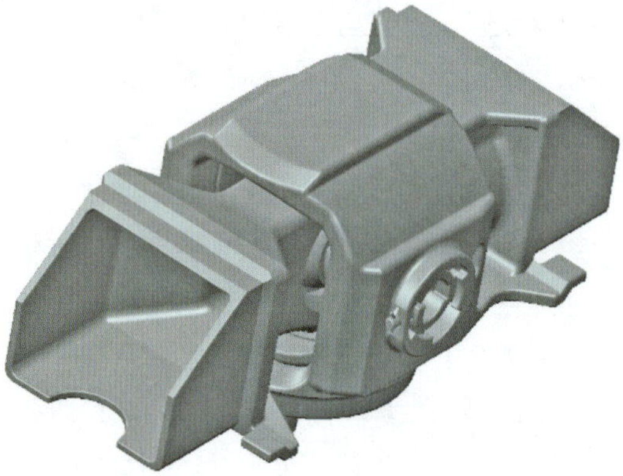

图 3-56　GJ1 型关节连接器组成示意

GJ1 型关节连接器主要技术参数见表 3-18。

表 3-18　GJ1 型关节连接器主要技术参数

项　目		参　数
水平转角		±22°
垂直转角		±11°
侧滚转角		±11°
破坏载荷	拉伸(kN)	3 430
	压缩(kN)	4 450
	垂向(kN)	1 200
	心盘纵向(kN)	250

GJ1 型关节连接器主要特点：

(1)适应性好。GJ1 型关节连接器可满足列车编组 10 000 t 以下、30 t 轴重以下的关节车使用要求，满足 25 t 轴重 QT_1 型驮背车的使用要求。

(2)转动性能和承载能力好。能提供水平±22°，垂向和侧滚±11°的转角，转动灵活性好。均满足拉伸 3 430 kN、压缩 4 450 kN 的静载荷不破坏的技术要求。

(3)关键部件无磨耗的结构设计。关节连接器的主要接触部位均应用了高分子材料技术，实现了摩擦面自润滑，凸、凹关节，关节轴承等关键部件免维护，提高关节连接器使用寿命。

(4)拉伸、压缩和垂向载荷分配合理的结构设计。GJ1 型关节接连器通过转换装置，优化了力的传递路径，实现了牵引力、压缩力的合理传递，提高关节连接器使用寿命。

(5)无间隙结构设计。GJ1 型关节接连器通过斜楔机构，消除了纵向冲动，进一步提高了关键部件的使用寿命和运用的安全可靠性。

(6)满足系列化要求，可适应不同心盘、中梁接口尺寸的使用要求。

(7)具有结构简单、工艺性好，采用国标轴承，便于制造、检修和维护，制造和维修成本低廉的优点。

4 铁路货车制造与检修

4.1 制造技术

铁路货车制造技术包括制造货车产品时所需的各种工艺方法及检测技术，是保证货车产品质量和生产效率的重要手段。货车制造是一门较为综合的机械制造技术，主要包括焊接技术、铆接技术、铸造技术、锻造技术、车体组装技术、转向架制造技术、无损检测技术。

4.1.1 焊接技术

1. 焊接技术的发展历程

铁路货车车体材料方面，为适应 70 t 级车辆的研发，2003 年以 Q450NQR1 为代表的高强耐候钢问世，逐步取代了“09Cu”系列耐候钢。2005 年采用防腐性能更好且力学性能良好的 TCS345 经济型铁素体不锈钢批量制造 C_{80B} 型敞车，通过调整 TCS345 的钛、氮、镍或锰元素含量，改进为 T4003 不锈钢，改善了热影响区低温冲击韧性低的问题。2012 年开始，在 80 t 级专用敞车上应用了 S450EW 高耐蚀钢，该钢种在 Q450NQR1 钢成分基础上，采取大幅提高铬含量、适当提高镍含量的手段，其耐蚀性能高于 Q450NQR1 钢 1.5 倍以上，综合力学性能和焊接性能均优于 Q450NQR1 钢。2013 年初又成功研发出 S450AW 铁路车辆用新型耐蚀钢，S450AW 采用 Sb 替代 Cr，相比于高 Cr 的 S450EW 钢，该钢种具有优异耐腐蚀性能，同时兼顾高强度、高韧性、优异的冷成形性能及焊接性能，2014 年新型耐蚀钢 S450AW 开始在 80 t 级专用敞车上应用。为降低车辆自重，实现轻量化设计，铝合金材料的应用从 C_{80} 型铝合金敞车的研制，开始不断扩大范围，从 C_{80} 的全铆接结构发展到焊接结构的底门、顶盖等铝合金大部件，近年来全铝焊接结构（底架除外）的 30 t 轴重煤炭漏斗车已投入运营。

焊接材料方面，实现了由普通低合金耐候钢焊材向高强度耐候钢焊材的转变，并开发出铁路专用不锈钢和铝合金焊材，由焊条到实心焊丝、药芯焊丝的转变；焊剂由熔炼焊剂到烧结焊剂的转变；焊接保护气体由二氧化碳到富氩混合气、惰性气体的转变。焊接材料的进步和发展为实现铁路货车焊接自动焊奠定了基础。

装备方面，20 世纪 90 年代开始气体保护焊机、埋弧焊机的应用数量大幅上升，逐渐取代了手工交流焊机和手工直流焊机，同时配套的翻转胎、滚轮架等变位工艺装备也得到了广泛应用。2000 年后脉冲焊机、数字化焊机、焊接专机、焊接机械手等先进设备开始逐步应用。

2. 主要焊接工艺

目前货车制造的主要焊接工艺方法采用 MAG 焊。乙字钢中梁的对接焊缝、工字钢中梁的鱼腹焊缝以及罐车罐体的纵、环焊缝主要采用埋弧焊工艺。不锈钢材质车体的焊接采用脉冲焊机、数字化焊机；同时不锈钢药芯焊丝也得到应用，铝合金部件的焊接方法以 MIG 焊为主。为提高自动化焊接程度，70 t 级敞车和棚车的侧墙、端墙、车门、枕梁、横梁等关键部件的长直焊缝以焊接专机为主，也有采用焊接机械手焊接，如图 4-1 所示。转 K2、转 K4、转 K5 和转 K6 型转向架的关键焊缝采用机械手焊接，如图 4-2 所示。

图 4-1　侧墙自动焊专机

图 4-2　焊接机械手焊接侧架支承座

3. 焊接新技术的应用

近几年来，依托我国物流行业的迅猛发展，新型铁路货车研发层出不穷，各种新材料、新结构对焊接技术提出新的要求，自动 TIG 焊、等离子弧与钨极氩弧复合焊、拉弧螺柱焊、铝合金搅拌摩擦焊、电焊机网络化管理技术等新技术开始应用于铁路货车的制造。

LNG 铁路罐车的内容器为奥氏体不锈钢材质深冷压力容器，罐体上 A、B 类焊缝的焊接采用了等离子弧与钨极氩弧复合焊（P＋T）技术，取代了传统的埋弧焊工艺。P＋T 焊接工艺利用等离子弧良好的小孔穿透效应，在保证背面稳定成型的同时，通过 TIG 焊自由电弧良好的覆盖能力，配合适量的填充金属，从而达到正、背面稳定成型。焊缝剖面如图 4-3 所示，焊接过程如图 4-4 所示。与传统的埋弧焊相比，针对 3～8 mm 厚不锈钢板能实现加工坡口的单面焊双面成型，具有焊接速度快、成型美观、接头力学性能优良、焊缝热影响区小、氧化性低、残余应力和焊接变形小、X 射线检测合格率高及自动化程度高等技术优势。

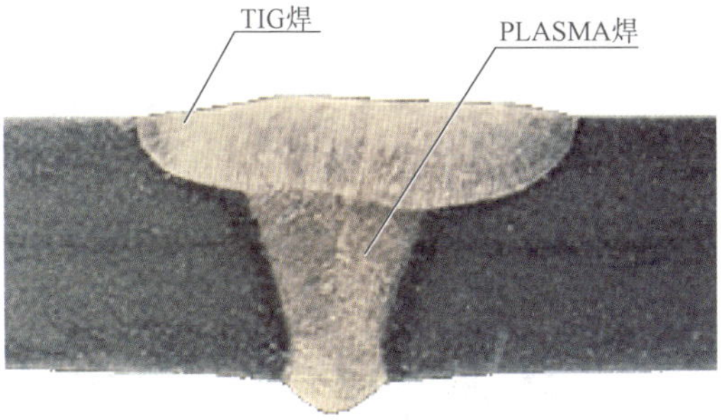

图 4-3 焊缝剖面示意

图 4-4 LNG 铁路罐车罐体环缝 P+T 焊接

铝合金搅拌摩擦焊作为一种全新技术已经成功应用于 30 t 轴重煤炭漏斗车的研制，该车型侧墙板、端墙板均为搅拌摩擦焊焊接结构。铝合金搅拌摩擦焊作为一种全新的连接技术，与传统焊接方法相比有着“优质、高效、低能耗、变形小、无污染、无弧光”等特点。搅拌摩擦焊设备如图 4-5 所示。

图 4-5 铝合金搅拌摩擦焊设备

4.1.2 铆接技术

目前铆接技术在铁路货车制造行业已得到广泛的应用，主要包括热铆和拉铆技术。

1. 热铆技术

在焊接工艺出现前，热铆工艺就已经被广泛应用，用来解决金属之间的连接问题，如今更为广泛地应用于一些特定的领域，如铁路货车的上心盘铆接、冲击座的铆接等。热铆工艺可以进行大直径铆钉的铆接，铆钉成型好，铆钉冷却后的收缩使得铆接更为牢固。

随着科技的进步和装备技术的不断发展，热铆工艺也在不断的改进和发展，铆钉的加热过程，由煤炉加热方式改进为中频感应加热方式，加热效率高，低碳环保；液压铆枪的使用也大大降低铆接作业过程中噪声的产生，改善了作业环境。

铁路货车上心盘和冲击座的热铆采用铆钉中频加热炉进行加热，使铆钉温度迅速升高，如图 4-6、图 4-7 所示。铆钉加热的温度为 800～1 100 ℃，将加热的铆钉放入铆钉孔内，采用液压铆枪进行铆接。热铆钉在铁路货车上的运用如图 4-8、图 4-9 所示。

图 4-6　中频加热炉

图 4-7　铆钉加热

图 4-8　上心盘热铆成品

图 4-9　冲击座热铆成品

2. 拉铆技术

随着新材料、新技术在铁路货车行业的应用，铁路货车专用拉铆钉、拉铆销应用范围越来越广。拉铆过程是通过拉铆专用设备，使套环和铆钉形成 100%的结合，产生永久性紧固力。拉铆工艺充分发挥了质量安全可靠、抗疲劳性能良好、安装操作简单、可目视化检测、对环境无污染低等优势。

铁路货车上抽芯铆钉用于薄板铆接、电子标签等小配件组装；拉铆销用于基础制动装置组装；哈克铆钉用于车辆从板铆接、铝合金车体、手制动机、防盗箱等铆接，如图 4-10 所示。

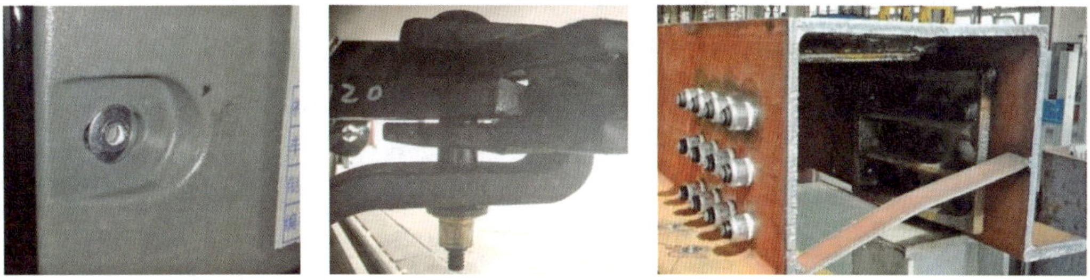

(a) 抽芯铆钉　　(b) 拉铆销　　(c) 哈克铆钉

图 4-10　拉铆的应用实例

随着拉铆钉在铁路行业的广泛应用，铆接设备研究及发展迅速，目前已研制出智能铆接设备，采用图像识别、现代传感、无线网络传输等技术，对铆接过程中铆接位置和铆接质量数据进行采集、处理和分析，实现对漏铆、铆接不良、错装等质量问题的自动判别和报警提示，同时可实现所有安装数据的存储和可追溯。智能铆接设备如图 4-11 所示。

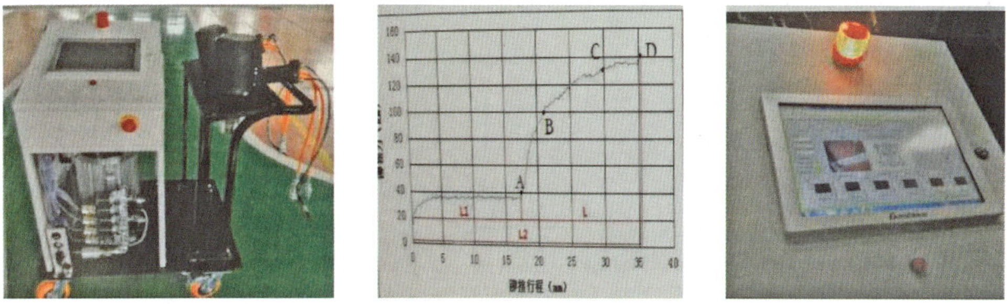

(a) 智能铆接设备外观　　(b) 铆接位移—铆接力曲线　　(c) 报警提示系统

图 4-11　智能铆接设备

4.1.3　铸造技术

近十年来，铁路货车重载提速运输迅速发展，对铁路货车铸件产品的质量和制造技术提出了更高、更严的要求。在铸造技术方面，普通 CO_2 水玻璃砂造型正在被迅速淘汰，多种造型新工艺如有机酯硬化水玻璃砂工艺、真空造型工艺已成功地用于制造各种铁路铸钢件，覆膜砂工艺、熔模铸造工艺等特种铸造工艺开始大规模采用。

为提高摇枕、侧架运行可靠性，摇枕、侧架整体芯工艺已研发并推广，在整体芯制造工艺中，具有代表性的有采用有机酯硬化水玻璃砂的振实挤压整体制芯工艺、采用有机酯硬化水玻璃砂的盒内挤压锁芯成型工艺、三乙胺硬化 ISOCURE 冷芯盒树脂砂整体射芯工艺、三乙胺硬化 ISOCURE 冷芯盒树脂砂上下壳芯射芯后射制锁芯将上下壳芯制成无缝整体砂芯工艺、上下整体芯粘合工艺等。造型材料也由原来的单一硅砂＋水玻璃或硅砂＋膨润土演变为多种造型材料同时应用，如锆英砂、铬矿砂、刚玉粉、树脂、有机酯等。很先进的铸造设备，如造型机、大型射芯机、专用制芯线得到广泛应用，机械手和机器人技术已经应用于摇枕、侧架等重要铸件的生产过程，冷芯盒射芯机如图 4-12 所示，摇枕整体芯机器人自动下芯如图 4-13 所示。

随着铁路货车的升级换代以及 120 km/h 重载货车的应用，车钩的类型和结构也不断变化，对车钩的生产工艺及制造技术提出更高要求。根据其结构和质量要求的不同，采用的铸造工艺差别也较大，一般钩体、钩舌为同一工艺生产，具有代表性的造型工艺主要有潮模砂气冲造型工艺、VRH 真空硬化水玻璃砂工艺、CO_2硬化水玻璃砂工艺、酯硬化水玻璃砂工艺，制芯工艺主要有 CO_2硬化水玻璃砂工艺、CO_2硬化聚丙烯酸钠树脂砂工艺、覆膜砂工艺等，车钩钩腔小件采用熔模铸造工艺。同时，为进一步提高车钩安全性能及制造质量，目前车钩钩体、钩舌 S 面处均需采用整体芯工艺生产，大型射芯机也开始应用于车钩整体芯的制造中，热芯盒射芯机如图 4-14 所示，车钩下芯机器人如图 4-15 所示。

图 4-12　冷芯盒射芯机

图 4-13　摇枕整体芯机器人自动下芯

图 4-14　热芯盒射芯机

图 4-15　车钩下芯机器人

4.1.4　锻造技术

锻造工艺是借助金属的塑性性能，使坯料在模具的压力或冲击作用下，成为具有一定形状和尺寸锻件的加工过程。通过锻造加工，不仅可使坯料成形，而且可使金属内部组织致密、细化晶粒，提高了材料的力学性能。

铁路车辆上的一些关键零部件，多采用锻造工艺进行制造，如车轴、车轮、轴承等，车轴锻造如图 4-16 及图 4-17 所示。为满足铁路车辆高速、重载的发展需求，一些关键车辆配件也采用以锻代铸和整体锻造工艺进行制造，现在钩尾框、制动梁、支撑座、制动杠杆等部件实现了大吨位精锻机整体锻造，并配套开发了连续式热处理工艺。与铸造相比，锻造钩尾框具有良好的金属内部组织，避免了砂眼、气孔、缩松等铸造缺陷，疲劳强度提高约 80%。整体锻造制动梁架制造工艺的成功，使制动梁成为无焊接结构，疲劳强度较旧型制动梁提高两倍以上，解决了焊接制动梁易脱落和裂损的安全问题。制动杠杆等采用了整体模锻工艺后，不仅重量轻，而且可靠性和使用寿命也有了大幅提高。高能螺旋压力机、辊锻机、精锻机等先进锻造设备，也被应用到铁路车辆制造中，进一步提升了铁路车辆制造技术的先进性和安全性。

图 4-16　快锻机锻造车轴

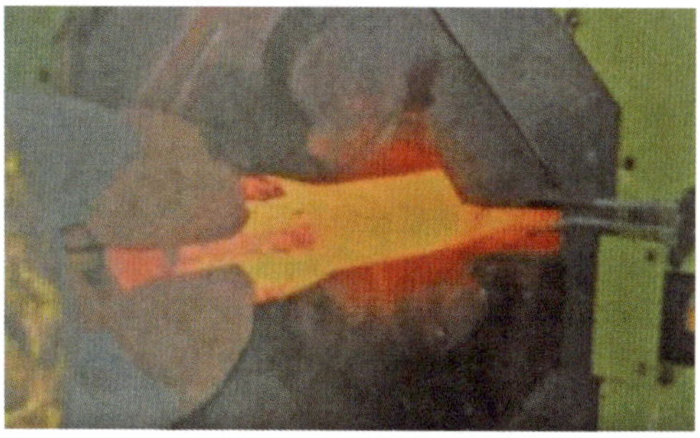

图 4-17　精锻机锻造车轴

4.1.5　车体组装技术

铁路货车目前以通用型敞车、平车、棚车、罐车为主，这些车辆基本由型钢、板材和冲压件等组成大型车体钢结构，焊接和铆接是车体钢结构的主要连接形式。铁路货车结构各异，但车体组装工艺基本相同，都是先制造出各种大部件，然后根据选择最佳工艺顺序和工艺方法将各大部件连接成为车体钢结构。通过工艺流程、工艺装备、操作行为、检查、检测及技术文件等环节进行标准化规范，车体组装工艺已形成了相对独立、完整的技术体系，以精益生产为理念，不断引进吸收最新的科技成果、创新技术，实现车体组装过程的精益制造。

车体各大部件的制造优先选用流水线方式作业，如罐车的罐体自动传输装置、敞车侧墙自动传输线、棚车车体组装自动传输线等，实现了工件在各台位之间的在线传输。如图 4-18 所示。

车体组装生产线的工艺装备目前已趋于柔性化设计及制造，以满足多品种产品转换的需要，如部分底架组装胎采用柔性化配置，各夹具结构单元化、模块化、易拆换，能

(a) 罐体自动传输装置　(b) 敞车侧墙自动传输线　(c) 棚车车体组装自动传输线

图 4-18　传输作业流水线

适应多规格和多品种车型底架的组对焊接；如柔性化车体组装胎位，能通过模块的调整，实现不同外形尺寸和不同柱间距车体的组装；如工字钢中梁生产线组装胎、校正检测胎等设备，可适应不同长度、不同截面的工字钢、槽钢、乙字钢等中梁的同线生产，如图 4-19 所示。

(a) 底架模块化组装胎　(b) 车体模块化组装胎　(c) 多功能中梁生产线

图 4-19　柔性模块化组装胎

为实现精益制造，一些新工艺、新技术在车体组装过程中得到应用，如图 4-20 所示。在在线监测方面，如中梁、底架等关键部件采用在线自动检测、调矫，调矫过程实现了数据与参数变化的全过程监控，避免了非在线检测多次反复调矫对部件结构和强度的损伤。在模块化整体组装方面，如底架附属件采用模块化组装胎膜分模块整体组装，提高了各附属件的定位精度。在工件在线翻转方面，如底架翻转胎、车体翻转胎、中梁翻转胎等，在保证焊接质量的同时，解决了传统离线翻转机存在的辅助时间长、占地面积大等不足。在工装设计方面，如逐步采用电动机械夹紧方式取代传统的手工液压或气动夹紧方式，提高了装夹位置的控制精度，确保了产品制造质量及尺寸的一致性；如车体组装胎配置具有夹持功能的机械手，不仅实现组装过程三维微动调整，同时改变了传统的部件采用起重机吊装的组装方式，从而提高装配效率和精度。如罐车的筒体对接时设计专用组对装置(对口器)，可有效方便的调整筒体间的对接间隙，提高了罐体组装质量。

随着现代物流的发展，现有的通用车型已不能满足不断变化的市场需求，新研发的

(a) 底架检测调矫胎

(b) 底架附属件模块化整体组装胎

(c) 车体翻焊胎

(d) 罐体环形组对装置

图 4-20 组装新工艺、新技术应用示例

车型层出不穷，未来专用车占有的比例会进一步增加。“小批量多品种生产”及“产量不均衡”成为一种常态，生产线的频繁转换产品消耗了资源成本。铁路货车制造业已经开始制造技术升级，实施“以机代人”项目，向智能制造方向发展。

4.1.6 转向架制造技术

目前，转向架制造工艺线都是按照标准化、简统化、专业化的原则进行设计，实现了产品标准化、零部件标准化、工艺流程标准化、装配人员操作专业化，以此提高组装质量。部分工艺线还具备了在线检测功能，可对组装前的零部件或组装过程及成品性能进行检查，使制造质量在组装生产过程得到有效控制。

对于三大件结构转向架，转向架的制造采用部件式组装方法完成转向架的装配、组成工作，划分为若干个部件制造单元，进行零件的制造及分部件组装，然后再对单元零部件进行总组装，从而完成整个转向架的落成工作，其主要制造工序包括摇枕、侧架的铸造及加工，轮轴加工及压装，摇枕、侧架组成及转向架组装，另外还包括制动梁、交叉杆、弹簧托板等部件的制造工艺，各工序采用合理的工艺布局，流水线生产作业。转向架生产线如图 4-21 所示，转向架压吨检测机如图 4-22 所示。

图 4-21　转向架组装线

图 4-22　转向架压吨检测机

其中摇枕侧架的机加工采用了大量的数控加工中心，如车铣加工中心、数控龙门铣、镗铣加工中心等大型数控加工设备，实现计算机自动编程，利用仿真软件进行验证后进行数控加工，具有较强的机加工能力。

轮轴加工及组装工艺上基本实现了加工、检测和组装自动化。车轴加工大量的采用了数控车床、数控外圆磨床及成型磨床，车轮精加工采用数控车床或数控镗床完成，车轴、车轮的最终加工尺寸均依靠程序来保证，车轴测量机能准确地将测量的车轴轮座尺寸自动传给车轮加工机床，车轮数控加工机床自动按接收到的数据和规定过盈量进行轮孔精加工，轮对压装一般在轮对生产线完成，车轴和车轮均由上料机构自动上料，轮对压装采用全自动轮对压装机进行，轴承压装采用带有微机监控系统的轴承压装机，提高了轮轴精加工和轮轴组装的质量保证能力，车轴测量机如图 4-23 所示，轮对压装机如图 4-24 所示。

图 4-23　车轴测量机

图 4-24　轮对压装机

对于焊接构架式转向架，由于转向架构架采用全焊接结构，各组件及构架组成焊接后必然产生较大的焊接变形，组装过程中出现的组装间隙、组装精度，焊接顺序等问题，都将影响焊接质量和形位尺寸。此外，消除钢板残余应力和焊接应力的热处理过程中，也会产生一定量的变形，这对保证构架制造精度造成了较大的困难，因此在构架的焊接前，可通过焊接仿真分析和经验相结合的方法对焊接变形进行综合预判，在制定组装工艺时针对焊接变形和焊缝收缩情况，确定合理的组装反变形量和组装顺序，配合专用的组装平台及定位工装来保证构架式转向架的焊接质量，转向架构架纵向焊接如图 4-25 所示，构架横向焊接如图 4-26 所示。

图 4-25　构架纵向焊接

图 4-26　构架横向焊接

4.1.7　铁路货车制造中的无损检测

无损检测是在不损坏、不改变被检对象理化状态和使用性能的情况下，借助先进的技术和仪器设备，对被检对象内部及表面结构、性质、状态进行检测，以评判其连续性、完整性、安全性以及其他性能指标。常规无损检测方法磁粉检测（MT）、超声波检测（UT）、渗透检测（PT）、射线检测（RT）等均在铁路货车制造中得到广泛地应用。铁路货车制造中的无损检测主要是检测与车辆运行安全有关走行、制动和钩缓等关键零部件的材质缺陷和制造缺陷。如车轴、轮对、焊缝的超声波检测，用于探查其内部材质缺陷，及制造缺陷；车轴、摇枕侧架、车钩零件表面磁粉检测，用于检查其表面及近表面缺陷；摇枕侧架、焊缝的射线检测，用于检测其内部缺陷；铝合金、不锈钢焊缝的渗透检测，用于检查其表面开口缺陷。无损检测技术在铁路货车制造中发挥着保障铁路货车行车安全、保证产品质量、改进制造工艺及降低生产成本的重要作用。

近年来，伴随着铁路货车提速、重载，及新材料采用，铁路货车制造对无损检测提出了更高的要求，给先进的无损检测技术和仪器装备在铁路货车制造中运用提供了契机，射线实时检测技术（DR/CT），相控阵检测技术等也在铁路货车制造中得到推广和运用，如图 4-27～图 4-29 所示。进一步发挥了夯实无损检测保障铁路货车行车安全、保证产品质量作用。

图 4-27　射线实时成像技术（DR）在焊缝检测中应用

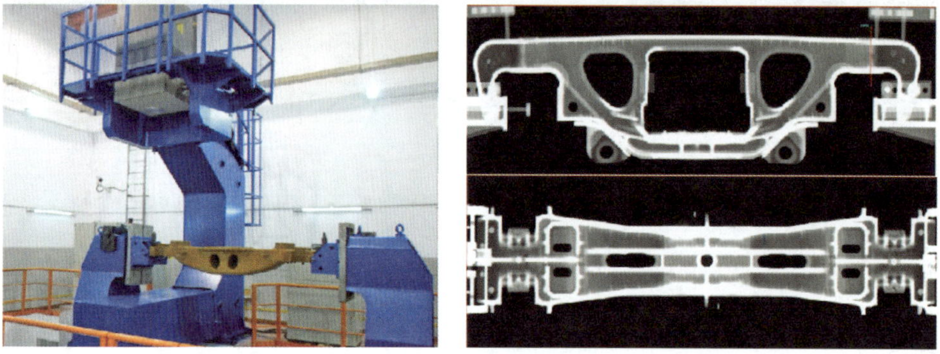

图 4-28　高能 X 射线工业 DR/CT 检测系统在摇枕、侧架检测上应用

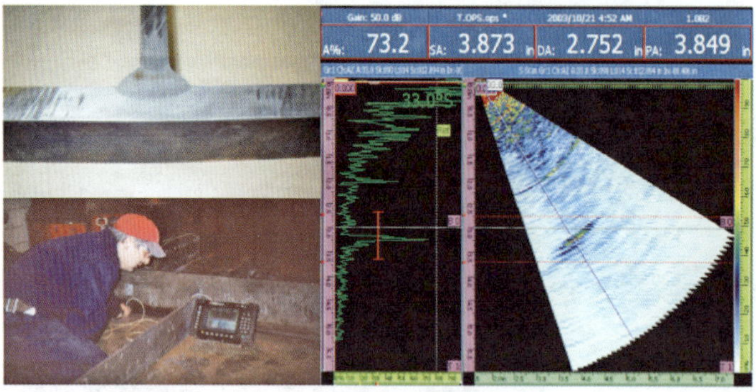

图 4-29　相控阵技术在焊缝检测中的应用

4.2　修程修制

铁路货车实行全寿命周期管理，从产品设计到报废的各个阶段均具有完备的管理

制度。以《中华人民共和国铁路法》《铁路技术管理规程》《铁路安全管理案例》为基础，以铁路货车设计许可管理、铁路货车生产许可管理、铁路货车重要零部件生产资质管理、铁路货车维修许可管理、出口铁路货车过轨运输管理、车号管理、铁路货车产品监督验收、铁路货车厂修规程、铁路货车技术管理信息系统技术规范等为主要内容的铁路货车技术管理体系，涵盖了铁路货车产品设计、销售、制造、检验、验证及评估、运用、检修、安全监测及信息化等方面，有效保证铁路货车管理工作的有序进行。

铁路货车检修贯彻“安全第一，预防为主”的方针，在预防性计划修的基础上，开展换件修和主要零部件的专业化集中修，逐步实施预见性修理。铁路货车修程设置主要分为厂修、段修、辅修三级定期检修和列车检查及临修，提速铁路货车修程设置分为厂修、段修两级定期检修和列车检查及临修，按运行里程检修的铁路货车修程设置分为大修（A 级）、全面检查修（B 级）、重点检查修（C 级）三级定期检修和列车检查及临修。

4.2.1 定期检修

1. 厂修

铁路货车厂修实行集中统一行业管理，对铁路货车厂修单位实施专业技术管理、维修许可管理、维修过程质量监督、产品质量验收、产品运用质量评价和全寿命周期质量追溯管理。

铁路货车厂修工作是铁路货车技术管理体系的重要组成部分，一般在车辆修理工厂进行，也可以在有条件的车辆段进行。厂修时对铁路货车各部装置按规定进行全面分解、检查和彻底修理，并进行必要的技术改造，全面恢复铁路货车的技术性能，使之与新造货车基本接近；主要配件恢复原有性能，保持其应有的强度，以保证货车在长期运用中技术状态良好。

铁路货车厂修须坚持质量第一的原则，建立健全质量管理体系，贯彻以装备保工艺、以工艺保质量、以质量保安全的指导思想，体现铁路货车检修组装模块化、检查测量自动化、过程管理信息化、生产组织集约化的思路，实现管理规范、工艺科学、装备先进、质量可靠、安全稳定的目标。

铁路货车厂修实行信息化管理，按规定使用和完善铁路货车技术管理信息系统（简称 HMIS），进行信息整合和综合应用，做到数据完整、准确、及时、共享，实现铁路货车厂修技术全过程动态化技术管理和全寿命周期内质量追溯，逐步实现大数据管理。

2. 段修

铁路货车段修实施生产资质管理、生产过程质量监督、产品质量验收、产品运用质量评价和全寿命周期质量追溯管理。

段修工作的专业管理单位，负责组织、检查段修单位贯彻落实相关技术、质量标准和管理要求，保证段修任务的完成。段修单位是段修工作的实施主体，全面落实、执行各项技术、质量标准和管理要求，完成段修任务，对铁路货车段修质量负责。段修单位须编制作业指导书，规范工艺流程，优化工艺装备，改进作业方式，完善段修基础工艺线，提高检修工艺装备的自动化、机械化水平。货车段修的根本任务是：维护货车的基本性能，保持在下次相应修程之前各部性能良好；保证车辆及零部件的使用寿命；减少临修，提高车辆使用效率。

铁路货车段修须坚持质量第一、预防为主的原则。在预防性计划修的基础上，加强修车作业计划管理，做到均衡生产，提高检测水平，扩大自动化检修、换件修和主要零部件的专业化集中修范围，完善铁路货车段修安全质量控制体系，由预防性计划修向计划性换件修转变。

段修实行信息化管理，按规定使用和完善铁路货车技术管理信息系统，保证数据完整、准确、及时，逐步实现车辆技术管理、作业控制、配件管理、质量监督为一体的车辆信息化管理体系，达到铁路货车段修技术全过程管理和全寿命周期内质量追溯。

4.2.2 按运行里程检修

按运行里程检修的货车，检修修程分为大修（A级）、全面检修（B级）和重点检修（C级），与厂修、段修、辅修检修范围和内容类似，现应用于部分大秦线运煤专用车。

4.2.3 日常维修

日常维修又称运用维修，货车的日常维修由铁路沿线的列检作业场进行。其基本任务是对到达、始发和中转的货物列车进行技术检查，及时发现并消除运用中发生的故障，确保运用中的铁路货车具有良好的技术状态，防止造成事故，保证行车安全。

4.2.4 换 件 修

换件修能满足及时和快速维修的要求，在当今运输条件下，特别是繁忙运输和专业化维修越来越多的条件下，换件修可缩短检修停时，保证维修质量，节省人力，较快地将故障或损坏的装备重新投入使用，因而愈来愈多地被采用，成为货车维修的一种非常重要的方法。

4.2.5 专业化集中修

铁路货车配件实行寿命管理和换件修后，货车在检修中需更换的配件数量将会有很大的增加，专业化集中修是维系零部件换件修的基础，也是实现铁路货车检修现代化、专业化的途径。

专业化集中修是指将铁路货车主要零部件的检修进行专业化分工，按照车型及零部件种类相对集中到技术力量较强的施修单位进行维修的方法。由此可见，专业化集中修有两方面的含义：一方面是将货车的检修集中到技术力量较强的检修基地，这样可提高检修基地的检修能力和试验手段，从而节约投资，提高检修质量，提高货车运用效率；另一方面是将那些需要原件检修的零部件拆下来分门别类地送往专业化的单位进行集中检修，从而降低维修成本，提高维修质量。

5 敞　　车

敞车是一种具有端、侧墙而无车顶的车辆，是我国货车保有量最多的车型，目前约占货车总数的55%。

敞车按用途不同可分为两类：一类为通用敞车，可装运煤炭、矿石、建筑物资、木材、钢材、机械设备等多种货物，一般无固定配属；另一类为专用敞车，用于装卸煤炭或矿石等专用货物，适用于大型工矿企业、站场、码头之间，一般为成列固定编组运输、有固定配属。

5.1 通用敞车

5.1.1 发展历程

通用敞车是我国铁路货车技术发展史的典型代表，目前，我国通用敞车主要有轴重21 t、载重60 t级的C_{62}系列和C_{64}系列敞车，轴重23 t、载重70 t级的C_{70}系列敞车和轴重27 t、载重80 t级的C_{80E}系列敞车。

1978年研制完成了C_{62}系列通用敞车，主要包括C_{62A}和C_{62B}。C_{62A}型敞车是在C_{62M}型敞车(钢木混合结构)基础上将车体改为全钢焊接结构，1979年之后投入批量生产。C_{62B}(原C_{62N})型敞车是根据铁道部在车辆上推广采用耐候钢材质的计划，在C_{62A}型敞车的基础上将车体材质由碳素钢改为低合金耐候钢，于1985年研制完成，1986年之后批量生产。后期根据换装不同的转向架，衍生出C_{62AK}、C_{62AT}、C_{62BK}、C_{62BT}等车型，装用转K2型转向架时车型为C_{62AK}、C_{62BK}，装用转8B、转8AB型转向架时车型为C_{62AT}、C_{62BT}。

1988年，在C_{62B}型敞车基础上，对端、侧墙和车门结构进行优化改进，采用新型制动技术，研制了C_{64}型敞车，1989年投入大秦线运用考验，1990年通过了铁道部组织的部级鉴定后投入批量生产。2001年，为适应我国铁路货车提速的发展要求换装不同的提速转向架，衍生出C_{64K}、C_{64H}和C_{64T}等车型，装用转K2型转向架时车型为C_{64K}，装用转K4型转向架时车型为C_{64H}，装用转8B、转8AB型转向架时车型为C_{64T}。

2004年，为加快铁路装备现代化进程，满足我国铁路货物运输发展的需要，我国研制完成了载重70 t级$C_{70(H)}$型通用敞车。该车于2005年通过了由铁道部组织的方案和样车审查，同年开始批量生产。该车是我国铁路货车由60 t级向70 t级升级换代的代表产品。2011年，为适应低密度煤炭运输，在$C_{70(H)}$型敞车的基础上将车体加高

100 mm、比容由 1.1 m^3/t 增加到 1.15 m^3/t、容积由 77 m^3 增加到 80.8 m^3，研制开发了 $C_{70E(H)}$ 型敞车。$C_{70(H)}$、$C_{70E(H)}$ 型敞车是目前我国通用货车的主力车型，当装用转 K6 型转向架时，车型分别为 C_{70}、C_{70E}，当装用转 K5 型转向架时，车型分别为 C_{70H}、C_{70EH}。

2006 年，为了进一步提高通用货车车体耐腐性能和关键配件的可靠性，延长铁路货车使用寿命和检修周期，提高车辆全寿命期内综合经济效益和铁路货运竞争能力，在 $C_{70(H)}$ 型通用敞车的基础上，车辆主要参数、尺寸及配置不变，车体材质更换为 TCS345 经济型不锈钢，厂修周期由 8 年延长到 12 年，研制了 $C_{70B(H)}$ 型不锈钢通用敞车，该车共生产了 28 辆，2007 年投入运用。

2014 年，为进一步提高我国既有线货物运输能力，提高运输效率及效益，在 70 t 级通用货车基础上，我国研制了 27 t 轴重、载重 80 t 级的 $C_{80E(H、F)}$ 和 C_{80DH} 型通用敞车，车辆载重 80 t、速度 100 km/h，装用 27 t 轴重低动力作用 DZ1 或 DZ2 或 DZ3 型转向架，实现我国铁路通用货车由 70 t 级向 80 t 级全面升级。2014 年 7 月，5 000 辆 $C_{80E(H、F)}$ 型敞车投入大秦线进行运用考核，2018 年初，部分车辆逐步扩散到瓦日线使用。

5.1.2 主要结构特点

通用敞车主要由车体、转向架、制动装置和车钩缓冲装置等组成，车体为全钢焊接结构，主要由底架、侧墙、端墙等组成，车体每侧侧墙上各设有 1 扇对开式侧开门和 6 扇上翻式下侧门。

1. 21 t 轴重系列通用敞车

21 t 轴重系列通用敞车主要包含 C_{62A} 系列、C_{62B} 系列和 C_{64} 系列等车型。

C_{62A} 系列通用敞车车体主要采用普通碳素钢或低合金钢材料。底架采用 09V 材质 310 乙字型钢或槽钢组焊结构中梁、240 mm×80 mm×9 mm 的槽钢下侧梁，底架上铺设 8 mm 钢地板；侧墙为侧柱、侧板、上侧梁等板柱组焊结构，侧墙上部为提高刚度采用了八字形斜撑。端墙为横带、端板、上端梁组焊结构。

C_{62B} 系列通用敞车车体主要板材采用 09CuPTiRE，帽型钢侧柱采用 09CuPXt 耐候钢，侧柱连铁、上侧梁、侧梁、角柱等型钢采用 08CuPVXt 耐候钢。车体主要结构与 C_{62A} 系列敞车基本相同，仅将主要零部件按寿命原则重新选定断面尺寸和材质，并按耐候性的要求做了相应的改进，对零部件进行简统化。

C_{62A}、C_{62B} 型通用敞车装用转 8A 型转向架，制动装置采用 GK 型三通阀或 103 型控制阀、356 mm×254 mm 密封式制动缸、ST1-600 或 ST2-250 型闸调器、手动空重车调整装置、链式手制动机。车钩缓冲装置采用 13 型上作用车钩、13 型车钩钩尾框、2 号型缓冲器或 MX-Ⅰ 或 MT-3 型缓冲器。车辆外形如图 5-1、图 5-2 所示。

2001 年以后，为适应铁路 120 km/h 提速改造的要求，既有 C_{62A}、C_{62B} 型通用敞车换装转 K2 型转向架，制动装置采用 120 型控制阀、356 mm×254 mm 密封式制动缸、

ST1-600 或 ST2-250 型闸调器、KZW-4G 或 TWG-1 空重车调整装置、链式手制动机，车型改为 C_{62AK}、C_{62BK}。早期部分 C_{62A}、C_{62B} 型敞车按照完善改造的要求换装转 8B 或转 8AB 型转向架，制动装置采用 120 型控制阀、254 mm×254 mm 或 356 mm×254 mm 密封式制动缸、ST2-250 型闸调器、KZW-4G 空重车调整装置、链式手制动机，车辆结构及车钩缓冲装置配置与 C_{62AK}、C_{62BK} 相同，车型为 C_{62AT}、C_{62BT}。

图 5-1　C_{62A} 型通用敞车

图 5-2　C_{62B} 型通用敞车

为保证各零部件的通用互换，便于制造和检修，C_{64} 型通用敞车主要结构与 C_{62B} 型敞车类似，车体为耐候钢全钢焊接结构，材质采用屈服强度更高的 09CuPCrNi-A 耐候钢，上侧梁、上端梁采用专用冷弯型钢，提高抗扭能力，基本满足翻车机卸货的要求，侧开门采用带有压紧机构的新型门锁装置，提高了车门的安全可靠性。

C_{64} 型通用敞车装用转 8A 型转向架，制动装置采用 103 型控制阀、356 mm×254 mm 密封式制动缸、ST2-250 型双向闸瓦间隙自动调整器、手动空重车调整装置，链式型手制动机，车钩缓冲装置采用 13 型上作用车钩、13 型车钩钩尾框、MT-3 型缓冲器。

2001 年以后，为适应铁路 120 km/h 提速改造的要求，既有 C_{64} 型敞车换装转 K2 型转向架，制动装置采用 120 型控制阀、356 mm×254 mm 密封式制动缸、ST2-250 型闸调器、KZW-4G 空重车调整装置；后期 C_{64} 型敞车新造时直接装用转 K2 和转 K4 型转向架，制动系统装用 120 型控制阀、254 mm×254 mm 密封式制动缸、ST2-250 型闸调器、KZW-4G 空重车调整装置，部分采用脚制动机或 NSW 型手制动机。换装转 K2 型转向架的车型为 C_{64K}，装用转 K4 型转向架的车型为 C_{64H}。C_{64H} 与 C_{64K} 型通用敞车除转向架不同外，车辆结构、配置等相同。C_{64} 型通用敞车、C_{64K} 型通用敞车、C_{64H} 型通用敞车车辆外形如图 5-3～图 5-5 所示。

早期部分装用转 8G、转 8AG 型转向架的 C_{64} 型通用敞车按照完善改造的要求，换装转 8B 或转 8AB 型转向架，制动装置采用 120 型控制阀、254 mm×254 mm 密封式制动缸、ST2-250 型闸调器、KZW-4G 空重车调整装置、链式手制动机，车型为 C_{64T}，其车辆结构及车钩缓冲装置配置等与 C_{64K} 型通用敞车相同。

图 5-3　C_{64} 型通用敞车

图 5-4　C_{64K} 型通用敞车

图 5-5　C_{64H} 型通用敞车

2. 23 t 轴重系列通用敞车

23 t 轴重系列通用敞车主要包含 $C_{70(H)}$、$C_{70E(H)}$ 和 $C_{70B(H)}$ 等车型。

$C_{70(H)}$、$C_{70E(H)}$ 型通用敞车车体采用 Q450NQR1 高强度耐候钢，中梁为两根 310 乙字型钢组焊的帽型断面结构梁，下侧梁为 240 mm×80 mm×8 mm 冷弯型材，枕梁、大横梁均为双腹板组焊箱型断面结构梁，底架上铺设 6 mm 钢地板。侧墙为上侧梁、侧柱、侧板、斜撑等板柱组焊结构。为提高侧墙刚度，上侧梁采用冷弯矩形方管，侧柱为双曲面冷弯帽型结构。端墙为上端梁、端墙横带、角柱、端板等组焊而成，其中上端梁、角柱为 160 mm×100 mm×5 mm 冷弯方管，横带为帽型冷弯或折压型钢。下侧门可与既有 C_{64} 型敞车互换使用；侧开门采用具有开启导向功能的上门锁机构，门边沿处组焊槽型冷弯型钢，增强了刚度并将通长式上锁杆封闭其中，防止变形与磕碰。下门锁采用翻转式偏心压紧机构，当车门关闭后，通长式上锁杆可防止下门锁蹿出，操作简单，安全可靠。

$C_{70(H)}$ 型通用敞车制动装置采用 120 型空气控制阀、305 mm×254 mm 整体旋压密封式制动缸（2006 年 7 月前车辆采用 254 mm×254 mm 制动缸）、ST2-250 型双向闸瓦间隙自动调整器、KZW-A 型空重车自动调整装置、TZD 型货车脱轨自动制动装置、NSW 或 NSW-Ⅰ型手制动机，装用转 K6 或转 K5 型转向架，车钩缓冲装置采用 17 型车钩及 17 型锻造钩尾框、MT-2 或 HM-1 型缓冲器。$C_{70E(H)}$ 型敞车与 $C_{70(H)}$ 型敞车相比，仅将车体高度加高 100 mm，其余结构及配置与 $C_{70(H)}$ 型通用敞车相同。$C_{70B(H)}$ 型敞车除与货物接触部位材质采用 TCS345 外，其余结构及配置与 $C_{70(H)}$ 型敞车基本相同。

C_{70} 型通用敞车、C_{70E} 型通用敞车、C_{70B} 型通用敞车车辆外形如图 5-6、图 5-7、图 5-9 所示，C_{70E} 型通用敞车车辆二维图如图 5-8 所示。

图 5-6　C_{70} 型通用敞车

图 5-7　C_{70E} 型通用敞车

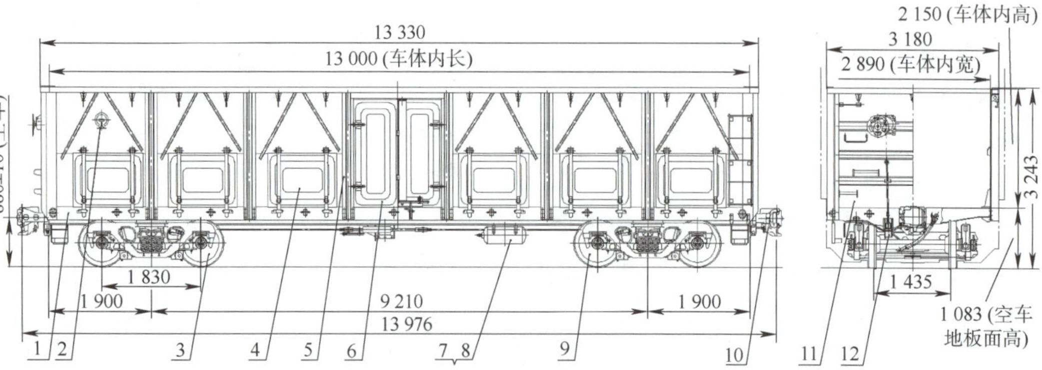

图 5-8　C_{70E} 型通用敞车

1—底架组成；2—标记；3—转向架；4—下侧门组装；5—侧墙组成；6—侧开门组装；7—底架附属件；8—风制动装置；9—转向架；10—车钩缓冲装置；11—端墙组成；12—手制动装置

3. 27 t 轴重系列通用敞车

27 t 轴重系列通用敞车包括 $C_{80E(H、F)}$ 和 C_{8DH} 等车型，$C_{80E(H、F)}$ 各车型除转向架不同外，其余结构及配置均完全相同。

图 5-9　C_{70B}型通用敞车

$C_{80E(H、F)}$和 C_{80DH} 型通用敞车车体为全钢焊接结构，车辆外形如图 5-10 所示。中梁采用 Q450NQR1 高强度耐候钢乙字钢，其余型钢板材采用 S450EW 或 S450AW 高耐蚀钢，车门采用 T4003 不锈钢。下侧门、侧开门与车体间采用 S 形曲路密封结构，下侧门采用整体锻造折页、两级锁闭搭扣，提高侧面密封性能。$C_{80E(H、F)}$型通用敞车的车体与既有通用敞车车体结构基本相同，但侧墙取消内部侧柱连铁及侧墙外部八字斜撑，改为采用侧墙外部连铁与立柱组焊结构。C_{80DH} 型通用敞车的车体采用无侧梁的中梁承载底架结构及侧柱内置和上侧板压型侧墙结构。

$C_{80E(H、F)}$型通用敞车装用 120 型空气控制阀、305 mm×254 mm 主动润滑或整体旋压密封式制动缸、ST2-250 型双向闸瓦间隙自动调整器、KZW-A 型空重车自动调整装置、TZD 型货车脱轨自动制动装置、NSW 型手制动机。车钩缓冲装置采用 17 型车钩及 17 型锻造钩尾框、MT-2 或 HM-1 型缓冲器。装用 27 t 轴重 DZ1 型交叉支撑转向架时，车型为 C_{80E}，装用 DZ2 摆式转向架时车型为 C_{80EH}，装用 DZ3 副构架式转向架时，车型为 C_{80EF}。

图 5-10　$C_{80E(H、F)}$型通用敞车

5.1.3 技术参数及配置

通用敞车技术参数及配置见表 5-1。

表 5-1 通用敞车技术参数及配置

车型代号		C_{62A}	C_{62B}	C_{62AK}(C_{62AT})	C_{62BK}(C_{62BT})
项 目		参数及说明			
用 途		通用敞车			
轨距(mm)		1 435	1 435	1 435	1 435
轴重(t)		21	21	21	21
每延米重(t/m)		6.1	6.12	6.11	6.15
车钩中心线距轨面高度(空车)(mm)		880±10	880±10	880±10	880±10
通过最小曲线半径(m)		145	145	145	145
商业运行速度(km/h)		85	85	120(100)	120(100)
重量参数	载重(t)	60	60	60	60
	自重(t)	21.7	22.3	22.1	22.7
	自重系数	0.36	0.37	0.37	0.38
容积参数	容积(m^3)	71.6	71.6	71.6	71.6
	比容(t/m^3)	1.19	1.19	1.19	1.19
车辆尺寸	车辆长度(mm)	13 438	13 438	13 438	13 438
	最大宽度(mm)	3 196	3 242	3 196	3 242
	最大高度(空车)(mm)	3 095	3 095	3 095	3 095
	车辆定距(mm)	8 700	8 700	8 700	8 700
车体尺寸	内长(mm)	12 500	12 500	12 500	12 500
	内宽(mm)	2 794	2 890	2 794	2 890
	地板面距轨面高(空车)(mm)	1 083	1 082	1 083	1 082
	内高(mm)	2 000	2 000	2 000	2 000
门、窗孔(宽×高)(mm×mm)	侧门孔	1 620×1 900	1 620×1 900	1 620×1 900	1 620×1 900
	下侧门孔	1 250×954	1 250×954	1 250×954	1 250×954
钩缓装置	缓冲器型号	2 号或 MX-1 型	2 号	2 号、MX-1 或 MT-3 型	2 号或 MT-3 型
	车钩型号	13 型	13 型	13A 型	13A 型
	钩尾框	13 型	13 型	13A 型	13A 型
转向架		转 8A 型	转 8A 型	转 K2、转 8B 或转 8AB 型	转 K2、转 8B 或转 8AB 型
制动装置 主要配置	制动阀	GK 型三通阀或 103 型	GK 型三通阀或 103 型	120 或 103 型	120 或 103 型
	制动缸	356 mm×254 mm 旋压密封式	356 mm×254 mm 旋压密封式	356 mm×254 mm 旋压密封式	356 mm×254 mm 旋压密封式

续上表

车型代号			C_{62A}	C_{62B}	C_{62AK}(C_{62AT})	C_{62BK}(C_{62BT})
制动装置	主要配置	闸调器	ST1-600 或 ST2-250 型	ST1-600 或 ST2-250 型	ST1-600 或 ST2-250 型	ST2-250 型
		脱轨自动制动阀	无	无	无	无
		空重车阀	手动	手动	KZW-4G 或 TWG-1 型	KZW-4G 或 TWG-1 型
		手制动机	链式	链式	链式	链式

车型代号		C_{64}	C_{64K}(C_{64T})	C_{64H}	C_{70E}(C_{70})
项 目		参数及说明			
用 途		通用敞车			
轨距(mm)		1 435	1 435	1 435	1 435
轴重(t)		21	21	21	23
每延米载重(t/m)		6.2	6.25	6.25	6.73(6.71)
车钩中心线距轨面高度(空车)(mm)		880±10	880±10	880±10	880±10
通过最小曲线半径(m)		145	145	145	145
商业运行速度(km/h)		100	120	120	120
重量参数	载重(t)	61	61	61	70
	自重(t)	22.5	23	23	24(23.8)
	自重系数	0.37	0.38	0.38	0.34
容积参数	容积(m^3)	73.3	73.3	73.3	80.8(77)
	比容(t/m^3)	1.2	1.2	1.2	1.15(1.1)
车辆尺寸	车辆长度(mm)	13 430	13 430	13 438	13 976
	最大宽度(mm)	3 242	3 242	3 242	3 180
	最大高度(空车)(mm)	3 142	3 149	3 143	3 243(3 142)
	车辆定距(mm)	8 700	8 700	8 700	9 210
车体尺寸	内长(mm)	12 500	12 500	12 500	13 000
	内宽(mm)	2 890	2 890	2 890	2 890
	地板面距轨面高(空车)(mm)	1 082	1 082	1 082	1 083
	内高(mm)	2 051	2 051	2 051	2 250(2 150)
门、窗孔(宽×高)(mm×mm)	侧门孔	1 620×1 900	1 620×1 900	1 620×1 900	1 620×1 900
	下侧门孔	1 250×954	1 250×954	1 250×954	1 250×951
钩缓装置	缓冲器型号	MT-3 型	MT-3 型	MT-3 型	MT-2 或 HM-1 型
	车钩型号	13A 型	13A 型	13A 型	17 型(加厚型钩舌)
	钩尾框	13A 型	13A 型	13A 型铸造	17 型锻造
转向架		转 8A	转 K2、转 8B 或转 8AB 型	转 K4 型	转 K6 或转 K5 型

续上表

车型代号			C_{64}	C_{64K}(C_{64T})	C_{64H}	C_{70E}(C_{70})
制动装置	主要配置	制动阀	120 型	120 型	120 型	120 型
		制动缸	356 mm×254 mm 旋压密封式	254 mm×254 mm 旋压密封式	365 mm×254 mm 旋压密封式	305 mm×254 mm 旋压密封式
		闸调器	ST2-250 型	ST2-250 型	ST2-250 型	ST2-250 型
		脱轨自动制动阀	无	无	无	TZD 型
		空重车阀	手动	KZW-4G 型	KZW 型	KZW-A 型
		手制动机	链式	链式、脚踏式或 NSW 型	脚踏式	NSW 或 NSW-Ⅰ型

车型代号		C_{80E}(H、F)	C_{80DH}
项　　目		参数及说明	
用　　途		通用敞车	
轨距(mm)		1 435	1 435
轴重(t)		27	27
每延米载重(t/m)		7.62	7.58
车钩中心线距轨面高度(空车)(mm)		880±10	880±10
通过最小曲线半径(m)		145	145
商业运行速度(km/h)		100	100
重量参数	载重(t)	80	80
	自重(t)	26.5	26
	自重系数	0.33	0.32
容积参数	容积(m^3)	92	92
	比容(t/m^3)	1.15	1.15
车辆尺寸	车辆长度(mm)	13 976	13 976
	最大宽度(mm)	3 190	3 196
	最大高度(空车)(mm)	3 530	3 471
	车辆定距(mm)	9 210	9 210
车体尺寸	内长(mm)	13 000	13 000
	内宽(mm)	2 900	2 897
	地板面距轨面高(空车)(mm)	1 090	1 083
	内高(mm)	2 430	2 378
门、窗孔(宽×高)(mm×mm)	侧门孔	1 620×1 900	1 620×1 900
	下侧门孔	1 098×821	1 250×946
钩缓装置	缓冲器型号	MT-2 或 HM-1 型	MT-2 或 HM-1 型
	车钩型号	17 型(加厚型钩舌)	17 型(加厚型钩舌)
	钩尾框	17 型锻造	17 型锻造

续上表

车型代号			$C_{80E(H、F)}$	C_{80DH}
转向架			DZ1、DZ2 或 DZ3 型	DZ2 型
制动装置	主要配置	制动阀	120 型	120 型
		制动缸	305 mm×254 mm 旋压密封或主动润滑式	具有复原装置或自润滑 305 mm×254 mm 旋压密封式
		闸调器	ST2-250 型	ST2-250 型
		脱轨自动制动阀	TZD 型	TZD 型
		空重车阀	KZW-A 型	KZW-A 型
		手制动机	NSW 型	NSW-Ⅰ型

5.2 专用敞车

5.2.1 发展历程

专用敞车是我国铁路货车技术水平的典型代表，目前，我国专用敞车主要有 21 t 轴重的 C_{16} 系列低边敞车、CF 型高边敞车、IC_{6GK} 型低边敞车、C_{63}/C_{63A} 型敞车、$C_{100A(H)}$ 型三支点敞车，23 t 轴重的 C_{70A} 型运煤专用敞车和 C_{70C} 型焦炭专用车，25 t 轴重的 C_{76} 系列敞车、$C_{80(H)}$、$C_{80B(H)}$ 系列敞车，30 t 轴重的 $C_{96(H)}$ 型运煤专用敞车等车型。

1966 年，为满足冶金企业矿粉运输需要，并能适应机械装车、翻车机卸货作业要求，我国研制了轴重 21 t、载重 60 t 的 C_{16} 型低边敞车。1993 年，在 C_{16} 型低边敞车基础上，车体结构主要采用 09CuPTiRe 耐候钢材料并进行优化，采用制动和钩缓新技术，研制了轴重 21 t、载重 64 t 的 C_{16A} 型低边敞车。2007 年，为适应铁路货车提速的需要，按照新的铁路技术政策要求分别对原 C_{16} 型和 C_{16A} 型低边敞车的转 8A 型转向架换装为转 K2 型转向架、高磷铸铁闸瓦（低摩合成闸瓦）更换为新型高摩合成闸瓦，并对制动部分进行相应改进，改造后的车辆分别定型为 C_{16K} 和 C_{16AK} 型低边敞车。

1967 年，为适应煤炭运输发展需要及翻车机卸货作业要求，我国研制了轴重 21 t、载重 62 t 级的 CF 型敞车。1998 年，在原 CF 型敞车基础上，车体局部结构改进优化，每侧侧墙各增加 2 个清扫下侧门，主要材料采用 09CuPTiRe 耐候钢，采用制动和钩缓新技术等，研制了新型 CF 型敞车。2007 年，为适应铁路货车提速的需要，按照新的铁路技术政策要求对原 CF 型敞车进行提速改造，将转 8A 型转向架换装为转 K2 型转向架、高磷铸铁闸瓦（低摩合成闸瓦）更换为新型高摩合成闸瓦，并对制动部分进行相应改进，改造后的车辆定型为 CFK 型敞车。

1987 年，根据市场需要研制开发了轴重 21 t、载重 60 t 级的 IC_{6G} 型低边敞车，2001 年，为适应我国铁路货车提速发展要求，在既有车型基础上，换装 K2 型转向架，改造后

的车辆定型为 IC_{6GK}。

1999 年，为满足我国西北地区焦炭运输需要，我国研制了 60 t 级 C_{64A} 型焦炭运输专用敞车，该车是在 C_{64} 型敞车基础上增大容积 18 m^3，以更好地满足了焦炭运输的需要。为适应我国铁路货车提速发展的需要，提速改造后车型为 C_{64AT}。

2006 年，为了在不提高车辆轴重的条件下增加车辆载重，我国研制了轴重 21 t、载重 100 t 的三支点矿料、钢材运输专用敞车，投入包头至天津港线路上运行。车辆定型为 $C_{100A(H)}$，其中装用转 K2 型转向架的车型为 C_{100A}，装用转 K4 型转向架车型为 $C_{100A(H)}$。

为满足大秦线煤炭运输的需要，从 1982 年开始，为大秦线研制了 C_{61}、C_{63}、C_{63A}、C_{76} 系列、C_{80} 系列等运煤专用敞车。

1982 年，为满足大秦线煤炭运输的需要，我国研制了 C_{61}、C_{63}、C_{63A} 型运煤专用敞车，采用耐候钢材质车体降低自重提高载重，装用 16、17 型固车钩和转动车钩，可满足翻车机不摘钩连续卸货作业要求。

1998 年，为实现大秦线年运量 2 亿 t 的战略目标，我国研制了轴重 25 t、载重 75 t 级的 $C_{76(H)}$、C_{76A}、C_{76B}、C_{76C} 型浴盆式运煤专用敞车。各车型采用高强度耐候钢材质车体，装用固定、旋转车钩和牵引杆，可满足翻车机不摘钩连续卸货作业和万吨编组要求。

2003 年，为满足大秦线煤炭运输增量的需要，我国研制了轴重 25 t、载重 80 t 级的 $C_{80(H)}$型浴盆式铝合金运煤敞车，2005 年研制了轴重 25 t、载重 80 t 级的 $C_{80A(H)}$型耐候钢运煤敞车和 $C_{80B(H)}$型不锈钢运煤敞车和 $C_{80C(A)}$型系列运煤专用敞车，并批量投入使用。C_{80}、$C_{80A(H)}$、C_{80B} 和 $C_{80C(A)}$型系列运煤专用敞车采用转 K6、转 K5 或转 K7 型转向架，载重 80 t，最高运行速度 100 km/h。车体结构主要采用铝合金或高强度耐候钢或不锈钢材料，车钩缓冲装置采用 E 级钢固定式、旋转车钩、牵引杆和大容量缓冲器。满足大秦线 2 万 t 列车编组的需要。

2006 年，为满足神华铁路煤炭运输发展的需要，我国研制了轴重 23 t、载重 70 t 级 C_{70A} 型运煤专用敞车，车辆定距与 $C_{70(H)}$型敞车相同，车辆长度与神华翻车机匹配。车体采用 Q450NQR1 高强度耐候钢材质，装用转 K6 型转向架及 17 型固定车钩、16 型旋转车钩和牵引杆，可满足神华翻车机不摘钩连续卸货作业要求。

2007 年，为满足我国焦炭运输需求，我国研制了轴重 23 t、载重 70 t 级 C_{70C} 型焦炭专用敞车，车体采用 Q450NQR1 高强度耐候钢材质，装用转 K6 型转向架及 17 型固定车钩。

2011 年，为满足瓦日线等重载线路煤炭运输发展需要，我国研制了轴重 30 t、载重 100 t 级的 $C_{96(H)}$型浴盆式运煤专用敞车，其中 C_{96} 型运煤敞车装用 DZ4 型转向架，C_{96H} 装用 DZ5 型转向架。2014 年生产了 70 辆 C_{96} 型敞车和 30 辆 $C_{96(H)}$型敞车，并交付晋中南通道用于重载综合试验及试用考验。2015 年，100 辆 $C_{96(H)}$型敞车在晋中南通道(瓦日线)完成了重载综合试验。2018 年 7 月,$C_{96(H)}$型敞车在瓦日线继续投入运用考验。

5.2.2　主要结构特点

专用敞车主要由车体、转向架、制动装置和车钩缓冲装置等组成,部分满足不摘钩卸货的专用敞车及单元车组还采用了牵引杆和转动车钩缓冲装置,车体主要由底架、侧墙、端墙等组成,侧墙上设有数量不等的上翻式下侧门。

1. 21 t 轴重系列专用敞车

C_{16} 系列低边敞车主要由车体、制动装置、车钩缓冲装置、转向架等组成。车体为全钢焊接结构,除底架主要梁件采用 09Mn2 低合金钢材料,其余均为低碳钢材料,主要由底架、侧墙、端墙等组成,底架为有中梁结构,侧墙为侧柱外置板柱式结构,无车门;端墙为横带式结构;在地板面以上 300 mm 范围内,侧墙及端墙均向车内倾斜 130 mm,以利于翻车机卸货时能尽量将货物卸净。装用转 K2 型转向架、120 型控制阀空气制动系统、NSW 型手制动机、13 型上作用车钩和 2 号缓冲器。C_{16K} 型低边敞车车辆外形如图 5-11 所示。

图 5-11　C_{16K} 型低边敞车

C_{16AK} 型低边敞车主要由车体、制动装置、车钩缓冲装置、转向架等组成。车体为全钢焊接结构,主要采用 09CuPTiRe 耐候钢材质,主要由底架、侧墙、端墙、车门等组成,底架为有中梁结构,底架钢结构断面保持与主产品 $C_{62A(N)}$型敞车通用。侧墙为侧柱外置板柱式结构,侧板及端板下部设一圈斜坡板,便于矿石翻卸干净,每侧侧墙设清扫门两扇,端墙为横带式结构;装用转 K2 型转向架、120 型控制阀空气制动系统、FSW 型手制动机、13 型上作用车钩及配套铸造钩尾框和 MT-3 型缓冲器。C_{16AK} 型低边敞车车辆外形如图 5-12 所示。

IC_{6GK} 型低边敞车主要由车体、制动装置、车钩缓冲装置、转向架等组成。车体为全钢焊接结构,采用低合金耐候钢材料,由底架、侧墙、端墙、车门等组成,底架中梁由两根 310 乙字型钢组焊而成,侧梁为热轧槽钢,底架上铺设 10 mm 厚钢地板;侧墙为侧柱

图 5-12　C_{16AK} 型低边敞车

外置板柱式结构，侧柱为热轧帽型钢；每侧侧墙设 7 扇上翻式下侧门。采用 13 系列车钩及配套铸造钩尾框与 ST 或 MT-3 型缓冲器、120 型控制阀制动系统、直立链式手制动机或 NSW 型手制动机、转 K2 型转向架。IC_{6GK} 型低边敞车车辆外形如图 5-13 所示。

图 5-13　IC_{6GK} 型低边敞车

CFK 型高边敞车主要由车体、制动装置、车钩缓冲装置、转向架等组成。车体为全钢焊接结构，主要采用 09CuPTiRE 耐候钢材料，由底架、侧墙、端墙等组成，每侧设 2 扇上翻式下侧门。底架为有中梁结构，侧墙为侧柱外置板柱式结构，端墙为横带式结构；采用转 K2 型转向架、120 型控制阀空气制动系统、FSW 型手制动机、13 型上作用车钩及配套铸造钩尾框和 2 号缓冲器。CFK 型高边敞车车辆外形如图 5-14 所示。

$C_{100A(H)}$型三支点专用敞车主要由车体、均载装置、制动装置、车钩缓冲装置、转向架等组成。车体为无侧梁和端梁底架、板柱式侧墙全钢焊接结构，采用 Q450NQR1 高强度耐候钢材料，主要由底架、侧墙、端墙等组成，每侧侧墙设 8 扇上翻式下侧门。均载装置采用斜楔—滚轮结构，固定在车体上，由安装座、斜楔、斜楔滚轮、连杆、均衡拉杆、联接杆、旁承滚轮、旁承及销轴等组成。该车采用 120 型阀空气制动系统、NSW 型手制动机、17 型车钩及配套锻造钩尾框与 HN-1 缓冲器。车辆一位转向架采用转 K2 或转

图 5-14　CFK 型高边敞车

K4 型转向架，二、三位采用更换摇枕和旁承承载结构的转 K2 或转 K4 型转向架。二位转向架摇枕上设有滑槽，均载装置的旁承下面有凸台插入摇枕滑槽内，转向架可沿旁承凸台横向移动；三位转向架可绕车体上的心盘转动。随车配置运输卷钢的专用装载加固装置—鞍座，每个鞍座有四组楔形承载面，每组楔形承载面由斜板支撑，组成内空式结构，并由底部底板和横向连接板（垛装支撑面）连接，形成一个整体。$C_{100A(H)}$型三支点专用敞车车辆外形如图 5-15 所示。

图 5-15　$C_{100A(H)}$型三支点专用敞车

C_{63} 型运煤专用敞车主要由车体、制动装置、车钩缓冲装置、转向架等组成。车体为全钢焊接结构，主要由底架、侧墙、端墙组成，中梁采用 09V 低合金钢材料，其余采用低合金钢或耐候钢材料。侧墙为侧柱外置板柱式结构，无车门。车钩缓冲装置采用 FR 型旋转车钩、F 型固定车钩及配套铸造钩尾框与 MARK50 型缓冲器。制动装置采用美国进口的 ABDW 货车制系统，包括 ABDW 控制阀、254 mm×305 mm 密封式制动缸、2300-DJ 型双向闸瓦间隙调整器、空重车自动调整装置、美国进口的 7 400 型手制动机。装用 2D 轴常摩擦减振装置转向架。C_{63} 型运煤专用敞车车辆外形如图 5-16 所示。

C_{63A} 型运煤专用敞车主要由车体、制动装置、车钩缓冲装置和转向架等组成。车体为全钢焊接结构，主要由底架、侧墙、端墙组成，中梁采用 09V 低合金钢材料，其余采用低合金钢或耐候钢材料。侧墙为侧柱外置板柱式结构，每侧侧墙设 2 扇上翻式下侧

图 5-16　C_{63} 型运煤专用敞车

门。车钩缓冲装置采用 FR 型旋转车钩、F 型固定车钩及配套钩尾框与 MT-2 型缓冲器。制动装置采用 120 型控制阀、254 mm×254 mm 旋压密封式制动缸、ST2-250 型双向闸瓦间隙自动调整器、KZW-4G 空重车调整装置、FSW 型手制动机。装用 2D 轴常摩擦减振装置转向架。C_{63A} 型运煤专用敞车车辆外形如图 5-17 所示。

图 5-17　C_{63A} 型运煤专用敞车

$C_{64A(T)}$型焦炭运输专用敞车主要由车体、制动装置、车钩缓冲装置、转向架等组成。车体主要由底架、侧墙、端墙、中门及下侧门等组成，主要型钢和板材采用屈服强度为 295 MPa 的耐候钢 O9CuPTiRE、09CuPXT，中梁材质为 09V。该车采用 120 型空气制动系统和脚踏式手制动机，采用 C 级钢的 13 型车钩及配套的 C 级钢钩尾框，采用 MT-3 型缓冲器，C_{64AT} 型敞车采用转 8 型转向架。C_{64A} 型焦炭运输专用敞车车辆外形如图 5-18 所示。

2. 23 t 轴重系列专用敞车

C_{70A} 型运煤专用敞车主要由车体、制动装置、车钩缓冲装置、转向架等组成。车体为全钢焊接结构，采用 Q450NQR1 高强度耐候钢材料，主要由底架、侧墙、端墙组成，每侧侧墙设 2 扇下侧门。中梁为两根 310 乙字型钢中梁组焊而成的帽型断面结构梁，下侧梁为 240 mm×80 mm×8 mm 冷弯型材，枕梁、大横梁均为双腹板组焊的箱型断面结构梁，底架上铺设 6 mm 钢地板。侧墙由上侧梁、侧柱、侧板等组成的板柱组焊结构。

图 5-18 C_{64A} 型焦炭运输专用敞车

上侧梁采用冷弯矩形方管，侧柱为双曲面冷弯帽型结构。端墙由上端梁、端墙横带、角柱、端板等组焊而成，车体内部设有 3 组撑杆。每侧侧墙设有 2 扇上翻式下侧门。制动装置采用 120 型控制阀、305 mm×254 mm 旋压密封式制动缸、ST2-250 型双向闸瓦间隙自动调整器、KZW-4G 空重车调整装置、NSW 型手制动机。车辆每两辆为一组，车组 1 位端装用 16 型旋转车钩、2 位端采 17 型车钩及配套锻造钩尾框，单元车组间采用 RFC 型牵引杆装置，装用 HM-1 或 MT-2 型缓冲器和转 K6 型转向架。C_{70A} 型运煤专用敞车车辆外形如图 5-19 所示。

图 5-19 C_{70A} 型运煤专用敞车

C_{70C} 型焦炭运输专用敞车主要由车体、制动装置、车钩缓冲装置和转向架等组成。车体采用直壁侧墙、侧柱及侧横带外置的结构形式，主要型钢和板材采用 Q450NQR1 高强度耐候，车体主要由底架、侧墙、端墙等组成，每面侧墙设有 7 扇上翻式下侧门。该车采用 120 型空气制动系统和 NSW 型手制动机，采用 17 型车钩及配套的锻造钩尾框，采用 MT-2 或 HM-1 型缓冲器；采用转 K6 型转向架。C_{70C} 型焦炭运输专用敞车车辆外形如图 5-20 所示。

图 5-20 C70C 型焦炭运输专用敞车

3. 25 t 轴重系列专用敞车

C76 系列运煤专用敞车是用于大秦线装运煤碳的专用敞车，与拨车机、自动列车定位机和不摘钩三车翻车机配套，实现重载运输、快速卸货作业。主要由车体、制动装置、车钩缓冲装置和转向架等组成。

C76(H)、C76B、C76C 等系列运煤专用敞车车体为单浴盆式无中梁全钢焊接结构，由底架、浴盆、侧墙、端墙、撑杆等组成。牵引梁采用 09V 低合金钢，其余采用耐大气腐蚀钢或高强度耐候钢。侧墙为侧柱外置板柱式结构，两侧墙之间设有 4 组水平撑杆，每侧侧墙上设 2 扇下侧门。制动装置采用 120 型空气控制阀、2 个 203 mm×254 mm 旋压密封式制动缸、2 套 ST2-250 型双向闸瓦间隙自动调整器、FSW 型手制动机。车钩缓冲装置 1 位端用 16 型旋转车钩及配套锻造钩尾框、2 位端采装用 17 型车钩及配套锻造钩尾框，单元车组间装用 RFC 型牵引杆装置，装用 MT-2 型缓冲器。C76 型运煤专用敞车装用转 K6 型转向架，C76H 型运煤专用敞车装用型转 K5 型转向架，C76B 型运煤专用敞车装用 25 t 轴重下交叉支撑转向架，C76C 型运煤专用敞车装用 2E 轴中交叉支撑转向架。

C76A 型浴盆运煤敞车车体为双浴盆无中梁全钢焊接结构，由底架、浴盆、侧墙、端墙和撑杆等组成，主要材料采用 09CuPTiRe 耐候钢。牵引梁为整体铸造结构，将冲击座、前、后从板座及牵引梁本体铸成一体，采用 ϕ370 重载心盘。侧墙为侧柱外置板柱式结构，两侧墙之间设有 4 组水平撑杆，每侧侧墙上设 2 扇清扫下侧门。制动装置采用 120 阀空气制动系统、2 组 203 mm×305 mm 密制动缸、ST2-250 型闸调器和 FSW 型手制动机，布置在车辆端墙上。装用符合 AAR 标准的 F 型转动车钩和固定车钩及配套铸造钩尾框、MT-2 型缓冲器。装用转 E21 型中交叉支撑转向架。

C76(H)型运煤专用敞车、C76A 型浴盆运煤敞车车辆外形如图 5-21、图 5-22 所示。

C80(H)型铝合金运煤专用敞车主要由车体、制动装置、车钩缓冲装置及转向架等组成。车体为双浴盆式、铝合金铆接结构，由底架、浴盆、侧墙、端墙、撑杆组成。底架为 Q450NQR1 高强度耐候钢全钢焊接结构，浴盆、侧墙和端墙均采用铝合金材料铆接结

图 5-21　$C_{76(H)}$型运煤专用敞车

图 5-22　C_{76A} 型浴盆运煤敞车

构，侧墙为侧柱外置板柱结构，两侧墙之间设有 3 组撑杆，每侧侧墙设 2 扇上翻式下侧门。车辆多车组成单元车组，1 位端采用 16 型旋转车钩、2 位端采用 17 型车钩及配套锻造钩尾框，单元车组间采用 RFC 型牵引杆装置及配套锻造钩尾框，装用 HM-1 或 MT-2 型缓冲器。制动装置采用 120-Ⅰ型空气控制阀、305 mm×254 mm 主动润滑或整体旋压密封式制动缸、ST2-250 型双向闸瓦间隙自动调整器、KZW-A 型空重车自动调整装置、TZD 型货车脱轨自动制动装置、NSW 型或 NSW-Ⅰ型手制动机。C_{80} 型运煤专用敞车装用转 K6 型转向架，C_{80} 型运煤专用敞车装用转 K5 型转向架。$C_{80(H)}$型铝合金运煤专用敞车车辆外形如图 5-23 所示。

$C_{80B(H)}$型不锈钢运煤专用敞车主要由车体、制动装置、车钩缓冲装置及转向架等组成。车体为全钢焊接结构，由底架、侧墙、端墙、撑杆组成。底架（地板除外）主要采用 Q450NQR1 高强度耐候钢，与货物接触的端、侧墙、地板采用 T4003 不锈钢。侧墙为侧柱外置板柱结构，每侧侧墙设 1 扇或 2 扇上翻式下侧门，两侧墙之间设有 3 组撑杆。车辆多车组成单元车组，单元车组 1 位端采用 16 型旋转车钩、2 位端采 17 型车钩及配套

图 5-23　$C_{80(H)}$型铝合金运煤专用敞车

锻造钩尾框，单元车组间采用 RFC 型牵引杆装置及配套锻造钩尾框，装用 HM-1 或 MT-2 型缓冲器。制动装置采用 120-Ⅰ型空气控制阀、305 mm×254 mm 主动润滑或整体旋压密封式制动缸、ST2-250 型双向闸瓦间隙自动调整器、KZW-A 型空重车自动调整装置、TZD 型货车脱轨自动制动装置、NSW 或 NSW-Ⅰ型手制动机。C_{80}型运煤专用敞车装用转 K6 型转向架，C_{80H}型运煤专用敞车装用转 K5 型转向架。$C_{80B(H)}$型不锈钢运煤专用敞车车辆外形如图 5-24 所示，车辆二维图如图 5-25 所示。

图 5-24　$C_{80B(H)}$型不锈钢运煤专用敞车

$C_{80A(H)}$型全钢运煤敞车主要由车体、制动装置、车钩缓冲装置和转向架等组成。车体为全钢焊接结构，由底架、侧墙、端墙、撑杆等组成，主要采用 Q450NQR1 高强度耐候钢材料。侧墙为侧柱外置板柱式结构，每侧侧墙中央设 1 扇上翻式下侧门，两侧墙之间设有 3 组水平撑杆；该车多车组成一个单元车组，车组一位端装用 16 型旋转车钩、2 位端装用 17 型车钩及配套锻造钩尾框，单元车组间装用 RFC 型牵引杆及配套锻造钩尾框，装用 HM-1 或 MT-2 型缓冲器。制动装置采用 120 型空气控制阀、305 mm×254 mm 整体旋压密封式制动缸、ST2-250 型双向闸瓦间隙自动调整器、KZW-A 型空重车自动调整装置、NSW 型手制动机。C_{80A}型运煤专用敞车装用转 K6 型转向架，

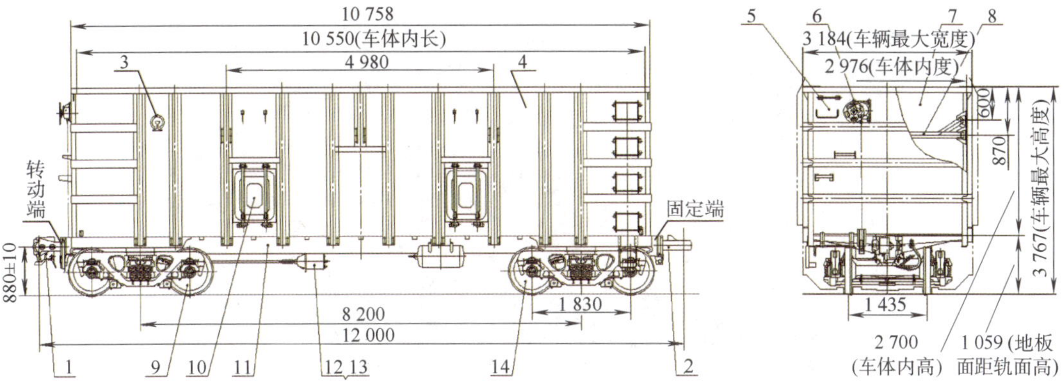

图 5-25　$C_{80B(H)}$型不锈钢运煤敞车

1—转动车钩缓冲装置；2—牵引杆装置；3—标记；4—侧墙组成；5—1 位端墙组成；
6—手制动装置；7—2 位端墙组成；8—撑杆组成；9—转向架；10—下侧门组成；
11—底架组成；12—风制动装置；13—底架附属件；14—转向架

C_{80AH} 型运煤专用敞车装用转 K5 型转向架。$C_{80A(H)}$型全钢运煤敞车车辆外形如图 5-26 所示。

图 5-26　$C_{80A(H)}$型全钢运煤敞车

$C_{80C(A)}$型运煤专用敞车由车体、制动装置、车钩缓冲装置和转向架等组成。车体为单浴盆、全钢焊接结构，主要由底架、浴盆、侧墙、端墙和撑杆等组成；C_{80C} 型运煤专用敞车与货物接触部位采用 Q450NQR1 高强度耐候钢，C_{80CA} 采用铁素体不锈钢，底架承载梁件采用 Q450NQR1 高强度耐候钢。采用 120C 制动系统和 NSW 型手制动机；采用 16/17 型车钩、RFC 型牵引杆及配套钩尾框，采用 MT-2 型缓冲器；采用转 K7 型转向架。$C_{80C(A)}$型运煤专用敞车车辆外形如图 5-27 所示。

图 5-27　C$_{80C(A)}$型运煤专用敞车

4. 30 t 轴重系列专用敞车

30 t 轴重专用敞车主要为 C$_{96(H)}$型运煤专用敞车。

C$_{96(H)}$型运煤专用敞车主要由车体、制动装置、车钩缓冲装置及转向架等组成。车体为双浴盆式全钢焊接结构，由底架、浴盆、侧墙、端墙、撑杆等组成，底架(地板除外)主要采用 Q450NQR1 高强度耐候钢，与货物接触的端侧墙、地板采用 T4003 不锈钢。侧墙为侧柱外板柱式结构，每侧侧墙设 2 扇上翻式下侧门，两侧墙间设有 3 组撑杆。制动装置采用 120-Ⅰ型空气控制阀、BAB-1 或 DAB-1 型转向架集成制动、TZD 型货车脱轨自动制动装置、NSW 型或 NSW-Ⅰ型手制动机。车辆两辆为一组，车组 1 位端采用 16 型旋转车钩、2 位端采 17 型车钩及配套锻造钩尾框，单元车组间采用 RFC 型牵引杆装置，装用 HM-1 或 MT-2 型缓冲器。C$_{96}$ 型运煤专用敞车装用 DZ4 型转向架，C$_{96H}$ 型运煤专用敞车装用 DZ5 型转向架。C$_{96(H)}$型运煤专用敞车车辆外形如图 5-28 所示。

图 5-28　C$_{96(H)}$型运煤专用敞车

5.2.3 技术参数及配置

专用敞车技术参数及配置见表 5-2。

表 5-2 专用敞车技术参数及配置

车型代号		$C_{96(H)}$	$C_{80B(H)}$	$C_{80(H)}$
项　目		参数及说明		
用　途		专用敞车		
轨距(mm)		1 435	1 435	1 435
轴重(t)		30	25	25
每延米载重(t/m)		8.82	8.33	8.33
车钩中心线距轨面高度(空车)(mm)		880±10	880±10	880±10
通过最小曲线半径(m)		145	145	145
商业运行速度(km/h)		100	100	100
重量参数	载重(t)	96	80	80
	自重(t)	24	20	20
	自重系数	0.25	0.25	0.25
容积参数	容积(m^3)	110	84.8	87
	比容(t/m^3)	1.15	1.06	1.09
车辆尺寸	车辆长度(mm)	13 600	12 000	12 000
	最大宽度(mm)	3 180	3 184	3 184
	最大高度(空车)(mm)	3 800	3 767	3 793
	车辆定距(mm)	9 800	8 200	8 200
车体尺寸	内长(mm)	12 310	10 550	10 728
	内宽(mm)	2 972	2 890	2 946
	地板面距轨面高(空车)(mm)	1 059	1 059	1 059
	内高(mm)	2 739	2 700	2 706
门、窗孔(宽×高)(mm×mm)	侧门孔	无	无	无
	下侧门孔	950×756	950×756	950×756
钩缓装置	缓冲器型号	HM-1 或 MT-2 型	HM-1 或 MT-2 型	HM-1 或 MT-2 型
	车钩型号	16、17 型车钩，RFC 型牵引杆	16、17 型车钩，RFC 型牵引杆	16、17 型车钩，RFC 型牵引杆
	钩尾框	16、17 型锻造	16、17 型锻造	16、17 型锻造
转向架		DZ4 或 DZ5 型	转 K6 或 K5 型	转 K6 或 K5 型
制动装置 主要配置	制动阀	120-1 型(集成电空制动)	120-1 型	120-1 型
	制动缸	集成制动	305 mm×254 mm 旋压密封或主动润滑式	203 mm×254 mm 旋压密封式
	闸调器		ST2-250 型	ST2-250 型

续上表

车型代号			$C_{96(H)}$	$C_{80B(H)}$	$C_{80(H)}$
制动装置	主要配置	脱轨自动制动阀	TZD 型	TZD 型	TZD 型
		空重车阀	KZW-A 型	KZW-A 型	KZW-A 型
		手制动机	NSW 或 NSW-Ⅰ型	NSW 或 NSW-Ⅰ型	NSW 或 NSW-Ⅰ型

车型代号		C_{76C}(C_{76B})	$C_{76(H)}$	C_{63A}	C_{63}
项　　目		参数及说明			
用　　途		专用敞车			
轨距(mm)		1 435	1 435	1 435	1 435
轴重(t)		25	25	21	21
每延米载重(t/m)		8.23	8.27	6.96	6.95
车钩中心线距轨面高度(空车)(mm)		880±10	880±10	880±10	880±10
通过最小曲线半径(m)		145	145	145	145
商业运行速度(km/h)		100	100	100	100
重量参数	载重(t)	76	75	61	61
	自重(t)	22.7(22.9)	24.2	22.4	22.3
	自重系数	0.30	0.32	0.37	0.37
容积参数	容积(m^3)	82	81.8	70.7	70.7
	比容(t/m^3)	1.08	1.09	1.16	1.16
车辆尺寸	车辆长度(mm)	12 000	12 000	11 986	11 986
	最大宽度(mm)	3 184	3 184	3 184	3 184
	最大高度(空车)(mm)	3 520	3 592	3 446	3 446
	车辆定距(mm)	8 200	8 200	7 670	7 670
车体尺寸	内长(mm)	10 400	10 520	10 300	10 300
	内宽(mm)	2 974	2 974	2 890	2 890
	地板面距轨面高(空车)(mm)	1 053	1 055	1 061	1 061
	内高(mm)	2 457	2 527	2 375	2 375
门、窗孔(宽×高)(mm×mm)	侧门孔	无	无	无	无
	下侧门孔	945×748	945×748	945×748	无
钩缓装置	缓冲器型号	MT-2 型	MT-2 型	MT-2 型	MARK50 型
	车钩型号	16、17 型车钩，RFC 型牵引杆	16、17 型车钩，RFC 型牵引杆	16、17 型	F 型旋转、F 型固定
	钩尾框	16、17 型铸造	16、17 型铸造	16、17 型铸造	旋转、固定型
转向架		2E 轴中交叉支撑(25 t 轴重下交叉支撑)	25 t 轴重下交叉支撑	2D 控制型	2D 控制型

续上表

车型代号			C_{76C}(C_{76B})	C_{76}(H)	C_{63A}	C_{63}
制动装置	主要配置	制动阀	120 型	120 型	120 型	进口 ABDW 控制阀
		制动缸	203 mm×254 mm 旋压密封式	203 mm×254 mm 旋压密封式	254 mm×254 mm 旋压密封式	254 mm×305 mm 旋压密封式
		闸调器	ST2-250 型	ST2-250 型	ST2-250 型	2300-DJ 型
		脱轨自动制动阀	无	无	无	无
		空重车阀	KZW-4G 型	KZW-4G 型	KZW-4G 型	进口 P-1 比例阀
		手制动机	FSW 型	NSW 型	FSW 型	进口 7400 型
车型代号			IC_{6GK}	C_{16AK}	C_{16K}	C_{70A}
项　　目			参数及说明			
用　　途			专用敞车			
轨距(mm)			1 435	1 435	1 435	1 435
轴重(t)			21	21	20.25	23
每延米载重(t/m)			6.18	7	6.1	6.78
车钩中心线距轨面高度(空车)(mm)			880±10	880±10	880±10	880±10
通过最小曲线半径(m)			145	145	145	145
商业运行速度(km/h)			120	100	100	120
重量参数	载重(t)		60	64	60	70
	自重(t)		23	20	21.9	23
	自重系数		0.38	0.31	0.37	0.33
容积参数	容积(m^3)		52.5/62.5/65	44	50	80.5
	比容(t/m^3)		0.88/1.04/1.08	0.69	0.83	1.15
车辆尺寸	车辆长度(mm)		13 438	11 938	13 442	13 726
	最大宽度(mm)		3 180	3 180	3 180	3 184
	最大高度(空车)(mm)		2 560/2 860/2 910	2 483	2 483	3 313
	车辆定距(mm)		8 700	8 700	8 700	9 210
车体尺寸	内长(mm)		12 500	12 500	12 500	12 190
	内宽(mm)		2 880	2 503	2 890	2 974
	地板面距轨面高(空车)(mm)		1 090	1 093	1 083	1 083
	内高(mm)		1 450/1 750/1 800	1 400	1 400	2 220
门、孔(宽×高)(mm×mm)	侧门孔		无	无	无	无
	下侧门孔		1 250×954	825×600	无	1 250×951
钩缓装置	缓冲器型号		ST 或 MT-3 型	MT-3 型	2 号	MT-2 或 HM-1 型
	车钩型号		13 型	13 型上作用	13 型上作用	17 型
	钩尾框		13B 型锻造	13 型(C 级钢)	13 型(C 级钢)	17 型锻造
转向架			转 K2 型	转 K2 型	转 K2 型	转 K6 型

续上表

车型代号			IC6GK	C16AK	C16K	C70A
制动装置	主要配置	制动阀	120 型	120 型	120 型	120 型
		制动缸	254 mm×254 mm 旋压密封式	356 mm×254 mm 密封式	356 mm×254 mm 密封式	305 mm×254 mm 旋压密封式
		闸调器	ST2-250 型	ST2-250 型	ST2-250 型	ST2-250 型
		脱轨自动制动阀	无	无	无	无
		空重车阀	KZW-4GA、KZW-4GAB 或 KZW-A 型	KZW-A 型	KZW-A 型	KZW-A 型
		手制动机	直立链式或 NSW 型	FSW 型	NSW 型	NSW 型

车型代号		CFK	C76A	C80A(H)	C100A(H)
项　目		参数及说明			
用　途		专用敞车			
轨距(mm)		1 435	1 435	1 435	1 435
轴重(t)		21	25	25	21
每延米载重(t/m)		6.25	8.33	8.33	7.97
车钩中心线距轨面高度(空车)(mm)		880±10	880±10	880±10	880±10
通过最小曲线半径(m)		145	145	145	145
商业运行速度(km/h)		120	100	100	120
重量参数	载重(t)	62	75	80	100
	自重(t)	22	24.6	20	26
	自重系数	0.35	0.316	0.25	0.26
容积参数	容积(m^3)	72.5	87.2	84.8	61
	比容(t/m^3)	1.2	1.09	1.06	0.61
车辆尺寸	车辆长度(mm)	13 438	12 005	12 000	15 800
	最大宽度(mm)	3 242	3 184	3 184	3 180
	最大高度(空车)(mm)	3 100	3 542	3 767	2 543
	车辆定距(mm)	8 700	8 250	8 200	2×4 900
车体尺寸	内长(mm)	12 500	10 246	10 550	14 500
	内宽(mm)	2 890	3 000	2 976	2 892
	地板面距轨面高(空车)(mm)	1 090	1 082	1 057	1 085
	内高(mm)	2 000	无	2 700	1 450
门、窗孔(宽×高)(mm×mm)	侧门孔	无	600×850	780×950	800×600
	下侧门孔	827×640	无	无	无
钩缓装置	缓冲器型号	2 号	MT-2 型	MT-2、HM-1 或 HM-2 型	HN-1 型
	车钩型号	13 型上作用	AAR F 型	16、17 型	17 型
	钩尾框	C 级钢	No. 50631-1C	16、17 型锻造	17 型锻造

续上表

车型代号			CFK	C_{76A}	$C_{80A(H)}$	$C_{100A(H)}$
转向架			转 K2 型	转 E21 型	转 K5 或 转 K6 型	转 K2 或 转 K4 型
制动装置	主要配置	制动阀	120 型	120 型	120 型	120-1 型
		制动缸	203 mm×254 mm 旋压密封式	203 mm×305 mm 旋压密封式	305 mm×254 mm 旋压密封式	305 mm×254 mm 旋压密封式
		闸调器	ST2-250 型	ST2-250 型	ST2-250 型	ST2-250 型
		脱轨自动制动阀	无	无	无	无
		空重车阀	KZW-A 型	KZW-4GCD 型	KZW-A 型	KZW-A 型
		手制动机	FSW 型	FSW 型	NSW 型	NSW 型

车型代号		$C_{64A(T)}$	C_{70C}	$C_{80C(A)}$
项　　目		参数及说明		
用　　途		焦炭及煤炭	焦炭运输专用敞车	运煤专用敞车
轨距(mm)		1 435	1 435	1 435
轴重(t)		21	$23^{+2\%}$	25
每延米载重(t/m)		6.0	6.0	8.33
车钩中心线距轨面高度(空车)(mm)		880±10	880±10	880±10
通过最小曲线半径(m)		145	880±10	880±10
商业运行速度(km/h)		100(120)	120	100
重量参数	载重(t)	61	68	80
	自重(t)	23.7	25.7	20
	自重系数	0.39	0.38	0.25
容积参数	容积(m^3)	91.3	112	84.8
	比容(t/m^3)	1.5	1.65	1.06
车辆尺寸	车辆长度(mm)	13 938	15 566	1 200
	最大宽度(mm)	3 242	3 240	3 380
	最大高度(空车)(mm)	3 561	3 667	3 548
	车辆定距(mm)	9 200	10 600	8 200
车体尺寸	内长(mm)	12 990	14 590	10 000
	内宽(mm)	2 890	2 962	3 172
	地板面距轨面高(空车)(mm)	1 081	1 060	1 063
	内高	2 450	2 597	2 428
门、窗孔(宽×高)(mm×mm)	下侧门孔	1 250×954	1 250×951	670×830
	中门孔	1 620×1 900	无	无
钩缓装置	缓冲器型号	MT-3 型	MT-2 或 HM-1 型	MT-2 型
	车钩型号	13 型	17 型	16、17 型
	钩尾框	13 型(C 级钢)	17 型锻造	16、17 型锻造

续上表

车型代号			$C_{64A(T)}$	C_{70C}	$C_{80C(A)}$
转向架			转 8A 或转 8AB 型	转 K_6 型	转 K_7 型
制动装置	主要配置	制动阀	120 型	120 型	120 型
		制动缸	254 mm×254 mm 旋压密封式	305 mm×254 mm 旋压密封式	203 mm×254 mm 旋压密封式
		闸调器	ST2-250 型	ST2-250 型	ST2-250 型
		脱轨自动制动阀	无	TZD 型	TZD 型
		空重车阀	TWG-1 或 KZW-A 型	KZW-A 型	TWG-1 或 KZW-A 型
		手制动机	脚踏式	NSW 型	NSW 型

6 棚　　车

棚车是一种具有端、侧墙和车顶，并在侧墙上根据需要设置车门和车窗的车辆，主要用于运输各种免受日照、雨雪侵袭的各种箱装、袋装货物及零散货物。加上一些必要的附属设备后，有的棚车还可运送人员和马匹等。

棚车按用途不同可分为三类：运输各种粮谷、日用工业品及贵重仪器设备等的通用棚车；装卸方式灵活或满足特定货物装载需要的专用棚车；运输有毒、易污染危险物品的毒品车。

6.1 通用棚车

6.1.1 发展历程

目前，我国通用棚车主要为轴重 21 t、载重 60 t 级的 P_{62} 系列、P_{64} 系列、P_{65} 型棚车，轴重 23 t、载重 70 t 级的 P_{70} 系列棚车和轴重 27 t、载重最大可达到 80 t 级的 P_{80} 型棚车。

1979 年我国在 P_{61} 型棚车基础上研制了 P_{62} 型棚车，该车辆取消了车内端、侧墙木板，取消车窗，改为通风口，可最大程度保证货物运输安全；车顶内顶板改为插口木板，可防止货物湿损和便于维修；提高地板面高度，便于叉式车和手推车装卸作业。该车辆 1979 年 11 月通过部级审定和批复并批量试生产 2 100 辆后于 1981 年 9 月通过部级鉴定，正式投入大批量生产。1983 年，为了找出节省木材的途径，用钙塑板代替搭口板装于车顶，又于 1987 年根据铁道部车辆局的要求，研制了中密度纤维板和硬质聚氯乙烯低发泡板代替木质搭口板方案。P_{62} 型棚车 1980～1992 年共制造 31 500 多辆。

1987 年研制了 $P_{62(N)}$ 型棚车，车体采用耐候钢。同年批量试生产 1 100 辆。这两种棚车的地板、侧墙和端墙全部为钢制，每侧设 1 个双扇侧门，8 个通风口。$P_{62(N)}$ 型棚车中梁为 09V 材料，侧墙板压成矩形鼓包，除中梁外，车体其他结构的材料都采用耐候钢，增加了油漆总厚度，厂修周期可延长到 8 年。$P_{62(N)}$ 型棚车 1987～1995 年共制造 19 900 多辆。

1992 年，研制了 P_{64} 型棚车，1994 年通过部级技术审查后投入小批量生产。该车车体为外钢内木结构，每侧设 1 个双扇侧门和 4 个车窗，车内设有便器，外电源插座等设备。其特点内侧板与内端板均为竹材层压板，内顶板为编织竹胶板；除中梁外，车体钢结构材料均采用耐候钢，厂修周期可延长到 9 年。1993～1998 年已制造 11 700 余辆，成为当时的主型棚车。

为提高载重的利用率，1994 年在 P_{64} 型棚车的基础上研制了 P_{64A} 型 58 t 大容积棚车。该车辆对车顶、车门结构上进行了改进，采用可减少腐蚀的新型圆弧顶结构，开门时不易被货物阻挡的车门结构。增大了车内容积(比 P_{64} 增加 19 m^3)。

在 P_{64A} 型棚车的基础上，2001 年研制了载重 60 t、速度达到 120 km/h 的 P_{64GK} 型棚车。该车是 P_{64} 型通用棚车的升级换代产品，是 60 t 级的主型通用棚车。该车主要结构均采用耐候钢材料和铁路货车专用冷弯型钢以及竹编内衬板，实现了车辆的轻量化设计。装用转 K2 型转向架，车辆商业运营速度可达 120 km/h，满足了铁路货车提速的要求。该车从 2002 起在全路推广，2002～2005 年共生产近 9 000 辆。

2001 年 7 月，为适应铁路货车提速和行包快运需要，研制了 P_{65} 型行包快运棚车，实现了以提速为重点、以扩容为目的的设计目标。P_{65} 型行包快运棚车开创了中国铁路货车的提速先河，创造了中国铁路货车第一速。该车车顶采用圆弧结构，设计了新型上侧梁结构，充分利用了上部车辆限界，增加了车体容积，容积达到 135 m^3。采用转 K2 型转向架最高运行速度达到了 120 km/h。1999 年 1 月该车通过部级技术审查，并于当年生产 2 000 辆投入使用。该批车辆组成的行包专列于当年为铁路盈利 8.5 亿元。2000 年和 2001 年铁道部共订购 P_{65} 型棚车 1 300 辆。

2004 年，研制了载重 70 t、速度达到 120 km/h 的 P_{70} 型通用棚车。它是我国铁路 60 t 级主型通用棚车的升级换代产品。该车容积 145 m^3，载重 70 t，容积比 P_{64GK} 棚车增加 10 m^3，载重比 P_{64GK} 棚车增加 10 t，单车载重量提高了 16.7%，2005 年，装用转 K6 型转向架的车型为 P_{70}，装用转 K5 型转向架的车型为 P_{70H}。该车 2005 年以来已经累计生产了 30 000 多辆。

2007 年我国提出了发展 25 t 轴重以上大轴重通用货车的发展目标，2008 年，全面开展大轴重货车技术研究。为适应铁路运输需求，2009 年完成了第一辆 80 t 级棚车样机的试制和各项型式试验。2011 年 6 月，完成第二辆 80 t 级通用棚车样车试制，7 月完成车体静强度试验和冲击试验。2015 年 1 月，通过了 P_{80} 型大容积通用棚车设计方案、样车试用评审。2015 年 8 月，完成 100 辆 P_{80} 型大容积通用棚车生产。

6.1.2 主要结构特点

通用棚车主要由车体、转向架、制动装置和车钩缓冲装置等组成，车体为全钢焊接结构，主要由底架、侧墙、端墙、车顶、车门、车窗等组成。

1. 21 t 轴重系列通用棚车

21 t 轴重系列通用棚车主要包含 P_{62} 系列、P_{64} 系列和 P_{65} 等车型。

P_{62} 系列棚车车体为全钢焊接结构，P_{62T}、P_{62K} 型棚车车体采用普碳钢，$P_{62(N)T}$、$P_{62(N)K}$ 型棚车车体采用耐候钢。早期制动装置采用 GK 型或 120 阀，采用链式手制动机；采用 13 型上作用或 13A 型车钩及钩尾框、2 号或 ST 型等缓冲器；采用转 8 或转 8A

型等转向架。后期经过提速改造，制动装置全部采用 120 阀，P_{62T}、P_{62NT} 型车转向架已全部改造为转 8B 或转 8AB 型转向架，P_{62K}、P_{62NK} 型车转向架已全部更换为转 K2 型转向架。P_{62} 型棚车车辆外形如图 6-1 所示。

图 6-1　P_{62} 型棚车

P_{64} 系列棚车是一种具有内衬结构的新型棚车，是在 $P_{62(N)}$ 型棚车基础上设计的，其车体主要结构、外观造型及主要结构尺寸与 $P_{62(N)}$ 型棚车基本相同。该车采用的主要型钢和板材件均为耐候钢，并进行抛丸预处理，内衬及地板采用竹材板。早期制动装置采用 103 型、103F 型或 120 阀，采用链式手制动机；采用 13 型上作用车钩及钩尾框、2 号或 ST 型等缓冲器；采用转 8 或转 8A 型转向架。后期经过提速改造，制动装置全部采用 120 阀，P_{64T} 型车转向架已全部改造为转 8B 或转 8AB 型转向架，P_{64K} 型车转向架已全部更换为转 K2 型转向架。P_{64} 型棚车车辆外形如图 6-2 所示。

图 6-2　P_{64} 型棚车

P_{64A} 系列棚车是在 P_{64} 型棚车的基础上，将人字形结构车顶改为圆弧形车顶扩大了容积、载重为 58 t 的新型全钢棚车。中梁采用 310 乙字型钢，材质为 09V。全车板材采用了耐大气腐蚀的低合金钢，材质为 09CuPTiRE。制动装置采用 120 阀，采用链式或脚踏式制动机；采用 13 型上作用式车钩、ST 型缓冲器；早期生产采用转 8 或转 8A 型转向架，后期生产采用转 8G 或转 K2 型转向架，目前 P_{64AT} 型车转向架已全部改造为转 8B 或转 8AB 型转向架，P_{64AK} 型车转向架已全部更换为转 K2 型转向架。P_{64A} 型棚车车辆外形如图 6-3 所示。

图 6-3　P_{64A} 型棚车

P_{64G} 系列棚车制动装置采用 120 阀，采用链式或脚踏式制动机；采用 13 型小间隙车钩、ST 型缓冲器；采用转 K2 型转向架。P_{64G} 型棚车车辆外形如图 6-4 所示。

图 6-4　P_{64G} 型棚车

P_{65} 型棚车车体钢结构的主要零部件如枕梁、端梁、大横梁上盖板、车顶弯梁、上侧梁、侧墙板、端墙板、车顶板及侧柱等均采用耐大气腐蚀高强度低合金钢 09CuPCrNi-A，中梁材料为 09V 低合金钢。制动装置采用 120 阀，采用 NSW、FSW 型或脚踏式制动机；采用 13 型小间隙车钩、MT-3 型缓冲器；采用转 K2 型转向架。P_{65} 型棚车车辆外形如图 6-5 所示。

2. 23 t 轴重系列通用棚车

23 t 轴重系列通用棚车主要为 P_{70} 系列棚车。底架主要承载结构采用 Q450NQR1 高强度耐候钢，端、侧墙及车顶的主要型钢板材采用 09CuPCrNi-A 耐大气腐蚀钢。制动装置采用 120 阀，采用 NSW 型手制动机；采用 17 型车钩、MT-2 型缓冲器；P_{70} 采用转 K6 型转向架，P_{70H} 采用转 K5 型转向架。P_{70} 型棚车车辆外形如图 6-6 所示，车辆二维图如图 6-7 所示。

图 6-5　P65 型棚车

图 6-6　P70 型棚车

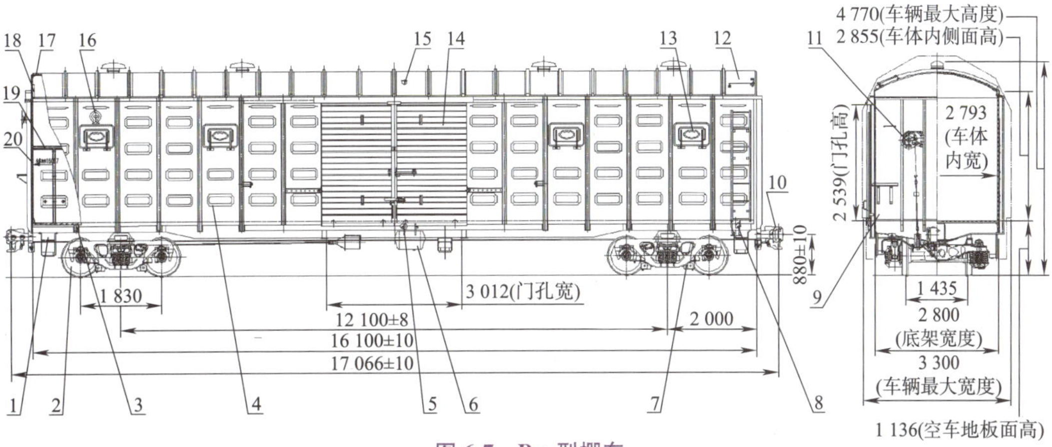

图 6-7　P70 型棚车

1—底架组成；2—转 K6 型转向架；3—底架木结构；4—侧墙组成；5—底架附属件；6—风制动装置；7—转 K6 型转向架；8—便器组装；9—端墙组成；10—车钩缓冲装置；11—手制动装置；12—车顶组成；13—车窗组成；14—车门组装；15—烟囱座组装；16—标记；17—车顶木结构；18—电气安装；19—侧墙木结构；20—端墙木结构

3. 27 t 轴重通用棚车

27 t 轴重通用棚车主要为 P_{80} 型棚车，底架主要承载结构采用 S450EW 或 S450AW 高耐蚀型钢，侧墙、端墙和车顶采用 09CuPCrNi-A 耐候钢。制动装置采用 120 阀，采用 NSW-1 型手制动机；MT-2 型缓冲器；采用 DZ1 型下交叉支撑转向架。P_{80} 型棚车车辆外形如图 6-8 所示。

图 6-8 P_{80} 型棚车

6.1.3 技术参数及配置

表 6-1 通用棚车技术参数及配置

车型代号		P_{62} 系列	P_{64} 系列	P_{64A} 系列	P_{64G} 系列
项目		参数及说明			
用途		装载各种免受日照、雨雪侵袭箱装、袋装货物及零散货物			
轨距(mm)		1 435	1 435	1 435	1 435
轴重(t)		21	21	21	21
每延米载重(t/m)		5.1	5.1	5.1	5.1
车钩中心线距轨面高度(空车)(mm)		880±10	880±10	880±10	880±10
通过最小曲线半径(m)		145	145	145	145
商业运行速度(km/h)		120	120	120	120
重量参数	载重(t)	60	58	58	60
	自重(t)	24(23.4)	25.4(25.5)(25.6)	25.5(25.8)	23.8
	自重系数	0.4	0.44	0.44	0.4
容积参数	容积(m^3)	120	116	135	135
	比容(t/m^3)	2	2	2.3	2.25
车辆尺寸	车辆长度(mm)	16 438	16 438	16 438(16 430)	16 430
	最大宽度(mm)	3 312	3 336(3 312)	3 320	3 340
	最大高度(空车)(mm)	4 220	4 160	4 445	4 442
	车辆定距(mm)	11 700	11 700	11 700	11 700

续上表

车型代号		P_{62} 系列	P_{64} 系列	P_{64A} 系列	P_{64G} 系列
车体尺寸	内长(mm)	15 490	15 466	15 472	15 500
	内宽(mm)	2 820	2 796	2 800	2 804
	地板面距轨面高(空车)(mm)	1 141	1 143	1 130	1 136
	内高(mm)	2 760	2 705	2 855	2 855
门孔尺寸(高 mm×宽 mm)		2 591×2 964	2 537×2 964	2 537×2 964	2 539×2 964
钩缓装置	缓冲器型号	2 号或 ST 型	2 号或 ST 型	ST 型	ST 型
	车钩型号	13 型上作用 或 13A 型	13 型上作用	13 型上作用	13 型小间隙
	钩尾框	13 型(C 级钢) 或 13A 型	13 型(C 级钢)	13 型(C 级钢)	13A 型
转向架		转 8B、转 8AB 或转 K2 型	转 8B、转 8AB 或转 K2 型	转 8B、转 8AB 或转 K2 型	转 K2 型
制动装置 主要配置	制动阀	GK 或 120 型	103、103F 或 120 型	120 型	120 型
	制动缸	356 mm×254 mm 旋压密封式	356 mm×254 mm 旋压密封式	356 mm×254 mm 旋压密封式	356 mm×254 mm 或 254 mm×254 mm 旋压密封式
	闸调器	ST2-250 型	ST2-250 型	ST2-250 型	ST2-250 型
	脱轨自动制动阀	无	无	无	无
	空重车阀	手动或 KZW-A 型 KZW-A 型	手动或 KZW-A 型	手动或 KZW-A 型	KZW-A 型
	手制动机	链式	链式	链式或脚踏式	NSW 型或脚踏式

车型代号		P_{65}	$P_{70(H)}$	P_{80}
项　目		参数及说明		
用　途		装载各种免受日照、雨雪侵袭的贵重货物，各种箱装、袋装货物及散装粮谷		
轨距(mm)		1 435	1 435	1 435
轴重(t)		21	23	27
每延米载重(t/m)		7.62	6.73	6.25
车钩中心线距轨面高度(空车)(mm)		880±10	880±10	880±10
通过最小曲线半径(m)		145	145	145
商业运行速度(km/h)		120	120	120
重量参数	载重(t)	40	70	66
	自重(t)	25.9	25.2	28
	自重系数	0.65	0.36	0.42
容积参数	容积(m^3)	135	145	168
	比容(t/m^3)	3.38	2.07	2.55

续上表

车型代号			P_{65}	$P_{70(H)}$	P_{80}
车辆尺寸	车辆长度(mm)		16 438	17 066	18 566
	最大宽度(mm)		3 320	3 300	3 300
	最大高度(空车)(mm)		4 675	4 770	4 770
	车辆定距(mm)		11 700	12 100	13 600
车体尺寸	内长(mm)		15 500	16 087	17 588
	内宽(mm)		2 790	2 793	2 860
	地板面距轨面高(空车)(mm)		1 130	1 136	1 134
	内高(mm)		2 855(上侧梁)、3 248(车顶)	2 855(上侧梁)、3 395(车顶)	2 767(上侧梁)、3 350(车顶)
门孔尺寸(高 mm×宽 mm)			2 537×2 964	2 539×3 012	2 592×3 000
钩缓装置	缓冲器型号		MT-2 或 HM-1 型	MT-2 型	MT-2、HM-1 或 HN-1 型
	车钩型号		13 型上作用	17 型(加厚型钩舌)	17 型(加厚型钩舌)
	钩尾框		13 型	17 型锻造	17 型锻造
转向架			转 K2 型	转 K6 或转 K5 型	DZ1 型
制动装置	主要配置	制动阀	120 型	120 型	120 型
		制动缸	354 mm×254 mm 旋压密封式	254 mm×254 mm 或 305 mm×254 mm	305 mm×254 mm 旋压密封式
		闸调器	ST2-250 型	ST2-250 型	ST2-250 型
		脱轨自动制动阀	无	TZD 型	TZD 型
		空重车阀	KZW-A 型	KZW-A 型	KZW-A 型
		手制动机	NSW、FSW 型或脚踏式	NSW 或 NSW-Ⅰ型	NSW-Ⅰ型

6.2 专用棚车

6.2.1 发展历程

我国主型棚车均为通用棚车，装卸方式单一，专用性差，为此我国研制了 P_{66} 系列活动侧墙棚车、P_{70A} 型活动侧墙棚车、P_{70B} 型滑动顶专用棚车、TP 型活顶棚车及 TP_{11} 型吊盖式活顶棚车。

2004 年，开发了 P_{66} 系列活动侧墙棚车，其中装运转 K2 型转向架的活动侧墙棚车定型为 P_{66K} 型、装运转 K4 转向架的活动侧墙棚车定型为 P_{66H} 型。

P_{70A} 型活动侧墙棚车是在 P_{66} 系列活动侧墙棚车基础上研制的新型棚车。该车于 2007 年 3 月完成了试制；5 月完成了车体静强度试验、车辆动力学试验和冲击试验；7 月通过了铁道部样车技术审查。

2007 年 3 月，为满足运输长大贵重货物需要完成了新型专用棚车的方案设计，2009 年 4 月完成样机试制和试验，同年 5 月样机通过铁道部科技司、运输局装备部组织的技术审查，定型为 P_{70B} 型棚车。

2000 年 4 月，为满足长大型货物吊装吊卸的需求，完成了 TP 型活顶棚车的总体方案设计，同年 5 月初技术评审。6 月，根据评审意见进行了该车的技术设计，于 7 月完成了该车公司级评审和工作图设计，2004 年 9 月投入运用考验时定型为 PT 型棚车，后更改为 TP 型棚车。

2006 年 5 月，完成了 TP_{11} 型吊盖式活顶棚车工作图的设计，完善了技术条件，并于 2006 年 7 月完成了样车的试制。2006 年 7～8 月完成了车体静强度试验、冲击试验和动力学试验。2006 年 8 月 14 日，吊盖式活顶棚车通过了样车技术审查，定型为 TP_{11} 型棚车。

2005 年，B_6、B_{6N}、B_{6A}、B_{15K} 型冰冷车逐步退出冷藏运输市场。为了盘活这部分闲置资产，在这几种车型的冰冷车钢结构基础上，拆除原车冰箱装置、冰箱盖装置、通风装置、离水格子、地板安装、车门、内墙板、车顶木结构、隔热料、风制动装置和车钩缓冲装置等，同时进行 120 km/h 提速改造，加宽了车门、改用对开式拉门，车内侧墙、端墙板改为玻璃钢复合板，车内顶板改为玻璃钢板。改造后的车辆定型为 PB 型代用棚车。

6.2.2　主要结构特点

1. P_{66} 系列活动侧墙棚车

P_{66K}、P_{66H} 型活动侧墙棚车主要由车体、转向架、车钩缓冲装置和制动装置等组成。其中车体为全钢焊接底架承载结构，主要承载结构采用 09CuPCrNi-A 高耐候钢。车体主要由底架、端墙、隔墙、车顶、车门等部件组成。由推拉式车门和塞拉式车门组成的活动侧墙，车门开度达半节车厢，装卸方便，扩大了棚车适装货物的范围。采用转 K2 或转 K4 型转向架；采用 13A 型上作用式车钩及配套钩尾框，采用 MT-3 型缓冲器；采用 120 制动系统和 NSW 型手制动机。P_{66K}(P_{66H})型活动侧墙棚车车辆外形如图 6-9 所示。

图 6-9　P_{66K}(P_{66H})型活动侧墙棚车

2. P_{70A} 型活动侧墙棚车

P_{70A} 型活动侧墙棚车的每侧侧墙均由可开启的两扇塞拉门和两扇推拉门组成，采用全侧开门结构，最大开门宽度可达半辆车的长度，可装运普通棚车无法运输的较长大货物，通过开门位置的多种组合，实现任意一处完全无侧墙遮挡装卸，可提高货物装卸速率。由于该车车门开度大，可供叉车直进直出甚至不用进入车体，最大程度的改善了叉车机械化装卸作业条件，提高装卸作业效率，可缩短车辆占线时间，提高车辆周转率。P_{70A} 型活动侧墙棚车车辆外形如图 6-10 所示。

图 6-10　P_{70A} 型活动侧墙棚车

3. P_{70B} 型滑动顶专用棚车

P_{70B} 型滑动顶专用棚车，主要装运免受日晒、雨雪侵袭的各种包装、箱装及散件货物，车顶由上、下车顶和车顶锁闭机构组成。上、下车顶可沿侧墙上的车顶导轨滑动，适应于装运从车顶垂直装卸的货物。P_{70B} 型滑动顶专用棚车车辆外形如图 6-11 所示。

图 6-11　P_{70B} 型滑动顶专用棚车

4. TP 型活顶棚车

TP 型活顶棚车适用于在标准轨距线路上运行，能够满足产品一次垂直吊装到位、产品运输防静电和运输过程中不产生火花的要求，同时，该车还可作为通用棚车使用，承运各种免受雨雪侵袭的箱装和袋装货物。TP 型活顶棚车车辆外形如图 6-12 所示，车辆二维图如图 6-13 所示。

图 6-12　TP 型活顶棚车

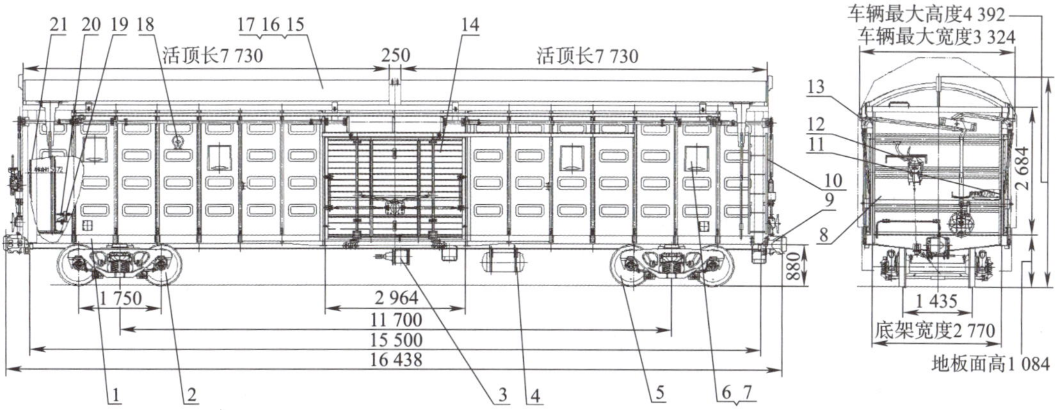

图 6-13　TP 型活顶棚车

1—底架组成；2—转 K2 型转向架；3—风制动装置；4—底架附属件；5—转 K2 型转向架；6—侧墙组装；7—内窗组成；8—1 位端墙组成；9—车钩缓冲装置；10—2 位端墙组成；11—侧墙木结构；12—脚制动装置；13—车顶开闭装置；14—车门组装；15—车顶钢结构；16—活动车顶木结构；17—固定车顶木结构；18—标记；19—底架木结构；20—货物托架组装；21—端墙木结构

5. TP_{11} 型吊盖式活顶棚车

TP_{11} 型吊盖式活顶棚车，车顶可吊起，货物可从车顶垂直装卸。适应装运各种轻浮货物和免受日晒、雨雪侵袭的贵重物品等。TP_{11} 型吊盖式活顶棚车车辆外形如图 6-14 所示。

6. PB 型代用棚车

PB 型代用棚车是用于装运各种免受日晒、风吹、雨雪侵袭的箱装、袋装货物及打包零担货物和轻浮货物的专用棚车，适应在 1 435 mm 轨距线路上运行。底架中梁为 310

图 6-14　TP_{11} 型吊盖式活顶棚车

乙字型钢，材质 09V，车体外墙板及车顶外顶板采用 09CuPTiRE 耐候钢材料，内侧板、端墙板、车顶内顶板采用玻璃钢复合板。装用转 K2 型转向架、120 阀空气制动系统、新型组合式制动梁、ST2-250 型闸调器、KZW-A 型空重车自动调整装置、摇臂链式手制动机、13A 型车钩及配套钩尾框、MT-3 型缓冲器。PB 型代用棚车车辆外形如图 6-15 所示。

图 6-15　PB 型代用棚车

6.2.3　技术参数及配置

表 6-2　专用棚车技术参数及配置

车型代号	P_{66} 系列活动侧墙棚车	P_{70A} 型活动侧墙棚车	P_{70B} 型滑动顶专用棚车	TP	TP_{11}	PB 代用车
项　　目	参数及说明					
用　　途	通用棚车货物及特殊货物					
轨距(mm)	1 435	1 435	1 435	1 435	1 435	1 435

续上表

车型代号			P_{66}系列活动侧墙棚车	P_{70A}型活动侧墙棚车	P_{70B}型滑动顶专用棚车	TP	TP_{11}	PB代用车
轴重(t)			21	23	23	21	14	21
每延米载重(t/m)			5.1	5.7	2.47	5.1	3.4	4.06
车钩中心线距轨面高度(空车)(mm)			880±10	880±10	880±10	880±10	880±10	880±10
通过最小曲线半径(m)			145	145	145	145	145	145
商业运行速度(km/h)			120	120	120	100	120	120
重量参数		载重(t)	60	70	20	55	30	45
		自重(t)	≤24	23.8	33.4	28.8	26.1	28
		自重系数	0.4	0.34	1.67	0.52	0.87	0.63
容积参数		容积(m^3)	135	140	154	112	124	141.2
		比容(t/m^3)	2.25	2	7.7	2.04	4.1	3.1
车辆尺寸		车辆长度(mm)	16 430	16 466	21 666	16 438	16 430	17 930
		最大宽度(mm)	3 170	3 170	3 290	3 324	3 206	3 356
		最大高度(空车)(mm)	4 585	4 726	4 506	4 392	4 584	4 664
		车辆定距(mm)	11 700	11 700	16 800	11 700	11 700	12 000
车体尺寸		内长(mm)	15 476	15 494	20 594	15 472	15 476	16 770
		内宽(mm)	2 800	2 800	2 536	2 750	2 754	2 854
		地板面距轨面高(空车)(mm)	1 124	1 126	1 137	1 136	1 136	1 134
		内高(mm)	2 852	2 852	2 410	2 635	2 700	2 900
门孔尺寸(高 mm×宽 mm)			2 546×7 670	2 535×7 670	1 967×3 202	1 975×2 964	2 610×2 964	2 390×3 000
钩缓装置		缓冲器型号	MT-3型	MT-2或HM-1型	MT-3型	MT-2或HM-1型	MT-2或HM-1型	MT-3型
		车钩型号	13A型	17型	17型	13型上作用	13A型上作用	13A型
		钩尾框	13型	17型	17型	13型	13A型	无
转向架			转K2或转K4型	转K6型	转K6型	转K2型	转K2型	转K2型
制动装置	主要配置	制动阀	120型	120型	120型	120型	120型	120型
		制动缸	254 mm×254 mm旋压密封式	305 mm×254 mm旋压密封式	305 mm×254 mm旋压密封式	254 mm×254 mm旋压密封式	254 mm×254 mm旋压密封式	356 mm×254 mm旋压密封式
		闸调器	ST2-250型	ST2-250型	ST2-250型	ST2-250型	ST2-250型	ST2-250型
		脱轨自动制动阀	无	TZD型	TZD型	无	TZD型	无
		空重车阀	TWG-1型	KZW-A型	KZW-A型	KZW-4G型	KZW-A型	KZW-A型
		手制动机	NSW型	NSW型	NSW型	脚踏式	NSW型	链式

6.3 毒品车

6.3.1 发展历程

1980年以前，我国毒品货物的运输没有专用的车辆，主要靠铁路通用棚车和敞车，在运输过程中由于包装或装运不当，经常发生毒品漏撒的现象，从而引起车体的污染，虽然车辆用后要经过冲洗，但往往不易洗刷干净。当车辆再次投入使用时，则会引起其他货物的污染，从而形成交叉污染。

为解决毒品运输交叉污染这一问题，于1980年11月开始用2 000辆旧型棚车（主要是P_1、P_2型）作为运送毒品的专用车辆，即当时使用的PD_3、PD_4型毒品专用车。但这种毒品车存在污染、装卸、装载加固、清洗排水等问题。

1982年，随着国民经济的发展，化工产品、农药及其他毒品的需求量日益增加，结合PD_3、PD_4型毒品车存在的问题开始研制毒品运输专用车，1982年完成了两辆样车的试制工作。1984年，PD_5型毒品车正式批量投产，共计生产约1 802辆，后期车型变更为W_5型毒品车。

经过多年运用，W_5型毒品车也陆续反映出载重低、车体耐腐蚀性差、车门防盗性能差等问题。2001年，根椐用户要求，研制开发了载重60 t的新型毒品车，车型定为W_6，实现了毒品车载重由50 t级向60 t级的升级换代。该车共生产500辆。

W_5型毒品车加装押运间后，载重确定为50 t，装货容积为108 m^3，车型定为W_{5S}；W_6型毒品车加装押运间后，其载重由60 t降为55 t，车型定为W_{6S}。

6.3.2 主要结构特点

毒品车主要由车体、转向架、制动装置和车钩缓冲装置等组成，车体为全钢焊接结构。

1. W_5系列毒品车

W_5系列毒品车车体由底架、端墙、侧墙、车顶、遮阳板、车门、车窗、围板等部分组成。车体易腐部分均采用耐候钢，车体内部所有焊缝均为满焊封闭。制动装置采用103型控制阀，采用链式手制动机；采用13型上作用式车钩及钩尾框、2号缓冲器；采用转8A、转K2型等转向架。W_5系列毒品车车辆外形如图6-16所示。

2. W_{5S}系列毒品车

W_{5S}系列毒品车在原W_5型毒品车的基础上进行改装，因此除车体部分外，其余结构均与W_5型毒品车相同。改装时在车体内设间壁墙，将车体分成装货间和押运间两部分，押运间设在车体的二位端，押运间两侧设有车门。车体易腐部分均采用耐候钢，车体内部所有焊缝均为满焊封闭。制动装置采用103型控制阀，采用链式手制动机；采用13型上作用式车钩及钩尾框、2号或缓冲器；采用转8A转K2型等转向架。W_{5S}系列毒品车车辆外形如图6-17所示。

图 6-16　W_5 系列毒品车

图 6-17　W_5S 系列毒品车

3. W_6 型毒品车

W_6 型毒品车车体由底架、端墙、侧墙、车顶、遮阳板、车门、车窗、围板等部分组成。车体易腐部分均采用耐候钢，采用 P_{64} 型棚车车门结构和新型车门门锁；为了减轻车体自重，遮阳板厚度为 1 mm，并采用了拉铆结构；车体内部所有焊缝均为满焊封闭。制动装置采用 120 型控制阀，采用脚踏式手制动机；采用 13 型小间隙车钩及钩尾框、MT-3 型缓冲器；采用转 K2 型等转向架。W_6 型毒品车车辆外形如图 6-18 所示。

4. W_6S 型毒品车

W_6S 型毒品车车体由底架、围板、侧墙、间壁墙、端墙、车顶、遮阳板、装货间车门、押运间车门、车内设备等组成。车体易腐部分均采用耐候钢，车体内部所有焊缝均为满焊封闭。制动装置采用 120 型控制阀，采用链式手制动机；采用 13 型小间隙车钩及钩尾框、MT-3 型缓冲器；采用转 K2 型等转向架。W_6S 型毒品车车辆外形如图 6-19 所示，车辆二维图如图 6-20 所示。

图 6-18　W6 型毒品车

图 6-19　W6S 型毒品车

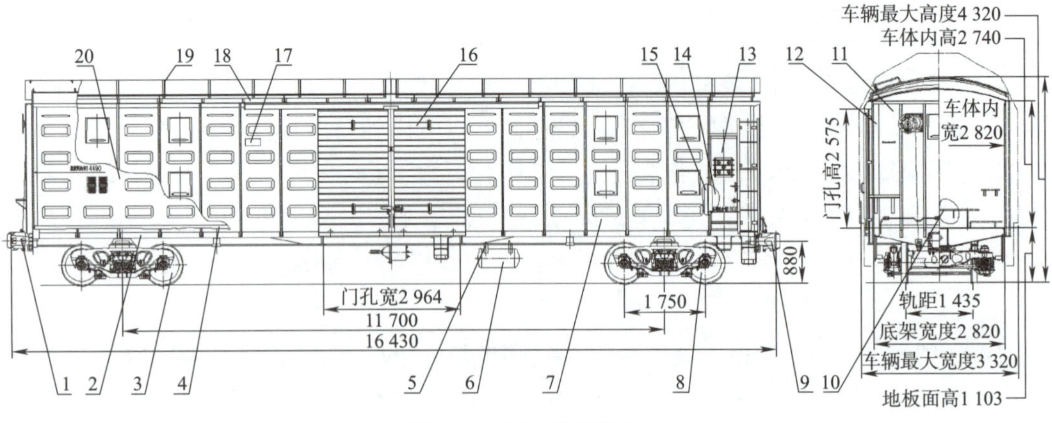

图 6-20　W6S 型毒品车

1—车钩缓冲装置；2—底架组成；3—转 K2 型转向架；4—围板组装；5—底架附属件；6—风制动装置；7—2 位侧墙组成；8—转 K2 型转向架；9—车钩缓冲装置；10—车内设备；11—2 位端墙组成；12—手制动装置；13—2 位押运间车门组成；14—1 位押运间车门组成；15—间壁墙组成；16—车门组装；17—标记；18—车顶组成；19—遮阳板组装；20—1 位侧墙组成

6.3.3　技术参数及配置

表 6-3　毒品车技术参数及配置

车型代号			W_5 系列	W_{5S} 系列	W_6	W_{6S}
项　目			参数及说明			
用　途			化工产品、农药及其他毒品			
轨距(mm)			1 435	1 435	1 435	1 435
轴重(t)			21	21	21	21
每延米载重(t/m)			4.6	4.6	5.1	5.1
车钩中心线距轨面高度(空车)(mm)			880±10	880±10	880±10	880±10
通过最小曲线半径(m)			145	145	145	145
商业运行速度(km/h)			120	120	100	120
重量参数	载重(t)		50	50	60	55
	自重(t)		26.6	26.4	23.8	24.9
	自重系数		0.53	0.53	0.4	0.4
容积参数	容积(m^3)		116	109	120	120
	比容(t/m^3)		2.32	2.18	2	2.18
车辆尺寸	车辆长度(mm)		16 438	16 438	16 430	16 430
	最大宽度(mm)		3 312	3 312	3 320	3 308
	最大高度(空车)(mm)		4 400	4 400	4 320	4 291
	车辆定距(mm)		11 700	11 700	11 700	11 700
车体尺寸	内长(mm)		15 490	15 490	15 494	15 494
	内宽(mm)		2 820	2 820	2 820	2 820
	地板面距轨面高(空车)(mm)		1 141	1 141	1 103	1 103
	内高(mm)		2 670	2 670	2 740	2 740
门孔尺寸(高 mm×宽 mm)			2 537×2 964	2 537×2 964	2 575×2 964	2 575×2 964
钩缓装置	缓冲器型号		2 号	2 号	MT-3 型	MT-3 型
	车钩型号		13 型上作用	13 型上作用	13A 型	13A 型
	钩尾框		13 型	13 型	13A 型	13A 型
转向架			转 8A 或转 K2 型	转 8A 或转 K2 型	转 K2 型	转 K2 型
制动装置	主要配置	制动阀	103 型	103 型	120 型	120 型
		制动缸	356 mm×254 mm 旋压密封式	305 mm×254 mm 旋压密封式	356 mm×254 mm 旋压密封式	356 mm×254 mm 旋压密封式
		闸调器	ST1-600 型	ST1-600 型	ST2-250 型	ST2-250 型
		脱轨自动制动阀	无	无	无	无
		空重车阀	KZW-A 型	KZW-A 型	KZW-A 型	KZW-A 型
		手制动机	链式	链式	脚踏式	链式

7 平　　车

平车是一种无固定端、侧墙的以底架进行承载的车辆，主要用于运送钢材、木材、砂石、汽车、拖拉机、军用车辆、其他机械设备及集装箱等货物，也可装运桥梁等特殊长大货物和需跨装运输的一般超长货物。装有活动侧墙板的平车也可用来装运矿石、沙土、石砟等散粒货物。平车是我国通用货车车种之一，约占货车总数的9%左右。

平车按功能不同可分为三类：(1)设有木地板结构的通用平车，可用于运输机械设备、钢材、轮式装备等货物，其中设有集装箱锁闭装置的共用平车还可运输集装箱；(2)在底架上设有集装箱锁闭装置的集装箱专用平车，一般无地板结构，专门用于运输集装箱；(3)满足一些特殊货物运输要求的专用运输平车。

7.1 通用平车

7.1.1 发展历程

目前，我国平车主要为载重60 t级的N_{17}系列通用平车、NX_{17}系列共用平车，载重70 t级的$NX_{70(H)}$、NX_{70A}型共用平车，载重80 t级的NX_{80}型共用平车。

N_{17}系列通用平车是从20世纪70年代开始研制，1971年研制的N_{17}型平车设有活动侧门，可以运输散粒货物，1988年对N_{17}型车156b工字钢中、侧梁进行加强等改进，定型为N_{17G}。1992年，随着我国的敞车和棚车数量增加，散粒货物大多采用敞车或装袋后采用棚车运输，因此取消了N_{17}型平车侧门，改型为N_{17A}型平车，仅保留了端门，后期根据换装不同的转向架，衍生出N_{17T}、N_{17K}、N_{17GT}、N_{17GK}、N_{17AT}、N_{17AK}等车型。

为拓展运输功能，在平车底架上增设了集装箱锁闭装置，我国研制了NX_{17}系列共用平车，包括NX_{17A}系列和NX_{17B}系列，这些车型除满足一般平车的运输需要外，还可以运输国际标准20英尺、40英尺等规格的集装箱运输。1998年研制了NX_{17A}，2001年取消了NX_{17A}网纹铁地板、加宽木地板等改进，改型为NX_{17}。为增加两用平车的载重和装箱范围，1999年开发出底架长度为15.4 m的NX_{17B}型共用平车。2001年开始，为适应我国铁路货车提速的发展要求，在NX_{17}系列平车基础上研制了采用转8G、转8AB型转向架的NX_{17AT}、NX_{17T}、NX_{17BT}车型，采用转K2型转向架的NX_{17AK}、NX_{17K}、NX_{17BK}车型，和采用转K4型转向架的NX_{17BH}车型。

为加快铁路装备升级换代，满足我国铁路货物运输发展需求，2005 年，我国研制了 70 t 级的 $NX_{70(H)}$ 型共用平车，该车载重 70 t，底架长 15.4 m，主要板材采用 Q450NQR1 高强度耐候钢制造，底架上设置了集装箱锁闭装置，配装转 K6 型转向架定型为 NX_{70}，配装转 K5 型转向架定型为 NX_{70H}。

2009 年，为进一步提高平车集载能力，满足 100 m、500 m 长钢轨运输需求，我国研制了 NX_{70A} 型共用平车和 N_{70} 型通用平车，这两种车型载重 70 t，底架长 13 m，其中 NX_{70A} 是我国保有量最大的平车，近几年仍有大批量新造投入运用，目前保有量约 3.8 万辆，N_{70} 型通用平车底架结构与 NX_{70A} 一致，取消了集装箱锁闭装置。

为进一步提高我国既有线货物运输能力，满足重载运输需求，在 70 t 级平车基础上，我国研制了 NX_{80} 型共用平车，该车轴重 27 t、载重 80 t，转向架采用低动力作用的 DZ1 型转向架，最高运行速度 100 km/h，目前已完成样车生产。

7.1.2　主要结构特点

1. 21 t 轴重 N17 系列通用平车

N17 系列通用平车由底架、地板、空气制动装置、手制动装置、车钩缓冲装置、转向架等组成。底架由板材及型钢组成的全钢焊接结构，中梁、侧梁使用了不同规格的型钢(I56Q、H512、I56a、I56b)，侧梁上设有柱插及绳栓，两端梁处设有活动钢质端门；底架上铺有 70 mm 厚松木或复合地板；制动装置采用 GK 型或 120 阀，采用折叠链式或 NSW 型手制动机；采用 13 型下作用式车钩及钩尾框、2 号或 ST 型等缓冲器；采用转 8A、转 8AB、转 K2 等型转向架。N_{17AK} 通用平车车辆外形如图 7-1 所示。

图 7-1　N_{17AK} 通用平车

2. 21 t 轴重 NX_{17} 系列共用平车

NX_{17} 系列共用平车主要由底架、地板、集装箱锁闭装置、制动装置、车钩缓冲装置、转向架等组成。底架主要板材采用 Q235A、09CuPCrNi-A 等材质，中、侧梁采用 I56a、I56b、H512 等型钢，侧梁上设有柱插及绳栓，两端梁处设有活动钢质端门；底架上铺有 70 mm 厚松木或复合地板；采用原位翻转式集装箱锁头；采用 13 型车钩及配套钩尾框、2 号、ST 型或 MT-3 型等缓冲器；采用 120 制动系统和折叠链式或 NSW 型手制动机；采用转 8A、转 8AB、转 K2、转 K4 等型转向架。NX_{17BK} 共用平车车辆外形如

图 7-2 所示。

图 7-2　NX_{17BK} 共用平车

3. 23 t 轴重 $NX_{70(H)}$型共用平车

主要由底架、地板、集装箱锁闭装置、制动装置、车钩缓冲装置、转向架等组成。底架主要板材采用 Q450NQR1 高强度耐候钢，中、侧梁分别采用 H630、H600 耐候 H 型钢，侧梁上设有柱插及绳栓，两端梁处设有活动钢质端门；地板采用 70 mm 厚松木地板或复合材料地板；采用原位翻转式或 F-TR 集装箱锁头；采用 17 型车钩及配套钩尾框、MT-2 型缓冲器；采用 120 制动系统和 NSW 型手制动机；采用转 K6 或转 K5 型转向架。NX_{70} 型共用平车车辆外形如图 7-3 所示。

图 7-3　NX_{70} 型共用平车

4. 23 t 轴重 NX_{70A} 型共用平车

主要由底架、地板、集装箱锁闭装置、制动装置、车钩缓冲装置、转向架等组成。底架主要板材采用 Q450NQR1 高强度耐候钢，中梁采用腹板厚度 15 mm、材质为 Q420NQR1 的 H630 型钢，侧梁采用 H600 耐候 H 型钢，侧梁上设有柱插及绳栓，两端梁处设有活动钢质端门；地板采用 70 mm 厚松木地板或复合材料地板；采用 F-TR 集装箱锁头；采用 17 型车钩及配套钩尾框、MT-2 型缓冲器；采用 120 制动系统和 NSW 型手制动机；采用转 K6 型转向架。NX_{70A} 型共用平车车辆外形如图 7-4 所示，车辆二维图如图 7-5 所示。

5. 27 t 轴重 NX_{80} 型共用平车

主要由底架、地板、集装箱锁闭装置、制动装置、车钩缓冲装置、转向架等组成。底架主要板材采用 Q450NQR1 高强度耐候钢，中、侧梁均采用 H630 型钢或采用 H700 型钢中梁配套槽形侧梁，侧梁上设有柱插及绳栓，两端梁处设有活动钢质端门；地板采用

图 7-4　NX70A 型共用平车

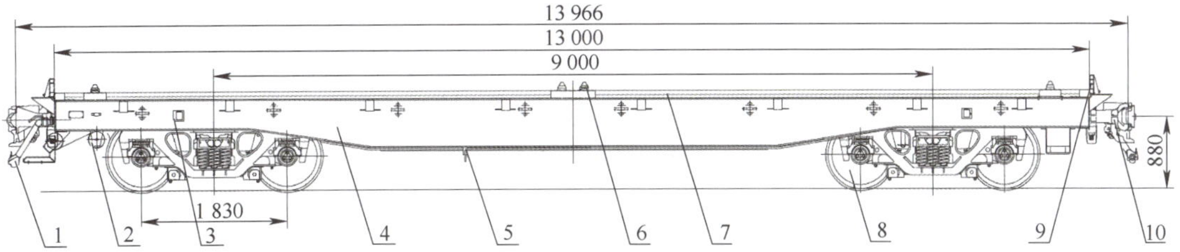

图 7-5　NX70A 型共用平车

1—空气制动装置；2—手制动装置；3—标记；4—底架组成；5—底架附属件；6—集装箱锁闭装置；
7—地板组成；8—转 K6 型转向架；9—端门组成；10—车钩缓冲装置

70 mm 厚松木地板或钢木地板；采用 F-TR 集装箱锁头；采用 17 型车钩及配套钩尾框、MT-2 或 HM-1 型缓冲器；采用 120 制动系统和 NSW 型手制动机；采用 DZ1 型转向架。NX_{80} 型共用平车车辆外形如图 7-6 所示。

图 7-6　NX80 型共用平车

7.1.3　技术参数及配置

通用平车技术参数及配置见表 7-1。

表 7-1　通用平车技术参数及配置

车型代号	N_{17}	N_{17T}	N_{17K}
项　　目	参数及说明		
用　　途	通用平车		

续上表

车型代号		N17	N17T	N17K
轨距(mm)		1 435	1 435	1 435
轴重(t)		21	21	21
每延米重(t/m)		≤5.78	≤5.79	≤5.8
车钩中心线距轨面高度(空车)(mm)		880±10	880±10	880±10
通过最小曲线半径(m)		145	145	145
商业运行速度(km/h)		100	120	120
重量参数	载重(t)	60	60	60
	集重(t/m)	25/1,30/2, 40/3,45/4,50/5	25/1,30/2, 40/3,45/4,50/5	25/1,30/2, 40/3,45/4,50/5
	自重(t)	I56Q:19.1 t H512:20.3 t I56a:19.8 t I56b:20.2 t	I56Q:19.5 t H512:20.7 t I56a:20.2 t I56b:20.6 t	I56Q:19.7 t H512:20.8 t I56a:20.2 t I56b:20.6 t
	自重系数	I56Q:0.32 H512:0.34 I56a:0.33 I56b:0.34	I56Q:0.33 H512:0.35 I56a:0.34 I56b:0.34	I56Q:0.33 H512:0.35 I56a:0.34 I56b:0.34
车辆尺寸	车辆长度(mm)	13 938	13 938	13 938
	最大宽度(mm)	3 176	3 176	3 176
	车辆定距(mm)	9 000	9 000	9 000
车体尺寸	底架长度(mm)	13 000	13 000	13 000
	底架宽度(mm)	2 980	2 980	2 980
	地板面距轨面高(空车)(mm)	1 209	1 209	1 211
	集装箱装载面距轨面高(空车)(mm)	无	无	无
钩缓装置	缓冲器型号	2 号或 MX-1 型	MX-1 型	MX-1 型
	车钩型号	13 型下作用	13 型下作用	13 型下作用
	钩尾框	13 型(C 级钢)	13 型(C 级钢)	13 型(C 级钢)
转向架		转 8A 型	转 8AB 型	转 K2 型
制动装置 主要配置	制动阀	GK 型	GK 型	120 型
	制动缸	356 mm×254 mm	356 mm×254 mm	356 mm×254 mm
	闸调器	ST2-250 型	ST2-250 型	ST2-250 型
	脱轨自动制动阀	无	无	无
	空重车阀	手动	自动	自动
	手制动机	链式	链式	链式
车型代号		N17A	N17AT	N17AK
项　目		参数及说明		
用　途		通用平车		

续上表

车型代号			N17A	N17AT	N17AK
轨距(mm)			1 435	1 435	1 435
轴重(t)			21	21	21
每延米重(t/m)			≤5.73	≤5.8	≤5.8
车钩中心线距轨面高度(空车)(mm)			880±10	880±10	880±10
通过最小曲线半径(m)			145	145	145
商业运行速度(km/h)			100	120	120
重量参数	载重(t)		60	60	60
	集重(t/m)		25/1,30/2, 40/3,45/4,50/5	25/1,30/2, 40/3,45/4,50/5	25/1,30/2, 40/3,45/4,50/5
	自重(t)		I56Q:18.8 H512:19.8 I56a:19.4 I56b:19.7	I56Q:19.7 H512:20.8 I56a:20.2 I56b:20.6	I56Q:19.7 H512:20.8 I56a:20.2 I56b:20.6
	自重系数		I56Q:0.31 H512:0.33 I56a:0.32 I56b:0.33	I56Q:0.33 H512:0.35 I56a:0.34 I56b:0.34	I56Q:0.33 H512:0.35 I56a:0.34 I56b:0.34
车辆尺寸	车辆长度(mm)		13 938	13 938	13 938
	最大宽度(mm)		3 180	3 180	3 180
	车辆定距(mm)		9 000	9 000	9 000
车体尺寸	底架长度(mm)		13 000	13 000	13 000
	底架宽度(mm)		2 980	2 980	2 980
	地板面距轨面高(空车)(mm)		1 211	1 211	1 211
	集装箱装载面距轨面高(空车)(mm)		无	无	无
钩缓装置	缓冲器型号		MX-1 型	MX-1 型	MX-1 型
	车钩型号		13 型下作用	13 型下作用	13 型下作用
	钩尾框		13 型(C 级钢)	13 型(C 级钢)	13 型(C 级钢)
转向架			转 8A 型	转 8AB 型	转 K2 型
制动装置	主要配置	制动阀	GK 型	GK 型	120 型
		制动缸	356 mm×254 mm	356 mm×254 mm	356 mm×254 mm
		闸调器	ST2-250 型	ST2-250 型	ST2-250 型
		脱轨自动制动阀	无	无	无
		空重车阀	手动	自动	自动
		手制动机	链式	链式	链式

车型代号	N17G	N17GT	N17GK
项　目	参数及说明		
用　途	通用平车		

续上表

车型代号			N17G	N17GT	N17GK
轨距(mm)			1 435	1 435	1 435
轴重(t)			21	21	21
每延米重(t/m)			≤5.8	≤5.8	≤5.8
车钩中心线距轨面高度(空车)(mm)			880±10	880±10	880±10
通过最小曲线半径(m)			145	145	145
商业运行速度(km/h)			100	120	120
重量参数	载重(t)		60	60	60
	集重(t/m)		25/1,30/2, 40/3,45/4,50/5	25/1,30/2, 40/3,45/4,50/5	25/1,30/2, 40/3,45/4,50/5
	自重(t)		I56Q:19.7 H512: 20.8 I56a:20.2 I56b:20.6	I56Q:19.7 H512: 20.8 I56a:20.2 I56b:20.6	I56Q:19.7 H512: 20.8 I56a:20.2 I56b:20.6
	自重系数		I56Q:0.33 H512:0.35 I56a:0.34 I56b:0.34	I56Q:0.33 H512:0.35 I56a:0.34 I56b:0.34	I56Q:0.33 H512:0.35 I56a:0.34 I56b:0.34
车辆尺寸	车辆长度(mm)		13 938	13 938	13 938
	最大宽度(mm)		3 180	3 180	3 180
	车辆定距(mm)		9 000	9 000	9 000
车体尺寸	底架长度(mm)		13 000	13 000	13 000
	底架宽度(mm)		2 980	2 980	2 980
	地板面距轨面高(空车)(mm)		1 211	1 211	1 211
	集装箱装载面距轨面高(空车)(mm)		无	无	无
钩缓装置	缓冲器型号		MX-1 型	MX-1 型	MX-1 型
	车钩型号		13 型下作用	13 型下作用	13 型下作用
	钩尾框		13 型(C 级钢)	13 型(C 级钢)	13 型(C 级钢)
转向架			转 8A 型	转 8AB 型	转 K2 型
制动装置	主要配置	制动阀	GK 型	GK 型	120 型
		制动缸	356 mm×254 mm	356 mm×254 mm	356 mm×254 mm
		闸调器	ST2-250 型	ST2-250 型	ST2-250 型
		脱轨自动制动阀	无	无	无
		空重车阀	手动	自动	自动
		手制动机	链式	链式	链式

车型代号	NX17A	NX17AT	NX17AK	NX17	NX17T	NX17K
项　目	参数及说明					
用　途	共用平车					

续上表

车型代号			NX17A	NX17AT	NX17AK	NX17	NX17T	NX17K
轨距(mm)			1 435	1 435	1 435	1 435	1 435	1 435
轴重(t)			21	21	21	21	21	21
每延米重(t/m)			5.92	5.92	5.92	5.89	5.92	5.91
车钩中心线距轨面高度(空车)(mm)			880±10	880±10	880±10	880±10	880±10	880±10
通过最小曲线半径(m)			145	145	145	145	145	145
商业运行速度(km/h)			100	120	120	100	120	120
重量参数	载重(t)		60	60	60	60	60	60
	集重(t/m)		25/1 30/2 40/3 45/4 50/5	25/1 30/2 40/3 45/4 50/5	25/1 30/2 40/3 45/4 50/5	25/1 30/2 40/3 45/4 50/5	25/1 30/2 40/3 45/4 50/5	25/1 30/2 40/3 45/4 50/5
	自重(t)		22.5	22.5	22.5	22.1	22.5	22.4
	自重系数		0.38	0.38	0.38	0.37	0.38	0.37
装载箱型			1 个 40 ft (30.48 t) 2 个 20 ft (2×24 t)	1 个 40 ft (30.48 t) 2 个 20 ft (2×24 t)	1 个 40 ft (30.48 t) 2 个 20 ft (2×24 t)	1 个 40 ft (30.48 t) 2 个 20 ft (2×24 t)	1 个 40 ft (30.48 t) 2 个 20 ft (2×24 t)	1 个 40 ft (30.48 t) 2 个 20 ft (2×24 t)
车辆尺寸	车辆长度(mm)		13 938	13 938	13 938	13 938	13 938	13 938
	最大宽度(mm)		3 176	3 176	3 176	3 170	3 170	3 170
	车辆定距(mm)		9 000	9 000	9 000	9 000	9 000	9 000
车体尺寸	底架长度(mm)		13 000	13 000	13 000	13 000	13 000	13 000
	底架宽度(mm)		2 980	2 980	2 980	2 980	2 980	2 980
	地板面距轨面高(空车)(mm)		1 211	1 211	1 211	1 211	1 216	1 212
	集装箱装载面距轨面高(空车)(mm)		1 211	1 211	1 211	1 211	1 216	1 212
钩缓装置	缓冲器型号		2 号或 ST 型	ST 型	ST 型	2 号或 ST 型	ST 型	ST 或 MT-3 型
	车钩型号		13 型下 作用	13 型下 作用	13 型下 作用	13 型下 作用	13 型下 作用	13 型下 作用
	钩尾框		13 型 (C 级钢)	13 型 (C 级钢)	13 型 (C 级钢)	13 型 (C 级钢)	13 型 (C 级钢)	13 型 (C 级钢)
转向架			转 8A 型	转 8AB 型	转 K2 型	转 8A 型	转 8AB 型	转 K2 型
制动装置	主要配置	制动阀	120 型	120 型	120 型	120 型	120 型	120 型
		制动缸	356 mm× 254 mm 旋压密封式	356 mm× 254 mm 旋压密封式	356 mm× 254 mm 旋压密封式	356 mm× 254 mm 旋压密封式	356 mm× 254 mm 旋压密封式	254 mm× 254 mm 旋压密封式
		闸调器	ST2-250 型	ST2-250 型	ST2-250 型	ST2-250 型	ST2-250 型	ST2-250 型

续上表

车型代号			NX_{17A}	NX_{17AT}	NX_{17AK}	NX_{17}	NX_{17T}	NX_{17K}
制动装置	主要配置	脱轨自动制动阀	无	无	无	无	无	无
		空重车阀	KZW-4 型	KZW-4G 型	KZW-4G 型	KZW-4 型	KZW-4G AB 型	KZW-A 型
		手制动机	链式	NSW 型	NSW 型	链式	NSW 型	NSW 型

车型代号		NX_{17B}	NX_{17BT}	NX_{17BK}	NX_{17BH}
项　　目		参数及说明			
用　　途		共用平车			
轨距(mm)		1 435	1 435	1 435	1 435
轴重(t)		21	21	21	21
每延米重(t/m)		5.11	5.14	5.14	5.14
车钩中心线距轨面高度(空车)(mm)		880±10	880±10	880±10	880±10
通过最小曲线半径(m)		145	145	145	145
商业运行速度(km/h)		100	120	120	120
重量参数	载重(t)	61	61	61	61
	集重(t/m)	25/1 30/2 40/3 45/4 50/5	25/1 30/2 40/3 45/4 50/5	25/1 30/2 40/3 45/4 50/5	25/1 30/2 40/3 45/4 50/5
	自重(t)	22.5	22.9	22.9	22.8
	自重系数	0.37	0.38	0.38	0.37
装载箱型		1 个 48 ft(30.48 t) 1 个 45 ft(30.48 t) 1 个 40 ft(30.48 t) 2 个 20 ft (2×30.48 t)	1 个 48 ft(30.48 t) 1 个 45 ft(34 t) 1 个 40 ft(34 t) 2 个 20 ft (2×30.48 t)	1 个 48 ft(30.48 t) 1 个 45 ft(34 t) 1 个 40 ft(34 t) 2 个 20 ft (2×30.48 t)	1 个 48 ft (30.48 t) 1 个 45 ft(34 t) 1 个 40 ft (34 t)2 个 20 ft (2×30.48 t)
车辆尺寸	车辆长度(mm)	16 338	16 338	16 338	16 338
	最大宽度(mm)	3 165	3 165	3 165	3 165
	车辆定距(mm)	10 920	10 920	10 920	10 920
车体尺寸	底架长度(mm)	15 400	15 400	15 400	15 400
	底架宽度(mm)	2 960	2 960	2 960	2 960
	地板面距轨面高(空车)(mm)	1 211	1 216	1 214	1 207
	集装箱装载面距轨面高(空车)(mm)	1 211	1 216	1 214	1 207
钩缓装置	缓冲器型号	MT-3 型	MT-3 型	MT-3 型	MT-3 型
	车钩型号	13 型下作用	13 型下作用	13 型下作用	13 型下作用
	钩尾框	13 型(C 级钢)	13 型(C 级钢)	13 型(C 级钢)	13 型(C 级钢)

续上表

车型代号			NX_{17B}	NX_{17BT}	NX_{17BK}	NX_{17BH}
转向架			转 8A 型	转 8AB 型	转 K2 型	转 K4 型
制动装置	主要配置	制动阀	120 型	120 型	120 型	120 型
		制动缸	356 mm×254 mm 旋压密封式	356 mm×254 mm 旋压密封式	356 mm×254 mm 旋压密封式	356 mm×254 mm 旋压密封式
		闸调器	ST2-250 型	ST2-250 型	ST2-250 型	ST2-250 型
		脱轨自动制动阀	无	无	无	无
		空重车阀	KZW-4G 型	KZW-4G 型	KZW-4G AB 型	KZW-4G CD 型
		手制动机	链式	NSW 型	NSW 型	NSW 型

车型代号		$NX_{70(H)}$	NX_{70A}	N_{70}	NX_{80}
项　目		参数及说明			
用　途		共用平车			
轨距(mm)		1 435	1 435	1 435	1 435
轴重(t)		23	23	23	27
每延米重(t/m)		5.73	6.7	6.7	7.66
车钩中心线距轨面高度(空车)(mm)		880±10	880±10	880±10	880±10
通过最小曲线半径(m)		145	145	145	145
商业运行速度(km/h)		120	120	120	100
重量参数	载重(t)	70	70	70	80
	集重(t/m)	30/1 35/2 45/3 50/4 55/5	40/1 50/2 62/3 66/4 70/5	40/1 50/2 62/3 66/4 70/5	45/1 55/2 60/3 65/4 70/5 80/6
	自重(t)	23.8	23.8	23.8	27
	自重系数	0.34	0.34	0.34	0.34
装载箱型		1 个 48 ft(30.48 t) 1 个 45 ft(34 t) 1 个 40 ft(34 t) 2 个 20 ft (2×35 t)	1 个 40 ft(35 t) 2 个 20 ft (2×35 t)	1 个 40 ft(35 t) 2 个 20 ft (2×35 t)	1 个 40 ft(36 t) 2 个 20 ft (2×36 t)
车辆尺寸	车辆长度(mm)	16 366	13 966	13 966	13 966
	最大宽度(mm)	3 157	3 180	3 180	3 190
	车辆定距(mm)	10 920	9 000	9 000	9 000
车体尺寸	底架长度(mm)	15 400	13 000	13 000	13 000
	底架宽度(mm)	2 960	2 980	2 980	2 980
	地板面距轨面高(空车)(mm)	1 216	1 216	1 216	1 224
	集装箱装载面距轨面高(空车)(mm)	1 216	1 216	—	1 226

续上表

车型代号			$NX_{70(H)}$	NX_{70A}	N_{70}	NX_{80}
钩缓装置	缓冲器型号		MT-2 型	MT-2 型	MT-2 型	MT-2 或 HM-1 型
	车钩型号		17 型(加厚型钩舌)	17 型(加厚型钩舌)	17 型(加厚型钩舌)	17 型(加厚型钩舌)
	钩尾框		17 型锻造	17 型锻造	17 型锻造	17 型锻造
转向架			转 K6 或转 K5 型	转 K6 型	转 K6 型	DZ1 型
制动装置	主要配置	制动阀	120 型	120 型	120 型	120 型
		制动缸	305 mm×254 mm 旋压密封式	305 mm×254 mm 旋压密封式	305 mm×254 mm 旋压密封式	305 mm×254 mm 旋压密封式
		闸调器	ST2-250 型	ST2-250 型	ST2-250 型	ST2-250 型
		脱轨自动制动阀	TZD 型	TZD 型	TZD 型	TZD-1 型
		空重车阀	KZW-A 型	KZW-A 型	KZW-A 型	KZW-A 型
		手制动机	NSW 型	NSW 型	NSW 型	NSW 或 NSW-Ⅰ型

7.2 集装箱专用平车

集装箱专用平车是为满足我国铁路集装箱运输要求而设计的一种专用平车，其车体主要包括底架和集装箱锁闭及门挡装置，底架由板材或型材组焊成框架结构或鱼骨刺结构，一般无地板。

我国现有集装箱专用平车主要有载重 60 t 级的 X_{6A}、X_{6B}、X_{6C}、X_{1K}、X_{3K}、X_{6K} 型集装箱专用平车，载重 70 t 级的 X_{70} 型集装箱专用平车、X_{4K} 型集装箱专用平车，此外还有载重 78 t 的 $X_{2K(H)}$ 双层集装箱专用平车。

7.2.1 发展历程

我国早期铁路集装箱主要采用敞车进行运输，为满足铁路集装箱运输市场发展需、提高集装箱运输效率，我国开始研制铁路集装箱运输专用平车，1986 年研制了 X_{6A} 型集装箱专用平车，该车底架长度 13 m，载重 60 t，能够运输 2 个 20 ft 或 1 个 40 ft 集装箱。2001 年为适应我国铁路货车提速发展要求，X_{6A} 型集装箱专用平车进行配装转 8AG 型转向架提速改造，改型为 X_{6AT}。作为我国生产最早的集装箱专用平车，$X_{6A(T)}$ 型车均已达到报废年限，已全部被淘汰。

1993 年，为充分利用轴重并适应 45 ft 长大集装箱装载工况，在 X_{6A} 型集装箱专用平车的基础上，研制了 X_{6B} 型集装箱专用平车。该车底架长度 15.4 m，自重 22.5 t，载重 60 t，能够运输 2 个 20 ft 或 1 个 40 ft(45 ft)集装箱。2001 年 X_{6B} 型车进行配装转 8AG 转向架改造，改型为 X_{6BT}，2005 年进行加装转 K2 转向架改造，改型为 X_{6BK}。

1996 年，为减轻车辆自重、简化生产工艺，在 X_{6B} 型车的基础上，保持 X_{6B} 车功能及性能参数、主要尺寸不变而设计了 X_{6C} 型集装箱专用平车。该车自重为 20 t，较 X_{6B}

减少 2.5 t，X_{6C} 型集装箱专用平车共计生产 100 辆，后期也进行了换装转 8AG 转向架、转 K2 转向架改造，车型分别改型为 X_{6CT}、X_{6CK}。

为配合中国华铁置业公司发展国际集装箱多式联运项目，1995 年初设计了 X_{3TEU} 型集装箱平车，该车可承载 3 个 20 ft 集装箱或一个 40 ft 和一个 20 ft 集装箱，2004 年对该车进行换装转 K2 型转向架改造，改型为 X_{3K}。

1999 年，为适应铁路的提速的需求，我国研制了 X_{1K} 型集装箱专用平车，该车底架长度为 13.8 m，自重 19.8 t 可运输 1 个 45 ft(40 ft)或者 2 个 20 ft 集装箱，最高运行速度可达 120 km/h。2008 年 X_{1K} 型车进行了增载改造，将原车载重由 50 t 提高到了 61 t。2011 年增加 34 t 的 45 ft 集装箱的装载方案。2015～2016 年，为满足冷藏集装箱运输需求，X_{1K} 进行了加装供电线路及加装轴报及信号传输装置的改造工作，并规定 X_{1K} 加装供电线路及信号传输装置后车型前增加配属标记“B”。

2004 年，为优化现有集装箱车辆结构，提高载重、降低自重，我国研制了 X_{6K} 型集装箱专用平车。该车载重 61 t，自重仅 17.6 t，可装载两个 20 ft 集装箱或一个 40 ft 集装箱，为提高集装箱锁固能力，该车首次装用了 F-TR 锁。

2006 年，为最大限度地提高集装箱运箱数量，我国研制了可装载 3 个 20 ft 集装箱的 70 t 级集装箱专用平车，定型为 X_{4K}，该车载重 72 t，能够运输 3×20 ft 集装箱或一个 40 ft 集装箱和一个 20 ft 集装箱。

2008 年，为满足国内现有主型箱型运输且能兼顾到未来集装箱发展需求，研制了 70 t 级的 X_{70} 型集装箱专用平车，该车载重 70 t，可装载两个 20 ft 集装箱或一个 40 ft 集装箱，能够满足 35 t 集装箱的运输。X_{70} 型集装箱专用平车是目前我国铁路主型集装箱专用平车，保有量最大，约有 3.3 万辆。

为提高编组长度内的装箱能力、提高集装箱运输效率，2003 年我国开始研制双层集装箱车研制，并确定配装转 K5 的车型为 X_{2H}，配装转 K6 的车型为 X_{2K}。该车载重 78 t，能够进行双层集装箱装载运输，每车最大可装载 4TEU，大为提高装箱能力。

7.2.2 主要结构特点

1. X_{6A} 型集装箱专用平车

该车由底架、集装箱锁闭及门挡装置、制动装置、车钩缓冲装置及转向架等组成。底架为全钢焊接结构，中梁为两根 I560 或 H512 型钢组成鱼腹箱型结构，侧梁为 I36b 工钢；设有集装箱锁闭及门挡装置；采用 13 型下作用式车钩及钩尾框、2 号或 MX-1 型橡胶缓冲器；采用 GK 型制动系统和旋转卧式手制动机；采用转 8A 型转向架，后提速改造采用转 8AG 型转向架。X_{6A} 型集装箱专用平车车辆外形如图 7-7 所示。

2. X_{6B} 型集装箱专用平车

该车由底架、集装箱锁闭及门挡装置、制动装置、车钩缓冲装置及转向架等组成。底架为板材及型钢拼组的全钢焊接结构，侧梁为两根 I400 工钢、中梁由两根 I360 加上

图 7-7　X6A 型集装箱专用平车

下盖板组成箱形结构；采用固定式和伸缩式旋转集装箱锁头，后进行了 F-TR 式集装箱锁头改造；采用 13 型下作用式车钩及钩尾框、2 号或 MX-1 型橡胶缓冲器；采用 120 型制动系统和旋转卧式手制动机；采用转 8A 型转向架，提速改造后采用转 8AG 型、转 K2 型转向架。X6B 型集装箱专用平车车辆外形如图 7-8 所示。

图 7-8　X6B 型集装箱专用平车

3. X6C 型集装箱专用平车

该车由底架、集装箱锁闭及门挡装置、风制动装置、手制动装置、车钩缓冲装置、转向架等组成。底架为板材及型钢组成的焊接结构，中梁为两根 I560 工钢加 10 mm 厚的上盖板和 12 mm 厚的下盖板组焊成的鱼腹梁，侧梁为单根 I450 工钢的鱼腹梁，型钢采用 Q235-A 材质，板材为 09CuPTiRE 耐候钢材质；采用凸台型集装箱锁头，后进行了 F-TR 式集装箱锁头改造；采用 13 型下作用式车钩及钩尾框、2 号缓冲器；采用 120 型制动系统和旋转卧式手制动机；采用转 8A 型转向架，提速改造后采用转 8AG 型、转 K2 型转向架。X6C 型集装箱专用平车车辆外形如图 7-9 所示。

图 7-9　X6C 型集装箱专用平车

4. X_{1K} 型集装箱专用平车(BX_{1K})

该车由底架、集装箱锁闭及门挡装置、制动装置、车钩缓冲装置及转向架等组成。底架由板材及型钢组焊成框架结构,中梁为 I560 工钢制成鱼腹形并组焊成箱形结构;采用凸台型集装箱锁头,后进行了 F-TR 式集装箱锁头改造;采用 13 型下作用式车钩及钩尾框、MT-3 型缓冲器;采用 120 制动系统和旋转链式或 NSW 型手制动机;采用转 K3 型转向架。X_{1K} 型集装箱专用平车车辆外形如图 7-10 所示。

图 7-10　X_{1K} 型集装箱专用平车

5. X_{3K} 型集装箱专用平车

该车为底架承载结构,主要由底架、锁闭装置、制动装置、车钩缓冲装置及转向架等组成。底架为全钢组焊结构;全车共设 16 个锁闭装置,端部为 4 个固定锁,中部设置 12 个伸缩式旋转锁闭装置,后改造成翻转锁闭装置。采用 13 型下作用式车钩及钩尾框、MT-3 型缓冲器;采用 120 制动系统和折叠链式手制动机;采用转 8A 型转向架,后改造为转 K2 型转向架,车型定为 X_{3K}。X_{3TEU} 型集装箱专用平车车辆外形如图 7-11 所示。

图 7-11　X_{3TEU} 型集装箱专用平车

6. X_{6K} 型集装箱专用平车

该车由底架、集装箱锁闭及门挡装置、制动装置、车钩缓冲装置及转向架等组成。底架为全钢焊接结构,中梁为 H600 型钢加上、下盖板拼焊成鱼腹形的箱型结构,侧梁为 300 冷弯槽钢;采用 F-TR 集装箱锁头;采用 13A 型车钩及加强型钩尾框、MT-3 型缓冲器；采用 120 制动系统和 NSW 型手制动机；采用重新配置弹簧的转 K2 型转向架。X_{6K} 型集装箱专用平车车辆外形如图 7-12 所示。

图 7-12　X_{6K} 型集装箱专用平车

7．X_{4K} 型集装箱专用平车

该车主要由底架、集装箱锁闭装置、车钩缓冲装置、制动装置、转向架等组成。底架采用鱼骨刺结构，中梁为钢板组焊的变截面鱼腹形箱型梁，主要型钢、板材采用 Q450NQR1；设有集装箱锁闭装置；采用 17 型车钩及配套钩尾框、MT-2 型缓冲器；采用 120 制动系统和 NSW 型手制动机；采用转 K6 型转向架。X_{4K} 型集装箱专用平车车辆外形如图 7-13 所示。

图 7-13　X_{4K} 型集装箱专用平车

8．X_{70} 型集装箱专用平车

该车主要由底架、锁闭装置、制动装置、车钩缓冲装置及转向架等组成。底架为型钢、板材拼组的全钢焊接结构，中梁为两根 H630 型钢制成鱼腹形，加上下盖板组焊成箱形结构，侧梁为冷弯槽钢；采用 F-TR 集装箱锁头；采用 17 型车钩及配套钩尾框、MT-2 型缓冲器；采用 120 制动系统和 NSW 型手制动机；采用转 K6 型转向架。X_{70} 型集装箱专用平车车辆外形如图 7-14 所示，车辆二维图如图 7-15 所示。

9．$X_{2K(H)}$型双层集装箱专用平车

该车主要由车体、集装箱锁闭装置、制动装置、车钩缓冲装置及转向架等组成。车体为全钢焊接结构，由端部底架、中部底架及侧墙等组成凹底型式，主要板材、型钢均采

图 7-14 X_{70} 型集装箱专用平车

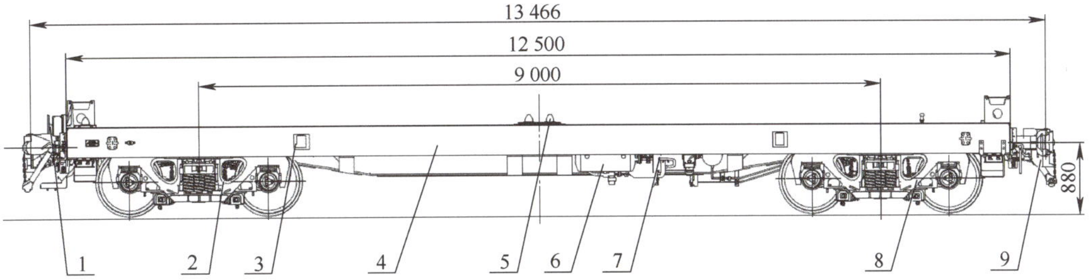

图 7-15 X_{70} 型集装箱专用平车

1—手制动装置;2—位转向架;3—标记;4—底架组成;5—锁闭装置;6—风制动装置;
7—底架附属件;8—二位转向架;9—车钩缓冲装置

用 Q450NQR1;下层箱锁采用固定式直台集装箱锁头,上、下层间的箱锁采为双头旋转式锁闭装置;采用 17 型车钩及配套钩尾框、MT-2 型缓冲器;采用 120 制动系统和 NSW 型手制动机;X_{2K} 车采用转 K6 型转向架,X_{2H} 车采用转 K5 型转向架。X_{2K} 型集装箱专用平车车辆外形如图 7-16 所示。

图 7-16 X_{2K} 型集装箱专用平车

7.2.3 技术参数及配置

集装箱专用平车技术参数及配置见表 7-2。

表 7-2　集装箱专用平车技术参数及配置

车型代号		X_{6A}	X_{6AT}	X_{6B}
项　目		参数及说明		
装载箱型		1 个 40 ft(30.48 t) 2 个 20 ft(2×20 t) 5 个 TB 10 t(5×10 t)	1 个 40 ft(30.48 t) 2 个 20 ft(2×20 t) 5 个 TB 10 t(5×10 t)	1 个 45 ft(30.48 t) 1 个 40 ft(30.48 t) 2 个 20 ft(2×24 t) 6 个 TB 10 t(6×10 t)
轨距(mm)		1 435	1 435	1 435
轴重(t)		21	21	21
每延米重(t/m)		5.61	5.61	5.05
车钩中心线距轨面高度(空车)(mm)		880±10	880±10	880±10
通过最小曲线半径(m)		145	145	145
商业运行速度(km/h)		100	120	100
重量参数	载重(t)	60	60	60
	自重(t)	18.2	18.2	22.5
	自重系数	0.30	0.30	0.38
车辆尺寸	车辆长度(mm)	13 938	13 938	16 338
	最大宽度(mm)	3 090	3 090	2 970
	车辆定距(mm)	9 300	9 300	10 920
车体尺寸	底架长度(mm)	13 000	13 000	15 400
	底架宽度(mm)	3 090	3 090	2 970
	集装箱装载面距轨面高(空车)(mm)	1 158	1 158	1 166
钩缓装置	缓冲器型号	2 号或 MX-1 型	2 号	2 号或 MX-1 型
	车钩型号	13 型下作用	13 型下作用	13 型下作用
	钩尾框	13 型(C 级钢)	13 型(C 级钢)	13 型(C 级钢)
转向架		转 8A 型	转 8AG 型	转 8A 型
制动装置 主要配置	制动阀	GK 型	GK 型	120 型
	制动缸	356 mm×254 mm	356 mm×254 mm	356 mm×254 mm
	闸调器	ST2-250 型	ST2-250 型	ST2-250 型
	脱轨自动制动阀	无	无	无
	空重车阀	手动	手动	KZW-4
	手制动机	旋转卧式	旋转卧式	旋转卧式
车型代号		$X_{6BT(K)}$	X_{6C}	$X_{6CT(K)}$
项　目		参数及说明		
装载箱型		1 个 45 ft(34 t) 1 个 40 ft(34 t) 2 个 20 ft(2×24 t) 6 个 TB 10 t(6×10 t)	1 个 45 ft(30.48 t) 1 个 40 ft(30.48 t) 2 个 20 ft(2×24 t) 6 个 TB 10 t(6×10 t)	1 个 45 ft(30.48 t) 1 个 40 ft(30.48 t) 2 个 20 ft(2×24 t) 6 个 TB 10 t(6×10 t)

续上表

车型代号		$X_{6BT(K)}$	X_{6C}	$X_{6CT(K)}$
轨距(mm)		1 435	1 435	1 435
轴重(t)		21	21	21
每延米重(t/m)		5.07	4.89	4.89
车钩中心线距轨面高度(空车)(mm)		880±10	880±10	880±10
通过最小曲线半径(m)		145	145	145
商业运行速度(km/h)		120	100	120
重量参数	载重(t)	60	60	60
	自重(t)	22.8	20.5	20.5
	自重系数	0.38	0.33	0.33
车辆尺寸	车辆长度(mm)	16 338	16 338	16 338
	最大宽度(mm)	2 970	3 030	3 030
	车辆定距(mm)	10 920	10 920	10 920
车体尺寸	底架长度(mm)	15 400	15 400	15 400
	底架宽度(mm)	2 970	3 030	3 030
	集装箱装载面距轨面高(空车)(mm)	1 166	1 174	1 174
钩缓装置	缓冲器型号	2 号	2 号	2 号
	车钩型号	13 型下作用	13 型下作用	13 型下作用
	钩尾框	13 型(C 级钢)	13 型(C 级钢)	13 型(C 级钢)
转向架		转 8AG 或转 K2 型	转 8A 型	转 8AG 或转 K2 型
制动装置 主要配置	制动阀	120 型	120 型	120 型
	制动缸	356 mm×254 mm	356 mm×254 mm	356 mm×254 mm
	闸调器	ST2-250 型	ST2-250 型	ST2-250 型
	脱轨自动制动阀	无	无	无
	空重车阀	KZW-4 型	KZW-4 型	KZW-4 型
	手制动机	旋转卧式	旋转卧式	旋转卧式

车型代号	$X_{1K}(BX_{1K})$	$X_{3TEU}(X_{3K})$	X_{6K}
项　　目	参数及说明		
装载箱型	1 个 45 ft(34 t) 1 个 40 ft(34 t) 2 个 20 ft(2×30.48 t) 6 个 TB 10 t(6×10 t)	1 个 40 ft(30.48 t) 3 个 20 ft(2×30.48 t) 1 个 40 ft+1 个 20 ft(2×30.48 t)	1 个 40 ft(30.48 t) 2 个 20 ft(2×30.48 t)
轨距(mm)	1 435	1 435	1 435
轴重(t)	21	21	21
每延米重(t/m)	5.48(5.51)	4.23	5.97
车钩中心线距轨面高度(空车)(mm)	880±10	880±10	880±10

续上表

车型代号		X_{1K}(BX_{1K})	X_{3TEU}(X_{3K})	X_{6K}
通过最小曲线半径(m)		145	145	145
商业运行速度(km/h)		120	120	120
重量参数	载重(t)	61	61	61
	自重(t)	19.8(20.2)	21	17.6
	自重系数	0.395	0.35	0.30
车辆尺寸	车辆长度(mm)	14 738	19 338	13 230
	最大宽度(mm)	3 070	2 750	2 750
	车辆定距(mm)	9 700	14 600	8 900
车体尺寸	底架长度(mm)	13 800	18 400	12 300
	底架宽度(mm)	3 070	2 750	2 750
	集装箱装载面距轨面高(空车)(mm)	1 160	1 140	1 140
钩缓装置	缓冲器型号	MT-3 型	2 号	MT-3 型
	车钩型号	13 型下作用	13 型下作用	13A 型下作用
	钩尾框	13 型(C 级钢)	13 型(C 级钢)	13A 型(C 级钢)
转向架		转 K3 型	转 8A 或转 K2 型	转 K2 型
制动装置 主要配置	制动阀	120 型	120 型	120 型
	制动缸	356 mm×254 mm 旋压密封式	356 mm×254 mm 密封式	254 mm×254 mm 旋压密封式
	闸调器	ST2-250 型	ST2-250 型	ST2-250 型
	脱轨自动制动阀	无	无	TZD 型
	空重车阀	KZW-6 型	KZW-4GA 型	KZW-A 型
	手制动机	旋转卧式	链式	NSW 型

<table>
<tr><td>车型代号</td><td>X_{4K}</td><td>X_{70}</td><td colspan="3">X_{2K}</td></tr>
<tr><td>项　　目</td><td colspan="5">参数及说明</td></tr>
<tr><td rowspan="4">装载箱型</td><td rowspan="4">1 个 53 ft(30.48 t)
1 个 50 ft(30.48 t)
1 个 48 ft(30.48 t)
1 个 45 ft(30.48 t)
1 个 40 ft(30.48 t)
1 个 40 ft+1 个 20 ft (2×30.48 t)
3 个 20 ft(3×24 t)</td><td rowspan="4">1 个 40 ft(35 t)
2 个 20 ft(2×35 t)</td><td>下层</td><td>上层</td><td>载重</td></tr>
<tr><td>2 个 20 ft 箱</td><td>1 个 40～53 ft 箱</td><td>78 t</td></tr>
<tr><td>1 个 40 ft 箱</td><td>1 个 40～53 ft 箱</td><td>61 t</td></tr>
<tr><td>2 个 20 ft 箱</td><td>2 个 20 ft 箱</td><td>78 t</td></tr>
<tr><td>轨距(mm)</td><td>1 435</td><td>1 435</td><td colspan="3">1 435</td></tr>
<tr><td>轴重(t)</td><td>23</td><td>23</td><td colspan="3">25</td></tr>
<tr><td>每延米重(t/m)</td><td>4.85</td><td>6.86</td><td colspan="3">5.15</td></tr>
<tr><td>车钩中心线距轨面高度(空车)(mm)</td><td>880±10</td><td>880±10</td><td colspan="3">880±10</td></tr>
</table>

续上表

车型代号			X_{4K}	X_{70}	X_{2K}
通过最小曲线半径(m)			145	145	145
商业运行速度(km/h)			120	120	120
重量参数	载重(t)		72	70	78
	自重(t)		21.8	22.4	21.8
	自重系数		0.3	0.32	0.28
车辆尺寸	车辆长度(mm)		19 416	13 466	19 466
	最大宽度(mm)		2 870	2 980	2 920
	车辆定距(mm)		14 200	9 000	15 666
车体尺寸	底架长度(mm)		18 400	12 500	18 500
	底架宽度(mm)		2 694	2 980	2 920
	集装箱装载面距轨面高(空车)(mm)		1 140	1 169	290
钩缓装置		缓冲器型号	MT-2 型	MT-2 型	MT-2 型
		车钩型号	17 型(加厚型钩舌)	17 型(加厚型钩舌)	17 型(加厚型钩舌)
		钩尾框	17 型锻造	17 型锻造	17 型锻造
转向架			转 K6 型	转 K6 型	转 K6 或转 K5 型
制动装置	主要配置	制动阀	120 型	120 型	120 型
		制动缸	305 mm×254 mm 旋压密封式	305 mm×254 mm 旋压密封式	254 mm×254 mm 旋压密封式
		闸调器	ST2-250 型	ST2-250 型	ST2-250 型
		脱轨自动制动阀	TZD 型	TZD 型	无
		空重车阀	KZW-A 型	KZW-A 型	KZW-A 型
		手制动机	NSW 型	NSW 型	NSW 型

7.3 专 用 平 车

7.3.1 发展历程

为方便一些特殊货物的装载运输，我国铁路相继开发了一些专用运输平车。2002 年研制了用于运输特种车辆的 TN_{53} 型升降平车。2006 年，为满足铁路建设需要新型运输预制梁车辆的迫切需求，我国研制 DL_1 型大吨位预制梁运输专用车，满足跨距 32 m、自重 148 t 以下的预制梁运输，该车采用三车一组，中间车为游车、两端车分别设有固定支撑和移动支撑转向盘。

2008 年，为满足我国铁路建设所需新型混凝土桥梁架设需求，我国研制了 NJ_3、NJ_4 型专用平车，NJ_3、NJ_4 分别是 TJ_{165} 型架桥机组的主机用平车和辅机用平车，其中 NJ_3

型平车是主机解体后(用于铺轨机时主机不解体)过轨运输的专用平车,施工作业时作为主机的承载基体,NJ_4 型平车是辅机过轨运输时的专用平车,施工作业时作为预制梁及轨排的运载平车。

2008 年,为满足高精度冷轧、硅钢钢卷及机器设备等外形较固定的长大货物运输需要,研制了 70 t 级不锈钢活动棚钢卷运输平车的研制,定型为 NP_{70} 型带活动棚钢卷运输专用平车。

2017 年开始,为减少重型卡车新车销售长距离公路运输、实现节能减排,我国开始研制卡车运输专用平车,定型为 NA_1 型运输卡车专用车,该车目前已完成样车试制及型式试验。

7.3.2 主要结构特点

1. TN_{53} 型升降平车

该车主要由底架组成、端板组成、车载液压升降装置、空气制动装置、手制动装置、车钩缓冲装置、转向架等组成。底架主要由中梁、侧梁、枕梁、端梁、大横梁、升降平台横梁、悬臂梁、小横梁、纵向辅助梁、铁地板等组成。该车设两组车载液压升降装置,其主要结构由升降平台、手动和机动液压升降系统组成,可降低装载车辆的高度。车载液压升降装置采用手动、机动两种方式。空气制动装置采用 120 型货车空气控制阀、254 mm ×254 mm 旋压式密封制动缸、ST2-250 型双向闸瓦间隙调整器,两级空、重车手动调整装置。手制动装置采用 NSW 手制动机。车钩缓冲装置采用 13B 型车钩、加强型钩尾框、MT-3 缓冲器。转向架采用转 K2 型转向架、HDSA 型车轮。TN_{53} 型升降平车车辆外形如图 7-17 所示。

图 7-17 TN_{53} 型升降平车

2. DL_1 型大吨位预制梁运输专用车

DL_1 型大吨位预制运输专用车每组车包括 2 辆 DL_1 型大吨位预制梁运输专用车和 1 辆 DNX_{17K} 中间游车。DL_1 专用车主要由底架、制动装置、转向架、车钩缓冲装置、支撑装置等部分组成。底架为型钢、板材拼组的全钢焊接结构,中、侧梁均采用 H630 型钢制成鱼腹形结构;端梁冲击座上设有缓冲停止器,底架铺有钢制地板;支撑装置分为移动支撑装置和固定支撑装置,移动支撑装置包括转向盘底座(带长圆孔)、移动转向盘、桥梁支撑等,固定支撑装置包括转向盘底座(带圆孔)、固定转向盘、桥梁支撑等。

采用 17 型车钩及配套钩尾框、MT-2 型缓冲器；采用 120 制动系统和 NSW 型手制动机；采用转 K6 型转向架。

中间游车采用 DNX_{17K} 型共用平车，由底架、地板、端门、制动装置、车钩缓冲装置、转向架及集装箱锁闭装置等部分组成。底架为全钢焊接结构，中、侧梁为 H512 型钢切鱼腹制成，底架上铺有 70 mm 厚木地板，端梁上设有缓冲停止器；采用 13 型车钩、MT-3 型缓冲器；采用 120 型空气制动系统和 NSW 型手制动机；采用转 K2 型转向架。

DL_1 型大吨位预制梁运输专用车车辆外形如图 7-18 所示，车辆二维图如图 7-19 所示。

图 7-18　DL_1 型大吨位预制梁运输专用车

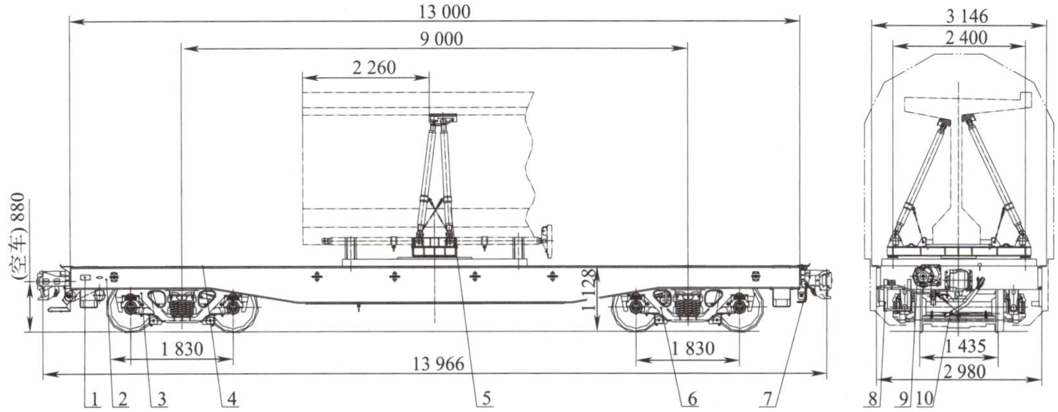

图 7-19　DL_1 型大吨位预制梁运输专用车

1—标记；2—底架组成；3—转 K6 型转向架；4—地板组成；5—移动支撑装置；6—转 K6 型转向架；7—车钩缓冲装置；8—底架附属件；9—手制动装置；10—风制动装置

3. NJ_3、NJ_4 型专用平车

NJ_3、NJ_4 型专用平车主要由车体、转向架、制动装置、车钩缓冲装置等组成。车体为无中梁全钢焊接结构，主要由箱型侧梁以及枕梁、横梁、端梁、牵引梁等组成，侧梁由

上、下盖板、腹板及若干隔板等组焊成鱼腹式箱型结构，在中间设有液压油箱及燃油箱，车体主要板材材质为 Q345B；采用 13B 型下作用车钩和锻造钩尾框、MT-3 型缓冲器；采用 JZ-7 型制动控制阀和 NSW 型手制动机；一位端采用旁承承载 5E 轴转向架，二位端采用心盘承载组合式 4D 轴转向架。NJ_3、NJ_4 型专用平车车辆外形如图 7-20、图 7-21 所示。

图 7-20　NJ_3 型专用平车

图 7-21　NJ_4 型专用平车

4. NP_{70} 型带活动棚钢卷运输专用平车

该车主要装运怕日晒雨淋及风雪侵袭的高精度冷轧、硅钢钢卷，也可装运机器设备等外形固定的较长大、笨重货物。该车活动棚分为大、中、小三组，可沿底架外侧的各自轨道移动，由人力推拉活动棚，实现车辆任意位置的开闭，主要承载梁、板采用屈服极限为 450 MPa 的高强度钢，受雨雪侵袭的外露主要零部件采用 TCS345 不锈钢，锁闭装置简单可靠，操作方便，车体内长 13 m，活动棚最大开度 8.5 m；采用 17 型车钩及配套钩尾框、MT-2 型缓冲器；采用 120 型空气制动系统和 NSW 型手制动机；采用转 K6 型转向架。NP_{70} 型带活动棚钢卷运输专用平车车辆外形如图 7-22 所示。

5. NA_1 型运输卡车专用车

主要由底架、侧墙、渡板、桥板、翻转式走板、制动装置、车钩缓冲装置、转向架及紧固附件等组成。底架为全钢焊接结构，主要板材材质为 Q450NQR1 高强度耐候钢，中梁在牵引梁处采用 310 乙字型钢、中部采用截面高度 400 mm 冷弯槽钢、斜坡连接处采用钢板组焊结构；侧墙上侧梁采用冷弯矩形钢，侧墙内侧设有翻转式走板轴座、支架轴座和用于加固捆绑货物的拴座；桥板包括主桥板、转动桥板、折叠支架和气弹簧等；翻转式走板包括端部翻转式走板和中部翻转式走板，底架两端设有分体式渡板。

采用 17 型车钩及配套钩尾框、MT-2 或 HM-1 型缓冲器；采用 120 控制阀(另增设 120 阀紧急阀)和 NSW-Ⅰ型手制动机，采用 BAB-2 型或 DAB-1 型转向架集成制动；采用大自重车体用转 K6 型转向架。NA_1 型运输卡车专用车车辆外形如图 7-23 所示。

图 7-22　NP70 型带活动棚钢卷运输专用平车

图 7-23　NA1 型运输卡车专用车

7.3.3　技术参数及配置

专用平车技术参数及配置见表 7-3～表 7-7。

表 7-3　TN53 型升降平车技术参数及配置

车型代号		TN53
项　目		参数及说明
用　途		特种平车
轨距(mm)		1 435
轴重(t)		20.8
每延米载重(t)		3.7
车钩中心线距轨面高度(空车)(mm)		880
通过最小曲线半径(m)		145
商业运行速度(km/h)		120
重量参数	载重(t)	53
	自重(t)	30.5
	自重系数	0.57

续上表

车型代号			TN_{53}
车辆尺寸	车辆长度(mm)		22 430
	最大宽度(mm)		3 040
	车辆定距(mm)		17 400
承载面尺寸	长度(mm)		21 500
	宽度(mm)		3 000
	承载面距轨面高(空车)(mm)		1 200
钩缓装置	缓冲器型号		MT-3 型
	车钩型号		13B 型
	钩尾框		13B 型
转向架			转 K2 型
制动装置	主要配置	制动阀	120 型
		制动缸	254 mm×254 mm 旋压密封式
		闸调器	ST2-250 型
		脱轨自动制动阀	无
		空重车阀	手动
		手制动机	NSW 型

表 7-4　DL_1 型大吨位预制运输专用车技术参数及配置

车型代号		DL_1
项　　目		参数及说明
用　　途		大吨位预制梁运输专用车平车
轨距(mm)		1 435
轴重(t)		25
每延米重(t/m)		7.2
换长		1.3
车钩中心线距轨面高度(空车)(mm)		880±10
通过最小曲线半径(m)		145
商业运行速度(km/h)		120
重量参数	载重(t)	74
	自重(t)	26
	自重系数	0.35
车辆尺寸	车辆长度(mm)	13 966
	最大宽度(mm)	3 176
	车辆定距(mm)	9 000

续上表

车型代号			DL1
车体尺寸	底架长度(mm)		13 000
	底架宽度(mm)		2 980
	地板面距轨面高(空车)(mm)		1 128
	装载面距轨面高(空车)(mm)		1 500
钩缓装置	缓冲器型号		MT-2 型
	车钩型号		17 型(加厚型钩舌)
	钩尾框		17 型锻造
转向架			转 K6 型
制动装置	主要配置	制动阀	120 型
		制动缸	305 mm×254 mm
		闸调器	ST2-250 型
		脱轨自动制动阀	TZD 型
		空重车阀	KZW-A 型
		手制动机	NSW 型

表 7-5　NJ3、NJ4 型专用平车技术参数及配置

车型代号		NJ3	NJ4
项　目		参数及说明	
用　途		TJ165 架桥机组主机用平车	TJ165 架桥机组辅机用平车
轨距(mm)		1 435	1 435
轴重(过轨运输)(t)		21	21
每延米载重(过轨运输)(t)		4.97	3.65
换长		2.6	2.8
车钩中心线距轨面高度(空车)(mm)		880±10	880±10
通过最小曲线半径(m)		180	180
商业运行速度(km/h)		80	80
重量参数	载重(过轨运输)(t)	53	42
	自重(t)	91.1	71.3
	自重系数(过轨运输)	1.72	1.7
车辆尺寸	车辆长度(mm)	28 930	30 930
	最大宽度(mm)	3 600	3 200
	车辆定距(mm)	20 000	22 600
车体尺寸	底架长度(mm)	28 000	30 000
	底架宽度(mm)	3 600	3 200
	车辆上平面距轨面高(空车)(mm)	1 450	1 500

续上表

车型代号			NJ3	NJ4
钩缓装置	缓冲器型号		MT-3 型	MT-3 型
	车钩型号		13B 型	13B 型
	钩尾框		13B 型	13B 型
转向架			一位端:5E 轴转向架 二位端:4D 轴转向架	一位端:5E 轴转向架 二位端:4D 轴转向架
制动装置	主要配置	制动阀	JZ-7 型	JZ-7 型
		制动缸	254 mm×254 mm 旋压密封式	254 mm×254 mm 旋压密封式
		闸调器	无	无
		脱轨自动制动阀	无	无
		空重车阀	无	无
		手制动机	NSW 型	NSW 型

表 7-6　NP70 型带活动棚钢卷运输专用平车技术参数及配置

车型代号		NP70
项　目		参数及说明
用　途		带活动棚、运输钢卷等货物专用平车
轨距(mm)		1 435
轴重(t)		23
每延米载重(t)		6.71
换长		1.3
车钩中心线距轨面高度(空车)(mm)		880±10
通过最小曲线半径(m)		145
商业运行速度(km/h)		120
重量参数	载重(t)	70
	自重(t)	≤23.8
	自重系数	0.34
容积参数	容积(m^3)	88
	比容(t/m^3)	0.8
车辆尺寸	车辆长度(mm)	13 974
	最大宽度(mm)	3 334
	最大高度(空车)(mm)	4 065
	车辆定距(mm)	9 000
车体尺寸	内长(mm)	13 000
	内宽(mm)	2 640
	地板面距轨面高(空车)(mm)	1 134
	内高(mm)	2 050

续上表

车型代号			NP_{70}
活棚最大开度(mm)			8 500
钩缓装置	缓冲器型号		MT-2 型
	车钩型号		17 型
	钩尾框		17 型
转向架			转 K6 型
制动装置	主要配置	制动阀	120 型
		制动缸	305 mm×254 mm 旋压密封式
		闸调器	ST2-250 型
		脱轨自动制动阀	TZD 型
		空重车阀	KZW-A 型
		手制动机	NSW 型

表 7-7　NA_1 型专用平车技术参数及配置

车型代号		NA_1
项　　目		参数及说明
用　　途		运输卡车专用平车
轨距(mm)		1 435
轴重(t)		23
每延米重(t/m)		3.7
换长		2.3
车钩中心线距轨面高度(空车)(mm)		880±10
通过最小曲线半径(m)		145
商业运行速度(km/h)		120
重量参数	载重(t)	50
	自重(t)	43.8
	自重系数	0.88
车辆尺寸	车辆长度(mm)	25 566
	最大宽度(mm)	3 090
	车辆定距(mm)	21 200
车体尺寸	底架长度(mm)	24 600
	车体宽度(mm)	3 050
	侧墙上部内宽(mm)	2 730
	侧墙底部内宽(mm)	2 500
	端部地板面距轨面高(空车)(mm)	1 020
	中部地板面距轨面高(空车)(mm)	478
	中部地板面长度(mm)	13 600
	车体最低点距轨面高(空车)(mm)	220

续上表

车型代号			NA1
钩缓装置		缓冲器型号	MT-2 或 HM-1 型
		车钩型号	17 型(加厚型钩舌)
		钩尾框	17 型锻造
转向架			转 K6 型
制动装置	主要配置	制动阀	120 型
		制动缸	集成制动
		闸调器	集成制动
		脱轨自动制动阀	TZD 型
		空重车阀	KZW-A 型
		手制动机	NSW-Ⅰ型

8 罐　　车

罐车是一种车体呈罐形的车辆，用来装运各种液体、液化气体及粉状货物等。罐车在我国铁路货车中占有很重要的地位，约占货车总数的15%左右。

罐车按装运介质不同分为三大类：第一类为装运汽油、原油、浓硫酸、醇类、植物油、沥青等介质的液体类罐车；第二类为装运液化石油气、液氨等介质的液化气体类罐车；第三类为装运水泥、氧化铝粉等介质的粉状货物类罐车。

8.1 液体类罐车

8.1.1 发展历程

目前，我国液体类罐车轴重主要有21 t、23 t和27 t。液体类罐车根据装运介质不同分为轻油类、黏油类、酸碱类、化工类、食品类和硬化类等罐车。

1. 轻油类罐车

轻油类罐车主要装运汽油、煤油、柴油等轻质油类介质。我国轻油类罐车主要有21 t轴重的G_{60}系列、G_{70}系列和G_{75K}型罐车，23 t轴重的GQ_{70}系列罐车和27 t轴重的GQ_{80}型罐车。

G_{60}系列罐车为有中梁结构，后期根据换装不同的转向架，衍生出G_{60K}、G_{60T}等车型，装用转K2型转向架时车型为G_{60K}，装用转8B、转8AB型转向架时车型为G_{60T}。

G_{70}系列罐车为无中梁结构，主要包括G_{70}、G_{70A}和G_{70B}型罐车。1995年，我国研制了G_{70}型罐车，G_{70}型罐车提高了罐车载重，降低了自重；G_{70A}型罐车是在G_{70}型罐车基础上加装押运间，罐体结构基本相同；G_{70B}型罐车罐体呈鱼腹形。2001年，为适应我国铁路货车提速的发展要求换装不同的提速转向架，衍生出G_{70K}、G_{70H}、G_{70T}和G_{70AK}等车型。G_{70}型罐车装用转K2型转向架时车型为G_{70K}，装用转K4型转向架时车型为G_{70H}，装用转8B、转8AB型转向架时车型为G_{70T}，G_{70A}型罐车装用转K2型转向架时车型为G_{70AK}。

2002年，我国研制了G_{75K}型罐车。G_{75K}型罐车为无中梁结构，罐体采用斜底结构，提高了小密度轻油类介质的运能和介质卸净率。

为加快铁路装备现代化进程，满足我国铁路货物运输发展的需要，我国于2005年完成了23 t轴重GQ_{70}型罐车的研制。该车载重70 t，自重23.6 t，广泛采用低合金高强度钢和Q450NQR1高强度耐候钢，提高车辆承载能力，是我国黏油类罐车由60 t级向 70 t 级升级换代的代表产品，根据装用转 K6、转 K5 型转向架，分别定型为 GQ_{70} 和 GQ_{70H}。

2014 年，为进一步提高我国既有线货物运输能力，提高运输效率及效益，在 GQ_{70} 型罐车基础上，我国研制了 27 t 轴重 GQ_{80} 型轻油罐车。GQ_{80} 型罐车载重 80 t、速度 100 km/h，装用 27 t 轴重低动力作用 DZ1 型转向架，实现我国轻油罐车由 70 t 级向 80 t 级的升级换代。

2. 黏油类罐车

黏油类罐车主要装运原油、重柴油、润滑油等黏度较大的石油化工产品。我国黏油类罐车主要有 21 t 轴重的 G_{17} 系列罐车，23 t 轴重的 GN_{70} 系列罐车和 27 t 轴重的 GN_{80} 型罐车。

G_{17} 系列罐车主要包括 G_{17}、G_{17A}、G_{17S} 和 G_{17B} 型罐车。G_{17} 型罐车为有中梁结构，采用外加温套式加热装置；在 G_{17} 型罐车的基础上，我国研制了 G_{17S} 型罐车，采用上装上卸的装车方式，主要装运石脑油、润滑油等介质；1970 年，我国研制了 G_{17A} 型罐车，该车为无中梁结构，降低了车辆自重，采用外加温套式加热装置；1996 年，我国研制了 G_{17B} 型罐车，该车对无中梁结构进行了优化，采用内加热管式加热装置，提高了黏油罐车的加热效率。G_{17} 系列罐车后期根据换装不同的转向架，衍生出 G_{17K}、G_{17T}、G_{17SK}、G_{17BK}、G_{17BH}、G_{17BT} 等车型。G_{17} 型罐车装用转 K2 型转向架时车型为 G_{17K}，装用转 8B、转 8AB 型转向架时车型为 G_{17T}，G_{17S} 型罐车装用转 K2 型转向架时车型为 G_{17SK}，G_{17B} 型罐车装用转 K2 型转向架时车型为 G_{17BK}，装用转 K4 型转向架时车型为 G_{17BH}，装用转 8B、转 8AB 型转向架时车型为 G_{17BT}。

为加快铁路装备现代化进程，满足我国铁路货物运输发展的需要，我国于 2005 年完成了 23 t 轴重 GN_{70} 型罐车的研制。该车载重 70 t，自重 23.8 t，广泛采用低合金高强度钢和 Q450NQR1 高强度耐候钢，提高车辆承载能力，是我国黏油类罐车由 60 t 级向 70 t 级升级换代的代表产品，根据装用转 K6、转 K5 型转向架，分别定型为 GN_{70} 和 GN_{70H}。

2014 年，为进一步提高我国既有线货物运输能力，提高运输效率及效益，我国研制了 27 t 轴重 GN_{80} 型黏油罐车。GN_{80} 型罐体载重 80 t、速度 100 km/h，装用 27 t 轴重低动力作用 DZ1 型转向架，实现我国黏油罐车由 70 t 级向 80 t 级的升级换代。

3. 酸碱类罐车

酸碱类罐车主要装运浓硫酸、盐酸、浓硝酸、液碱等酸碱类介质。我国酸碱类罐车主要有 21 t 轴重的 G_{11} 系列、GF 系列和 GH_{40} 系列铝制罐车，23 t 轴重的 GS_{70} 型罐车和 GJ_{70} 型罐车。

G_{11} 系列罐车为有中梁结构，主要包括 G_{11}、G_{11B}、G_{11S} 和 G_{11J} 型罐车。1967 年，我国研制了 G_{11} 型罐车，该车罐体材质为碳钢，采用外加温套式加热装置，用于装运浓度为 98%以上的浓硫酸或浓度为 42%以下的液碱；1990 年，在 G_{11} 型罐车的基础上，我国

研制了 G_{11B} 型罐车，该车罐体材质为不锈钢，取消了加热装置，用于装运精碱等介质；G_{11S} 和 G_{11J} 型罐车是在 G_{11} 型罐车的基础上，调整罐体容积，G_{11S} 型罐车用于装运浓度为 98%以上的浓硫酸，G_{11J} 型罐车用于装运浓度为 30%以上的液碱。G_{11} 系列罐车后期根据换装不同的转向架，衍生出 G_{11K}、G_{11T}、G_{11BK}、G_{11SK}、G_{11ST}、G_{11JK}、G_{11JT} 等车型，装用转 K2 型转向架时车型分别为 G_{11K}、G_{11BK}、G_{11SK}、G_{11JK}，装用转 8B、转 8AB 型转向架时车型分别为 G_{11T}、G_{11ST} 和 G_{11JT}。

GF 系列罐车主要包括 GF 和 GFA 型罐车，主要装运盐酸、氢氟酸、稀硫酸等介质，罐体的材质为玻璃钢。1993 年，在 GF 型罐车基础上，我国研制了 GFA 型罐车，该车对车体进行结构改进，采用新型制动技术。GFA 型罐车后期根据换装不同的转向架，衍生出 GFAK、GFAT 等车型，装用转 K2 型转向架时车型为 GFAK，装用转 8B、转 8AB 型转向架时车型为 GFAT。

GH_{40} 系列铝制罐车主要包括 GH 和 GH_{40L} 型罐车，装运浓度大于 98%的浓硝酸，罐体材质为纯铝。GH 型罐车换装转 K2 型转向架，提速改造后定型为 GH_{40K}，GH_{40L} 型罐车换装转 K2 型转向架，提速改造后定型为 GH_{40LK}。

为提高货物运输能力，满足我国铁路货物运输发展的需要，我国于 2006 年完成了 23 t 轴重 GS_{70} 型浓硫酸罐车和 GJ_{70} 型液碱罐车的研制。GS_{70} 型罐车载重 70 t，自重 23 t，用于装运浓度为 92.5%及以上的浓硫酸；GJ_{70} 型罐车载重 70 t，自重 23.8 t，用于装运浓度为 30%及以上的液碱。GS_{70}、GJ_{70} 型罐车广泛采用低合金高强度钢和 Q450NQR1 高强度耐候钢，提高车辆承载能力，是我国酸碱类罐车由 60 t 级向 70 t 级升级换代的代表产品。

4. 化工类罐车

化工类罐车主要装运醇类、苯类等各种化工类产品。为满足不同化工产品的运输需要，我国研制了多种型号的化工类罐车。目前，我国化工类罐车主要有 21 t 轴重的 G_{60L} 系列、G_{60X} 系列、GH_{17} 系列、GH_{50} 系列、GH_{60} 系列、GH 系列、GAL 系列和 GH_{B55K} 型罐车，23 t 轴重的 GHA_{70}、GQ_{70A}、GN_{70A}、GH_{70A}、GH_{70B}、GH_{70C}、GHB_{70} 和 GHA_{70A} 型罐车。

21 t 轴重化工类罐车均为有中梁结构。G_{60L} 系列罐车包括 G_{60LA} 和 G_{60LB} 型罐车，G_{60LA} 型罐车罐体材质为纯铝，主要装运相对密度≤1.1 的石油化工产品；G_{60LB} 型罐车是在 G_{60LA} 型罐车的基础上，将罐体材质改为铝合金，主要装运乙二醇、苯乙烯等相对密度≤1.15 的石油化工产品。G_{60X} 系列罐车罐体材质为不锈钢，主要装运乙二醇等相对密度在 0.95～1.15 之间化工产品。GH_{17} 系列罐车罐体材质为不锈钢复合钢板，主要装运冰醋酸、乙酸酐、丙酸等介质。GH_{50} 系列罐车包括 G_{50} 和 GH_{50} 型罐车，罐体材质为碳钢，G_{50} 型罐车主要装运轻油、盐酸等介质，换装转 K2 型转向架，提速改造后车辆定型为 GH_{50K}，GH_{50} 型罐车主要装运丙烯酸酯类的易燃有毒化学产品，换装转 K2 型转向架，提速改造后车辆定型为 GH_{50AK}。GH_{60} 系列罐车有两种结构型式，一种罐体材质为碳钢，主要装运苯、醇类等化工介质，另一种罐体材质为不锈钢，主要装运双氧水，换装转K2型转向架，提速改造后车辆定型为GH_{60K}。GH系列罐车罐体材质为碳钢，主要装运黄磷；GAL系列罐车罐体材质为纯铝，主要装运冰醋酸。GHB_{55K}型罐车罐体材质为不锈钢，主要装运丙烯酸甲酯、丙烯酸乙酯、丙烯酸正丁酯等介质。为适应我国铁路货车提速的发展要求，在G_{60LB}、G_{60X}、GH_{17}、GH和GAL型罐车的基础上研制了采用转K2型转向架的G_{60LBK}、G_{60XK}、GH_{17K}、GHK和GALK型罐车。

为加快铁路装备现代化进程，满足我国铁路化工类液体介质的运输发展需求，我国完成了23 t轴重GHA_{70}、GQ_{70A}、GN_{70A}、GH_{70A}、GH_{70B}、GH_{70C}、GHB_{70}和GHA_{70A}型罐车的研制。GHA_{70}型罐车主要装运甲醇、乙醇、丁醇、辛醇等醇类介质，载重70 t，自重23.8 t；GH_{70A}型罐车主要装运乙二醇、甲醛、二甲基甲酰胺等需要防腐、保洁的化工产品，罐体涂装隔热涂料后，可以运输丙烯酸酯类产品，罐体材质为不锈钢，载重69 t，自重24.4 t；GH_{70B}型罐车主要装运冰醋酸等有防腐保洁要求的化工介质，罐体材质为不锈钢，采用外加温套式加热装置，载重68 t，自重25.8 t；GQ_{70A}型罐车主要装运苯类及其类似介质，载重70 t，自重23.8 t；GN_{70A}型罐车主要装运对二甲苯及其类似介质，采用内加热管式加热装置，载重67 t，自重23.7 t；GHA_{70A}型罐车主要装运对二甲苯、苯、甲苯、邻二甲苯、间二甲苯及类似介质，采用外加温套式加热装置，载重60.5 t，自重31.5 t；GH_{70C}型罐车主要装运1,4-丁二醇及其类似介质，罐体材质为不锈钢，采用外置排管式加热装置和保温装置，载重68 t，自重25.8 t；GHB_{70}型罐车主要装运黄磷，采用外加温套式加热装置，载重70 t，自重23.8 t。23 t轴重化工类罐车广泛采用低合金高强度钢和Q450NQR1高强度耐候钢，提高车辆承载能力，实现我国铁路化工类罐车由60 t级向70 t级升级换代。

5. 食品类罐车

食品类罐车主要装运食用油及其类似介质。我国食品类罐车主要有21 t轴重的GS系列罐车，23 t轴重的GW_{70}型罐车。

1988年，在G_{17}型罐车的基础上，我国研制了GS型食用油罐车。后期为适应我国铁路货车提速的发展要求，在GS型罐车的基础上研制了装用转K2型转向架的GSK型罐车。

为加快铁路装备现代化进程，满足我国铁路食品类介质的运输发展需求，我国于2009年研制了23 t轴重GW_{70}型食用油罐车。GW_{70}型罐车载重67 t，自重26.7 t，广泛采用低合金高强度结构钢和Q450NQR1高强度耐候钢，提高车辆承载能力，是我国食品类罐车由60 t级向70 t级升级换代的代表产品。

6. 硬化类罐车

硬化类罐车主要装运沥青、重油等介质。我国硬化类罐车主要有21 t轴重的GL系列罐车，23 t轴重的GL_{70}型罐车。

GL系列罐车主要包括GLA、GLB和GLC型罐车，均为有中梁结构。1985年，我国研制了 GLA 型罐车。该车保温装置为上、下壳结构，罐体内部设置加热管，采用火焰加热，罐体下部设排油装置。1989 年，在 GLA 型罐车的基础上，我国研制了 GLB 型罐车。GLB 型罐车对加热装置和保温装置进行改进，提高了加热和保温效果。GLC 型罐车与 GLB 型罐车结构类似。为适应我国铁路货车提速的发展要求，在 GLA、GLB、GLC 型罐车的基础上研制了装用转 K2 型转向架的 GLAK、GLBK、GLCK 型罐车。

为加快铁路装备现代化进程，满足我国铁路硬化类介质的运输发展需求，我国于 2008 年完成了 23 t 轴重 GL_{70} 型沥青罐车的研制。GL_{70} 型罐车为无中梁结构，载重 67 t，自重 26 t，广泛采用低合金高强度结构钢和 Q450NQR1 高强度耐候钢，提高车辆承载能力，是我国硬化类罐车由 60 t 级向 70 t 级升级换代的代表产品。

8.1.2 主要结构特点

1. 轻油类罐车

(1)21 t 轴重 G_{60} 系列罐车

G_{60} 系列罐车为有中梁结构，主要由车体、转向架、车钩缓冲装置和制动装置等组成。车体由底架、罐体、鞍座、卡带、端梯及走台等部件组成；中梁采用低合金乙字钢，罐体为圆柱状卧式碳钢焊接结构，罐体和底架采用上、下鞍螺栓紧固和卡带组合连接；采用 13 型或 13A 型车钩及配套钩尾框、ST 型或 MT-3 型缓冲器；采用 120 制动系统、直立链式或 NSW 型手制动机等。G_{60K} 型轻油罐车车辆外形如图 8-1 所示。

图 8-1　21 t 轴重 G_{60K} 型轻油罐车

(2)21 t 轴重 G_{70} 系列罐车

G_{70} 系列罐车为无中梁结构，主要由车体、转向架、车钩缓冲装置和制动装置等组成。车体由牵枕、罐体、端梯及走台等部件组成；牵引梁采用低合金乙字钢，枕梁采用单腹板、侧盖板支撑结构，罐体为卧式碳钢焊接结构，罐体与牵枕组焊为一体；采用 13 型或 13A 型车钩及配套钩尾框、ST 型或 MT-3 型缓冲器；采用 120 制动系统、直立链式或 NSW 型手制动机等。G_{70K} 型轻油罐车、G_{70B} 型轻油罐车车辆外形如图 8-2、图 8-3 所示。

图 8-2　21 t 轴重 G_{70K} 型轻油罐车

图 8-3　21 t 轴重 G_{70B} 型轻油罐车

(3)21 t 轴重 G_{75K} 型轻油罐车

G_{75K} 型轻油罐车为无中梁结构，主要由车体、转向架、车钩缓冲装置和制动装置等组成。车体由牵枕、罐体、侧梯及走台等部件组成；牵引梁采用低合金乙字钢，枕梁采用单腹板、侧管支撑结构，罐体为卧式斜底碳钢焊接结构，罐体与牵枕组焊为一体；采用 13A 型车钩及配套钩尾框、ST 型缓冲器；采用 120 制动系统和 NSW 型手制动机等。G_{75K} 型轻油罐车车辆外形如图 8-4 所示。

图 8-4　21 t 轴重 G_{75K} 型轻油罐车

(4)23 t 轴重 GQ_{70} 系列罐车

GQ_{70} 系列罐车为无中梁结构，主要由车体、转向架、车钩缓冲装置和制动装置等组成。车体由牵枕、罐体、侧梯及走台等部件组成，主要型钢和板材采用低合金高强度钢和 Q450NQR1 高强度耐候钢；牵引梁采用乙字钢，枕梁采用单腹板、侧管支撑结构，罐体为卧式斜底碳钢焊接结构，罐体与牵枕组焊为一体；采用转 K6 或转 K5 型转向架；采用 17 型车钩及配套钩尾框、MT-2 型缓冲器；采用 120 制动系统和 NSW 型手制动机等。GQ_{70} 型轻油罐车车辆外形如图 8-5 所示。车辆二维图如图 8-6 所示。

图 8-5　23 t 轴重 GQ_{70} 型轻油罐车

(5)27 t 轴重 GQ_{80} 型罐车

GQ_{80} 型罐车为无中梁结构，主要由车体、转向架、车钩缓冲装置和制动装置等组成。车体由牵枕、罐体、端梯及走台等部件组成，主要型钢和板材采用低合金高强度钢

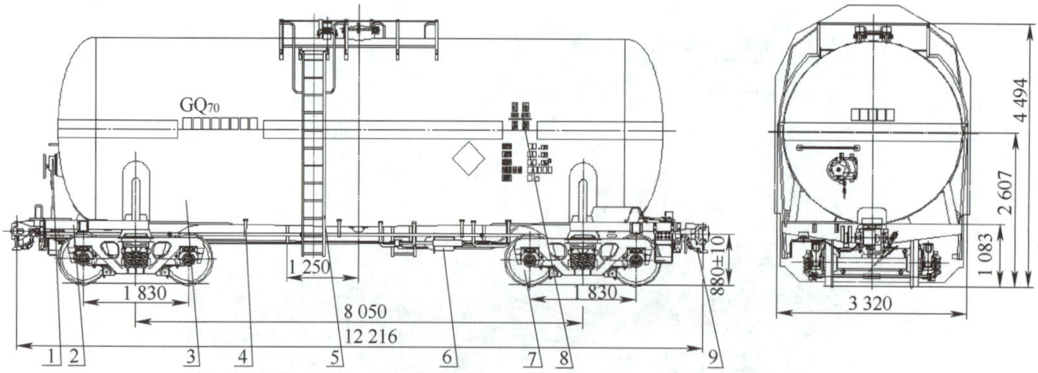

图 8-6 GQ_{70} 型轻油罐车

1—手制动装置；2—牵枕装配；3—罐体装配；4—吊托装配；5—侧梯及走台装配；
6—风制动装置；7—转 K6 型转向架；8—车体标记；9—车钩缓冲装置

和 Q450NQR1 高强度耐候钢；牵引梁采用乙字钢，枕梁采用单腹板、侧盖板支撑结构，罐体为两端锥筒加中间直筒碳钢焊接结构，罐体与牵枕组焊为一体；采用 DZ1 型转向架；采用 17 型车钩及配套钩尾框，MT-2 型缓冲器；采用 120 制动系统和 NSW 型手制动机等。GQ_{80} 型轻油罐车车辆外形如图 8-7 所示。

图 8-7 27 t 轴重 GQ_{80} 型轻油罐车

2. 黏油类罐车

(1)21 t 轴重 G_{17} 系列罐车

G_{17}、G_{17S} 型罐车为有中梁结构，主要由车体、转向架、车钩缓冲装置和制动装置等组成。车体由底架、罐体、鞍座、卡带、加热装置、端梯及走台等部件组成；中梁采用低合金乙字钢，罐体为圆柱状卧式碳钢焊接结构，罐体和底架采用上、下鞍螺栓紧固和卡带组合连接，加热采用外加温套结构；G_{17} 型罐车采用上装下卸作业方式，罐车底部设有中心排油阀，G_{17S} 型罐车采用上装上卸作业方式，罐车底部设有聚液窝；采用 13 型或 13A 型车钩及配套钩尾框、ST 型或 MT-3 型缓冲器；采用 120 制动系统、直立链式或 NSW 型手制动机等。G_{17} 型黏油罐车车辆外形如图 8-8 所示。

图 8-8　21 t 轴重 G_{17} 型黏油罐车

G_{17B} 系列罐车为无中梁结构，主要由车体、转向架、车钩缓冲装置和制动装置等组成。车体由牵枕、罐体、加热装置、排油装置、端梯及走台等部件组成；牵引梁采用低合金乙字钢，枕梁采用单腹板、侧盖板支撑结构，罐体为圆柱状卧式碳钢焊接结构，罐体与牵枕组焊为一体，加热装置采用内加热管结构，罐车底部设有中心排油阀；采用 13 型或 13A 型车钩及配套钩尾框、ST 型缓冲器；采用 120 制动系统、直立链式或 NSW 型手制动机等。G_{17BK} 型黏油罐车车辆外形如图 8-9 所示。

图 8-9　21 t 轴重 G_{17BK} 型黏油罐车

(2)23 t 轴重 GN_{70} 系列罐车

GN_{70} 系列罐车为无中梁结构，主要由车体、转向架、车钩缓冲装置和制动装置等组成。车体由牵枕、罐体、加热装置、排油装置、侧梯及走台等部件组成，主要型钢和板材采用低合金高强度钢和 Q450NQR1 高强度耐候钢；牵引梁采用乙字钢，枕梁采用单腹板、侧管支撑结构，罐体为卧式斜底碳钢焊接结构，罐体与牵枕组焊为一体，加热装置采用内加热排管结构，罐车底部设有中心排油阀；采用转 K5 或转 K6 型转向架；采用 17 型车钩、MT-2 型缓冲器；采用 120 制动系统和 NSW 型手制动机等。GN_{70} 型黏油罐车车辆外形如图 8-10 所示。车辆二维图如图 8-11 所示。

图 8-10　23 t 轴重 GN_{70} 型黏油罐车

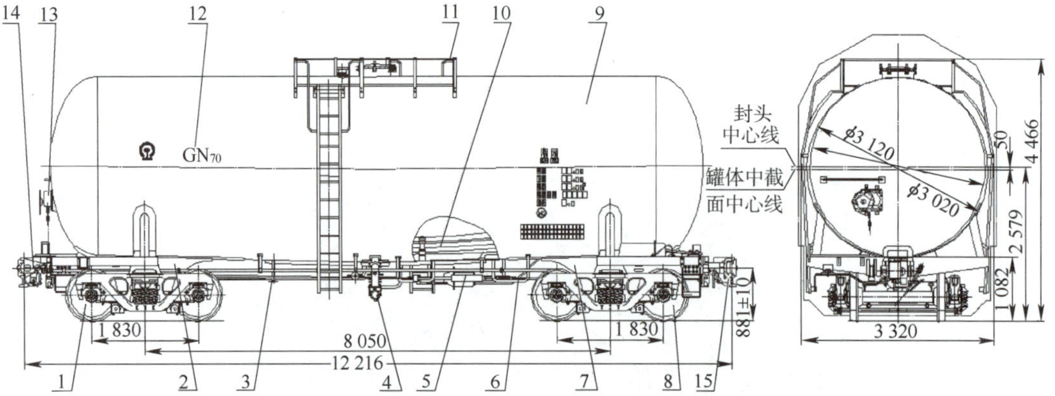

图 8-11　GN_{70} 型黏油罐车

1,8—转 K6 型转向架；2,7—牵枕装配；3—标签安装总成；4—排油装配；5—风制动装置装配；6—吊托装配；9—罐体装配；10—加热管路装配；11—侧梯及走台装配；12—车辆标记；13—手制动装置；14,15—车钩缓冲装配

(3)27 t 轴重 GN_{80} 型罐车

GN_{80} 型黏油罐车为无中梁结构，主要由车体、转向架、车钩缓冲装置和制动装置等组成。车体由牵枕、罐体、加热装置、排油装置、端梯及走台等部件组成，主要型钢和板材采用低合金高强度钢和 Q450NQR1 高强度耐候钢；牵引梁采用乙字钢，枕梁采用单腹板、侧盖板支撑结构，罐体为卧式斜底碳钢焊接结构，罐体与牵枕组焊为一体，加热装置采用带导流装置可进行蒸汽分配的外加热结构，罐车底部设有中心排油阀；采用 DZ1 型转向架；采用 17 型车钩及配套钩尾框，MT-2 型缓冲器；采用 120 制动系统和 NSW 型手制动机等。GN_{80} 型黏油罐车车辆外形如图 8-12 所示。

图 8-12 27 t 轴重 GN_{80} 型黏油罐车

3. 酸碱类罐车

(1)21 t 轴重 G_{11} 系列罐车

G_{11} 系列罐车为有中梁结构，主要由车体、转向架、车钩缓冲装置和制动装置等组成。车体由底架、罐体、鞍座、卡带、加热装置、端梯及走台等部件组成；中梁采用低合金乙字钢，罐体为圆柱状卧式碳钢焊接结构，罐体和底架采用上、下鞍螺栓紧固和卡带组合连接，加热采用外加温套结构；采用 13 型或 13A 型车钩及配套钩尾框、ST 型缓冲器；采用 120 制动系统、直立链式或 NSW 型手制动机等。G_{11SK} 型浓硫酸罐车车辆外形如图 8-13 所示。

图 8-13 21 t 轴重 G_{11SK} 型浓硫酸罐车

(2)21 t 轴重 GF 系列罐车

GF 系列罐车为有中梁结构，主要由车体、转向架、车钩缓冲装置和制动装置等组成。车体由底架、罐体、鞍座、卡带、端梯及走台等部件组成；中梁采用低合金乙字钢，罐体为圆柱状卧式结构，罐体材质为玻璃钢，罐体和底架采用上、下鞍螺栓紧固和卡带组合连接；采用 13 型车钩及配套钩尾框、ST 型或 MT-3 型缓冲器；采用 120 制动系统、直立链式或 NSW 型手制动机等。GFAK 型盐酸罐车车辆外形如图 8-14 所示。

图 8-14　21 t 轴重 GFAK 型盐酸罐车

(3)21 t 轴重 GH_{40} 系列铝制罐车

GH_{40} 系列铝制罐车为有中梁结构，主要由车体、转向架、车钩缓冲装置和制动装置等组成。车体由底架、罐体、鞍座、卡带、端梯及走台等部件组成；中梁采用低合金乙字钢，罐体为圆柱状卧式铝制焊接结构，罐体和底架采用上、下鞍螺栓紧固和卡带组合连接；采用 13 型车钩及配套钩尾框、ST 型缓冲器；采用 120 制动系统、直立链式或 NSW 型手制动机等。GH_{40LK} 型浓硝酸罐车车辆外形如图 8-15 所示。

图 8-15　21 t 轴重 GH_{40LK} 型浓硝酸罐车

(4)23 t 轴重 GS_{70} 和 GJ_{70} 型罐车

GS_{70} 和 GJ_{70} 型罐车为有中梁结构，主要由车体、转向架、车钩缓冲装置和制动装置组成。车体由底架、罐体、压板式鞍座、加热装置、端梯及走台等部件组成，主要型钢和板材采用低合金高强度钢和 Q450NQR1 高强度耐候钢；牵引梁采用乙字钢，枕梁采用双腹板箱型结构，罐体为卧式斜底碳钢焊接结构，罐体与底架通过鞍座压板结构和上、下鞍螺栓进行连接，加热装置采用外加温套结构；采用转 K6 型转向架；采用 17 型车钩及配套钩尾框、MT-2 型缓冲器；采用 120 制动系统和 NSW 型手制动机等。GS_{70}

型浓硫酸罐车车辆外形如图 8-16 所示，车辆二维图如图 8-17 所示。GJ70 型浓硫酸罐车车辆外形如图 8-18 所示。

图 8-16　23 t 轴重 GS70 型浓硫酸罐车

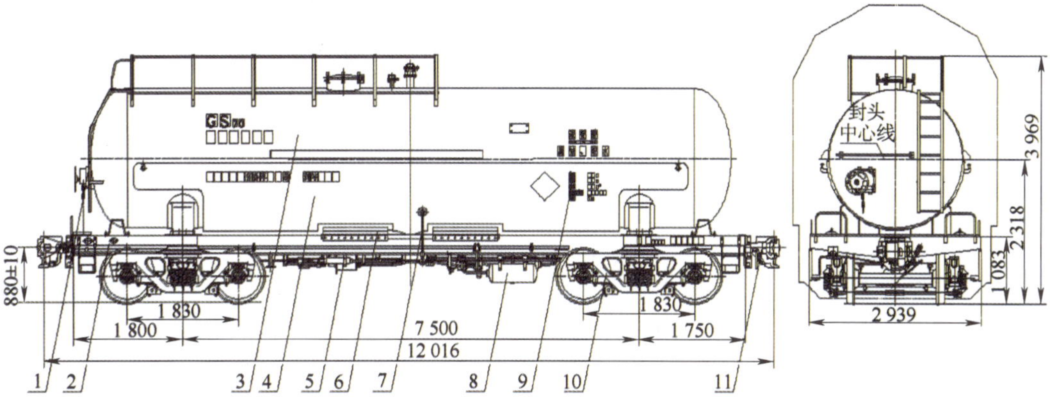

图 8-17　GS70 型浓硫酸罐车

1—端梯及走台装配；2—底架装配；3—罐体装配；4—加温套装配；5—底架附属件；6—罐与底架装配；7—加温管路装配；8—制动装置；9—车辆标记；10—转 K6 型转向架；11—车钩缓冲装置

图 8-18　23 t 轴重 GJ70 型浓硫酸罐车

4. 化工类罐车

(1)21 t 轴重 G60L 系列罐车

G60L 系列罐车为有中梁结构，主要由车体、转向架、车钩缓冲装置和制动装置组成。车体由底架、罐体、鞍座、卡带、内加热装置、侧梯及走台等部件组成；中梁采用低合金乙字钢，罐体为圆柱状卧式结构，材质为铝或铝合金，罐体和底架采用上、下鞍螺栓紧固和卡带组合连接；采用 13 型或 13A 型车钩及配套钩尾框、ST 型或 MT-3 型缓冲器；采用 120 制动系统和直立链式手制动机等。G60LBK 型罐车车辆外形如图 8-19 所示。

图 8-19　21 t 轴重 G60LBK 型罐车

(2)21 t 轴重 G60X 系列罐车

G60X 系列罐车为有中梁结构，主要由车体、转向架、车钩缓冲装置和制动装置组成。车体由底架、罐体、鞍座、卡带、加热装置(选用)、端梯及走台等部件组成；中梁采用低合金乙字钢，罐体为圆柱状卧式结构，材质为不锈钢，罐体和底架采用上、下鞍螺栓紧固和卡带组合连接，加热装置采用内加热管结构；采用 13 型或 13A 型车钩及配套钩尾框、ST 型或 MT-3 型缓冲器；采用 120 制动系统、直立链式或 NSW 型手制动机等。G60XK 型罐车车辆外形如图 8-20 所示。

图 8-20　21 t 轴重 G60XK 型罐车

(3)21 t 轴重 GH_{17} 系列罐车

GH_{17} 系列罐车主要由车体、转向架、车钩缓冲装置和制动装置组成。车体由底架、罐体、鞍座、卡带、加热装置、端梯及走台等部件组成；中梁采用低合金乙字钢，罐体为圆柱状卧式结构，材质为不锈钢复合钢板，罐体和底架采用上、下鞍螺栓紧固和卡带组合连接，加热装置采用外加温套结构；采用 13 型或 13A 型车钩及配套钩尾框、ST 型或 MT-3 型缓冲器；采用 120 制动系统、直立链式或 NSW 型手制动机等。GH_{17K} 型罐车车辆外形如图 8-21 所示。

图 8-21　GH_{17K} 型罐车

(4)21 t 轴重 GH_{50} 系列罐车

GH_{50} 系列罐车为有中梁结构，主要由车体、转向架、车钩缓冲装置和制动装置组成。车体由底架、罐体、鞍座、卡带等部件组成；中梁采用低合金乙字钢，罐体为圆柱状卧式碳钢焊接结构，罐体和底架采用上、下鞍螺栓紧固和卡带组合连接；采用 13 型车钩及配套钩尾框、ST 型缓冲器；采用 120 制动系统和直立链式手制动机等。

(5)21 t 轴重 GH_{60K} 型罐车

GH_{60K} 型罐车为有中梁结构，主要由车体、转向架、车钩缓冲装置和制动装置组成。车体由底架、罐体、鞍座、卡带、端梯及走台等部件组成；中梁采用低合金乙字钢，罐体为圆筒形结构，罐体与底架采用上、下鞍螺栓紧固和卡带组合连接；采用 13 型车钩及配套钩尾框、ST 型或 MT-3 型缓冲器；采用 120 制动系统、直立链式或 NSW 型手制动机等。

装运双氧水的 GH_{60K} 型罐车罐体材质为不锈钢，装运苯类介质的 GH_{60K} 型罐车罐体材质为碳钢，罐体顶部设有人孔、卸料装置和呼吸式安全阀。GH_{60K} 型罐车车辆外形如图 8-22 所示。

(6)21 t 轴重 GH 系列罐车

GH 系列罐车为有中梁结构，主要由车体、转向架、车钩缓冲装置和制动装置组成。

图 8-22　21 t 轴重 GH_{60K} 型罐车

车体由底架、罐体、鞍座、卡带、加热装置、端梯及走台等部件组成；中梁采用低合金乙字钢，罐体为圆筒形碳钢焊接结构，罐体与底架通过罐带及上下鞍螺栓连接，采用外加温套和内加热管两种加热结构；采用 13 型或 13A 型车钩及配套钩尾框、ST 型缓冲器；采用 120 制动系统和直立链式或 NSW 型手制动机等。GHT 型黄磷罐车车辆外形如图 8-23 所示。

图 8-23　21 t 轴重 GHT 型黄磷罐车

(7)21 t 轴重 GAL 系列罐车

GAL 系列罐车为有中梁结构，主要由车体、转向架、车钩缓冲装置和制动装置组成。车体由底架、罐体、鞍座、卡带、端梯及走台等部件组成；中梁采用低合金乙字钢，罐体为圆柱状卧式纯铝焊接结构，罐体和底架采用上、下鞍螺栓紧固和卡带组合连接；采用 13 型车钩及配套钩尾框、ST 型缓冲器；采用 120 制动系统和直立链式手制动机等。GALK 型纯铝化工罐车车辆外形如图 8-24 所示。

(8)21 t 轴重 GHB_{55K} 型罐车

GHB_{55K} 型罐车为有中梁结构，主要由车体、转向架、车钩缓冲装置和制动装置组成。车体由底架、罐体、鞍座、卡带、侧梯及走台等部件组成；中梁采用低合金乙字钢，罐

图 8-24　21 t 轴重 GALK 型纯铝化工罐车

体为圆柱状卧式结构，由不锈钢内罐体、低合金钢外罐体及保温层三部分组成，内、外罐体间不设金属连接，浇注硬质聚氨酯泡沫塑料，外罐体和底架采用上、下鞍螺栓紧固和卡带组合连接；采用 13A 型车钩及配套钩尾框、ST 型缓冲器；采用 120 制动系统和 NSW 型手制动机等。GHB_{55K} 型不锈钢保温铁路罐车结构如图 8-25 所示。

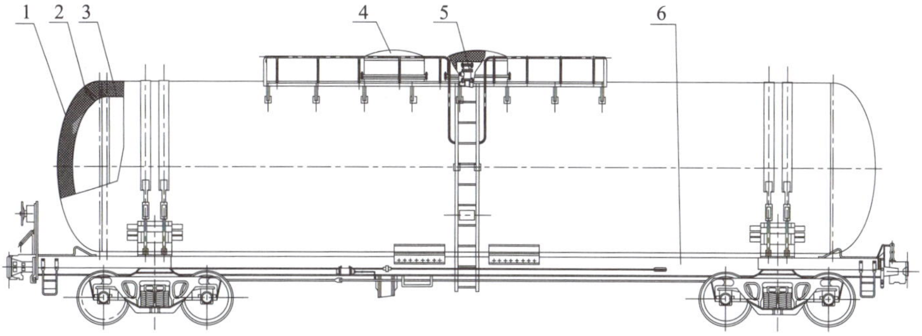

图 8-25　GHB_{55K} 型不锈钢保温铁路罐车结构示意

1—外罐体；2—内罐体；3—保温层；4—人孔；5—阀件箱；6—底架

(9)23 t 轴重 $GQ_{70}A$ 和 GHA_{70} 型罐车

$GQ_{70}A$ 和 GHA_{70} 型罐车为无中梁结构，主要由车体、转向架、车钩缓冲装置和制动装置组成。车体主要由牵枕、罐体、侧梯及走台等部件组成，主要型钢和板材采用低合金高强度钢和 Q450NQR1 高强度耐候钢；牵引梁采用乙字钢，枕梁采用单腹板、侧管支撑结构，罐体为卧式斜底碳钢焊接结构，罐体与牵枕组焊为一体；采用转 K6 型转向架；采用 17 型车钩及配套钩尾框、MT-2 型缓冲器；采用 120 制动系统和 NSW 型手制动机等。$GQ_{70}A$ 型罐车车辆外形如图 8-26 所示，车辆二维图如图 8-27 所示。GHA_{70} 型罐车车辆外形如图 8-28 所示。

图 8-26　23 t 轴重 GQ70A 型罐车

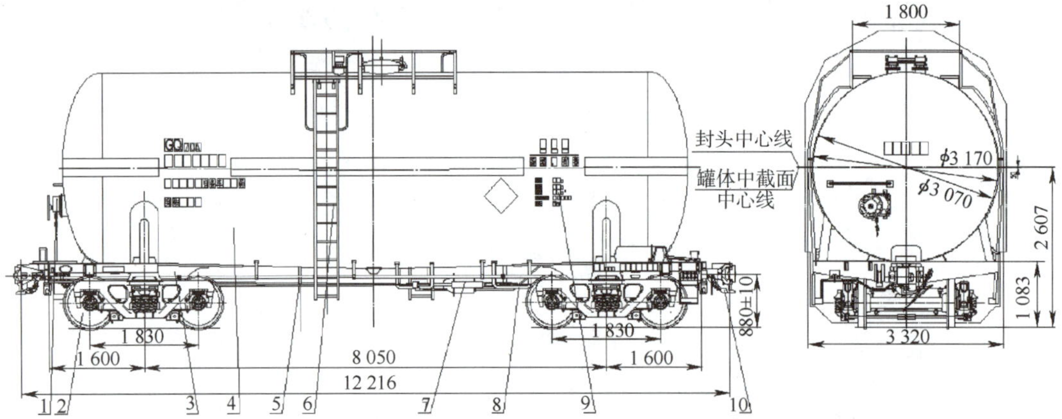

图 8-27　GQ70A 型罐车

1—手制动装置；2—转 K6 型转向架；3—牵枕装配；4—罐体装配；5—标签安装总成；6—侧梯及走台装配；7—风制动装置；8—吊托装配；9—标记；10—车钩缓冲装置

图 8-28　23 t 轴重 GHA70 型罐车

(10)23 t 轴重 GN70A 型罐车

GN70A 型罐车为无中梁结构，主要由车体、转向架、车钩缓冲装置和制动装置组成。

车体由牵枕、罐体、加热装置、侧梯及走台等部件组成，主要型钢和板材采用低合金高强度钢和 Q450NQR1 高强度耐候钢；牵引梁采用乙字钢，枕梁采用单腹板、侧管支撑结构，罐体为卧式斜底碳钢焊接结构，罐体与牵枕组焊为一体，加热装置采用内加热排管结构；采用转 K6 型转向架；采用 17 型车钩及配套钩尾框、MT-2 型缓冲器；采用 120 制动系统和 NSW 型手制动机等。GN_{70A} 型罐车车辆外形如图 8-29 所示。

图 8-29　23 t 轴重 GN_{70A} 型罐车

(11)23 t 轴重 GH_{70A}、GH_{70B}、GHB_{70} 和 GHA_{70A} 型罐车

GH_{70A}、GH_{70B}、GHB_{70} 和 GHA_{70A} 型罐车均为有中梁结构，主要由车体、转向架、车钩缓冲装置和制动装置组成。车体由底架、罐体、压板式鞍座、外加热装置、外梯及走台等部件组成，主要型钢和板材采用低合金高强度钢和 Q450NQR1 高强度耐候钢；牵引梁采用乙字钢，枕梁采用双腹板箱型结构，罐体为卧式结构，罐体与底架通过鞍座压板结构和上、下鞍螺栓进行连接；采用转 K6 型转向架；采用 17 型车钩及配套钩尾框、MT-2 或 HM-1 型缓冲器；采用 120 制动系统和 NSW 型手制动机等。

GH_{70A} 和 GH_{70B} 型罐车罐体为斜底结构，材质为不锈钢，外梯采用侧梯结构，GH_{70B} 型罐车设有加热装置，采用外加外套结构。GH_{70A} 型罐车车辆外形如图 8-30 所示。

图 8-30　23 t 轴重 GH_{70A} 型罐车

GHB_{70} 型罐车罐体为斜底结构，材质为碳钢，人孔为内层密封结构，罐车设有加热装置，采用外加外套结构，外梯采用端梯结构。GHB_{70} 型罐车车辆外形如图 8-31 所示。

图 8-31　23 t 轴重 GHB_{70} 型罐车

GHA_{70A} 型罐车罐体为圆柱结构，材质为碳钢，罐车设有加热装置，采用外加外套结构，外梯采用端梯结构。GHA_{70A} 型罐车车辆外形如图 8-32 所示。

图 8-32　23 t 轴重 GHA_{70A} 型罐车

(12)23 t 轴重 GH_{70C} 型罐车

GH_{70C} 型罐车为有中梁结构，主要由车体、转向架、车钩缓冲装置和制动装置组成。车体由底架、罐体、加热装置、保温装置、侧梯及走台等部件组成，主要型钢和板材采用低合金高强度钢和 Q450NQR1 高强度耐候钢；牵引梁采用乙字钢，中梁采用工字钢，枕梁采用整体变截面箱型结构，罐体为卧式斜底不锈钢焊接结构，罐体与底架之间采用侧翼连接，加热装置采用外置排管式加热结构，保温层采用超细玻璃棉与聚氨酯硬泡复合而成；采用转 K6 型转向架；采用 17 型车钩及配套钩尾框、MT-2 型缓冲器；采用 120 制动系统和 NSW-Ⅰ型手制动机等。GH_{70C} 型罐车车辆外形如图 8-33 所示。

图 8-33　23 t 轴重 GH_{70C} 型罐车

5. 食品类罐车

(1)21 t 轴重 GS 系列罐车

GS 系列罐车为有中梁结构，主要由车体、转向架、车钩缓冲装置和制动装置组成。车体由底架、罐体、鞍座、卡带、外加热装置、端梯及走台等部件组成；中梁采用低合金乙字钢，罐体为圆柱状卧式碳钢焊接结构，罐体和底架采用上、下鞍螺栓紧固和卡带组合连接，加热采用外加温套结构；采用 13 型或 13A 型车钩及配套钩尾框、ST 型或 MT-3 型缓冲器；采用 120 制动系统和直立链式手制动机等。GSK 型食用油罐车车辆外形如图 8-34 所示。

图 8-34　21 t 轴重 GSK 型食用油罐车

(2)23 t 轴重 GW_{70} 型罐车

GW_{70} 型罐车为有中梁结构，主要由车体、转向架、车钩缓冲装置和制动装置组成。车体由底架、罐体、压板式鞍座、外加热装置、侧梯及走台等部件组成，主要型钢和板材采用低合金高强度钢和 Q450NQR1 高强度耐候钢；牵引梁采用乙字钢，枕梁采用双腹板箱型结构，罐体为卧式斜底碳钢焊接结构，罐体与底架通过鞍座压板结构和上、下鞍螺栓进行连接，加热装置采用外加温套结构；采用转 K6 型转向架；采用 17 型车钩及配套钩尾框、MT-2 型或 HM-1 型缓冲器；采用 120 制动系统和 NSW-Ⅰ型手制动机等。GW_{70} 型食用油罐车车辆外形如图 8-35 所示，车辆二维图如图 8-36 所示。

图 8-35　23 t 轴重 GW_{70} 型食用油罐车

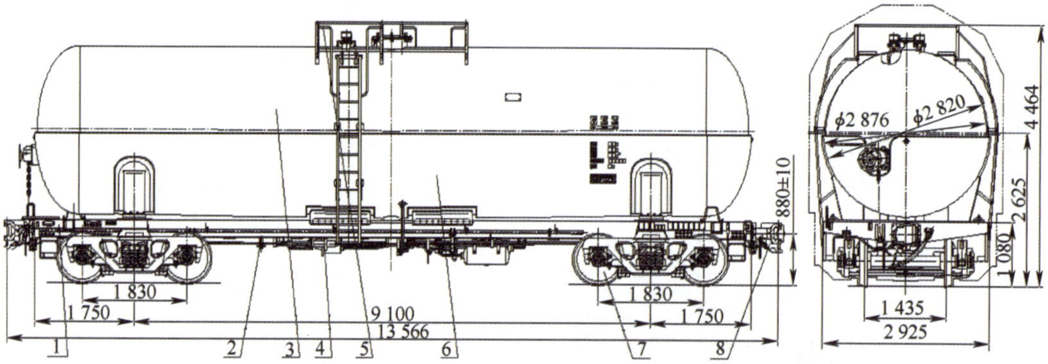

图 8-36　GW_{70} 型食用油罐车

1—底架装配；2—底架附属件；3—罐体装配；4—制动装置；5—侧梯及走台装配；
6—加温套装配；7—转 K6 型转向架；8—车钩缓冲装置

6. 硬化类罐车

(1)21 t 轴重 GL 系列罐车

GL 系列沥青罐车为有中梁结构，主要由车体、转向架、车钩缓冲装置和制动装置组成。车体由底架、罐体、鞍座、卡带、加热装置、保温装置、端梯及走台等部件组成；中梁采用低合金乙字钢，罐体为圆柱状卧式碳钢焊接结构，罐体和底架采用上、下鞍螺栓紧固和卡带组合连接，罐体内部设置加热管，采用火焰加热，保温装置为上、下壳结构，GLA 型罐车保温材料采用聚氨酯与泡沫石棉，GLB 和 GLC 型罐车保温材料采用岩棉，罐体底部两侧各设置一个排油阀；采用 13 型或 13A 型车钩及配套钩尾框、ST 型或 MT-3 型缓冲器；采用 120 制动系统、直立链式或 NSW 型手制动机等。GLBK 型沥青罐车车辆外形如图 8-37 所示。

图 8-37 21 t 轴重 GLBK 型沥青罐车

(2)23 t 轴重 GL_{70} 型罐车

GL_{70} 型沥青罐车采用无中梁结构，主要由车体、转向架、车钩缓冲装置和制动装置组成。车体由牵枕、罐体、加热装置、保温装置、排油装置、端梯及走台等部件组成，主要型钢和板材采用低合金高强度钢和 Q450NQR1 高强度耐候钢；牵引梁采用乙字钢，枕梁采用单腹板、侧管支撑结构，罐体为卧式斜底碳钢焊接结构，罐体与牵枕组焊为一体，加热装置由火管加热装置和蒸汽加热装置两部分组成，保温装置由保温壳、支撑、压条等铆焊而成，保温材料为玻璃棉毡，罐体底部两侧各设置一个改进型保温旋塞阀；采用转 K6 型转向架；采用 17 型车钩及配套钩尾框、MT-2 型缓冲器；采用 120 制动系统和 NSW-Ⅰ型手制动机等。GL_{70} 型沥青罐车车辆外形如图 8-38 所示，车辆二维图如图 8-39 所示。

图 8-38 23 t 轴重 GL_{70} 型沥青罐车

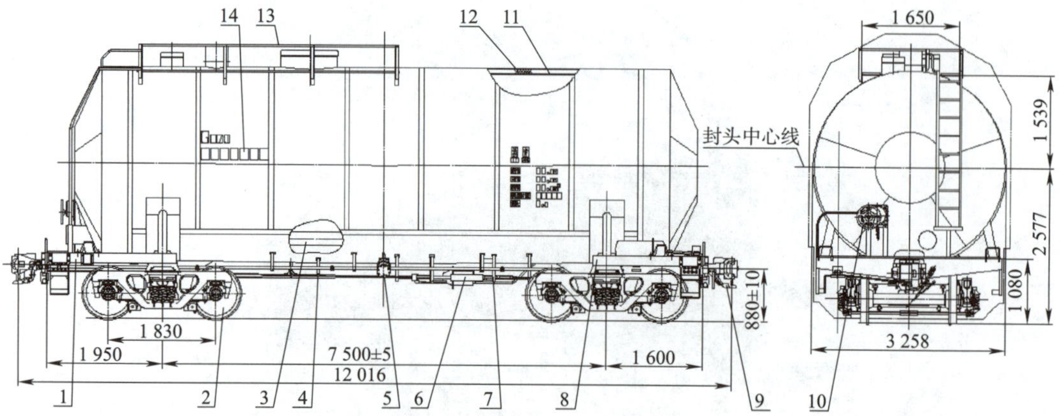

图 8-39　GL_{70} 型沥青罐车

1,8—牵枕装配；2—转 K6 型转向架；3—加温管装配；4—标签安装总成；5—排油装配；6—风制动装置；7—吊托装配；9—车钩缓冲装置；10—手制动装置；11—罐体装配；12—保温装置；13—端梯及走台装配；14—车辆标记

8.1.3　技术参数及配置

1. 轻油类罐车

轻油类罐车技术参数及配置见表 8-1 和表 8-2。

表 8-1　21 t 轴重轻油类罐车技术参数及配置

车型代号		G_{60K}	G_{70K}	G_{70AK}
项　目		参数及说明		
用　途		轻油类罐车		
轨距(mm)		1 435	1 435	1 435
轴重(t)		21	21	21
每延米重(t/m)		6.18	6.87	6.3
换长		1.1	1.1	1.2
车钩中心线距轨面高度(空车)(mm)		880±10	880±10	880±10
通过最小曲线半径(m)		145	145	145
商业运行速度(km/h)		120	120	120
装卸方式		上装上卸	上装上卸	上装上卸
重量参数	载重(t)	53	62	60
	自重(t)	21	20.4	21.6
	自重系数	0.4	0.33	0.36
容积参数	总容积(m^3)	62	72.04	70
	有效容积(m^3)	60	69.7	67.7
车辆尺寸	车辆长度(mm)	11 988	11 988	12 888
	最大宽度(mm)	2 912	3 020	3 020
	最大高度(空车)(mm)	4 481	4 505	4 505
	车辆定距(mm)	7 300	7 500	7 500

续上表

车型代号			G60K	G70K	G70AK
罐体尺寸	罐体外径(mm)		ϕ2 820	ϕ3 020	ϕ3 020
	罐体长度(mm)		10 555	10 700	10 350
钩缓装置	缓冲器型号		ST 或 MT-3 型	ST 型	ST 或 MT-3 型
	车钩型号		13 型	13A 型	13 型
	钩尾框		13B 型	13B 型	13B 型
转向架			转 K2 型	转 K2 型	转 K2 型
制动装置	主要配置	制动阀	120 型	120 型	120 型
		制动缸	356 mm×254 mm 旋压密封式	356 mm×254 mm 旋压密封式	356 mm×254 mm 旋压密封式
		闸调器	ST2-250 型	ST2-250 型	ST2-250 型
		脱轨自动制动阀	无	无	无
		空重车阀	KZW-A 型	KZW-A 型	KZW-A 型
		手制动机	链式或 NSW 型	NSW 型	链式

车型代号		G70B	G75K
项　　目		参数及说明	
用　　途		轻油类罐车	
轨距(mm)		1 435	1 435
轴重(t)		21	21
每延米重(t/m)		7.0	6.91
换长		1.1	1.1
车钩中心线距轨面高度(空车)(mm)		880±10	880±10
通过最小曲线半径(m)		145	145
商业运行速度(km/h)		100	120
装卸方式		上装上卸	上装上卸
重量参数	载重(t)	63	62
	自重(t)	20.8	20.9
	自重系数	0.33	0.34
容积参数	总容积(m^3)	72.9	78
	有效容积(m^3)	70.7	75.6
车辆尺寸	车辆长度(mm)	11 988	11 988
	最大宽度(mm)	3 220	3 292
	最大高度(空车)(mm)	4 382	4 512
	车辆定距(mm)	7 500	7 850
罐体尺寸	罐体外径(mm)	ϕ2 820～ϕ3 220	ϕ3 020～ϕ3 120
	罐体长度(mm)	10 700	11 050

续上表

车型代号			G_{70B}	G_{75K}
钩缓装置		缓冲器型号	ST 型	ST 型
		车钩型号	13 型	13A 型
		钩尾框	13 型	13B 型
转向架			转 8A 型	转 K2 型
制动装置	主要配置	制动阀	120 型	120 型
		制动缸	356 mm×254 mm 旋压密封式	254 mm×254 mm 旋压密封式
		闸调器	ST2-250 型	ST2-250 型
		脱轨自动制动阀	无	无
		空重车阀	手动	KZW-A 型
		手制动机	链式	NSW 型

表 8-2　23 t 和 27 t 轴重轻油类罐车技术参数及配置

车型代号		$GQ_{70(H)}$	GQ_{80}
项　　目		参数及说明	
用　　途		轻油类罐车	
轨距(mm)		1 435	1 435
轴重(t)		23	27
每延米重(t/m)		7. 66	8
换长		1. 1	1. 2
车钩中心线距轨面高度(空车)(mm)		880±10	880±10
通过最小曲线半径(m)		145	145
商业运行速度(km/h)		120	100
装卸方式		上装上卸	上装上卸
重量参数	载重(t)	70	80
	自重(t)	23. 6	25. 6
	自重系数	0. 33	0. 32
容积参数	总容积(m^3)	80. 3	93. 7
	有效容积(m^3)	78. 7	89. 9
车辆尺寸	车辆长度(mm)	12 216	13 136
	最大宽度(mm)	3 320	3 270
	最大高度(空车)(mm)	4 494	4 572
	车辆定距(mm)	8 050	8 970
罐体尺寸	罐体外径(mm)	ϕ3 070～ϕ3 170	ϕ3 120～ϕ3 270
	罐体长度(mm)	11 100	10 700
钩缓装置	缓冲器型号	MT-2 型	MT-2 型
	车钩型号	17 型(加厚型钩舌)	17 型(加厚型钩舌)
	钩尾框	17 型	17 型

续上表

车型代号			GQ70(H)	GQ80
转向架			转 K6 或转 K5 型	DZ1 型
制动装置	主要配置	制动阀	120 型	120 型
		制动缸	305 mm×254 mm 旋压密封式	305 mm×254 mm 旋压密封式
		闸调器	ST2-250 型	ST2-250 型
		脱轨自动制动阀	TZD 型	TZD-Ⅰ型
		空重车阀	KZW-A 型	KZW-A 型
		手制动机	NSW 型	NSW 型

2. 黏油类罐车

黏油类罐车技术参数及配置见表 8-3 和表 8-4。

表 8-3 21 t 轴重黏油罐车技术参数及配置

车型代号		G17K	G17SK	G17BK
项 目		参数及说明		
用 途		黏油类罐车	润滑油罐车	黏油类罐车
轨距(mm)		1 435	1 435	1 435
轴重(t)		21	21	21
每延米重(t/m)		6.66	6.31	7
换长		1.1	1.1	1.1
车钩中心线距轨面高度(空车)(mm)		880±10	880±10	880±10
通过最小曲线半径(m)		145	145	145
商业运行速度(km/h)		120	120	120
装卸方式		上装下卸	上装上卸	上装下卸
重量参数	载重(t)	57	53	63
	自重(t)	22.7	22.6	20.8
	自重系数	0.28	0.30	0.25
容积参数	总容积(m^3)	62	62	70
	有效容积(m^3)	60	60	66.4
车辆尺寸	车辆长度(mm)	11 988	11 988	11 988
	最大宽度(mm)	2 950	2 950	3 020
	最大高度(空车)(mm)	4 485	4 477	4 515
	车辆定距(mm)	7 300	7 300	7 500
罐体尺寸	罐体外径(mm)	ϕ2 816	ϕ2 816	ϕ3 020
	罐体长度(mm)	10 555	10 555	10 420
钩缓装置	缓冲器型号	ST 或 MT-3 型	ST 或 MT-3 型	ST 型
	车钩型号	13 型	13 型	13A 型
	钩尾框	13B 型	13B 型	13B 型

续上表

车型代号			G17K	G17SK	G17BK
转向架			转 K2 型	转 K2 型	转 K2 型
制动装置	主要配置	制动阀	120 型	120 型	120 型
		制动缸	254 mm×254 mm 旋压密封式	254 mm×254 mm 旋压密封式	254 mm×254 mm 旋压密封式
		闸调器	ST2-250 型	ST2-250 型	ST2-250 型
		脱轨自动制动阀	无	无	无
		空重车阀	KZW-A 型	KZW-A 型	KZW-4GA 或 TWG-1 型
		手制动机	链式或 NSW 型	链式或 NSW 型	链式或 NSW 型

表 8-4　23 t 和 27 t 轴重黏油罐车技术参数及配置

车型代号		$GN_{70(H)}$	GN_{80}
项　　目		参数及说明	
用　　途		黏油类罐车	
轨距(mm)		1 435	1 435
轴重(t)		23	27
每延米重(t/m)		7. 68	8
换长		1. 1	1. 2
车钩中心线距轨面高度(空车)(mm)		880±10	880±10
通过最小曲线半径(m)		145	145
商业运行速度(km/h)		120	100
装卸方式		上装下卸	上装下卸
重量参数	载重(t)	70	80
	自重(t)	23. 8	26. 7
	自重系数	0. 25	0. 25
容积参数	总容积(m^3)	78. 1	87. 4
	有效容积(m^3)	73. 7	84. 2
车辆尺寸	车辆长度(mm)	12 216	13 306
	最大宽度(mm)	3 320	3 306
	最大高度(空车)(mm)	4 466	4 572
	车辆定距(mm)	8 050	9 140
罐体尺寸	罐体外径(mm)	ϕ3 020～ϕ3 120	ϕ3 120～ϕ3 220
	罐体长度(mm)	11 240	11 776
钩缓装置	缓冲器型号	MT-2 型	MT-2 型
	车钩型号	17 型(加厚型钩舌)	17 型(加厚型钩舌)
	钩尾框	17 型	17 型
转向架		转 K6 或转 K5 型	DZ1 型

续上表

车型代号			$GN_{70(H)}$	GN_{80}
制动装置	主要配置	制动阀	120 型	120 型
		制动缸	305 mm×254 mm 旋压密封式	305 mm×254 mm 旋压密封式
		闸调器	ST2-250 型	ST2-250 型
		脱轨自动制动阀	TZD 型	TZD-Ⅰ型
		空重车阀	KZW-A 型	KZW-A 型
		手制动机	NSW 型	NSW 型

3. 酸碱类罐车

酸碱类罐车技术参数及配置见表 8-5 和表 8-6。

表 8-5　21 t 轴重酸碱类液体罐车技术参数及配置

车型代号		G_{11K}	G_{11SK}	G_{11JK}
项　　目		参数及说明		
用　　途		酸碱类罐车	浓硫酸罐车	液碱罐车
轨距(mm)		1 435	1 435	1 435
轴重(t)		21	21	21
每延米重(t/m)		酸 6.98 碱 6.23	6.98	6.97
换长		1.1	1.1	1.1
车钩中心线距轨面高度(空车)(mm)		880±10	880±10	880±10
通过最小曲线半径(m)		145	145	145
商业运行速度(km/h)		120	120	120
装卸方式		上装上卸	上装上卸	上装上卸
重量参数	载重(t)	酸 63 碱 54	63	62.5
	自重(t)	20.7	20.7	21.1
	自重系数	酸 0.33 碱 0.38	0.328	0.33
容积参数	总容积(m^3)	38.33	36	48.98
	有效容积(m^3)	酸 34 碱 36	34	47.29
车辆尺寸	车辆长度(mm)	11 988	11 988	11 988
	最大宽度(mm)	2 912	2 912	2 912
	最大高度(空车)(mm)	3 927	3 923	4 263
	车辆定距(mm)	7 300	7 300	7 300
罐体尺寸	罐体外径(mm)	ϕ2 220	ϕ2 220	ϕ2 620
	罐体长度(mm)	10 300	9 700	9 680
钩缓装置	缓冲器型号	ST 型	ST 型	ST 型
	车钩型号	13A 型	13A 型	13A 型
	钩尾框	13B 型	13B 型	13B 型

续上表

车型代号			G_{11K}	G_{11SK}	G_{11JK}
转向架			转 K2 型	转 K2 型	转 K2 型
制动装置	主要配置	制动阀	120 型	120 型	120 型
		制动缸	254 mm×254 mm 旋压密封式	254 mm×254 mm 旋压密封式	254 mm×254 mm 旋压密封式
		闸调器	ST2-250 型	ST2-250 型	ST2-250 型
		脱轨自动制动阀	无	无	无
		空重车阀	KZW-4GA 或 TWG-1A 型	KZW-4GA 或 TWG-1A 型	KZW-4GA 型
		手制动机	链式或 NSW 型	NSW 型	链式或 NSW 型

车型代号		GH_{40K}	GH_{40LK}	GFAK
项　　目		参数及说明		
用　　途		浓硝酸罐车	浓硝酸罐车	盐酸罐车
轨距(mm)		1 435	1 435	1 435
轴重(t)		21	21	21
每延米重(t/m)		≤6.6	≤6.6	6.82
换长		1.1	1.1	1.1
车钩中心线距轨面高度(空车)(mm)		880±10	880±10	880±10
通过最小曲线半径(m)		145	145	145
商业运行速度(km/h)		120	120	120
装卸方式		上装上卸	上装上卸	上装上卸
重量参数	载重(t)	60	60	62
	自重(t)	≤18.9	18.9	19.7
	自重系数	0.31	0.31	0.32
容积参数	总容积(m^3)	42	42	53.7
	有效容积(m^3)	40	40	51.7
车辆尺寸	车辆长度(mm)	11 988	11 988	11 988
	最大宽度(mm)	2 880	2 880	2 912
	最大高度(空车)(mm)	4 100	4 100	4 416
	车辆定距(mm)	7 300	7 300	7 300
罐体尺寸	罐体外径(mm)	ϕ2 300(内径)	ϕ2 300(内径)	ϕ2 646
	罐体长度(mm)	10 400	10 400	10 600
钩缓装置	缓冲器型号	ST 型	ST 型	ST 或 MT-3 型
	车钩型号	13 型	13 型	13 型
	钩尾框	13B 型	13B 型	13B 型
转向架		转 K2 型	转 K2 型	转 K2 型

续上表

车型代号			GH_{40K}	GH_{40LK}	GFAK
制动装置	主要配置	制动阀	120 型	120 型	120 型
		制动缸	356 mm×254 mm 密封式	356 mm×254 mm 旋压密封式	254 mm×254 mm 旋压密封式
		闸调器	ST2-250 型	ST2-250 型	ST2-250 型
		脱轨自动制动阀	无	无	无
		空重车阀	KZW-4GAB 型	KZW-4GAB 型	KZW-A 型
		手制动机	链式	链式	NSW 型

表 8-6　23 t 轴重酸碱类液体罐车技术参数及配置

车型代号			GS_{70}	GJ_{70}
项　目			参数及说明	
用　途			浓硫酸罐车	液碱罐车
轨距(mm)			1 435	1 435
轴重(t)			23	23
每延米重(t/m)			7.74	7.8
换长			1.1	1.1
车钩中心线距轨面高度(空车)(mm)			880±10	880±10
通过最小曲线半径(m)			145	145
商业运行速度(km/h)			120	120
装卸方式			上装上卸	上装上卸
重量参数	载重(t)		70	70
	自重(t)		23	23.8
	自重系数		0.33	0.34
容积参数	总容积(m^3)		39.2	54.3
	有效容积(m^3)		38	52.7
车辆尺寸	车辆长度(mm)		12 016	12 016
	最大宽度(mm)		2 939	2 939
	最大高度(空车)(mm)		3 969	4 317
	车辆定距(mm)		7 500	7 500
罐体尺寸	罐体外径(mm)		ϕ2 220～ϕ2 270	ϕ2 620～ϕ2 670
	罐体长度(mm)		10 500	10 500
钩缓装置		缓冲器型号	MT-2 型	MT-2 型
		车钩型号	17 型(加厚型钩舌)	17 型(加厚型钩舌)
		钩尾框	17 型	17 型
转向架			转 K6 型	转 K6 型

续上表

车型代号			GS_{70}	GJ_{70}
制动装置	主要配置	制动阀	120 型	120 型
		制动缸	305 mm×254 mm 旋压密封式	305 mm×254 mm 旋压密封式
		闸调器	ST2-250 型	ST2-250 型
		脱轨自动制动阀	TZD 型	TZD 型
		空重车阀	KZW-A 型	KZW-A 型
		手制动机	NSW 型	NSW 型

4. 化工类罐车

化工类罐车技术参数及配置见表 8-7 和表 8-8。

表 8-7　21 t 轴重化工类罐车技术参数及配置

车型代号		G_{60LBK}	G_{60XK}	GH_{17K}	GHB_{55K}
项　目		参数及说明			
用　途		铝合金罐车	不锈钢罐车	冰醋酸罐车	不锈钢罐车
轨距(mm)		1 435	1 435	1 435	1 435
轴重(t)		21	21	21	21
每延米重(t/m)		6.92	6.79	6.97	≤5.25
换长		1.1	1.1	1.1	1.4
车钩中心线距轨面高度(空车)(mm)		880±10	880±10	880±10	880±10
通过最小曲线半径(m)		145	145	145	145
商业运行速度(km/h)		120	120	120	120
装卸方式		上装上卸	上装上卸	上装上卸	上装上卸
重量参数	载重(t)	64.5	60	59	47.3
	自重(t)	18.5	22	24.5	≤32.5
	自重系数	0.29	0.37	0.42	0.69
容积参数	总容积(m^3)	62.3	61	62.09	55
	有效容积(m^3)	57.82	54	56.2	53.4
车辆尺寸	车辆长度(mm)	11 988	11 988	11 988	15 180
	最大宽度(mm)	3 062	2 912	3 137	3 080
	最大高度(空车)(mm)	4 503	4 486	4 484	4 545
	车辆定距(mm)	7 300	7 300	7 300	10 500
罐体尺寸	罐体外径(mm)	ϕ2 828	ϕ2 820	ϕ2 822	ϕ2 820
	罐体长度(mm)	10 612	10 410	10 410	13 754
钩缓装置	缓冲器型号	ST 或 MT-3 型	ST 或 MT-3 型	ST 或 MT-3 型	ST 型
	车钩型号	13 型	13 型	13 型	13A 型
	钩尾框	13B 型	13B 型	13B 型	13B 型

续上表

车型代号			G60LBK	G60XK	GH17K	GHB55K
转向架			转 K2 型	转 K2 型	转 K2 型	转 K2 型
制动装置	主要配置	制动阀	120 型	120 型	120 型	120 型
		制动缸	356 mm×254 mm 旋压密封式	254 mm×254 mm 旋压密封式	254 mm×254 mm 旋压密封式	254 mm×254 mm 旋压密封式
		闸调器	ST2-250 型	ST2-250 型	ST2-250 型	ST2-250 型
		脱轨自动制动阀	无	无	无	无
		空重车阀	KZW-A 型	KZW-A 型	KZW-4GA 或 KZW-A 型	KZW-A 型
		手制动机	链式	链式或 NSW 型	链式或 NSW 型	NSW 型

车型代号		GH50K	GH50AK	GH60K	GH60K
项　　目		参数及说明			
用　　途		轻油罐车	丙烯酸酯罐车	苯类罐车	双氧水罐车
轨距(mm)		1 435	1 435	1 435	1 435
轴重(t)		21	21	21	21
每延米重(t/m)		≤5.96	≤6.21	5.89	≤6.81
换长		1.1	1.1	1.1	1.1
车钩中心线距轨面高度(空车)(mm)		880±10	880±10	880±10	880±10
通过最小曲线半径(m)		145	145	145	145
商业运行速度(km/h)		120	120	120	120
装卸方式		上装上卸	上装上卸	上装上卸	上装上卸
重量参数	载重(t)	50	48	49.3	60
	自重(t)	≤21.5	≤26.4	21.3	≤21.6
	自重系数	0.43	0.55	0.43	0.36
容积参数	总容积(m^3)	51.6	54	62	53
	有效容积(m^3)	50	50	55.8	50
车辆尺寸	车辆长度(mm)	11 988	11 988	11 988	11 988
	最大宽度(mm)	2 880	2 880	2 910	2 865
	最大高度(空车)(mm)	4 277	4 277	4 478	4 335
	车辆定距(mm)	7 300	7 300	7 300	7 300
罐体尺寸	罐体外径(mm)	ϕ2 600(内径)	ϕ2 600(内径)	ϕ2 820	ϕ2 600(内径)
	罐体长度(mm)	10 026	10 026	10 410	10 410
钩缓装置	缓冲器型号	ST 型	ST 型	ST 或 MT-3 型	ST 型
	车钩型号	13 型上作用	13 型上作用	13 系列	13A 型
	钩尾框	13B 型	13B 型	13B 型	13B 型
转向架		转 K2 型	转 K2 型	转 K2 型	转 K2 型

续上表

车型代号			GH_{50K}	GH_{50AK}	GH_{60K}	GH_{60K}
制动装置	主要配置	制动阀	120-1 型	120 型	120 型	120 型
		制动缸	356 mm×254 mm 旋压密封式	356 mm×254 mm 旋压密封式	356 mm×254 mm 旋压密封式	356 mm×254 mm 旋压密封式
		闸调器	ST2-250 型	ST2-250 型	ST2-250 型	ST2-250 型
		脱轨自动制动阀	无	无	无	无
		空重车阀	KZW-A 型	KZW-A 型	KZW-4GA 型	KZW-A 型
		手制动机	链式	链式	链式	NSW 型

车型代号		GHK	GALK
项　　目		参数及说明	
用　　途		黄磷罐车	纯铝化工罐车
轨距(mm)		1 435	1 435
轴重(t)		21	21
每延米重(t/m)		6.94	≤5.69
换长		1.1	1.1
车钩中心线距轨面高度(空车)(mm)		880±10	880±10
通过最小曲线半径(m)		145	145
商业运行速度(km/h)		120	120
装卸方式		上装上卸	上装上卸
重量参数	载重(t)	61.8	50
	自重(t)	21.8	≤18.5
	自重系数	0.35	0.36
容积参数	总容积(m^3)	38.3	42
	有效容积(m^3)	37	40
车辆尺寸	车辆长度(mm)	11 988	11 988
	最大宽度(mm)	2 912	2 900
	最大高度(空车)(mm)	4 127	4 277
	车辆定距(mm)	7 300	7 300
罐体尺寸	罐体外径(mm)	ϕ2 216	ϕ2 300(内径)
	罐体长度(mm)	10 300	9 400
钩缓装置	缓冲器型号	ST 型	ST 型
	车钩型号	13 型	13 型上作用
	钩尾框	13B 型	13B 型
转向架		转 K2 型	转 K2 型

续上表

车型代号			GHK	GALK
制动装置	主要配置	制动阀	120 型	120 型
		制动缸	254 mm×254 mm 旋压密封式	356 mm×254 mm 旋压密封式
		闸调器	ST2-250 型	ST2-250 型
		脱轨自动制动阀	无	无
		空重车阀	KZW-4GA 型	KZW-A 型
		手制动机	NSW 型	链式

表 8-8 23 t 轴重化工类液体罐车技术参数及配置

车型代号		GHA_{70}	GQ_{70A}	GN_{70A}	GHA_{70A}
项 目		参数及说明			
用 途		醇类罐车	苯类罐车	对二甲苯罐车	对二甲苯罐车
轨距(mm)		1 435	1 435	1 435	1 435
轴重(t)		23	23	23	23
每延米重(t/m)		6.98	7.68	7.42	7.42
换长		1.2	1.1	1.1	1.1
车钩中心线距轨面高度(空车)(mm)		880±10	880±10	880±10	880±10
通过最小曲线半径(m)		145	145	145	145
商业运行速度(km/h)		120	120	120	120
装卸方式		上装上卸	上装上卸	上装上卸	上装上卸
重量参数	载重(t)	70	70	67	60.5
	自重(t)	23.8	23.8	23.7	31.5
	自重系数	0.34	0.34	0.35	0.52
容积参数	总容积(m^3)	90.1	80.3	78.1	75.4
	有效容积(m^3)	88.3	78.7	75.3	71.6
车辆尺寸	车辆长度(mm)	13 446	12 216	12 216	12 400
	最大宽度(mm)	3 320	3 220	3 220	3 196
	最大高度(空车)(mm)	4 493	4 494	4 466	4 684
	车辆定距(mm)	9 280	8 050	8 050	7 684
罐体尺寸	罐体外径(mm)	ϕ3 070～ϕ3 182	ϕ3 070～ϕ3 170	ϕ3 020～ϕ3 120	ϕ3 088
	罐体长度(mm)	12 330	11 100	11 240	10 768
钩缓装置	缓冲器型号	MT-2 型	MT-2 型	MT-2 型	HM-1 型
	车钩型号	17 型(加厚型钩舌)	17 型(加厚型钩舌)	17 型(加厚型钩舌)	17 型(加厚型钩舌)
	钩尾框	17 型	17 型	17 型	17 型
转向架		转 K6 型	转 K6 型	转 K6 型	转 K6 型

续上表

车型代号			GHA_{70}	GQ_{70A}	GN_{70A}	GHA_{70A}
制动装置	主要配置	制动阀	120 型	120 型	120 型	120 型
		制动缸	305 mm× 254 mm 旋压密封式	305 mm× 254 mm 旋压密封式	305 mm× 254 mm 旋压密封式	305 mm× 254 mm 旋压密封式
		闸调器	ST2-250 型	ST2-250 型	ST2-250 型	ST2-250 型
		脱轨自动制动阀	TZD 型	TZD 型	TZD 型	TZD 型
		空重车阀	KZW-A 型	KZW-A 型	KZW-A 型	KZW-A 型
		手制动机	NSW 型	NSW 型	NSW 型	NSW 型

车型代号			GH_{70A}	GH_{70B}	GH_{70C}	GHB_{70}
项　目			参数及说明			
用　途			乙二醇罐车	冰醋酸罐车	1,4-丁二醇罐车	黄磷罐车
轨距(mm)			1 435	1 435	1 435	1 435
轴重(t)			23	23	23	23
每延米重(t/m)			7.5	7.5	7.23	7.8
换长			1.1	1.1	1.2	1.1
车钩中心线距轨面高度(空车)(mm)			880±10	880±10	880±10	880±10
通过最小曲线半径(m)			145	145	145	145
商业运行速度(km/h)			120	120	120	120
装卸方式			上装上卸	上装上卸	上装上卸	上装上卸
重量参数	载重(t)		69	68	68	70
	自重(t)		24.4	25.8	25.8	23.8
	自重系数		0.35	0.38	0.38	0.34
容积参数	总容积(m^3)		67.6	67.6	70.9	42.6
	有效容积(m^3)		62.2	64.8	68.7	39.8
车辆尺寸	车辆长度(mm)		12 466	12 466	12 966	12 016
	最大宽度(mm)		3 212	3 212	3 350	2 962
	最大高度(空车)(mm)		4 458	4 458	4 490	4 175
	车辆定距(mm)		8 000	8 000	8 100	7 500
罐体尺寸	罐体外径(mm)		ϕ2 820～ϕ2 870	ϕ2 820～ϕ2 870	ϕ2 816～ϕ2 916	ϕ2 300～ϕ2 350
	罐体长度(mm)		11 300	11 300	11 632	10 460
钩缓装置		缓冲器型号	MT-2 型	MT-2 型	MT-2 型	MT-2 或 HM-1 型
		车钩型号	17 型(加厚型钩舌)	17 型(加厚型钩舌)	17 型(加厚型钩舌)	17 型(加厚型钩舌)
		钩尾框	17 型	17 型	17 型	17 型
转向架			转 K6 型	转 K6 型	转 K6 型	转 K6 型

续上表

车型代号			GH70A	GH70B	GH70C	GHB70
制动装置	主要配置	制动阀	120 型	120 型	120 型	120 型
		制动缸	305 mm×254 mm 旋压密封式	305 mm×254 mm 旋压密封式	305 mm×254 mm 旋压密封式	305 mm×254 mm 旋压密封式
		闸调器	ST2-250 型	ST2-250 型	ST2-250 型	ST2-250 型
		脱轨自动制动阀	TZD 型	TZD 型	TZD 型	TZD 型
		空重车阀	KZW-A 型	KZW-A 型	KZW-A 型	KZW-A 型
		手制动机	NSW 型	NSW 型	NSW-Ⅰ型	NSW 型

5. 食品类罐车

食品类罐车技术参数及配置见表 8-9。

表 8-9　食品类液体罐车技术参数及配置

车型代号		GSK	GW70
项　　目		参数及说明	
用　　途		食品类罐车	
轨距(mm)		1 435	1 435
轴重(t)		21	23
每延米重(t/m)		6.41	6.9
换长		1.1	1.2
车钩中心线距轨面高度(空车)(mm)		880±10	880±10
通过最小曲线半径(m)		145	145
商业运行速度(km/h)		100	120
装卸方式		上装上卸	上装上卸
重量参数	载重(t)	55	67
	自重(t)	22.2	26.7
	自重系数	0.40	0.4
容积参数	总容积(m^3)	62.1	75.5
	有效容积(m^3)	60	72.8
车辆尺寸	车辆长度(mm)	11 988	13 566
	最大宽度(mm)	3 112	3 212
	最大高度(空车)(mm)	4 477	4 464
	车辆定距(mm)	7 300	9 100
罐体尺寸	罐体外径(mm)	ϕ2 820	ϕ2 820～ϕ2 876
	罐体长度(mm)	10 410	12 500
钩缓装置	缓冲器型号	ST 或 MT-3 型	MT-2 或 HM-1 型
	车钩型号	13 型	17 型(加厚型钩舌)
	钩尾框	13B 型	17 型

续上表

车型代号			GSK	GW_{70}
转向架			转 K2 型	转 K6 型
制动装置	主要配置	制动阀	120 型	120 型
		制动缸	254 mm×254 mm 旋压密封式	305 mm×254 mm 旋压密封式
		闸调器	ST2-250 型	ST2-250 型
		脱轨自动制动阀	无	TZD 型
		空重车阀	KZW-A 型	KZW-A 型
		手制动机	链式	NSW-Ⅰ型

6. 硬化类罐车

硬化类罐车技术参数及配置见表 8-10。

表 8-10　硬化类罐车技术参数及配置

车型代号		GLBK	GLCK	GL_{70}
项　　目		参数及说明		
用　　途		沥青罐车		
轨距(mm)		1 435	1 435	1 435
轴重(t)		21	21	23
每延米重(t/m)		7.0	7.0	7.74
换长		1.1	1.1	1.1
车钩中心线距轨面高度(空车)(mm)		880±10	880±10	880±10
通过最小曲线半径(m)		145	145	145
商业运行速度(km/h)		120	120	120
装卸方式		上装下卸	上装下卸	上装下卸
重量参数	载重(t)	58	58	67
	自重(t)	25.9	26	26.0
	自重系数	0.45	0.45	0.39
容积参数	总容积(m^3)	61.1	61.1	69.2
	有效容积(m^3)	58	58	67
车辆尺寸	车辆长度(mm)	11 988	11 988	12 016
	最大宽度(mm)	3 091	3 091	3 258
	最大高度(空车)(mm)	4 502	4 717	4 554
	车辆定距(mm)	7 300	7 300	7 500
罐体尺寸	罐体外径(mm)	ϕ2 820	ϕ2 820	ϕ3 020～ϕ3 070
	罐体长度(mm)	10 220	10 220	10 280
钩缓装置	缓冲器型号	MT-3 型	ST 或 MT-3 型	MT-2 型
	车钩型号	13A 型	13 系列	17 型(加厚型钩舌)
	钩尾框	13B 型	13B 型	17 型

续上表

车型代号			GLBK	GLCK	GL_{70}
转向架			转 K2 型	转 K2 型	转 K6 型
制动装置	主要配置	制动阀	120 型	120 型	120 型
		制动缸	254 mm×254 mm 旋压密封式	254 mm×254 mm 旋压密封式	305 mm×254 mm 旋压密封式
		闸调器	ST2-250 型	ST2-250 型	ST2-250 型
		脱轨自动制动阀	无	无	TZD 型
		空重车阀	KZW-4GA 型	KZW-4GA 或 KZW-A 型	KZW-A 型
		手制动机	链式或 NSW 型	链式或 NSW 型	NSW-Ⅰ型

8.2　液化气体类罐车

8.2.1　发展历程

目前，我国液化气体类罐车主要有 21 t 轴重的 GY_{40S} 系列、GY_{45} 系列、GY_{48} 系列、GY_{60} 系列、GY_{70} 系列、GY_{80} 系列、GY_{95} 系列和 GY_{100} 系列罐车，23 t 轴重的 GYA_{70} 系列、GYA_{70A} 系列和 GYC_{70} 系列罐车。

GY_{45} 系列罐车主要包括 GY_{45}、GY_{45S}；GY_{60} 系列罐车主要包括 GY_{60}、GY_{60S}；GY_{80} 系列罐车主要包括 GY_{80}、GY_{80S}；GY_{95} 系列罐车主要包括 GY_{95}、GY_{95A}、GY_{95S}；GY_{100} 系列罐车主要包括 GY_{100}、GY_{100S}；其中车型后加 S 代表车辆设有押运间。GY_{40S} 型罐车为有中梁结构，主要装运液氯、液态二氧化硫等介质；GY_{45}、GY_{70}、GY_{95}、GY_{100} 系列罐车主要装运液氯等介质；GY_{48} 系列罐车主要装运液态氮气和液态氩气或类似介质；GY_{60} 系列、GY_{95A}、GY_{95S} 型罐车主要装运液化石油气、丙烷、丙烯等介质；GY_{80} 系列罐车主要装运液氨、液化石油气等介质。为适应我国铁路货车提速的发展要求，换装转 K2 型转向架，提速改造后车辆定型为 GY_{40SK}、GY_{45SK}、GY_{48K}、GY_{60K}、GY_{60SK}、GY_{70K}、GY_{80K}、GY_{80ST}、GY_{80SK}、GY_{95K}、GY_{95AK}、GY_{95SK}、GY_{100K}、GY_{100SK} 等车型。

为加快铁路装备现代化进程，满足我国液化气体类介质的运输发展需求，我国先后完成了 GYA_{70S}、GYA_{70}、GYA_{70AS}、GYA_{70A}、GYC_{70S}、GYC_{70} 等 23 t 轴重液化气体罐车的研制。23 t 轴重液化气体罐车均为无中梁结构，其中 GYA_{70S}、GYA_{70} 型罐车载重 58 t，主要装运低压液化气类介质，如丁烷、异丁烷、丁烯、异丁烯、丁二烯、碳 5 等；GYA_{70AS}、GYA_{70A} 型罐车载重 48 t，主要装运液化石油气、丙烷、丙烯等介质，GYC_{70S}、GYC_{70} 型罐车载重 51 t，主要装运液氨等介质。23 t 轴重液化气体类罐车广泛采用低合金高强度钢和 Q450NQR1 高强度耐候钢，提高车辆承载能力，是我国液化气体类罐车升级换代的代表产品。

8.2.2 主要结构特点

液化气体类罐车按结构分为有中梁和无中梁两种，其中 GY_{95SK}、GY_{100SK} 型罐车分为有中梁和无中梁两种结构。

1. 21 t 轴重有中梁罐车

21 t 轴重的 GY_{40S} 系列、GY_{45} 系列、GY_{60} 系列、GY_{70} 系列、GY_{95AK}、GY_{95SK}、GY_{100K}、GY_{100SK} 型罐车为有中梁结构，主要由车体、转向架、车钩缓冲装置和制动装置等组成。车体由底架、罐体、鞍座、卡带、加排装置及安全附件、外梯及走台等部分组成；中梁采用低合金乙字钢，罐体为圆筒形碳钢焊接结构，罐体与底架通过罐带及上下鞍螺栓连接；采用 13 型或 13A 型车钩及配套钩尾框、ST 型或 MT-3 型缓冲器；采用 120 制动系统、直立链式或 NSW 型手制动机等。GY_{60K} 型罐车、GY_{95SK} 型罐车车辆外形如图 8-40、图 8-41 所示。

图 8-40　21 t 轴重 GY_{60K} 型罐车

图 8-41　21 t 轴重 GY_{95SK} 型罐车

GY_{48K} 型罐车罐体为卧式圆柱形双层筒体结构，内筒材质为不锈钢，外筒材质为低合金钢，内外层罐体之间的夹层抽真空，并填充绝热保温材料珠光沙，不设外梯；车辆配备气化器，可通过自增压进行卸料，车辆二位端设有押运间。GY_{48K} 型罐车车辆外形如图 8-42 所示。

图 8-42　21 t 轴重 GY_{48K} 型罐车

2. 21 t 轴重无中梁罐车

GY_{80} 系列、GY_{95K}、GY_{95SK}、GY_{100SK} 型罐车为无中梁结构，主要由车体、转向架、车钩缓冲装置和制动装置等组成。车体由牵枕、罐体、加排装置及安全附件、外梯及走台等部分组成；牵引梁采用低合金乙字钢，枕梁采用单腹板、侧盖板支撑结构，罐体为圆柱状卧式碳钢焊接结构，罐体与牵枕组焊为一体；采用 13 型或 13A 型车钩及配套钩尾框、ST 型或 MT-3 型缓冲器；采用 120 制动系统、直立链式或 NSW 型手制动机等。GY_{80SK} 型罐车车辆外形如图 8-43 所示。

图 8-43　21 t 轴重 GY_{80SK} 型罐车

3. 23 t 轴重罐车

23 t 轴重液化气罐车均为无中梁结构，主要由车体、转向架、车钩缓冲装置和制动装置等组成。车体由牵枕、罐体、加排装置及安全附件、侧梯及走台等部分组成，主要型钢和板材采用低合金高强度钢和 Q450NQR1 高强度耐候钢；牵引梁采用乙字钢，枕梁采用单腹板、侧管支撑结构，罐体为圆柱状卧式碳钢焊接结构，罐体与牵枕组焊为一体；采用转 K6 型转向架；采用 17 型车钩及配套钩尾框、MT-2 型缓冲器；采用 120 制动系统和 NSW 型手制动机。GYA_{70S} 型罐车车辆外形如图 8-44 所示，车辆二维图如

图 8-45 所示。GYA70A 型罐车车辆外形如图 8-46 所示。

图 8-44　23 t 轴重 GYA70S 型罐车

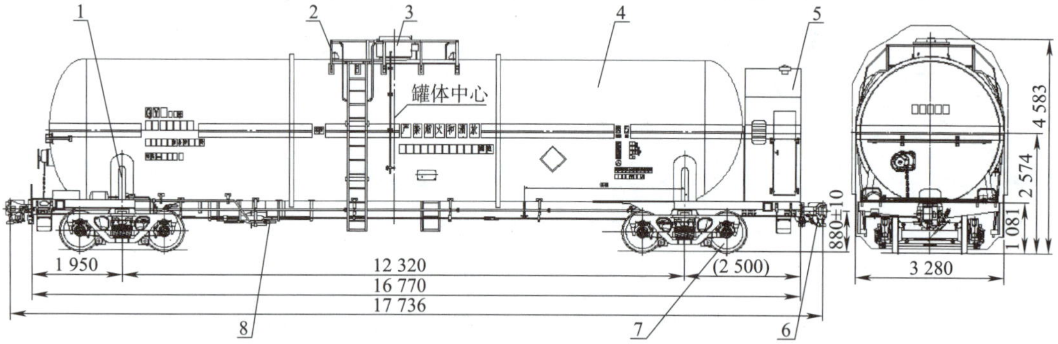

图 8-45　GYA70S 型罐车

1—牵枕装配；2—侧梯及走台装配；3—加排系统装配；4—罐体装配；5—押运间装配；
6—车钩缓冲装置；7—转 K6 型转向架；8—制动装置

图 8-46　23 t 轴重 GYA70A 型罐车

8.2.3　技术参数及配置

液化气体类罐车技术参数及配置见表 8-11 和表 8-12。

表 8-11　21 t 轴重液化气体类罐车技术参数及配置

车型代号			GY40SK	GY45SK	GY48K	GY60SK
项　目			参数及说明			
用　途			液化气体类罐车			
轨距(mm)			1 435	1 435	1 435	1 435
轴重(t)			21	21	21	21
每延米重(t/m)			≤6.15	≤6.37	5.44	4.8
换长			1.1	1.2	1.4	1.2
车钩中心线距轨面高度(空车)(mm)			880±10	880±10	880±10	880±10
通过最小曲线半径(m)			145	145	145	145
商业运行速度(km/h)			120	120	120	120
装卸方式			上装上卸	上装上卸	上装上卸	上装上卸
重量参数	载重(t)		51	54.8	47	26
	自重(t)		≤29.2	≤28.2	37	33
	自重系数		0.57	0.51	0.79	1.22
容积参数	总容积(m^3)		42.9	45.7	35.2	61.9
车辆尺寸	车辆长度(mm)		13 038	13 038	15 438	12 100
	最大宽度(mm)		3 000	3 000	2 850	3 100
	最大高度(空车)(mm)		4 527	4 527	4 575	4 581
	车辆定距(mm)		7 600	7 600	10 000	7 600
罐体尺寸	罐体外径(mm)		ϕ2 444	ϕ2 436	ϕ2 620	ϕ2 848
	罐体长度(mm)		9 944	10 508	12 210	10 548
压力参数	设计压力(MPa)		1.6	1.62	0.98	2.2
钩缓装置	缓冲器型号		ST 型	ST 型	ST 型	ST 或 MT-3 型
	车钩型号		13 型	13 型上作用	13 型	13 型
	钩尾框		13B 型	13B 型	13B 型	13B 型
转向架			转 K2 型	转 K2 型	转 K2 型	转 K2 型
制动装置	主要配置	制动阀	120 型	120 型	120 型	120 型
		制动缸	356 mm×254 mm 旋压密封式	356 mm×254 mm 旋压密封式	305 mm×254 mm 旋压密封式	356 mm×254 mm 旋压密封式
		闸调器	ST2-250 型	ST2-250 型	ST2-250 型	ST2-250 型
		脱轨自动制动阀	无	无	无	无
		空重车阀	KZW-A 型	KZW-A 型	KZW-A 型	KZW-A 型
		手制动机	链式	链式	链式	链式

续上表

车型代号			GY70K	GY70SK	GY80SK	GY95K
项　目			参数及说明			
用　途			液化气体类罐车			
轨距(mm)			1 435	1 435	1 435	1 435
轴重(t)			21	21	21	21
每延米重(t/m)			≤6.1	4.96(5.01)	4.88	≤4.47
换长			1.1	1.2	1.5	1.6
车钩中心线距轨面高度(空车)(mm)			880±10	880	880±10	880±10
通过最小曲线半径(m)			145	145	145	145
商业运行速度(km/h)			120	120	120	120
装卸方式			上装上卸	上装上卸	上装上卸	上装上卸
重量参数	载重(t)		38.9	29.7(30.4)	41.8	40
	自重(t)		≤34.2	35.4	36.9	≤38
	自重系数		0.88	1.19(1.16)	0.88	0.95
容积参数	总容积(m^3)		70.8	70.8	80.4	95
车辆尺寸	车辆长度(mm)		11 988	13 138	16 138	17 388
	最大宽度(mm)		3 068	3 068	3 196	3 124
	最大高度(空车)(mm)		4 649	4 694	4 524	4 600
	车辆定距(mm)		7 300	7 950	10 700	12 700
罐体尺寸	罐体外径(mm)		ϕ3 048	ϕ3 068	ϕ2 848	ϕ2 844
	罐体长度(mm)		10 548	10 548	13 544	15 908
压力参数	设计压力(MPa)		2.2	2.2	2.16	2.16
钩缓装置		缓冲器型号	ST 型	ST 型	ST 或 MT-3 型	ST 型
		车钩型号	13 型	13 型	13 型	13 型
		钩尾框	13B 型	13B 型	13B 型	13B 型
转向架			转 K2 型	转 K2 型	转 K2 型	转 K2 型
制动装置	主要配置	制动阀	120 型	120 型	120 型	120 型
		制动缸	356 mm×254 mm 旋压密封式	356 mm×254 mm 旋压密封式	356 mm×254 mm 旋压密封式	356 mm×254 mm 旋压密封式
		闸调器	ST2-250 型	ST2-250 型	ST2-250 型	ST2-250 型
		脱轨自动制动阀	无	无	无	无
		空重车阀	KZW-A 型	KZW-A 型	KZW-A 型	KZW-A 型
		手制动机	链式	链式	链式或 NSW 型	链式

续上表

车型代号			GY95SK(有中梁)	GY100K	GY100SK
项 目			参数及说明		
用 途			液化气体类罐车		
轨距(mm)			1 435	1 435	1 435
轴重(t)			21	21	21
每延米重(t/m)			4.38	≤4.45	≤4.35
换长			1.7	1.7	1.8
车钩中心线距轨面高度(空车)(mm)			880±10	880±10	880±10
通过最小曲线半径(m)			145	145	145
商业运行速度(km/h)			120	120	120
装卸方式			上装上卸	上装上卸	上装上卸
重量参数	载重(t)		40.3	41.5	41.5
	自重(t)		40.9	≤41	≤42.5
	自重系数		1.01	0.99	1.02
容积参数	总容积(m^3)		96	99.7	99.7
车辆尺寸	车辆长度(mm)		18 538	18 538	19 298
	最大宽度(mm)		3 196	2 930	3 124
	最大高度(空车)(mm)		4 515	4 640	4 610
	车辆定距(mm)		13 100	13 850	13 860
罐体尺寸	罐体外径(mm)		ϕ2 844	ϕ2 844	ϕ2 844
	罐体长度(mm)		16 066	16 700	16 700
压力参数	设计压力(MPa)		2.16	2.16	2.16
钩缓装置		缓冲器型号	ST 或 MT-3 型	ST 型	ST 型
		车钩型号	13 型	13 型上作用	13 型上作用
		钩尾框	13B 型	13B 型	13B 型
转向架			转 K2 型	转 K2 型	转 K2 型
制动装置	主要配置	制动阀	120 型	120 型	120 型
		制动缸	356 mm×254 mm 旋压密封式	356 mm×254 mm 旋压密封式	356 mm×254 mm 旋压密封式
		闸调器	ST2-250 型	ST2-250 型	ST2-250 型
		脱轨自动制动阀	无	无	无
		空重车阀	KZW-A 型	KZW-A 型	KZW-A 型
		手制动机	NSW 型	链式	链式

表 8-12　23 t 轴重液化气体类罐车技术参数及配置

车型代号		GYA_{70S}	GYA_{70AS}	GYC_{70S}
项　　目		参数及说明		
用　　途		液化气体类罐车		
轨距(mm)		1 435	1 435	1 435
轴重(t)		23 t	23 t	23 t
每延米重(t/m)		5.2	4.8	5.5
换长		1.6	1.7	1.5
车钩中心线距轨面高度(空车)(mm)		880±10	880±10	880±10
通过最小曲线半径(m)		145	145	145
商业运行速度(km/h)		120	120	120
装卸方式		上装上卸	上装上卸	上装上卸
重量参数	载重(t)	58	48	51
	自重(t)	34.7	44.6	42
	自重系数	0.59	0.93	0.83
容积参数	几何容积(m^3)	103.6	113.8	97.6
车辆尺寸	车辆长度(mm)	17 736	19 216	16 916
	最大宽度(mm)	3 062	3 280	3 280
	最大高度(空车)(mm)	4 503	4 592	4 594
	车辆定距(mm)	12 320	13 800	11 500
罐体尺寸	罐体外径(mm)	ϕ3 032	ϕ3 048	ϕ3 048
	罐体长度(mm)	15 150	16 648	14 348
压力参数	设计压力(MPa)	1.38/0.79	2.16	2.16
钩缓装置	缓冲器型号	MT-2 型	MT-2 型	MT-2 型
	车钩型号	17 型(加厚型钩舌)	17 型(加厚型钩舌)	17 型(加厚型钩舌)
	钩尾框	17 型	17 型	17 型
转向架		转 K6 型	转 K6 型	转 K6 型
制动装置 主要配置	制动阀	120 型	120 型	120 型
	制动缸	305 mm×254 mm 旋压密封式	305 mm×254 mm 旋压密封式	305 mm×254 mm 旋压密封式
	闸调器	ST2-250 型	ST2-250 型	ST2-250 型
	脱轨自动制动阀	TZD 型	TZD 型	TZD 型
	空重车阀	KZW-A 型	KZW-A 型	KZW-A 型
	手制动机	NSW 型	NSW 型	NSW 型

8.3 粉状货物类罐车

8.3.1 发展历程

目前，我国粉状货物类罐车主要有氧化铝粉罐车、粉煤灰和散装水泥罐车，氧化铝粉罐车主要有载重 60 t 级的 GF_1 系列、GF_2 系列、GF_3 系列罐车，载重 70 t 级的 $GF_{70(H)}$ 型罐车和载重 80 t 级的 GF_{80} 型罐车；粉煤灰罐车有载重 60 t 级 GF_{1M} 型罐车；散装水泥罐车主要有载重 60 t 级的 U_{60} 系列、U_{61} 系列、GF_{18} 型罐车，载重 70 t 级的 U_{70} 型罐车和载重 80 t 级的 $U_{80(H)}$ 型罐车。

1. 氧化铝粉罐车

为满足市场需求，我国先后研制了 GF_1、GF_2、GF_3 型氧化铝粉罐车。GF_1、GF_3 型罐车为无中梁卧罐全钢焊接结构，GF_2 型罐车为通长中梁卧罐全钢焊接结构，三种罐车罐内采用大流化床结构，新型自封闭人孔装置，操作简单、密封性好，具有一定的防盗能力。为满足用户对粉煤灰运输需求，在 GF_1 型罐车的基础上，研制了 GF_{1M} 型粉煤灰罐车。

为适应我国铁路货车提速的发展要求，在既有车型基础上，根据换装不同的转向架，衍生出 GF_{1K}、GF_{1T}、GF_{1MK}、GF_{2K}、GF_{2T}、GF_{3K} 等车型。2002 年，我国对 GF_2 型罐车流化床结构进行了改进，采用水平弧面流化床，提高了罐体容积利用率、降低了车辆重心，提升了铝粉介质的卸净率。

为适应我国既有铁路线路、桥梁的实际承载能力，加快铁路装备现代化进程，满足我国铁路货物运输发展的需要，2006 年，我国研制了 70 t 级 $GF_{70(H)}$ 型氧化铝粉罐车。该车载重 70 t，自重 23.6 t，装用转 K6 型转向架定型为 GF_{70} 型氧化铝粉罐车，装用转 K5 型转向架定型为 GF_{70H} 型氧化铝粉罐车，车辆长度与 60 t 级氧化铝粉罐车一致，广泛采用新技术、新材料和新型零配件，是我国铁路货车由载重 60 t 级向 70 t 级升级换代产品。

为进一步提高我国既有线货物运输能力，提高运输效率及效益，在 70 t 级粉状货物类罐车基础上，我国研制了新一代 27 t 轴重 GF_{80} 型氧化铝粉罐车，该车罐体材质采用 Q450NQR1 高强度耐候钢，载重 80 t、速度 100 km/h，采用 27 t 轴重低动力作用 DZ1 型转向架，推进我国铁路货车由载重 70 t 级向 80 t 级全面升级。

2. 粉煤灰罐车

1998 年，为支援三峡工程建设，我国研制了 GF_{1M} 型粉煤灰罐车。1998 年生产的车辆罐体长度为 10 500 mm；为提高车辆载重，1999 年生产的车辆将罐体长度改为 10 900 mm，车辆长度未变。2005 年，对既有 GF_{1M} 型粉煤灰罐车进行了提速改造，换装转 K2 型转向架，采用制动和钩缓新技术，同时对牵枕装置和附属件等相关部分进行改造。改造后的车辆定型为 GF_{1MK}。

3. 散装水泥罐车

为适应我国散装水泥运输需要，我国研制开发了 U_{60} 型水泥罐车，该车载重 58 t，采用无中梁立罐全钢焊接结构，是我国第一代气卸式铁路散装水泥罐车。1986 年我国研制了 U_{60W} 型水泥罐车，该车载重 59 t，采用无中梁卧罐全钢焊接结构，罐体的结构型式较 U_{60} 型罐车有较大变化，并在使用、检修、载重等方面的性能均有所提升。20 世纪 90 年代，我国完成了 GF_{18}、U_{61W}、U_{61WZ} 型水泥罐车的研制，U_{61W} 型水泥罐车采用无中梁卧罐全钢焊接结构，U_{61WZ} 型水泥罐车采用有中梁卧罐全钢焊接结构，载重均达到 61 t。

为适应我国铁路货车提速的发展要求，在既有车型基础上，根据换装不同的转向架，衍生出 U_{60WK}、U_{61WK}、U_{61WZK}、U_{61WT}、GF_{18K}、GF_{18T} 等车型。2010 年，针对 U_{60WK} 型水泥罐车内漏导致空车状态下超自重问题进行了改造设计，改造后的车型确定为 U_{60WKB}。

为加快铁路装备现代化进程，满足铁路货车由载重 60 t 级向 70 t 级升级换代要求，我国于 2007 年完成 U_{70} 型散装水泥罐车研制，该车载重 69 t，自重 24.8 t，装用转 K6 型转向架，车辆长度与 U_{60WK}、U_{61WK} 等主要 60 t 级水泥罐车一致，能够适应用户地面设施，采用 Q450NQR1 高强度耐候钢、改进型流化床等新技术、新材料和新型零配件，车辆性能和技术水平进一步提升。

为进一步提高我国既有线货物运输能力，提高运输效率及效益，在 70 t 级粉状货物类罐车基础上，我国研制了新一代 27 t 轴重 $U_{80(H)}$ 型散装水泥罐车，该车罐体材质采用 Q450NQR1 高强度耐候钢，载重 80 t、速度 100 km/h，采用 27 t 轴重低动力作用 DZ1 或 DZ2 型转向架，推进我国铁路货车由载重 70 t 级向 80 t 级全面升级。

8.3.2 主要结构特点

1. 氧化铝粉罐车

(1)21 t 轴重 GF_1 系列罐车

GF_1 系列罐车主要由车体、转向架、车钩缓冲装置和制动装置组成。车体由牵枕、罐体、进气管路装置、端梯及走台等部件组成，采用卧式圆柱形罐体结构，罐体顶部设有 4 个装料口(兼人孔)和 2 个卸料口，罐体内部设有内梯、流化床和出料管；采用 13 系列车钩及配套钩尾框、ST 或 MX-1 型缓冲器；采用 120 制动系统、直立链式或 NSW 型手制动机等。GF_{1K} 型罐车车辆外形如图 8-47 所示。

(2)21 t 轴重 GF_2 系列罐车

GF_2 系列罐车主要由车体、转向架、车钩缓冲装置和制动装置组成。车体由底架、罐体、卡带、进气管路装置、端梯及走台等部件组成，采用有中梁卧式罐体结构，罐体顶部设有 4 个装料口(兼人孔)、2 个卸料口和 1 个排气口，罐体内部设有内梯、流化床和

图 8-47　21 t 轴重 $\mathrm{GF_{1K}}$ 型罐车

出料管，罐体外部设有进风主管、进风支管、助吹管；采用 13 型或 13A 型车钩及配套钩尾框、ST 或 MT-3 型缓冲器；采用 120 制动系统、直立链式或 NSW 型手制动机等。$\mathrm{GF_{2K}}$ 型罐车车辆外形如图 8-48 所示。

图 8-48　21 t 轴重 $\mathrm{GF_{2K}}$ 型罐车

(3)21 t 轴重 $\mathrm{GF_{3K}}$ 型罐车

$\mathrm{GF_3}$ 系列罐车主要由车体、转向架、车钩缓冲装置和制动装置组成。车体为无中梁卧罐全钢焊接结构，由牵枕、罐体、流化装置、进风管路和外梯及走台等部件组成。牵引梁采用 310 乙字型钢，侧梁为槽钢，枕梁为单腹板全钢焊接结构，在罐体封头与牵引梁之间设有楔形连接板。罐体为整体焊接结构，由罐板及封头组成，罐体上部设有 4 个加料装置和两个排料机构，人孔处装有一个内梯。流化床装置铺设在罐体底部，采用新型结构流化床。空气制动装置由 120 型控制阀、356 mm×254 mm 的整体旋压密封式制动缸、ST2-250 型闸调器。手制动装置采用直立链式手制动机；车钩缓冲装置采用 13A 型上作用车钩、2 型缓冲器；转向架采用转 K2 型转向架。$\mathrm{GF_3}$ 型罐车车辆外形如

图 8-49 所示。

图 8-49　21 t 轴重 GF_3 型罐车

(4)23 t 轴重 GF_{70} 系列罐车

GF_{70} 系列罐车主要由车体、制动装置、车钩缓冲装置及转向架等组成。车体为无中梁卧罐全钢焊接结构，由牵枕、罐体、流化装置、进风管路和外梯及走台等组成，主要型钢和板材采用 Q450NQR1 高强度耐候钢，罐体顶部对称布置 4 个装料口(兼人孔)、2 个卸料口和 1 个排气口；采用转 K6 型或转 K5 型转向架；采用 17 型车钩及配套钩尾框、MT-2 或 HM-1 型缓冲器；采用 120 制动系统和 NSW 型手制动机等。GF_{70} 型罐车车辆外形如图 8-50 所示，车辆二维图如图 8-51 所示。

图 8-50　23 t 轴重 GF_{70} 型罐车

(5)27 t 轴重 GF_{80} 型罐车

GF_{80} 型罐车主要由车体、制动装置、车钩缓冲装置及转向架组成，车体为无中梁卧罐全钢焊接结构，主要由牵枕、罐体、进风管路、端梯及走台等部件组成，主要型钢和板

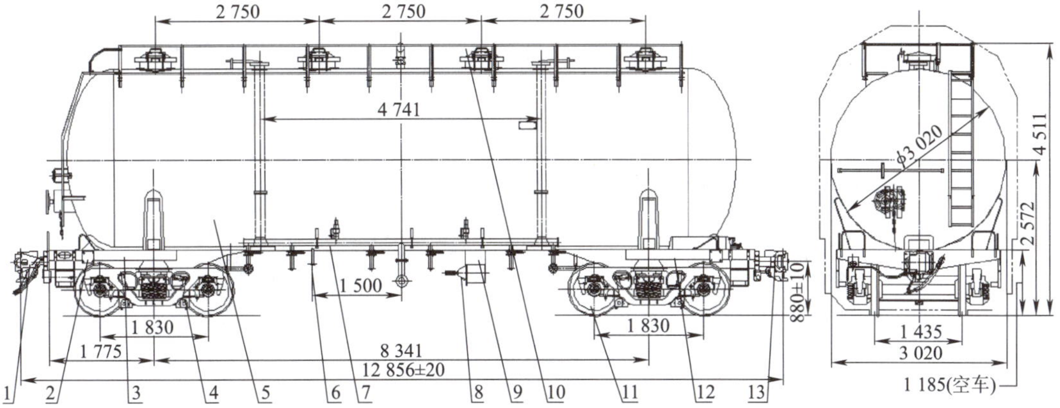

图 8-51　GF70 型氧化铝粉罐车

1,13—车钩缓冲装置;2—车辆标记;3,12—牵枕装配;4,11—转 K6 型转向架;5—罐体装配;
6—电子标签组成;7—进风管路装配;8—制动装置;9—底架附属件;10—外梯装配

材采用 Q450NQR1 高强度耐候钢,牵枕采用单腹板、侧盖板支撑结构,罐体顶部设 4 个装料口(兼人孔)、2 个卸料口和 1 个排气口,其中 1 个加料口兼做人孔,卸料管口采用具有自动关闭功能的防护盖;采用 DZ1 型转向架;采用 17 型车钩及配套钩尾框、MT-2 型或 HM-1 型或 HN-1 型缓冲器;采用 120 型制动系统和 NSW 型手制动机等。GF80 型氧化铝粉罐车车辆外形如图 8-52 所示。

图 8-52　27 t 轴重 GF80 型氧化铝粉罐车

2. 粉煤灰罐车

GF1M 系列罐车主要由车体、转向架、车钩缓冲装置和制动装置组成。车体由牵枕、罐体、进气管路装置、流化床、端梯及走台等部件组成;牵引梁采用低合金乙字钢,采用卧式圆柱形罐体结构,罐体顶部设有 4 个装料口(兼人孔)和 2 个卸料口,进气管路总供气管装于罐体下部,两侧均可接风源,罐体内部装设有大斜槽式流化床,流化床倾角为 15°，流化床透气层采用 3 层工业帆布缝制；采用 13 系列车钩及配套钩尾框、ST 型缓冲器；采用 120 制动系统、直立链式手制动机等。GF_{1MK} 型罐车车辆外形如图 8-53 所示。

图 8-53　21 t 轴重 GF_{1MK} 型罐车

3. 散装水泥罐车

(1)21 t 轴重 $U_{60}W$ 系列罐车

$U_{60}W$ 系列罐车主要由车体、转向架、车钩缓冲装置和制动装置组成。车体由牵枕、罐体、风灰管路、端梯及走台等部件组成，牵枕和罐体为一体式焊接结构，罐体为卧式圆柱形结构，顶部设有 3 个装料口(兼人孔)，底部有 2 个聚料锥斗，罐体两端封头设安全阀、排气阀各 1 个，罐内设有流化床和内梯；车辆装有 ϕ150 mm 卸灰主管(包括纵向管和横向管)、卸灰弯管、ϕ100 mm 进气主管、ϕ50 mm 气室进气管等；采用 13 系列车钩及配套钩尾框、ST 或 MX-1 型缓冲器；采用 120 制动系统和直立链式手制动机等。$U_{60}WK$ 型罐车车辆外形如图 8-54 所示。

图 8-54　21 t 轴重 $U_{60}WK$ 型罐车

(2)21 t 轴重 U61W 系列罐车

U61W 系列罐车主要由车体、转向架、车钩缓冲装置和制动装置组成。车体由牵枕、罐体、风灰管路、端梯及走台等部件组成；牵引梁采用低合金乙字钢，罐体为卧式圆柱形结构，牵枕和罐体为一体式焊接结构；罐体顶部设有 2 个装料口(兼人孔)，罐内设有流化床和内梯；罐体下部中央位置沿横向设有 1 根总进风管，车辆两侧均设有卸灰管。采用 13 系列车钩及配套钩尾框、ST 或 MT-3 型缓冲器；采用 120 制动系统和直立链式手制动机等。U61WK 型散装水泥罐车车辆外形如图 8-55 所示。

图 8-55　21 t 轴重 U61WK 型散装水泥罐车

(3)21 t 轴重 U61WZK 型罐车

U61WZK 型罐车主要由车体、转向架、车钩缓冲装置和制动装置组成。车体为有中梁卧式罐体结构，由底架、罐体、卡带、端梯及走台等部件组成，中梁采用低合金乙字钢，罐体顶部设有 2 个装料口(兼做人孔)，罐内设有流化床和内梯。采用 13 型或 13A 型车钩及配套钩尾框、ST 或 MT-3 型缓冲器；采用 120 制动系统和直立链式手制动机等。U61WZK 型散装水泥罐车车辆外形如图 8-56 所示。

图 8-56　21 t 轴重 U61WZK 型散装水泥罐车

(4)21 t 轴重 GF_{18K} 型罐车

GF_{18K} 型罐车为无中梁、下卸式、卧式专用粉料罐车，全钢焊接结构，由牵枕组成、罐体装配、外梯组成、风控管路组成、制动附属件组成等。牵枕组成由牵引梁、侧梁、枕梁、端梁等组成，中梁采用材质为 09V 热轧 310 乙字型钢，枕梁采用单腹板全钢焊接结构。罐体装配由罐体组成、流化床及斜板组成、卸料管组成、气室组成、人孔盖组成等，罐体组成由筒体、封头、人孔座组成、锥斗组成、牵引梁上盖板、枕梁上盖板、端部加强板等组成。在罐体底部设置有流化床组成（流化床倾斜角度为 20°）。罐体与各附属件间均增焊垫板。两端设置了滤尘装置。风控管路组成由进风管路、风管、汽车进料装置、安全阀、蝶阀、止回阀、球阀等组成。卸料管组成由卸料管、同心异径管等组成。风手制动装置由 120 型控制阀、356 mm×254 mm 旋压密封式制动缸、KZW-A 型空重车调整装置、ST2-250 型双向闸调器、编织制动软管总成等组成。手制动装置采用 NSW 型手制动机。GF_{18K} 型散装水泥罐车车辆外形如图 8-57 所示。

图 8-57　21 t 轴重 GF_{18K} 型散装水泥罐车

(5)23 t 轴重 U_{70} 型罐车

U_{70} 型散装水泥罐车主要由车体、制动装置、车钩缓冲装置及转向架组成。车体为无中梁卧罐全钢焊接结构，由牵枕、罐体、流化装置、进气及卸料管路、端梯及走台等组成，主要型钢和板材采用 Q345NQR2 和 Q450NQR1 高强度耐候钢，罐体顶部设有 2 个装料口（兼作人孔），车辆两侧均设有进风管接口和卸料管接口，卸料管尾部装有助吹管；采用 17 型车钩及配套钩尾框、MT-2 型或 HM-1 型缓冲器；采用 120 制动系统和 NSW 型手制动机等。U_{70} 型散装水泥罐车车辆外形如图 8-58 所示，车辆二维图如图 8-59 所示。

(6)27 t 轴重 U_{80} 系列罐车

U_{80} 系列散装水泥罐车主要由车体、制动装置、车钩缓冲装置及转向架组成，主要型钢和板材采用 Q450NQR1 高强度耐候钢。采用 DZ1 或 DZ2 型转向架；采用 17 型车

图 8-58　23 t 轴重 U70 型散装水泥罐车

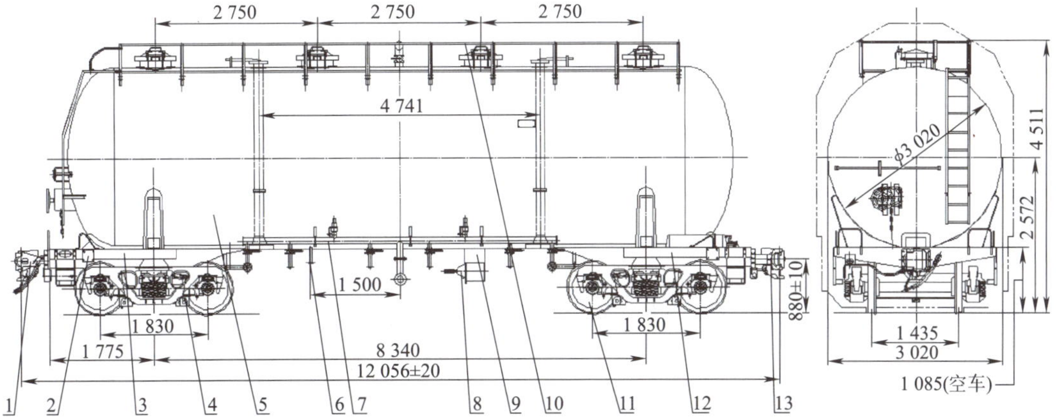

图 8-59　U70 型水泥罐车

1，13—车钩缓冲装置；2—车辆标记；3，12—牵枕装配；4，11—转 K6 型转向架；5—罐体装配；6—标签安装总成；7—进气及卸料管路装配；8—制动装置；9—底架附属件；10—外梯装配

钩及配套钩尾框、MT-2 型或 HM-1 型或 HN-1 型缓冲器；采用 120 或 150 制动系统和 NSW 型手制动机。

U80 型罐车体为无中梁卧罐全钢焊接结构，主要由牵枕、罐体、进气及卸料管路装配、端梯及走台等部件组成，罐体为圆筒形，顶部设有 4 个装料口(兼人孔)，罐内分为 3 个卸料仓、4 个气室；U80H 型罐车车体为无中梁、通长侧梁卧罐全钢焊接结构，主要由底架、罐体、进气及卸料管路装配、端梯及走台等部件组成，罐体上母线水平，下部呈 V 形斜底结构，顶部设有 4 个装料口(兼人孔)，罐内设有对称布置于罐体底部的管带式流化床。U80 型散装水泥罐车、U80H 型散装水泥罐车车辆外形如图 8-60、图 8-61 所示。

图 8-60　27 t 轴重 U_{80} 型散装水泥罐车

图 8-61　27 t 轴重 U_{80H} 型散装水泥罐车

8.3.3　技术参数及配置

1. 氧化铝粉罐车

氧化铝粉罐车技术参数及配置见表 8-13 和表 8-14。

表 8-13　21 t 轴重氧化铝粉罐车技术参数及配置

车型代号	GF_{1K}	GF_{2K}	GF_{3K}
项　　目	参数及说明		
用　　途	氧化铝粉罐车		
轨距(mm)	1 435	1 435	1 435
轴重(t)	21	21	21

续上表

车型代号		GF$_{1K}$	GF$_{2K}$	GF$_{3K}$
每延米重(t/m)		6.5	6.43	6.5
换长		1.2	1.2	1.2
车钩中心线距轨面高度(空车)(mm)		880±10	880±10	880
通过最小曲线半径(m)		145	145	145
商业运行速度(km/h)		120	120	120
装卸方式		上装上卸	上装上卸	上装上卸
重量参数	载重(t)	60	60	60
	自重(t)	23.5	22.7	23.8
	自重系数	0.39	0.38	0.39
容积参数	总容积(m^3)	69	65.7	65.9
	有效容积(m^3)	65	63	61
车辆尺寸	车辆长度(mm)	12 856	12 856	12 856
	最大宽度(mm)	3 020	2 830	2 820
	最大高度(空车)(mm)	4 520	4 455	4 347
	车辆定距(mm)	8 000	8 250	8 100
罐体尺寸	罐体外径(mm)	ϕ3 020	ϕ2 820	ϕ2 820
	罐体长度(mm)	10 500	11 160	11 200
钩缓装置	缓冲器型号	ST 型	ST 或 MT-3 型	2 号
	车钩型号	13 型	13 型	13A 型
	钩尾框	13B 型	13B 型	13B 型
转向架		转 K2 型	转 K2 型	转 K2 型
制动装置 主要配置	制动阀	120 型	120 型	120 型
	制动缸	356 mm×254 mm 旋压密封式	254 mm×254 mm 旋压密封式	356 mm×254 mm 旋压密封式
	闸调器	ST2-250 型	ST2-250 型	ST2-250 型
	脱轨自动制动阀	无	无	无
	空重车阀	KZW-A 型	KZW-4GAB 或 KZW-A 型	手动
	手制动机	NSW 型	链式或 NSW 型	链式

表 8-14　23 t、27 t 轴重氧化铝粉罐车技术参数及配置

车型代号	GF$_{70(H)}$	GF$_{80}$
项　　目	参数及说明	
用　　途	氧化铝粉罐车	
轨距(mm)	1 435	1 435
轴重(t)	23	27

续上表

车型代号			$GF_{70(H)}$	GF_{80}
每延米重(t/m)			7.28	7.93
换长			1.2	1.2
车钩中心线距轨面高度(空车)(mm)			880±10	880±10
通过最小曲线半径(m)			145	145
商业运行速度(km/h)			120	100
装卸方式			上装上卸	上装上卸
重量参数	载重(t)		70	80
	自重(t)		23.6	26.6
	自重系数		0.34	0.33
容积参数	总容积(m^3)		76	85.8
	有效容积(t/m^3)		75.5	82.5
车辆尺寸	车辆长度(mm)		12 856	13 446
	最大宽度(mm)		3 020	3 120
	最大高度(空车)(mm)		4 515	4 620
	车辆定距(mm)		8 340	9 280
罐体尺寸	罐体外径(mm)		ϕ3 020	ϕ3 120
	罐体长度(mm)		11 200	11 800
钩缓装置	缓冲器型号		MT-2 或 HM-1 型	MT-2、HM-1 或 HN-1 型
	车钩型号		17 型(加厚型钩舌)	17 型(加厚型钩舌)
	钩尾框		17 型	17 型
转向架			转 K5 或转 K6 型	DZ1 型
制动装置	主要配置	制动阀	120 型	120 型
		制动缸	305 mm×254 mm 旋压密封式	305 mm×254 mm 旋压密封式
		闸调器	ST2-250 型	ST2-250 型
		脱轨自动制动阀	TZD 型	TZD-1 型
		空重车阀	KZW-A 型	KZW-A 型
		手制动机	NSW 型	NSW 型

2. 粉煤灰罐车

粉煤灰罐车技术参数及配置见表 8-15。

表 8-15 粉煤灰罐车技术参数及配置

车型代号	GF_{1MK}
项　　目	参数及说明
用　　途	粉煤灰罐车
轨距(mm)	1 435

续上表

车型代号			GF1MK
轴重(t)			21
每延米重(t/m)			5.8
换长			1.2
车钩中心线距轨面高度(空车)(mm)			880±10
通过最小曲线半径(m)			145
商业运行速度(km/h)			120
装卸方式			上装上卸
重量参数	载重(t)		52
	自重(t)		23.2
	自重系数		0.45
容积参数	总容积(m^3)		70.5
	有效容积(m^3)		65.7
车辆尺寸	车辆长度(mm)		12 856
	最大宽度(mm)		3 020
	最大高度(空车)(mm)		4 520
	车辆定距(mm)		8 000
罐体尺寸	罐体外径(mm)		ϕ3 020
	罐体长度(mm)		10 500
钩缓装置	缓冲器型号		ST 型
	车钩型号		13 型
	钩尾框		13B 型
转向架			转 K2 型
制动装置	主要配置	制动阀	120 型
		制动缸	356 mm×254 mm 旋压密封式
		闸调器	ST2-250 型
		脱轨自动制动阀	无
		空重车阀	KZW-4GA 型
		手制动机	链式

3. 散装水泥罐车

散装水泥罐车技术参数及配置见表 8-16 和表 8-17。

表 8-16 21 t 轴重散装水泥罐车技术参数及配置

车型代号	U60WK	U61WK	U61WZK	GF18K
项 目	参数及说明			
用 途	散装水泥罐车			

续上表

车型代号			U60WK	U61WK	U61WZK	GF18K
轨距(mm)			1 435	1 435	1 435	1 435
轴重(t)			21	21	21	21
每延米重(t/m)			6.96	6.9	7	6.94
换长			1.1	1.1	1.1	1.1
车钩中心线距轨面高度(空车)(mm)			880±10	880±10	880±10	880
通过最小曲线半径(m)			145	145	145	145
商业运行速度(km/h)			120	120	120	120
装卸方式			上装下卸	上装下卸	上装下卸	上装下卸
重量参数	载重(t)		59	61	61	60
	自重(t)		24.5	22.3	23	23.3
	自重系数		0.42	0.37	0.38	0.39
容积参数	总容积(m^3)		67.8	65.7	61	52
	有效容积(t/m^3)		50.8	50.8	50.9	44
车辆尺寸	车辆长度(mm)		12 000	12 000	11 992	11 998
	最大宽度(mm)		3 020	3 016	2 971	3 200
	最大高度(空车)(mm)		4 520	4 514	4 447	4 452
	车辆定距(mm)		7 600	7 600	7 300	7 600
罐体尺寸	罐体外径(mm)		ϕ3 020	ϕ3 020	ϕ2 816	ϕ3 016
	罐体长度(mm)		10 100	9 800	10 410	9 800
钩缓装置	缓冲器型号		ST 型	ST 型	ST 或 MT-3 型	ST 型
	车钩型号		13 型	13 型	13 型	13 型
	钩尾框		13B 型	13B 型	13B 型	13B 型
转向架			转 K2 型	转 K2 型	转 K2 型	转 K2 型
制动装置	主要配置	制动阀	120 型	120 型	120 型	120 型
		制动缸	356 mm×254 mm 旋压密封式	356 mm×254 mm 旋压密封式	356 mm×254 mm 旋压密封式	356 mm×254 mm 旋压密封式
		闸调器	ST2-250 型	ST2-250 型	ST2-250 型	ST2-250 型
		脱轨自动制动阀	无	无	无	无
		空重车阀	KZW-4GA 型	KZW-A 型	KZW-A 型	KZW-A 型
		手制动机	链式	链式	链式	NSW 型

表 8-17　23 t、27 t 轴重散装水泥罐车技术参数及配置

车型代号	U70	U80	U80H
项　　目	参数及说明		
用　　途	散装水泥罐车		
轨距(mm)	1 435	1 435	1 435

续上表

车型代号			U_{70}	U_{80}	U_{80H}
轴重(t)			23	27	27
每延米重(t/m)			7.81	8	7.95
换长			1.1	1.2	1.2
车钩中心线距轨面高度(空车)(mm)			880±10	880±10	880±10
通过最小曲线半径(m)			145	145	145
商业运行速度(km/h)			120	100	100
装卸方式			上装下卸	上装下卸	上装下卸
重量参数		载重(t)	69	80	80
		自重(t)	24.8	26.4	26.5
		自重系数	0.36	0.33	0.33
容积参数		总容积(m^3)	71.4	74.6	74.6
		有效容积(t/m^3)	58.3	66.7	65.7
车辆尺寸		车辆长度(mm)	12 016	13 300	13 400
		最大宽度(mm)	3 020	3 184	3 190
		最大高度(空车)(mm)	4 493	4 460	4 443
		车辆定距(mm)	7 850	8 700	8 200
罐体尺寸		罐体外径(mm)	ϕ3 020	ϕ2 970	ϕ3 190
		罐体长度(mm)	10 600	11 520	11 450
钩缓装置		缓冲器型号	MT-2 或 HM-1 型	MT-2、HM-1 或 HN-1 型	MT-2、HM-1 或 HN-1 型
		车钩型号	17 型(加厚型钩舌)	17 型(加厚型钩舌)	17 型(加厚型钩舌)
		钩尾框	17 型	17 型	17 型
转向架			转 K6 型	DZ1 型	DZ2 型
制动装置	主要配置	制动阀	120 型	120 型	150 型
		制动缸	305 mm×254 mm 旋压密封式	305 mm×254 mm 旋压密封式	集成
		闸调器	ST2-250 型	ST2-250 型	集成
		脱轨自动制动阀	TZD 型	TZD-1 型	TZD-1 型
		空重车阀	KZW-A 型	KZW-A 型	KZW-A 型
		手制动机	NSW 型	NSW 型	NSW 型

9 漏　斗　车

漏斗车是一种设有一个或数个顶盖或不带盖的具有一定斜坡装货斗的车辆。其车体为上部大、底部小的漏斗状,货物从顶部或舱口装入,借助货物自重从漏斗底部或侧部的卸货口卸出。漏斗内壁制成光滑的表面,其斜面倾角和漏斗容积根据所运货物的品种确定。卸货口的位置、数量随受料坑等接收装置而有所不同。每个卸货口设有底门及开闭机构,利用压缩空气或手动机构进行底门开闭。

漏斗车在我国铁路货车组成中数量较少,约占铁路货车总数的 4%左右。漏斗车按结构型式不同可分为有盖和无盖两大类;按装载货物种类不同可分为煤炭漏斗车、石砟漏斗车、粮食漏斗车和矿物漏斗车四大类。

9.1 煤炭漏斗车

煤炭漏斗车是一种无盖漏斗车,在我国的漏斗车组成中数量最多。目前,我国煤炭漏斗车主要有载重 60 t 的 K_{18} 系列煤炭漏斗车,载重 70 t 的 KM_{70} 系列煤炭漏斗车,载重 80 t 的 $KM_{80(H)}$ 型煤炭漏斗车以及 30 t 轴重的 KM_{98}、KM_{100} 系列铝合金煤炭漏斗车。

9.1.1 发展历程

我国于 1967 年研制了可提高铁路煤炭运输效率的载重 60 t 煤炭漏斗车,经过三年多的运用试验、总结、改进设计后,于 1971 年正式定型为 K_{18} 型煤炭漏斗车。1979 年,在 K_{18} 型煤炭漏斗车的基础上,对漏斗、底门及底门开闭机构进行了优化改进,研制了 K_{18F} 型煤炭漏斗车(取消风动部分即为 K_{18S} 型煤炭漏斗车)。

1980 年,在 K_{18F} 型煤炭漏斗车的基础上,将底门开闭机构由双抱大刀式偏心锁闭机构改进为顶锁式开闭机构,车体结构相应地作了局部改动,制动装置重新布置,研制了 K_{18D} 型煤炭漏斗车。之后在 K_{18D} 型煤炭漏斗车的基础上,对车体、风控管路装置优化改进,研制了 K_{18DG} 系列煤炭漏斗车。1999 年,又在 K_{18D} 型煤炭漏斗车的基础上,将其独立风控管路优化为风源取自列车主管,底门开闭装置优化改进,研制了 K_{18DA} 型煤炭漏斗车。

2002 年,为适应我国铁路货车提速的发展要求,在 K_{18DA} 型煤炭漏斗车的基础上,研制了装用转 8G 型转向架的 K_{18AT}(后换装转 8B 型转向架)、装用转 K2 型转向架的 K_{18AK} 型煤炭漏斗车。2004 年,在 K_{18D} 型煤炭漏斗车的基础上,研制了装用转 K2 型转向架的 K_{18DK} 型煤炭漏斗车。K_{18} 系列煤炭漏斗车的车体结构基本相同,均为板柱式结构。

2004 年，为满足我国不断增长的煤炭运输需求，加快铁路装备现代化进程，研制了载重 70 t 的 $KM_{70(H)}$ 型煤炭漏斗车，并于 2005 年通过了由铁道部组织的方案和样车技术审查，2006 年开始批量生产。车辆载重 70 t、自重 23.8 t，车体采用冷弯型钢和 Q450NQR1 高强度耐候钢，装用转 K6 型或转 K5 型转向架。2007 年之后，陆续研制了带下侧门、适应翻车机、单纯手动卸车和整组卸车的 KM_{70} 系列煤炭漏斗车，以适应不同装卸货设施和用户使用要求。

为进一步提高既有线路货物运输能力，我国在 70 t 级煤炭漏斗车的基础上，于 2009 年研制了 27 t 轴重的 $KM_{80(H)}$ 型煤炭漏斗车。车辆载重 80 t、速度 100 km/h，车体采用 S450EW 和 Q450NQR1 高强度耐候钢板和冷弯型钢，侧墙采用了变截面板柱式结构，共设六个漏斗区；装用 DZ1 型或 DZ2 型转向架。已完成型式试验、线路适应性试验、驼峰编组试验和混编列车综合性能试验。

为充分发挥现有线路、设备的潜能，推进适应未来发展需求的大轴重铁路货车，我国在 2014 年～2015 年期间，研制了适应在 30 t 轴重重载电气化铁路专线上运行的 KM_{98}、KM_{100} 系列铝合金煤炭漏斗车，列车采用固定编组方式，与地面设施匹配，实现自动化、机械化装卸，可成列边走边卸。车体与货物接触部位均采用铝合金材料，底门横向布置，采用地面机械碰撞式底门开闭机构和智能化自动卸货系统，满足 1 万吨和 2 万吨列车既有车站到发线长度编组需要。

9.1.2 主要结构特点

煤炭漏斗车主要由车体、底门开闭机构、制动装置、车钩缓冲装置及转向架等组成。车体为底架和侧壁共同承载结构，主要由底架、侧墙、端墙、漏斗、底门等组成；底门开闭机构主要有双抱大刀式偏心锁闭机构、两级闭锁顶锁机构和地面机械碰撞式机构等。煤炭漏斗车除可单辆卸货外，还能够通过加装整列卸、分组卸、边走边卸装置，实现整列卸、分组卸和边走边卸功能，提高装卸作业机械化与自动化程度。

1. 21 t 轴重系列煤炭漏斗车

21 t 轴重系列煤炭漏斗车主要包含 K_{18}、K_{18F}、K_{18D}、K_{18DG}、K_{18DA}、K_{18AT}、K_{18AK} 和 K_{18DK} 等车型。

K_{18}、K_{18F}、K_{18D}、K_{18DG} 型煤炭漏斗车车体采用普通碳素钢或低合金钢材料，K_{18DA}、K_{18AT}、K_{18AK} 型煤炭漏斗车车体采用 08CuPVRE 或 09CuPTiRE-A 耐大气腐蚀高强度低合金钢。

21 t 轴重系列煤炭漏斗车车体均为全钢焊接结构，底架由中梁（K_{18}、K_{18F}、K_{18D}、K_{18DG} 型为 30C 号槽钢与漏斗脊板组焊成封闭结构，K_{18DA}、K_{18AT}、K_{18AK} 型为 09V 材质 310 乙字型钢与筋板组焊成刀把形结构）、变截面箱形结构枕梁、钢板压成不等边槽形端梁、角钢大横梁以及 200 mm×73 mm×7 mm 的槽钢下侧梁等组焊而成，底门折页座铆接在下侧梁上；侧墙为板柱结构，由侧板、侧柱及槽钢上侧梁等组焊而成；端墙由端板、角钢角柱、端柱以及角钢腰带等组焊而成，两侧端柱处设有斜撑，斜撑上部与端墙腰带、下部与底架枕梁连接，加强了端墙与底架的连接；车体中部设有一个横向中央漏斗脊，与中梁上设置的纵向漏斗脊，将全车划分为四个漏斗区，各漏斗由漏斗板与角钢制作的骨架组焊而成，在底架下侧梁与漏斗板之间设有联系梁，增加了底门孔的刚度；车体两侧各设有两个侧开式底门；端墙顶部外端均设有檐板及扶梯组成（K_{18} 型煤炭漏斗车只设扶梯组成，无檐板）。

K_{18}、K_{18F} 型煤炭漏斗车底门开闭机构均采用双抱大刀式偏心锁闭机构，其偏心距在(25±5) mm 范围内；K_{18D}、K_{18DG}、K_{18DA}、K_{18AT}、K_{18AK}、K_{18DK} 型煤炭漏斗车底门开闭机构均采用两级闭锁、顶锁机构，由上部传动装置、连杆、下曲拐、下部传动轴、双联杠杆、长短顶杆和左右锁体等组成。

21 t 轴重系列煤炭漏斗车底门开闭控制系统均为风动、手动两用，风、手动控制系统相互独立，互不干扰，其转换由拨叉拨动离合器来实现。手动控制系统采用蜗轮蜗杆机构，除 K_{18} 型煤炭漏斗车的操作手轮设置在车体两侧(位于底架中部下方)外，其他车型的操作手轮均设置在底架上方；K_{18}、K_{18F}、K_{18D}、K_{18DG} 型煤炭漏斗车风动控制系统装用整列卸、分组卸装置，设置有独立风控管路；K_{18DA}、K_{18AT}、K_{18AK} 型煤炭漏斗车风控管路的风源取自列车主管。

K_{18}、K_{18F}、K_{18D}、K_{18DG}、K_{18DA} 型煤炭漏斗车装用转 8A 型转向架，制动装置采用 GK 型三通阀或 120 型控制阀、ϕ356 mm×254 mm 或 ϕ254 mm×254 mm 密封式制动缸、ST2-250 型闸调器、KZW-4G 或手动空重车调整装置、链式手制动机，车钩缓冲装置采用 13 型上作用车钩、13 型车钩钩尾框、2 号或 ST 型或 MT-3 型缓冲器。

2001 年以后，对既有 K_{18DA}、K_{18AT}、K_{18D}、K_{18DG}、K_{18} 等煤炭漏斗车进行适应铁路 120 km/h 提速改造，换装转 K2 型转向架，制动装置采用 120 型控制阀、ϕ356 mm×254 mm或 ϕ254 mm×254 mm 密封式制动缸、ST2-250 型闸调器、KZW-A 空重车调整装置、NSW 型手制动机，车型改为 K_{18AK}、K_{18DK} 和 K_{18K}。

K_{18} 型煤炭漏斗车、K_{18AK} 型煤炭漏斗车、K_{18DK} 型煤炭漏斗车车辆外形如图 9-1～图 9-3 所示。

图 9-1　21 t 轴重 K_{18} 型煤炭漏斗车

图 9-2　21 t 轴重 K_{18AK} 型煤炭漏斗车

图 9-3　21 t 轴重 K_{18DK} 型煤炭漏斗车

2. 23 t 轴重系列煤炭漏斗车

23 t 轴重系列煤炭漏斗车主要包含 $KM_{70(H)}$、KM_{70A} 和 KM_{70B} 等车型。

$KM_{70(H)}$型煤炭漏斗车车体采用 Q450NQR1 高强度耐候钢，为全钢焊接结构；中梁采用材质为 YQ450NQR1 热轧 310 乙字型钢，下侧梁采用 200 mm×75 mm×7 mm 冷弯槽钢，枕梁为双腹板组焊箱型断面结构；侧墙为板柱式结构，由侧板、U 形双曲面冷弯型钢侧柱和冷弯矩型空心型钢上侧梁等组焊而成；端墙由端板、专用异形冷弯型钢上端梁、端柱、冷弯角钢角柱、U 形冷弯型钢横带和斜撑等组焊而成；在车体中心设一个横向中央漏斗脊，与中梁上设置的纵向漏斗脊，将全车划分成四个漏斗区，各漏斗脊由∧形钢板和筋板等组焊而成；在中央漏斗处设置有拉杆装置，拉杆通过支座和螺栓与侧墙连接；在端墙顶部的外端设有檐板及扶梯；车体两侧各设有两个侧开式底门。

底门开闭机构采用两级传动、顶锁式机构，并设有偏心锁闭式防误转动装置。底门开闭控制系统为风动、手动两用，通过拨叉拨动离合器来转换风、手动操纵。风、手动控制装置均设在车体一位端的底架上，风动控制系统的风源来自列车主管，可使用风动控制系统中的操纵阀控制压缩空气驱动底门开闭机构，实现车体两侧底门的同时开闭。在无风源时，可使用手动控制系统中的减速器手轮驱动底门开闭机构，实现车体两侧底门的同时开闭。

KM$_{70(\mathrm{H})}$型煤炭漏斗车采用 17 型车钩及配套钩尾框、MT-2 或 HM-1 型缓冲器；采用 120 型控制阀空气制动系统和 NSW 型手制动机；装用转 K6 或转 K5 型转向架。

KM$_{70}$ 型煤炭漏斗车车辆外形如图 9-4 所示，车辆二维图如图 9-5 所示。

图 9-4　23 t 轴重 KM$_{70}$ 型煤炭漏斗车

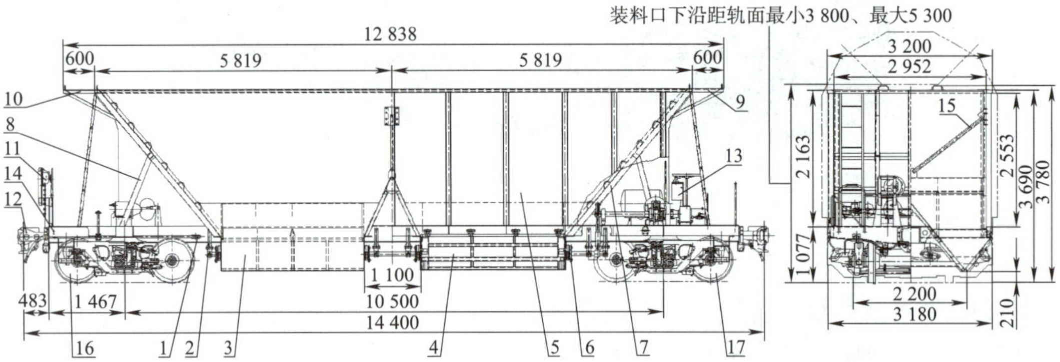

图 9-5　23 t 轴重 KM$_{70}$ 型煤炭漏斗车二维图

1—底架组成；2—底架附属件；3—漏斗组成；4—底门组成；5—侧墙组成；6—底门开闭机构；7、8—端墙组成；9、10—檐板及扶梯组成；11—风手制动装置；12—车钩缓冲装置；13—风控管路装置；14—标记；15—拉杆组成；16、17—转向架

3. 27 t 轴重 KM$_{80(\mathrm{H})}$型煤炭漏斗车

KM$_{80(\mathrm{H})}$型煤炭漏斗车车体采用 Q450EWR1 高耐蚀型耐候钢、Q450NQR1 高强度耐大气腐蚀钢。中梁采用材质为 YQ450NQR1 的热轧 310 乙字型钢，下侧梁采用专用冷弯梯形空心型钢，枕梁为变截面箱形结构；侧墙为变截面结构，由侧板、冷弯 U 形型钢侧柱和 100 mm×100 mm×5 mm 的冷弯方形空心型钢上侧梁等组焊而成；端墙由端板、专用冷弯梯形空心型钢上端梁、端柱、横带和斜撑等组焊而成；在车体中心设两个横向的中央漏斗脊，与中梁上设置的纵向漏斗脊，将全车划分成六个漏斗区，各漏斗脊由∧形钢板和筋板组焊而成；在两侧墙间设有了两组水平撑杆，撑杆与撑杆座采用铰接结

构连接；车体两侧各设有三个侧开式底门。

KM$_{80(H)}$型煤炭漏斗车底门开闭系统的原理、结构与 KM$_{70(H)}$型煤炭漏斗车基本一致；采用 17 型车钩及配套钩尾框、MT-2 或 HM-1 型缓冲器；采用 120 或 120-1 型控制阀空气制动系统和 NSW 型手制动机；装用 DZ1 或 DZ2 型转向架。

KM$_{80}$ 型煤炭漏斗车车辆外形如图 9-6 所示。

图 9-6　27 t 轴重 KM$_{80}$ 型煤炭漏斗车

4. 30 t 轴重系列煤炭漏斗车

30 t 轴重系列煤炭漏斗车主要包含 KM$_{98}$、KM$_{98AF}$、KM$_{98A(H)}$型铝合金煤炭漏斗车和 KM$_{100}$、KM$_{100A(H、F)}$型铝合金煤炭漏斗车。

KM$_{98A(H)}$型铝合金煤炭漏斗车主要由车体、底门及开闭机构、智能化自动卸货系统、转向架、制动装置、车钩缓冲装置及短牵引杆装置等组成。车体为高强度耐候钢、不锈钢和铝合金材料铆焊结构，其中与货物接触部位采用 6082-T6 铝合金和 T4003 不锈钢材料，其他部位材料为 Q450NQR1 高强度耐候钢，主要由底架、侧墙、端墙、漏斗等组成，侧墙采用侧柱内置式结构，铝合金板梁采用整体成形和搅拌摩擦焊工艺。采用可适应列车双向运行、自动连续卸货的地面机械碰撞式底门及开闭机构，射频识别(RFID)及控制技术的智能化自动卸货系统，装用 DZ5 或 DZ4 型转向架，采用 120 型控制阀空气制动系统，KZW-A 或 KZW-B 型空重车调整装置，BAB 或 DAB-1 型集成制动装置，TZD-1 型货车脱轨自动制动装置，NSW 型手制动机或 APP-1 型停车自动制动装置，HM-1 或 MT-2 型缓冲器。单车连挂编组时，车辆两端采用 17 型车钩；多辆车编为单元车组时，车组两端采用 17 型车钩，中部采用与 17 型车钩可互换的 SDB-1 型牵引杆。

KM$_{98A(H)}$型铝合金煤炭漏斗车、KM$_{98}$ 型铝合金煤炭漏斗车车辆外形如图 9-7、图 9-8 所示。

KM$_{100A(H、F)}$型铝合金煤炭漏斗车主要由车体、底门及开闭机构、智能化自动卸货系统、转向架、制动装置、车钩缓冲装置及短牵引杆装置等组成。车体结构和材料、制造工艺、底门及开闭机构及自动卸货系统与 KM$_{98AH}$ 型铝合金煤炭漏斗车基本一致，采用 150 型空气制动系统，RGC-1A 空重车调整传感装置，DAB-1 或 BAB 型集成制动装置，

图 9-7　30 t 轴重 KM$_{98A}$(H)型铝合金煤炭漏斗车

图 9-8　30 t 轴重 KM$_{98}$ 型铝合金煤炭漏斗车

TZD-1 型货车脱轨自动制动装置，NSW 型手制动机或 APP-1 型停车自动制动装置，HM-1G 或 HDDG 型缓冲器。单车连挂编组时，车辆两端采用 17 型车钩；多辆车编为单元车组时，车组两端采用 17 型车钩，中部采用与 17 型车钩可互换的 SDB-1 型牵引杆。KM$_{100A}$ 装用 30 t 轴重运动稳定型低动力转向架、KM$_{100AH}$ 装用 DZ5 型转向架、KM$_{100AF}$ 型装用 DZ6 型转向架。

KM$_{100AH}$ 型铝合金煤炭漏斗车车辆外形如图 9-9 所示。

图 9-9　30 t 轴重 KM$_{100AH}$ 型铝合金煤炭漏斗车

9.1.3 技术参数及配置

煤炭漏斗车技术参数及配置见表 9-1。

表 9-1 煤炭漏斗车技术参数及配置

车型代号		K_{18}	K_{18F}	K_{18D}	K_{18DG}
项目		参数及说明			
用途		煤炭漏斗车			
轨距(mm)		1 435	1 435	1 435	1 435
轴重(t)		21.1	21(21.1)	20.8	21
每延米载重(t/m)		≤5.7	≤5.7(5.71)	5.7(5.67)	≤5.7
换长		1.3	1.3	1.3	1.3
车钩中心线距轨面高度(空车)(mm)		880±10	880±10	880±10	880±10
通过最小曲线半径(m)		145	145	145	145
最高运行速度(km/h)		100	85～100	100	80
卸载方式		风动、手动	风动、手动	风动、手动	风动、手动
传动形式		单级下式	单级传动 两级锁闭	两级传动 顶锁机构	两级传动 顶锁机构
能否通过机械化驼峰		否	否	否	否
重量参数	载重(t)	60	58	59(58)	60
	自重(t)	≤24.5	≤26(26.3)	25(25.5)	≤24
	自重系数	0.41	0.45(0.46)	0.424(0.44)	0.4
容积参数	容积(m^3)	65.7	64(67.2)	64(67.2)	64
	比容(m^3/t)	1.1	1.1(1.16)	1.085(1.16)	1.07
车辆尺寸	车辆长度(mm)	14 738	14 738	14 738	14 738
	最大宽度(mm)	3 240	3 240	3 240	3 240
	最大高度(空车)(mm)	3 391	3 536(3 636)	3 536	3 536
	车辆定距(mm)	10 500	10 500	10 500	10 500
	车体距轨面最小距离(空车)(mm)	188	220	220	220
车体尺寸	装货口长度(mm)	11 780	10 810	10 810	10 810
	装货口宽度(mm)	2 950	2 948	2 948	2 948
	端板与水平面夹角(°)	45	50	50	50
	漏斗板与水平面夹角(°)	50	50	50	50
	底门孔长度(mm)	2 450	2 700	2 700	2 700
底门	底门数量(个)	4	4	4	4
	底门开度(mm)	550	550	470～520	500
	底门开闭方式	纵开门	纵开门	纵开门	纵开门

续上表

车型代号			K18	K18F	K18D	K18DG
钩缓装置	缓冲器型号		2 号或 MX-1 型	2 号	2 号	ST 或 MT-3 型
	车钩型号		13 型上作用	13 型上作用	13 型上作用	13 型上作用
	钩尾框		13 型	13 型	13 型	13 型
转向架			转 8A 型	转 8A 型	转 8A 型	转 8A 型
制动装置	主要配置	制动阀	GK 型	GK 型	GK 型	GK 或 120 型
		制动缸	356 mm×254 mm	356 mm×254 mm	356 mm×254 mm	356 mm×254 mm
		闸调器	无	无	无	ST2-250 型
		脱轨自动制动阀	无	无	无	无
		空重车阀	手动	手动	手动	手动
		手制动机	链式	链式	链式	链式
车型代号			K18DA	K18AT	K18AK	K18DK
项目			参数及说明			
用途			煤炭漏斗车			
轨距(mm)			1 435	1 435	1 435	1 435
轴重(t)			21	21	21	21
每延米载重(t/m)			≤5.7	≤5.7	≤5.7	≤5.7
换长			1.3	1.3	1.3	1.3
车钩中心线距轨面高度(空车)(mm)			880±10	880±10	880±10	880±10
通过最小曲线半径(m)			145	145	145	145
最高运行速度(km/h)			100	100	120	120
卸载方式			风动、手动	风动、手动	风动、手动	风动、手动
传动形式			两级传动 顶锁机构	两级传动 顶锁机构	两级传动 顶锁机构	两级传动 顶锁机构
能否通过机械化驼峰			否	否	否	否
重量参数	载重(t)		60	60	60	60
	自重(t)		≤24	≤24	≤24	≤24
	自重系数		0.4	0.4	0.4	0.4
容积参数	容积(m^3)		65	65	65	64
	比容(m^3/t)		1.1	1.08	1.1	1.07
车辆尺寸	车辆长度(mm)		14 738	14 738	14 738/14 730	14 738/14 730
	最大宽度(mm)		3 240	3 240	3 240	3 240
	最大高度(空车)(mm)		3 570	3 570	3 570	3 548
	车辆定距(mm)		10 500	10 500	10 500	10 500
	车体距轨面最小距离(空车)(mm)		220	220	220	220

续上表

车型代号			K18DA	K18AT	K18AK	K18DK
车体尺寸	装货口长度(mm)		10 840	10 840	10 840	10 810
	装货口宽度(mm)		2 950	2 950	2 950	2 948
	端板与水平面夹角(°)		50	50	50	50
	漏斗板与水平面夹角(°)		50	50	50	50
	底门孔长度(mm)		2 700	2 700	2 700	2 700
底门	底门数量(个)		4	4	4	4
	底门开度(mm)		520	520	520	520
	底门开闭方式		纵开门	纵开门	纵开门	纵开门
钩缓装置	缓冲器型号		2 号或 MT-3 型	ST 型	ST 或 MT-3 型	ST 或 MT-3 型
	车钩型号		13 型上作用	13A 型上作用	13 或 13A 型上作用	13 或 13A 型
	钩尾框		13 型	13 型	13B 型	13B 型锻造
转向架			转 8A 型	转 8G 或转 8B 型	转 K2 型	转 K2 型
制动装置	主要配置	制动阀	120 型	120 型	120 型	120 型
		制动缸	356 mm×254 mm 密封式	356 mm×254 mm 旋压密封式	254 mm×254 mm 或 356 mm×254 mm 旋压密封式	254 mm×254 mm 旋压密封式
		闸调器	ST2-250 型	ST2-250 型	ST2-250 型	ST2-250 型
		脱轨自动制动阀	无	无	无	无
		空重车阀	手动	手动	手动两级、TWG-1A、KZW-4GAB 或 KZW-A 型	KZW-4GAB 或 KZW-A 型
		手制动机	链式	链式	直立链式或 NSW 型	NSW 型

车型代号	K18K	KM70(H)	KM70A	KM70B	KM80(H)
项　　目	参数及说明				
用　　途	煤炭漏斗车				
轨距(mm)	1 435	1 435	1 435	1 435	1 435
轴重(t)	21	23	23	23.4	27
每延米载重(t/m)	5.7	6.5	6.5	6.7	7.2
换长	1.3	1.3	1.3	1.3	1.3
车钩中心线距轨面高度(空车)(mm)	880±10	880±10	880±10	880±10	880±10
通过最小曲线半径(m)	145	145	145	145	145
最高运行速度(km/h)	120	120	120	120	100
卸载方式	风动、手动	风动、手动	风动、手动	风动、手动	风动、手动
传动形式	两级传动顶锁机构	两级传动顶锁机构	两级传动顶锁机构	两级传动顶锁机构	两级传动顶锁机构

续上表

车型代号		K18K	KM70(H)	KM70A	KM70B	KM80(H)
能否通过机械化驼峰		否	否	否	否	否
重量参数	载重(t)	60	70	70	69	80
	自重(t)	23.1	23.8	23.8	24.6	26
	自重系数	0.39	0.34	0.34	0.36	0.325
容积参数	容积(m^3)	65	75	75	77	85.5
	比容(m^3/t)	1.08	1.07	1.07	1.12	1.07
车辆尺寸	车辆长度(mm)	14 730	14 400	14 400	13 976	14 730
	最大宽度(mm)	3 240	3 200	3 200	3 180	3 340
	最大高度(空车)(mm)	3 530	3 780	3 780	3 337	3 763
	车辆定距(mm)	10 500	10 500	10 500	9 210	10 730
	车体距轨面最小距离(空车)(mm)	215	210	210	210	220
车体尺寸	装货口长度(mm)	10 910	11 447	10 910	13 000	12 224
	装货口宽度(mm)	2 952	2 952	2 952	2 890	2 992
	端板与水平面夹角(°)	50	50	50	—	上部 45,下部 50
	漏斗板与水平面夹角(°)	50	50	50	—	48
	底门孔长度(mm)	2 700	2 780	2 800	1 305	1 900
底门	底门数量(个)	4	4	4	14	6
	底门开度(mm)	520	460	460	460	490
	底门开闭方式	纵开门	纵开门	纵开门	纵开门	纵开门
钩缓装置	缓冲器型号	MT-3 型	MT-2 或 HM-1 型	MT-2 型	HM-1 或 MT-2 型	MT-2、HM-1 或 HN-1 型
	车钩型号	13A 型	17 型(加厚型钩舌)	17 型	17 型	17 型(加厚型钩舌)
	钩尾框	13B 型	17 型锻造	17 型	17 型	17 型锻造
转向架		转 K2 型	转 K6 或转 K5 型	转 K6 或 K5 型	转 K6 型	DZ1 或 DZ2 型
制动装置 主要配置	制动阀	120 型	120 型	120 型	120 型	120 型
	制动缸	254 mm×254 mm 旋压密封式	305 mm×254 mm 旋压密封式	305 mm×254 mm 旋压密封式	305 mm×254 mm 旋压密封式	254 mm×254 mm 旋压密封式
	闸调器	ST2-250 型	ST2-250 型	ST2-250 型	ST2-250 型	ST2-250 型
	脱轨自动制动阀	无	无	无	无	TZD 型
	空重车阀	KZW-A 型	KZW-A 型	KZW-A 型	KZW-A 型	KZW-A 型
	手制动机	NSW 型	NSW 型	NSW 型	NSW 型	NSW 型

续上表

车型代号		KM98	KM98AH	KM98AF	KM100A(H、F)	KM100
项目		参数及说明				
用途		煤炭漏斗车				
轨距(mm)		1 435	1 435	1 435	1 435	1 435
轴重(t)		30	30	30	30	30
每延米载重(t/m)		8.36	8.37	8.57	8.37	8.51
换长		1.3	1.3	1.3	1.3	1.3
车钩中心线距轨面高度(空车)(mm)		880±10	880±10	880±10	880±10	880±10
通过最小曲线半径(m)		145	145	145	145	145
最高运行速度(km/h)		100	100	100	100	100
卸载方式		地面机械碰撞、射频识别、自动	地面机械碰撞、射频识别、自动	地面机械碰撞、射频识别、自动	地面机械碰撞、射频识别、自动	地面机械碰撞、射频识别、自动
传动形式		一级传动连杆机构,过死点和预紧弹簧二级自锁	一级传动连杆机构,过死点和预紧弹簧二级自锁	一级传动连杆机构,过死点和预紧弹簧二级自锁	一级传动连杆机构,过死点和预紧弹簧二级自锁	一级传动连杆机构,过死点和预紧弹簧二级自锁
能否通过机械化驼峰		否	否	否	否	否
重量参数	载重(t)	97.6	98	98	100	100
	自重(t)	22.4	22	22	≤20	≤20
	自重系数	0.22	0.22	0.22	≤0.20	≤0.20
容积参数	容积(m^3)	110	112	110	115	115
	比容(m^3/t)	1.12	1.12	1.12	1.15	1.15
车辆尺寸	车辆长度(mm)	14 352	14 330	14 350	14 330	14 000
	最大宽度(mm)	3 334	3 368	3 326	3 368	3 370
	最大高度(空车)(mm)	3 980	3 990	3 980	4 018	4 008
	车辆定距(mm)	10 552	10 530	10 550	10 530	11 550
	车体距轨面最小距离(空车)(mm)	326	303	326	309	299
车体尺寸	装货口长度(mm)	13 132	12 944	13 302	13 015	13 230
	装货口宽度(mm)	2 754	3 108	2 813	3 108	3 110
	端板与水平面夹角(°)	42	50~45~50	42	50~42~54	42~50
	漏斗板与水平面夹角(°)	50	40/45	45	40/45	50
	底门孔长度(mm)	3 035	2 750	2 740	2 750	2 800
底门	底门数量(个)	4	8	6	8	8
	底门开度(mm)	500	490	480	490	500
	底门开闭方式	横开门	横开门	横开门	横开门	横开门

续上表

车型代号			KM_{98}	KM_{98AH}	KM_{98AF}	$KM_{100A(H、F)}$	KM_{100}
钩缓装置		缓冲器型号	HM-1 型	HM-1 或 MT-2 型	HM-1 型	HM-1G 或 HDDG 型	HM-1 或 MM-4 型
		车钩型号	17 型	17 型(加厚型钩舌),缩短型牵引杆	17 型(加厚型钩舌),缩短型牵引杆	17 型(加厚型钩舌),缩短型牵引杆	17 型(加厚型钩舌),缩短型牵引杆
		钩尾框	17 型	17 型锻造	17 型锻造	17 型锻造	17 型锻造
转向架			DZ4 型	DZ4 或 DZ5 型	DZ6 型	DZ5 或 DZ6 型	DZ1 或稳定型
制动装置	主要配置	制动阀	120-1 型	120-1 型	150 型	150 型	120-1 型
		制动缸	无	BAB 或 DAB-1 型集成制动	PAB 型集成制动	BAB 或 DAB-1 型集成制动	BAB 型集成制动
		闸调器					
		脱轨自动制动阀	无	TZD-1 型	TZD-1 型	TZD-1 型	TZD-1 型
		空重车阀	KZW-B 型	KZW-A 或 KZW-B 型	KZW-A 型	RGC-1A 型	KZW-B 型
		手制动机	NSW 型	NSW 或 APB-1 型	NSW 型	NSW-I 或 APB-1 型	NSW-I 型

9.2 石砟漏斗车

石砟漏斗车是一种专用的无盖漏斗车，主要供铁路线路新建、维修时铺设石砟或工矿企业装运散粒货物之用，具有边走边卸和向轨道内、外侧卸砟的功能。目前，我国石砟漏斗车主要为载重 60 t 的 K_{13} 系列石砟漏斗车，载重 70 t 的 KZ_{70} 系列石砟漏斗车以及载重 80 t 的 $KZ_{80(H、F)}$型石砟漏斗车。

9.2.1 发展历程

为了促进铁道建筑的机械化，我国于 1959 年研制了 60 t 级石砟漏斗车，填补了我国机械化卸砟的空白，在经过七次修改后，于 1982 年正式定型为 K_{13} 型石砟漏斗车，车体材质为普通碳素钢，操纵室为木质结构。1994 年，对 K_{13} 型石砟漏斗车进行了重新设计，将车体材质改为耐大气腐蚀钢，操纵室改为全钢焊接结构，研制了 K_{13N} 型石砟漏斗车(原设计为 K_{13A} 型，后定型为 K_{13N} 型)，提高了车辆的使用寿命，延长了检修周期。2002 年以后，通过换装转 K2 型转向架，衍生出 K_{13K}、K_{13AK} 型石砟漏斗车。

1998 年，我国研制了 K_{13D} 型石砟漏斗车，车体采用普通碳素钢，共设九个卸砟底门(每侧各三个，中间三个)。同年，在 K_{13N} 型石砟漏斗车的基础上，对传动装置、操纵室、制动、风控装置进行了优化改进，并增设了除尘系统，研制了 K_{13NA} 型石砟漏斗车。

2001 年以后，为适应我国铁路货车提速的发展要求，在 K_{13NA} 型石砟漏斗车的基础上，研制了装用转 8G 型转向架、NSW 型手制动机、不锈钢制动、除尘、风控管系及配件等新技术的 K_{13NT} 型石砟漏斗车(后换装转 8B 型转向架)；在 2003 年，在 K_{13NA} 型石砟漏斗车的基础上，研制了装用转 K2 型转向架的 K_{13NK} 型石砟漏斗车。

2005 年，为加快铁路装备现代化进程，我国研制了 $KZ_{70(H)}$ 型石砟漏斗车，车辆载重 70 t，自重 23.8 t，车体采用 Q450NQR1 高强度耐候钢板和冷弯型钢，采用以风动为主、手动为辅的卸砟系统，风、手动操纵均可单独操纵，装用转 K6 型或转 K5 型转向架。2007 年，我国研制了提高车体耐腐蚀性的 KZ_{70A} 型不锈钢石砟漏斗车，车体与货物接触部位的型钢及板材均为 TCS345 不锈钢，侧墙采用直板圆弧结构。

为充分发挥现有线路的潜能，我国于 2009 年研制了 $KZ_{80(H、F)}$ 型石砟漏斗车，车辆载重 80 t、速度 100 km/h，车体采用 S450EW 和 Q450NQR1 高强度耐候钢板和冷弯型钢，侧墙采用了板柱式结构，装用 DZ1 型、DZ2 型、DZ3 型转向架。已完成各项型式试验、线路适应性试验、驼峰编组试验和混编列车综合性能试验。

9.2.2 主要结构特点

1. 21 t 轴重系列石砟漏斗车

21 t 轴重系列石砟漏斗车主要包含 K_{13}、K_{13N}、K_{13D}、K_{13NA}、K_{13NT}、K_{13AK}、K_{13K}、K_{13NK} 等车型。

21 t 轴重系列石砟漏斗车车体均为无中梁、板柱式结构。底架由牵引梁(K_{13} 型为 300 mm×87 mm×9.5 mm 槽钢组焊，其他车型均为 310 乙字型钢组焊)、槽钢侧梁、箱形断面结构枕梁、钢板压成不等翼 L 形断面端梁、小横梁及地板等组焊而成；侧墙采用板柱式结构，由上侧梁、侧板、变截面侧柱、检修门等组焊而成；端墙由上端缘、端板、角柱、端柱、腰带、斜撑等组焊而成，一位端墙上设有观察孔，可观察车内余砟情况；漏斗由中漏斗板、侧漏斗板、中隔板、端隔板、分砟梁、流砟板、导流板等组焊而成，分砟梁除增加漏斗强度外，还可减轻石砟对底门的压力，流砟板有固定式和可调式两种；操纵室为圆弧顶、全钢焊接结构(1994 年之前的 K_{13} 型为木质结构，之后均改为全钢焊接结构)，内壁衬装阻燃型隔热材料，两侧设活动式侧窗及侧门，端面设有端门，以方便操作人员同时操纵前后连挂车辆。

卸砟系统采用以风动为主、手动为辅的机械传动装置，通过拨叉拨动离合器来实现风、手动操纵的转换。风、手动控制装置均设在车体一位端的底架上，风动控制系统的风源来自列车主管，可使用风动控制系统中的三个操纵阀控制压缩空气驱动底门开闭机械传动装置，实现车体两侧及中间底门的开闭，两侧底门可单独操纵，亦可集中操纵；在无风源时，可使用手动控制系统中的减速器手轮驱动底门开闭机械传动装置，实现车体两侧底门的同时开闭，中部底门无手动。

车钩缓冲装置采用 13 型或 13A 型车钩、13 型或 13A 型钩尾框、2 号或 MX-1 型或 ST 型或 MT-3 型缓冲器；制动装置采用 GK 型三通阀或 120 型控制阀、ϕ356 mm×

254 mm或 ϕ254 mm×254 mm 密封式制动缸、ST2-250 型闸调器、KZW-A 型或手动空重车调整装置，采用链式或 NSW 型手制动机；K_{13}、K_{13N}、K_{13D}、K_{13NA} 型石砟漏斗车装用转 8A 型转向架，K_{13NT} 型石砟漏斗车装用转 8G 型或转 8B 型转向架，K_{13NK} 型石砟漏斗车装用转 K2 型转向架。

2001 年以后，既有 K_{13}、K_{13N}、K_{13NA} 型石砟漏斗车进行适应铁路 120 km/h 提速改造，换装转 K2 型转向架，制动装置采用 120 型控制阀、ϕ254 mm×254 mm 密封式制动缸、ST2-250 型闸调器、KZW-A 型空重车调整装置、链式或 NSW 型手制动机，车型改为 K_{13K}、K_{13AK}、K_{13NK}。

K_{13} 型石砟漏斗车、K_{13NK} 型石砟漏斗车车辆外形如图 9-10、图 9-11 所示。

图 9-10　21 t 轴重 K_{13} 型石砟漏斗车

图 9-11　21 t 轴重 K_{13NK} 型石砟漏斗车

2. 23 t 轴重系列石砟漏斗车

23 t 轴重系列石砟漏斗车主要包含 $KZ_{70(H)}$、KZ_{70A} 等车型。

$KZ_{70(H)}$型石砟漏斗车的车体采用 Q450NQR1 高强度耐候钢，为无中梁、全钢焊接结构。中梁采用材质为 YQ450NQR1 的热轧 310 乙字型钢，下侧梁采用 180 mm 高的矩形钢管，枕梁为变截面箱形结构；侧墙为板柱式结构，由专用冷弯钢管上侧梁、侧板、U 形双曲面高强度冷弯型钢侧柱等组焊而成；端墙由上端梁、端板、腰带、端柱、斜撑等组焊而成，一位端墙上设有观察孔，可观察车内余砟情况，二位端墙上设有扶梯；漏斗由中漏斗板、侧漏斗板、中隔板、端隔板、分砟梁、导流板等组焊而成；操纵室采用圆弧顶、内外全钢结构，内壁衬装阻燃型隔热材料，设有侧门、活动式侧窗等，侧门外装有安全链；端部设有端门，供操作人员同时操纵前后连挂车辆；全车共设六个卸砟底门，每侧各两个，中间两个。

卸砟系统采用以风动为主、手动为辅的机械传动装置，并设有防误转动装置。风控系统风源来自列车主管，由三个操纵阀分别控制四个外侧底门和两个斜对角布置的中间底门的开闭，两侧底门可单独操纵，亦可集中操纵。在无风源时，使用手动系统通过减速器手轮来实现底门的开闭，中间底门无手动操作。

$KZ_{70(H)}$型石砟漏斗车采用 17 型车钩及配套钩尾框、MT-2 型缓冲器；采用 120 型控制阀空气制动系统和 NSW 型手制动机；装用转 K6 或转 K5 型转向架。

KZ_{70} 型石砟漏斗车车辆外形如图 9-12 所示，车辆二维图如图 9-13 所示。

图 9-12　23 t 轴重 KZ_{70} 型石砟漏斗车

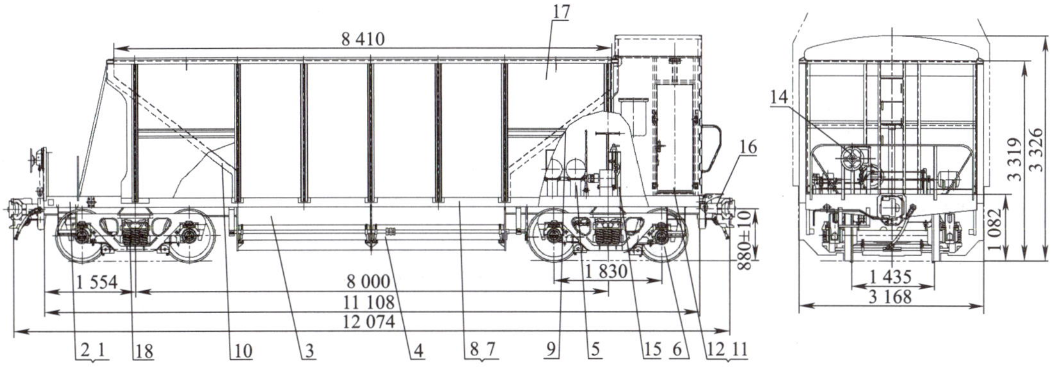

图 9-13　23 t 轴重 KZ_{70} 型石砟漏斗车二维图

1—底架组成；2—底架附属件；3—漏斗组成；4—下部传动装置；5—上部传动装置；6—转 K6 型转向架；7—侧墙组成(一位)；8—侧墙组成(二位)；9—端墙组成(一位)；10—端墙组成(二位)；11—操纵室钢结构组成；12—操纵室内装饰组成；14—风手制动装置；15—风控管路组成；16—车钩缓冲装置；17—标记；18—转 K6 型转向架

3. 27 t 轴重 $KZ_{80(H、F)}$型石砟漏斗车

$KZ_{80(H、F)}$型石砟漏斗车车体采用 Q450EWR1 高耐蚀型耐候钢和 Q450NQR1 高强度耐大气腐蚀钢，为无中梁、全钢焊接结构。牵引梁采用材质为 YQ450NQR1 的热

轧 310 乙字型钢，枕梁为变截面箱形结构，下侧梁采用专用异型冷弯型钢；侧墙为板柱式结构，由专用冷弯异形钢管上侧梁、冷弯双曲面帽型钢侧柱、侧板等组焊而成；端墙由冷弯型钢上端梁、端柱、角柱、端板、腰带、斜撑等组焊而成，一位端墙上设有观察孔，二位端墙上设有扶梯；漏斗由中漏斗板、侧漏斗板、中隔板、端隔板、分砟梁、导流板、调整板、加强板等组成；操纵室设置在车体一位端，采用圆弧顶、全钢焊接结构，内壁衬装阻燃型隔热材料，内壁衬装阻燃型装饰板，两侧壁均设有隔热平开内外双层结构的侧窗，内部设有带阻尼可折叠边凳，端部设有端门及雨檐；全车共设六个卸砟底门，每侧各两个，中间两个。

$KZ_{80(H、F)}$型石砟漏斗车卸砟系统的原理、结构与 $KZ_{70(H)}$型石砟漏斗车基本一致；装用 DZ1 型或 DZ2 型或 DZ3 型转向架；采用 17 型车钩及配套钩尾框、MT-2 型或 HM-1 型缓冲器；采用 120 型或 120-1 型控制阀空气制动系统和 NSW 型手制动机。

KZ_{80} 型石砟漏斗车车辆外形如图 9-14 所示。

图 9-14 27 t 轴重 KZ_{80} 型石砟漏斗车

9.2.3 技术参数及配置

石砟漏斗车技术参数及配置表见表 9-2。

表 9-2 石砟漏斗车技术参数及配置

车型代号	K_{13}	$K_{13N}(K_{13A})$	K_{13NA}	K_{13D}
项 目	参数及说明			
用 途	石砟漏斗车			
轨距(mm)	1 435	1 435	1 435	1 435
轴重(t)	21	21	21	21
每延米载重(t/m)	6.74	6.83	6.84	4.19
换长	1.1	1.1	1.1	1.46
车钩中心线距轨面高度(空车)(mm)	880±10	880±10	880±10	880±10
通过最小曲线半径(m)	145	145	145	145
最高运行速度(km/h)	100	100	100	100

续上表

车型代号			K13	K13N(K13A)	K13NA	K13D
卸载方式			风动、手动	风动、手动	风动、手动	风动、手动
传动形式			两级传动	两级传动	两级传动	两级传动
能否通过机械化驼峰			否	否	否	否
重量参数		载重(t)	60	60	60	50
		自重(t)	21.2	22.3	22.4	23.2
		自重系数	0.35	0.372	0.373	0.464
容积参数		容积(m^3)	36	36	36	25
		比容(m^3/t)	0.6	0.6	0.6	0.5
车辆尺寸		车辆长度(mm)	12 046	12 046	12 046	14 738
		最大宽度(mm)	3 156	3 172	3 170	3 300
		最大高度(空车)(mm)	3 104	3 132	3 390	2 066
		车辆定距(mm)	8 000	8 000	8 000	10 500
		车体距轨面最小距离(空车)(mm)	160	170	170	160
车体尺寸		装货口长度(mm)	8 228	8 228	8 228	8 279
		装货口宽度(mm)	2 920	2 920	2 920	3 050
		端板与水平面夹角(°)	36.5	36.5	36.5	36.5
		流砟板与水平面夹角	侧 41°21′ 中 51°08′	侧 40°21′ 中 51°08′	侧 40°21′ 中 51°08′	侧 40°21′ 中 51°08′
		底门孔长度(mm)	1 835	2 235	2 235	2 320
底门		底门数量(个)	6(中 2,每侧 2)	6(中 2,每侧 2)	6(中 2,每侧 2)	9(中 3,每侧 3)
		底门开度(mm)	≥190	≥190	≥190	≥190
		底门开闭方式	纵开门	纵开门	纵开门	纵开门
钩缓装置		缓冲器型号	2 号或 MX-1 型	2 号或 MX-1 型	ST 型	2 号
		车钩型号	13 型下作用	13 型下作用	13 型下作用	13 型下作用
		钩尾框	13 型	13 型	13 型	13 型
转向架			转 8A 型	转 8A 型	转 8A 型	转 8A 型
制动装置	主要配置	制动阀	GK 型	103 或 120 型	120 型	GK 型
		制动缸	356 mm×254 mm	356 mm×254 mm	356 mm×254 mm 旋压密封式	356 mm×254 mm 旋压密封式
		闸调器	无	ST2-250 型	ST2-250 型	ST2-250 型
		脱轨自动制动阀	无	无	无	无
		空重车阀	手动	手动	手动	手动
		手制动机	链式	链式	链式	链式

车型代号	K13NT	K13K	K13AK	K13NK
项　　目	参数及说明			
用　　途	石砟漏斗车			

续上表

车型代号		K13NT	K13K	K13AK	K13NK
轨距(mm)		1 435	1 435	1 435	1 435
轴重(t)		21	21	21	21
每延米载重(t/m)		6.86	6.74	6.83	6.9
换长		1.1	1.1	1.1	1.1
车钩中心线距轨面高度(空车)(mm)		880±10	880±10	880±10	880±10
通过最小曲线半径(m)		145	145	145	145
最高运行速度(km/h)		100/120	120	120	120
卸载方式		风动、手动	风动、手动	风动、手动	风动、手动
传动形式		两级传动	两级传动	两级传动	两级传动
能否通过机械化驼峰		否	否	否	否
重量参数	载重(t)	60	60	60	60
	自重(t)	22.9	21.2	22.3	23
	自重系数	0.382	0.35	0.372	0.384
容积参数	容积(m^3)	36	36	36	36
	比容(m^3/t)	0.6	0.6	0.6	0.6
车辆尺寸	车辆长度(mm)	12 046	12 046	12 046	12 046
	最大宽度(mm)	3 170	3 156	3 172	3 170
	最大高度(空车)(mm)	3 390	3 104	3 132	3 390
	车辆定距(mm)	8 000	8 000	8 000	8 000
	车体距轨面最小距离(空车)(mm)	170	160	170	170
车体尺寸	装货口长度(mm)	8 228	8 228	8 228	8 228
	装货口宽度(mm)	2 920	2 920	2 920	2 920
	端板与水平面夹角(°)	36.5	36.5	36.5	36.5
	流砟板与水平面夹角	侧 40°21′ 中 51°08′	侧 41°21′ 中 51°08′	侧 41°21′ 中 51°08′	侧 41°21′ 中 51°08′
	底门孔长度(mm)	2 235	1 835	2 235	2 235
底门	底门数量(个)	6(中 2,每侧 2)	6(中 2,每侧 2)	6(中 2,每侧 2)	6(中 2,每侧 2)
	底门开度(mm)	≥190	≥190	≥190	≥190
	底门开闭方式	纵开门	纵开门	纵开门	纵开门
钩缓装置	缓冲器型号	MT-3 或 ST 型	2 号	2 号	MT-3 或 ST 型
	车钩型号	13 型下作用	13 型下作用	13 型下作用	13A 型下作用
	钩尾框	13 型	13B 型	13B 型	13B 型
转向架		转 8G 或转 8B 型	转 K2 型	转 K2 型	转 K2 型

续上表

车型代号			K13NT	K13K	K13AK	K13NK
制动装置	主要配置	制动阀	120 型	120 型	120 型	120 型
		制动缸	356 mm×254 mm 旋压密封式	254 mm×254 mm 旋压密封式	254 mm×254 mm 旋压密封式	254 mm×254 mm 旋压密封式
		闸调器	ST2-250 型	ST2-250 型	ST2-250 型	ST2-250 型
		脱轨自动制动阀	无	无	无	无
		空重车阀	手动或 KZW-A 型	KZW-A 型	KZW-A 型	KZW-A 型
		手制动机	NSW 型	链式	链式	NSW 型

车型代号		KZ70(H)	KZ70A	KZ80(H、F)
项目		参数及说明		
用途		石砟漏斗车		
轨距(mm)		1 435	1 435	1 435
轴重(t)		23	23	27
每延米载重(t/m)		7.77	7.77	7.99(7.99、8.14)
换长		1.1	1.1	1.2
车钩中心线距轨面高度(空车)(mm)		880±10	880±10	880±10
通过最小曲线半径(m)		145	145	145
最高运行速度(km/h)		120	120	120
卸载方式		风动、手动	风动、手动	风动、手动
传动形式		两级传动	两级传动	两级传动
能否通过机械化驼峰		否	否	否
重量参数	载重(t)	70	70	80
	自重(t)	23.8	23.8	26
	自重系数	0.34	0.34	0.325
容积参数	容积(m^3)	42	42	48
	比容(m^3/t)	0.6	0.6	0.6
车辆尺寸	车辆长度(mm)	12 074	12 074	13 266
	最大宽度(mm)	3 168	3 360	3 249
	最大高度(空车)(mm)	3 726	3 628	3 857(3 867、3 867)
	车辆定距(mm)	8 000	8 000	9 200
	车体距轨面最小距离(空车)(mm)	170	235	247
车体尺寸	装货口长度(mm)	8 410	8 700	9 796
	装货口宽度(mm)	2 920	2 920	2 920
	端板与水平面夹角(°)	36.5	36.5	36.5
	流砟板与水平面夹角	侧 41°21′ 中 51°08′	侧 40.8° 中 45.5°	侧 40.8° 中 45.5°
	底门孔长度(mm)	2 236	2 235	2 488

续上表

车型代号			$KZ_{70(H)}$	KZ_{70A}	$KZ_{80(H,F)}$
底门	底门数量(个)		6(中 2,每侧 2)	6(中 2,每侧 2)	6(中 2,每侧 2)
	底门开度(mm)		≥190	≥190	≥190
	底门开闭方式		纵开门	纵开门	纵开门
钩缓装置		缓冲器型号	MT-2 或 HM-1 型	MT-2 或 HM-1 型	MT-2、HM-1 或 HN-1 型
		车钩型号	17 型 (加厚型钩舌)	17 型 (加厚型钩舌)	17 型 (加厚型钩舌)
		钩尾框	17 型锻造	17 型锻造	17 型锻造
转向架			转 K6 或转 K5 型	转 K6 型	DZ1、DZ2 或 DZ3 型
制动装置	主要配置	制动阀	120 型	120 型	120 或 120-1 型
		制动缸	305 mm×254 mm 旋压密封式	305 mm×254 mm 旋压密封式	254 mm×254 mm 或 305 mm×254 mm 旋压密封式
		闸调器	ST2-250 型	ST2-250 型	ST2-250 型
		脱轨自动制动阀	无	无	无
		空重车阀	KZW-A 型	KZW-A 型	KZW-A 型
		手制动机	NSW 型	NSW 型	NSW 型

9.3 粮食漏斗车

9.3.1 发展历程

粮食漏斗车是一种带有装货口盖和底门的车辆,主要用于运输玉米、小麦、大豆等散粒粮食货物。装卸方式为上装下卸,利用货物重力卸货。

目前,我国粮食漏斗车主要为载重 60 t 的 L_{18} 型粮食漏斗车,载重 70 t 的 L_{70} 型粮食漏斗车,这些粮食漏斗车的共同特点是车体侧墙采用圆弧薄板结构、装货口采用贯通式结构,底门采用抽拉式结构。

20 世纪 60 年代以前,我国的铁路粮食运输是由棚车和敞车来完成的,成本高、效率低。没有专用的运输粮食车辆。

随着铁路运输的发展,铁路装备水平的提升,1995 年,我国研制了 L_{18} 型粮食漏斗车。该车借鉴了国外同类型粮食漏斗车的先进技术,采用了圆弧包板结构,贯通式装货口,满足定点装货和边走边装的要求,既可满足粮食专用码头、现代化粮库的快速装货要求,还适应原有粮库、港口的定点装粮的要求。该车载重 60 t,容积 85 m^3,漏斗板角度为 40°、42°。目前已为大连北良、吉粮、金谷公司等用户制造了近 3 000 辆,在东北及大连间运营,为东北地区的粮食运输做出了贡献。

为解决铁路散粮运输能力不足影响我国粮食流通的问题，满足现代粮食物流“四散化”发展需要，2005 年，我国研制了 L_{70} 型粮食漏斗车。该车载重为 69 t，容积 98 m^3，漏斗板角度为 40°、42°。

9.3.2 主要结构特点

1. 21 t 轴重 L_{18} 粮食漏斗车

21 t 轴重 L_{18} 粮食漏斗车主要由车体、转向架、制动装置和车钩缓冲装置组成。其中车体主要由底架、侧墙、端墙、漏斗、底门装置、车顶、装货口盖等部件组成；装用转 K2 型转向架；采用 13A 型车钩及配套钩尾框、MT-3 型缓冲器；采用 120 型控制阀空气制动系统和 NSW 手制动机等组成。L_{18} 型粮食漏斗车车辆外形如图 9-15 所示。

图 9-15　21 t 轴重 L_{18} 型粮食漏斗车

2. 23 t 轴重 L_{70} 粮食漏斗车

23 t 轴重 L_{70} 粮食漏斗车主要由车体、转向架、车钩缓冲装置及制动装置等组成。其中，车体主要由底架、侧墙、端墙、漏斗、底门装置、车顶、装货口盖等部件组成；装用转 K6 型转向架；采用 17 型车钩及配套钩尾框、MT-2 型缓冲器；采用 120 型控制阀空气制动系统和 NSW 手制动机等组成。L_{70} 型粮食漏斗车车辆外形如图 9-16 所示，车辆二维如图 9-17 所示。

图 9-16　23 t 轴重 L_{70} 型粮食漏斗车

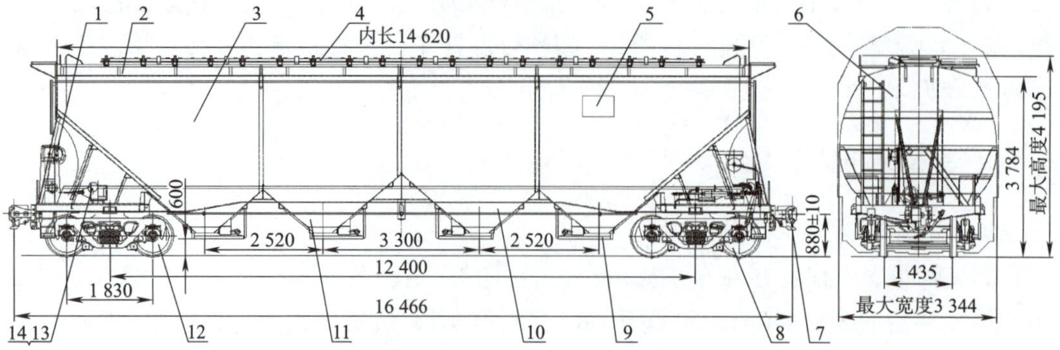

图 9-17 23 t 轴重 L_{70} 型粮食漏斗车二维图

1—手制动装置；2—车顶组成；3—侧墙组成；4—装货口盖组装；5—标记；6—端墙组成；7—车钩缓冲装置；8—转 K6 型转向架；9—底门组装；10—底架组成；11—漏斗组成；12—转 K6 型转向架；13—风制动装置；14—底架附属件

9.3.3 技术参数及配置

粮食漏斗车技术参数及配置见表 9-3。

表 9-3 粮食漏斗车技术参数及配置

车型代号		L_{18}	L_{70}
项目		参数及说明	
用途		粮食漏斗车	
轨距(mm)		1 435	1 435
轴重(t)		21	23
每延米载重(t)		5.8	5.7
车钩中心线距轨面高度(空车)(mm)		880±10	880±10
通过最小曲线半径(m)		145	145
最高运行速度(km/h)		120	120
重量参数	载重(t)	60	69
	自重(t)	23.6	24.8
	自重系数	0.39	0.36
容积参数	容积(m^3)	85	98
	比容(m^3/t)	1.42	1.42
车辆尺寸	车辆长度(mm)	14 468	16 466
	最大宽度(mm)	3 360	3 344
	最大高度(空车)(mm)	4 195	4 195
	车辆定距(mm)	10 430	12 400
车体尺寸	地板面距轨面高(空车)(mm)	1 083	1 085
装货口尺寸(长×宽)(mm×mm)		11 000×600	12 620×600

续上表

车型代号			L18	L70
卸货口尺寸(长×宽)(mm×mm)			800×350	800×400
钩缓装置		缓冲器型号	MT-3 型	MT-2 型
		车钩型号	13A 型上作用	17 型(加厚型钩舌)
		钩尾框	13A 型	17 型锻造
转向架			转 K2 型	转 K6 型
制动装置	主要配置	制动阀	120 型	120 型
		制动缸	254 mm×254 mm 旋压密封式	254 mm×254 mm 旋压密封式
		闸调器	ST1-600 型	ST2-250 型
		空重车阀	KZW-A 型	KZW-A 型
		手制动机	NSW 型	NSW 型

9.4 矿物漏斗车

矿物漏斗车是一种无盖漏斗车，主要用于装运石灰石、铁矿石等散状货物。目前，我国矿物漏斗车主要有 K16、K16A、K13B、K13BK、K14T、K14K、K18BK 等型漏斗车。矿物漏斗车的共同特点是车体均为板柱式结构。

9.4.1 发展历程

1967 年，为了适应大型冶金企业生产的需要，我国研制了载重 95 t 的 K16 型矿石漏斗车，车体材质为普碳钢，底门开闭机构采用双抱大刀式偏心锁闭机构，装用 3D 轴焊接构架转向架。在 1972 年，取消该车手动卸货底门开闭机构，并将边走边卸的底门开闭机构由电控风动优化为机控风动。1979 年，又将机控风动边走边卸装置改为人工手控的四通塞门。1988 年，在 K16 型矿石漏斗车的基础上，将车体材质改为耐大气腐蚀钢，底门开闭机构增设二级锁闭的钩锁装置，定型为 K16A 型矿石漏斗车。2002 年，为适应我国铁路货车提速的发展要求，将 K16A 型矿石漏斗车的制动系统由原来的 2 套 GK 阀改为 1 套 120 制动系统，并将车辆载重优化为 93 t。2010 年，将 K16A 型矿石漏斗车的车体材质改为 Q450NQR1 高强度耐候钢板材和 09CuPCrNi-A 耐候钢热轧型钢。K16A 型矿石漏斗车每延米重超过了 8 t/m，只能在铁路专用线上使用。

1996 年，根据工矿企业运输石灰石的需要，我国研制了 K13B 型石灰石漏斗车，车体采用耐大气腐蚀钢，为无中梁、全钢焊接结构，底门开闭机构采用以风动操纵为主、手动操纵为辅的机械传动装置，风动操纵阀和手动手轮均设在车下两侧，风动控制装置风源取自列车主管。1997 年，又对 K13B 型石灰石漏斗车的传动部分和风控管路进行了改进，并将风控操纵装置由车下改至底架地板上。2004 年，在 K13B 型石灰石漏斗车的基础上，对车体、传动装置优化改进，研制了装用转 K2 型转向架的 K_{13BK} 型石灰石漏斗车。

2002 年，我国研制了载重 61 t、装用转 8G 型转向架的 K_{14T} 型铁矿石漏斗车（后换装转 8B 型转向架）。2003 年，在 K_{14T} 型铁矿石漏斗车的基础上，对侧墙、底门及雨檐进行了优化，装用转 K2 型转向架，研制了 K_{14K} 型铁矿石漏斗车。

2005 年，我国研制了载重 60 t 可装运铁矿粉和煤炭且适应翻车机卸货的 K_{18BK} 型矿石漏斗车，其车体结构与 K_{18AK} 型煤炭漏斗车基本相同，增设了底门密封装置，加强了上侧梁和上端梁，车辆高度较 K_{18AK} 型煤炭漏斗车降低了 270 mm。

9.4.2 主要结构特点

1. 21 t 轴重 K_{13BK} 型石灰石漏斗车

K_{13BK} 型石灰石漏斗车主要由车体、底门开闭系统、制动装置、车钩缓冲装置和转向架等组成。车体采用 08CuPVXt 或 09CuPTiRE-A 耐大气腐蚀高强度低合金钢，为无中梁、全钢焊接结构。牵引梁由热轧 310 乙字型钢组焊而成；枕梁为变截面箱形结构；侧墙为板柱式结构，由上侧梁、侧板、等截面侧柱等组焊而成，在上侧梁上设有倒扣的角钢以防止货物残存；端墙由上端梁、端板、角（端）柱、腰带、斜撑等组焊而成，一位端墙上设有观察孔，可观察车内卸货情况；漏斗由中漏斗板、侧漏斗板、中隔板、端隔板、分砟梁、导流板等组焊而成；车体两侧各设有两个底门。

K_{13BK} 型石灰石漏斗车底门开闭系统的原理、结构与 K_{13NK} 型石砟漏斗车基本一致，取消了中部底门；装用转 K2 型转向架；采用 13A 型车钩及配套钩尾框、ST 型缓冲器；采用 120 型控制阀空气制动系统和 NSW 型手制动机。

K_{13BK} 型石灰石漏斗车车辆外形如图 9-18 所示。

图 9-18　21 t 轴重 K_{13BK} 型石灰石漏斗车

2. 21 t 轴重 K_{14K} 型铁矿石漏斗车

K_{14K} 型铁矿石漏斗车主要由车体、底门开闭系统、制动装置、车钩缓冲装置和转向架等组成。车体采用 08CuPVRE 或 09CuPTiRE-A 耐大气腐蚀高强度低合金钢，为无中梁、全钢焊接结构。牵引梁为热轧 310 乙字型钢组焊而成，侧梁为 160 mm×63 mm×6.5 mm 的槽钢；枕梁为变截面箱形结构；侧墙为板柱式结构，在上侧梁上方设有倒扣的角钢；端墙由上端梁、端板、端柱、斜撑组焊而成，并设有观察孔；漏斗由中漏斗板、侧漏斗板、中隔板、端隔板、分砟梁、导流板等组焊而成；车体一位端雨檐为钢骨架圆弧顶全钢焊接结构，二位端雨檐为平顶结构；车体两侧各设有两个底门。

K_{14K} 型铁矿石漏斗车底门开闭系统的原理、结构与 K_{13NK} 型石砟漏斗车基本一致，取消了中部底门；装用转 K2 型转向架；采用 13A 型车钩及配套钩尾框、ST 型缓冲器；采用 120 型控制阀空气制动系统和 NSW 型手制动机。

K_{14K} 型矿石漏斗车车辆外形如图 9-19 所示。

图 9-19　21 t 轴重 K_{14K} 型矿石漏斗车

3. 21 t 轴重 K_{18BK} 型矿石漏斗车

K_{18BK} 型矿石漏斗车主要由车体、底门开闭系统、制动装置、车钩缓冲装置和转向架等组成，车体采用 09CuPTiRE-A 耐大气腐蚀钢，为全钢焊接结构。中梁为 09V 材质 310 乙字型钢与筋板组焊成刀把形，下侧梁为 200 mm×75 mm×9 mm 的槽钢，其上铆装有底门折页座和牵引钩，枕梁为变截面箱形结构，端梁为变截面槽形结构；侧墙为板柱式结构，由侧板、侧柱和上侧梁等组焊而成；端墙由端板、端柱以及腰带等组焊而成；全车共设四个漏斗区，车体两侧各设有两个侧开式底门；在端墙顶部的外端设有雨檐和扶梯；可适应翻车机卸货。

K_{18BK} 型矿石漏斗车底门开闭系统的原理、结构与 K_{18AK} 型煤炭漏斗车基本一致；装用转 K2 型转向架；采用 13A 型车钩及配套钩尾框、ST 型或 MT-3 型缓冲器；采用 120 型控制阀空气制动系统和 NSW 型手制动机。

K_{18BK} 型矿石漏斗车车辆外形如图 9-20 所示。

4. 21 t 轴重 K_{16A} 型矿石漏斗车

21 t 轴重 K_{16A} 型矿石漏斗车是用于矿山至储矿槽之间输送中型破碎矿石或其他矿石的专用车辆，可以编成专列以适应机械化装车和卸料槽卸货。K_{16A} 型矿石漏斗车主要由车体、底门及开闭机构、控制装置、转向架、制动装置及车钩缓冲装置等组成。

图 9-20　21 t 轴重 K18BK 型矿石漏斗车

车体采用 09CuPCrNi-A 耐候钢材料和 Q450NQR1 高强度耐候钢，为全钢焊接结构。底架由中梁、枕梁、端梁、下侧梁、横梁等组焊而成；漏斗由纵鞍、横鞍、脊背连接板等组焊而成；侧墙为板柱式结构，由侧柱、侧板、上侧梁等组焊而成；端墙为横带式结构，由端墙板、上端梁、端柱角钢、端柱等组焊而成；底门由门框梁、门板、折页等组焊而成，车体每侧各设两个侧开式底门。

K16A 型矿石漏斗车全车共设两套开闭机构，底门开闭机构采用双抱大刀式偏心锁闭机构，同端的两侧底门由同一套开闭机构控制；装用 3D 轴焊接构架式转向架；采用 17 型车钩及配套钩尾框、MT-2 缓冲器；采用 120 型控制阀空气制动系统和 NSW 型手制动机。

K16A 型矿石漏斗车车辆外形如图 9-21 所示，车辆二维图如图 9-22 所示。

图 9-21　21 t 轴重 K16A 型矿石漏斗车

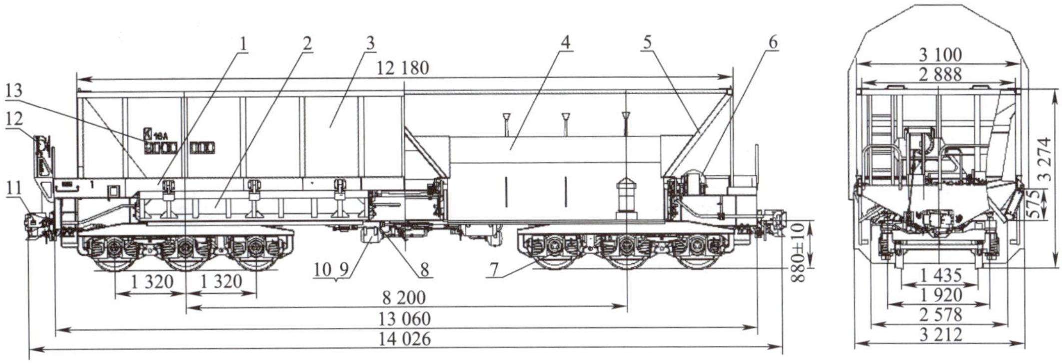

图 9-22　21 t 轴重 K16A 型矿石漏斗车二维图

1—底架组成；2—底门组成；3—侧墙组成；4—漏斗组成；5—端墙组成；6—底门开闭机构；7—3D 轴转向架；8—底架附属件；9—风制动装置；10—开闭机构风路装置；11—车钩缓冲装置；12—手制动装置；13—标记

9.4.3　技术参数及配置

矿物漏斗车技术参数及配置表见表 9-4。

表 9-4　矿物漏斗车技术参数及配置

车型代号		K13B	K13BK	K14T	K14K
项　　目		参数及说明			
用　　途		石灰石漏斗车	石灰石漏斗车	铁矿石漏斗车	铁矿石漏斗车
轨距(mm)		1 435	1 435	1 435	1 435
轴重(t)		21	21	21	21
每延米载重(t/m)		6.79	6.77	6.32	6.25
换长		1.1	1.1	1.2	1.2
车钩中心线距轨面高度(空车)(mm)		880±10	880±10	880±10	880±10
通过最小曲线半径(m)		145	145	145	145
最高运行速度(km/h)		100	120	100	120
卸载方式		风动、手动	风动、手动	风动、手动	风动、手动
传动形式		两级传动	两级传动	两级传动	两级传动
能否通过机械化驼峰		否	否	否	否
重量参数	载重(t)	60	60	61	60
	自重(t)	22.4	21.5	约 22	22
	自重系数	0.37	0.358	0.361	0.367
容积参数	容积(m^3)	46	41	25	25
	比容(m^3/t)	0.76	0.68	0.41	0.41
车辆尺寸	车辆长度(mm)	12 048	12 046	13 138	13 138
	最大宽度(mm)	3 188	3 186	3 170	3 170
	最大高度(空车)(mm)	3 500	3 370	3 171	3 171
	车辆定距(mm)	8 000	8 000	8 700	8 700
	车体距轨面最小距离(空车)(mm)	160	170	267	267

续上表

车型代号			K_{13B}	K_{13BK}	K_{14T}	K_{14K}
车体尺寸		装货口长度(mm)	8 972	8 500	7 054	7 054
		装货口宽度(mm)	2 920	2 920	2 920	2 920
		端板与水平面夹角(°)	40	40	36.5	36.5
		流砟板与水平面夹角(°)	侧 41°21′ 中 51°08′	侧 41°21′	侧 41°21′	侧 41°21′
		底门孔长度(mm)	2 235	2 235	2 235	2 235
底门		底门数量(个)	6/4	4	4	4
		底门开度(mm)	190	190	170	170
		底门开闭方式	纵开门	纵开门	纵开门	纵开门
钩缓装置		缓冲器型号	2 号	ST 型	ST 型	ST 型
		车钩型号	13 型下作用	13 型上作用	13 型上作用	13 型上作用
		钩尾框	13 型	13B 型	13A 型	13A 型
转向架			转 8A 型	转 K2 型	转 8G 或转 8B 型	转 K2 型
制动装置	主要配置	制动阀	GK 型	120 型	120 型	120 型
		制动缸	356 mm×254 mm	356 mm×254 mm 旋压密封式	356 mm×254 mm 旋压密封式	356 mm×254 mm 旋压密封式
		闸调器	ST2-250 型	ST2-250 型	ST2-250 型	ST2-250 型
		脱轨自动制动阀	无	无	无	无
		空重车阀	手动	KZW-4G 或 TWG-1 型	KZW-A 型	KZW-A 型
		手制动机	链式	NSW 型	NSW 型	NSW 型

车型代号	K_{18BK}	K_{16A}
项　　目	参数及说明	
用　　途	矿石漏斗车	矿石漏斗车
轨距(mm)	1 435	1 435
轴重(t)	21	21
每延米载重(t/m)	5.7	9
换长	1.3	1.3
车钩中心线距轨面高度(空车)(mm)	880±10	880±10
通过最小曲线半径(m)	145	145
最高运行速度(km/h)	120	100
卸载方式	风动、手动	风动
传动形式	两级传动、顶锁机构	双抱大刀式偏心锁闭机构
能否通过机械化驼峰	否	能

续上表

车型代号			K18BK	K16A
项　目			参数及说明	
重量参数	载重(t)		60	93
	自重(t)		24	33
	自重系数		0.4	0.355
容积参数	容积(m^3)		60	45
	比容(m^3/t)		1	0.484
车辆尺寸	车辆长度(mm)		14 730	14 026
	最大宽度(mm)		3 240	3 100
	最大高度(空车)(mm)		3 386	3 274
	车辆定距(mm)		10 500	8 200
	车体距轨面最小距离(空车)(mm)		220	879
车体尺寸	装货口长度(mm)		10 530	12 040
	装货口宽度(mm)		2 950	2 888
	端板与水平面夹角(°)		50	50
	漏斗板(流砟板)与水平面夹角(°)		50	50
	底门孔长度(mm)		2 700	3 668
底门	底门数量(个)		4	4
	底门开度(mm)		520	450
	底门开闭方式		纵开门	纵开门
钩缓装置		缓冲器型号	ST 或 MT-3 型	MT-2 型
		车钩型号	13A 型上作用	17 型(加厚型钩舌)
		钩尾框	13B 型	17 型锻造
转向架			转 K2 型	3D 轴焊接转向架
制动装置	主要配置	制动阀	120 型	120 型
		制动缸	254 mm×254 mm 旋压密封式	203 mm×254 mm 旋压密封式
		闸调器	ST2-250 型	ST2-250 型
		脱轨自动制动阀	无	无
		空重车阀	TWG-1 型	手动
		手制动机	NSW 型	NSW 型

10　小汽车运输车

小汽车运输车是一种具有端门、侧墙和车顶等结构的封闭式车辆，主要用于运输小型汽车、轻型客车、SUV、MPV 等乘用车，部分型号的小汽车运输车还可兼顾运输箱装或袋装货物。

10.1　发展历程

1988 年至今，我国相继开发研制了 10 余种运输汽车专用车，主要车型有：SQ_1 型、SQ_2 型、SQ_3 型、SQ_4 型、SQ_{3k} 型和 SQ_5 型双层运输汽车专用车以及 SQ_6 型凹底双层运输汽车专用车、SQ_7 型运输汽车—普货两用车、SQ_8 型关节式双层运输汽车专用车。另外，还有 2 种由家畜车改造而成的 J5SQ 型和 J6SQ 型双层运输汽车专用车。

1988 年，我国研制了第一个双层运输汽车专用车产品——SQ_1 型双层运输汽车专用车。该车可双层装载 6～12 辆汽车。车体原为开放式结构，上下两层间分别采用 6 根立柱支撑。后在上层底架上部、两侧立柱之间加装防护网，在上、下两层端部分别加装折叠式端门，成为半封闭式结构的车辆。该车装用转 8A 型转向架，后期换装转 K2 型转向架，车型相应改为 SQ_{1K} 型。

1995 年，研制了 SQ_2 型双层运输汽车专用车。该车在 SQ_1 型车基础上，对上层底架横梁结构进行设计改进，其基本尺寸和性能参数与 SQ_1 型车相同。该车装用转 8A 型转向架，后期换装转 K2 型转向架，车型相应改为 SQ_{2K} 型。

为扩大装载汽车的品种，1996 年，研制了 SQ_3 型双层运输汽车专用车，车辆采用了具有车顶、侧墙和端门的全封闭结构，提高了小汽车在运输途中的安全保障水平。该车装用转 8A 型转向架。上层地板分为 2 段，可全部降至下层地板上，以装载高度较高的汽车，也可将上层地板的一端降至下层地板，作为斜渡板使用。SQ_3 型车可双层装载 6～12 辆汽车。

1999 年，研制了 SQ_4 型双层运输汽车专用车，其主要特点与 SQ_3 型车基本相同。该车略短于 SQ_3 型车，采用全封闭结构，侧墙将网状框架改为整体钢板制成，并安装了可开关的百叶窗。为避免运用途中车辆长距离回空，增加了下层地板均匀装载 40 t 货物的工况，货物通过端部进行装卸。原车采用转 8A 型转向架，后换装转 K2 型转向架，车型相应改为 SQ_{4K} 型。

2004 年，研制了 SQ_{3K} 型车，该车是在 SQ_3 型车基础上改进设计而成，其主要性能

参数与 SQ_3 型车基本相同。

2005 年，分别将 J5 型家畜车和 J6 型家畜车改造成 J5SQ 型和 J6SQ 型双层运输汽车专用车，车体上层底架为可翻转结构。改造的同时，换装转 K2 型转向架。

2005 年前后，为满足快速增长的汽车远程运输需求，研制了 SQ_5 型小汽车运输专用车。该车装用转 K2 型转向架，满足最高运营速度 120 km/h 的要求，车体长度 25 100 mm，可装载 8～14 辆汽车。

2009 年，为了更好地满足汽车工业不断发展的新需要以及用户市场需求格局的新变化，研制了 SQ_6 型凹底双层运输汽车专用车，其车体长度 25 100 mm，双层装载，可装载 8～14 辆汽车，底层地板采用凹底形。上层底架为分段式，上层端部底架为可绕轴旋转的升降结构，满足下层通过较高车辆以及与其他车辆连挂装车的要求。SQ_6 型车可运输的汽车品种基本覆盖了高度在 1 980 mm 以下的各种微型、小型汽车，以及轻型客车、SUV、MPV、皮卡等，具备运输品种多、装载数量多、运营速度快及安全性高等特点，是目前我国铁路运输小汽车的主型车辆。

为解决我国铁路运输汽车专用车向西北、西南等地运输汽车时存在的重去空回问题，减少车辆空返，提高铁路运输汽车专用车的运输效率，2013 年以来，研制了可兼顾运输普通货物的新型运输汽车专用车，车辆定型为 SQ_7 型运输汽车—普货两用车，主要用于运输微型及小型汽车，兼顾运输怕受日晒、雨雪侵蚀的箱装及袋装货物的运输。该车上层底架采用可翻转式结构，并在每侧设有 2 扇侧门，车辆满足叉车等机械化装卸作业要求。车辆自重 43.8 t，装运汽车时，载重 25 t，最多可装载 14 辆；装载普通货物时，载重 50 t。

为进一步提高小汽车运输车运输效率、降低车辆检修工作量，从 2015 年开始我国进行了关节式双层运输汽车专用车的研制，定型为 SQ_8 型关节式双层运输汽车专用车，采用了三车体一组结构，每组车总长度 64 166 mm，总载重 61 t，目前样车已投入运用考核工作。

10.2 主要结构特点

10.2.1 $SQ_{1(K)}$型、$SQ_{2(K)}$型双层运输汽车专用车

SQ_1 型、SQ_2 型双层运输汽车专用车车辆结构和配置基本相同，车辆主要由上底架、下底架、上下层支撑架、防护装置、风制动装置、手制动装置、车钩缓冲装置、转向架等组成。上、下底架是由板材及型钢组成的焊接框架结构，并在框架结构上铺设网纹钢板。上下层支撑架由板材焊接构成。防护装置由型钢框架和钢网组成网状结构。风制动装置采用 103 型分配阀。手制动装置采用折叠链式手制动机。车钩缓冲装置采用 13 型下作用式车钩、2 号缓冲器。原车采用转 8A 型转向架并取消中央弹簧及全部内

簧，提速改造时，换装转 K2 型转向架。

SQ1K 型双层运输汽车专用车、SQ2K 型双层运输汽车专用车车辆外形如图 10-1、图 10-2 所示。

图 10-1　SQ1K 型双层运输汽车专用车

图 10-2　SQ2K 型双层运输汽车专用车

10.2.2　SQ3 型双层运输汽车专用车

SQ3 型双层运输汽车专用车主要由车体、转向架、风制动装置、手制动装置及车钩缓冲装置等部分组成。车体为全钢焊接结构，由底架、上层支撑架、侧墙、车顶、端门、接长渡板等组成。该车采用 120 型空气制系统，折叠链式手制动机；采用 13 型下作用车钩，2 号缓冲器；采用 14 个专用外簧的转 8A 型转向架。

10.2.3　SQ4(K)型双层运输汽车专用车

SQ4(K)型双层运输汽车专用车主要由风制动装置、手制动装置、车钩缓冲装置、转向架等部件组成。侧墙设有玻璃采光窗、和防护窗板。由底架、侧墙、车顶、上层支承架、端门、车顶形状为圆弧形全钢焊骨架结构，其外铺有 2.5 mm 厚车顶板。制动装置采用 120 型空气控制阀，该车采用折叠链式手制动机；采用 13 型下作用式 C 级钢车钩及尾框，MT-3 型缓冲器。原车采用取消中央弹簧和减振内簧的转 8A 型转向架，后换装转 K2 型转向架。SQ4K 型双层运输汽车专用车车辆外形如图 10-3 所示。

图 10-3　SQ_{4K} 型双层运输汽车专用车

10.2.4　SQ_{3K} 型双层运输汽车专用车

SQ_{3K} 型双层运输汽车专用车采用全封闭双层车体结构。底架采用平地板形式，上层底架与侧墙立柱焊接固定，上下层地板冲制长圆形翻边孔。侧墙墙板上部安装钢板拉网通风采光窗，墙板下部冲制长圆通风采光孔，车顶采用三段圆弧结构。车辆采用上下分体式六扇双开对折端门；采用转 K2 型转向架，取消中央外圆弹簧保留其余外圆弹簧；采用 120 控制阀，折叠链式手制动机；采用 13 型下作用车钩，ST 型缓冲器。SQ_{3K} 型双层运输汽车专用车车辆外形如图 10-4 所示。

图 10-4　SQ_{3K} 型双层运输汽车专用车

10.2.5　SQ_5 型双层运输汽车专用车

SQ_5 型双层运输汽车专用车主要由车体、转向架、风制动装置、手制动装置及车钩缓冲装置等部分组成。车体为平底全钢铆焊接结构，主要由底架、侧墙、车顶、上层底架、端门及上下渡板组成。该车采用转 K2 型转向架，取消全部内簧；采用 13A 下作用车钩，13A 型钩尾框，MT-3 型缓冲器；采用 120-1 型控制阀和 NSW 型手制动机。SQ_5 型双层运输汽车专用车车辆外形如图 10-5 所示。

图 10-5　SQ₅ 型双层运输汽车专用车

10.2.6　SQ₆ 型凹底双层运输汽车专用车

SQ₆ 型凹底双层运输汽车专用车主要由车体、风制动装置、手制动装置、车钩缓冲装置及转向架等部分组成。该车车体为凹底全钢铆焊结构，主要由底架、侧墙、车顶、上层底架、端门、上下层渡板及升降装置等部分组成。该车采用转 K6 型转向架，2016 年开始，采用带集成制动装置的转 K6 型转向架；采用 17 型车钩及配套钩尾框、MT-2 型缓冲器；采用 120-1 制动系统和 NSW 型手制动机。SQ₆ 型凹底双层运输汽车专用车车辆外形如图 10-6 所示，车辆二维图如图 10-7 所示。

图 10-6　SQ₆ 型凹底双层运输汽车专用车

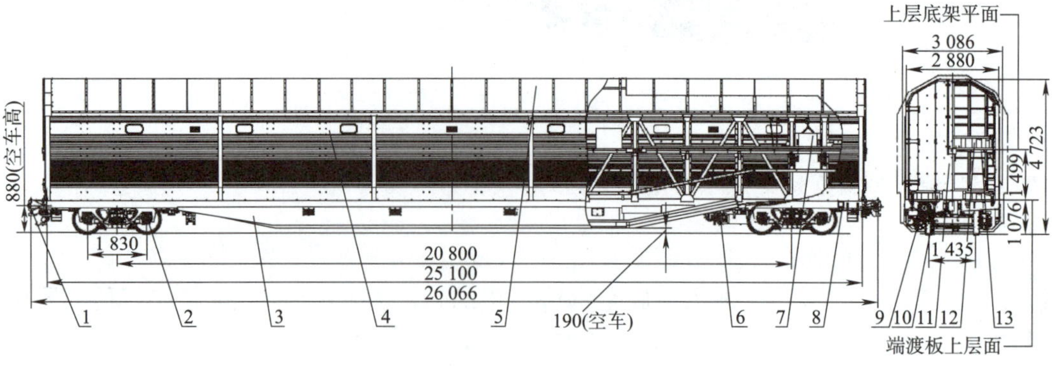

图 10-7　SQ₆ 型凹底双层运输汽车专用车二维图

1—车钩缓冲装置；2 转向架；3—底架组成；4—侧墙组成；5—车顶组成；6—风制动装置；7—升降装置组成；8—标记；9—手制动装置；10—下层端渡板组成；11—端门组成；12—上渡板组成；13—上层底架组成

10.2.7 SQ_7型双层运输汽车—普货两用车

SQ_7型双层运输汽车—普货两用车主要由车体、制动装置、车钩缓冲装置及转向架等组成。车体为全钢焊接结构，主要有底架组成、下层附加地板组成、侧墙组成、上下层渡板组成、端门组成、侧开门组装、车顶组成、上层端部托架组成、上层中部托架组成、辅助翻转装置等部件组成。该车采用大自重车体用转 K6 型转向架；采用 17 型车钩及配套钩尾框、MT-2 型缓冲器；采用 120-1 制动系统和 NSW 型手制动机。SQ_7型运输汽车—普货两用车车辆外形如图 10-8 所示。

图 10-8　SQ_7型运输汽车—普货两用车

10.2.8 SQ_8型关节式双层运输汽车专用车

SQ_8型关节式双层运输汽车专用车采用三车体一组结构，由两个端部车体，一个中部车体，四个转 K6 型转向架，两组关节连接器，两组风挡、两套车钩缓冲装置，两套风手制动系统构成。车辆两端采用重新配置弹簧的转 K6 型转向架，车辆关节处采用关节车用转 K6 型转向架；采用 17 型车钩、MT-2 或 HM-1 型缓冲器；采用 120-1 制动系统和 NSW-Ⅰ型手制动机。SQ_8型关节式双层运输汽车专用车车辆外形如图 10-9 所示。

图 10-9　SQ_8型关节式双层运输汽车专用车

10.3 技术参数及配置

小汽车运输车的主要技术参数及配置见表 10-1。

表 10-1 小汽车运输车的主要技术参数及配置

车型代号			SQ$_{1(K)}$	SQ$_{2(K)}$	SQ$_{3}$	SQ$_{4(K)}$	SQ$_{3K}$
项目			参数及说明				
用途			运输汽车	运输汽车	运输汽车	运输汽车或箱装、袋装等普通货物	运输汽车
轨距(mm)			1 435	1 435	1 435	1 435	1 435
轴重(t)			21	21	21	21	21
每延米载重(t)			2.21	2.21	2.14	3.86(3.89)	2.21
车钩中心线距轨面高度(空车)(mm)			880±10	880±10	880±10	880±10	880±10
通过最小曲线半径(m)			145	145	145	145	145
商业运行速度(km/h)			100(120)	100(120)	100	100	120
重量参数	载重(t)		16.8	16.8	15	运输汽车:12 运输普货:40	17
	自重(t)		31.3	31.3	31.6	30.1(30.5)	31
	自重系数		1.86	1.86	2.1	0.75(0.76)	1.82
车辆尺寸	车辆长度(mm)		21 738	21 738	21 738	18 138	21 738
	最大宽度(mm)		3 195	3 195	3 197	3 201	3 197
	最大高度(空车)(mm)		4 751	4 751	4 745.5	4 720	4 723
	车辆定距(mm)		16 500	16 500	16 500	12 900	16 500
车体尺寸	底架长度(mm)		20 800	20 800	20 800	17 200	20 800
	底架宽度(mm)		3 040	3 040	3 020	3 020	3 020
	装载面高度(空车)(mm)	下层	1 087	1 087	1 063	1 075	1 083
		上层	2 866	2 866	端部可调	端部可调	端部可调
钩缓装置	缓冲器型号		2 号	2 号	2 号	MT-3 型	ST 型
	车钩型号		13 型下作用	13 型下作用	13 型下作用(C 级钢)	13 型下作用	13 型下作用
	钩尾框		13 型	13 型	13 型	13 型	13 型
转向架			转 8A 或转 K2 型	转 8A 或转 K2 型	转 8A 型	转 8A 或转 K2 型	转 K2 型

续上表

车型代号			SQ_1(K)	SQ_2(K)	SQ_3	SQ_4(K)	SQ_{3K}
制动装置	主要配置	制动阀	103 型	103 型	120 型	120 型	120 型
		制动缸	254 mm×254 mm	254 mm×254 mm	356 mm×254 mm	254 mm×254 mm	254 mm×254 mm
		闸调器	ST1-600 型	ST1-600 型	ST1-600 型	ST2-250 型	ST1-600 型
		脱轨自动制动阀	无	无	无	无	无
		空重车阀	空车位锁定装置	空车位锁定装置	手动	KZW-4G 型	无
		手制动机	链式	链式	链式	链式	链式

车型代号			SQ_5	SQ_6	SQ_7	SQ_8
项目			参数及说明			
用途			运输汽车	运输汽车	运输汽车或箱装、袋装等普通货物	运输汽车
轨距(mm)			1 435	1 435	1 435	1 435
轴重(t)			21	23	23	23
每延米载重(t)			2.19	2.23	3.6	2.42
车钩中心线距轨面高度(空车)(mm)			880±10	880±10	880±10	880±10
通过最小曲线半径(m)			145	145	145	145
商业运行速度(km/h)			120	120	120	120
重量参数	载重(t)		20	22	运输汽车:25 运输普货:50	61
	自重(t)		37	38	43.8	94
	自重系数		1.85	1.62	0.88	1.54
车辆尺寸	车辆长度(mm)		26 030	26 066	26 066	64 166
	最大宽度(mm)		3 066	3 086	3 306	3 260
	最大高度(空车)(mm)		4 723	4 723	4 760	4 760
	车辆定距(mm)		20 800	20 800	20 800	3×19 600
车体尺寸	底架长度(mm)		25 100	25 100	25 100	端部车体:21 600 中部车体:19 200
	底架宽度(mm)		2 860	2 880	2 970	3 080
	装载面高度(空车)(mm)	下层(mm)	1 083	中部 225 端部可调	1 027	1 027
		上层(mm)	2 923	中部 2590 端部可调	2 972	2 972
钩缓装置	缓冲器型号		MT-3 型	MT-2 型	MT-2 型	MT-2 或 HM-1 型
	车钩型号		13A 型下作用(E 级钢)	17 型(加厚型钩舌)	17 型(加厚型钩舌)	17 型(加厚型钩舌)
	钩尾框		13A 型(E 级钢)	17 型锻造	17 型锻造	17 型锻造

续上表

车型代号			SQ_5	SQ_6	SQ_7	SQ_8
转向架			转 K2 型	转 K6 型	转 K6 型	转 K6 型
制动装置	主要配置	制动阀	120-1 型	120-1 型	120-1 型	120-1 型
		制动缸	305 mm×254 mm 旋压密封式	305 mm×254 mm 旋压密封式	305 mm×254 mm 旋压密封式	305 mm×254 mm 旋压密封式
		闸调器	ST2-250 型	ST2-250 型	ST2-250 型	ST2-250 型
		脱轨自动制动阀	TZD 型	TZD 型	TZD 型	TZD 型
		空重车阀	无	无	KZW-A 型	KZW-A 型
		手制动机	NSW 型	NSW 型	NSW 型	NSW-Ⅰ型

11 长大货物车

长大货物车是铁路运输中的专用车辆，装运铁路通用货车不能装运的长、大、重型货物（例如变压器、发电机定子、轧机机架、反应器、高压锅炉等），其长度一般在 19 m 以上（少数车辆小于 19 m）。按照车体结构型式的不同，我国现有的长大货物车可分为凹底平车、长大平车、落下孔车、钳夹车、双联平车等五种车型。

随着我国现代化工业的发展，特别是变压器、发电机定子、轧机机架、反应器、高压锅炉等大型机械设备和特种（大型）军事装备在铁路运输中运量不断增长，这些大型设备、装备外形复杂，体积庞大，且往往是国家重点工程项目的关键设备，无法使用铁路通用货车来实现运输，必须使用专用的长大货物车。因此，长大货物车承担着国家重点建设运输任务，在我国国民经济建设和运输市场中有着举足轻重的地位和意义。

长大货物车作为铁路大型设备运输的载体，经过几十年的发展，目前在我国约有四十余种车型，数量近 400 辆。就其数量而言，是庞大铁路货车家族中的一个小分支，但是其种类繁多，技术含量高，制造工艺复杂。

长大货物车一般采用 2 轴以上转向架或转向架群及多层底架结构。

11.1 凹底平车

11.1.1 发展历程

凹底平车是长大货物车中适运货物范围最广的车型，在长大货物车中占的数量最多（约占 70%左右）。我国铁路凹底平车经过几十年的发展，自主设计的凹底平车有近 20 种车型，载重从 40 t 至 370 t，已初步形成产品系列，基本满足了特种货物的运输需求。

20 世纪 50 年代至 60 年代，我国先后从前民主德国进口了载重 110 t 的 D_6 型、载重 150 t 的 D_7 型、载重 180 t 的 D_8 型、载重 230 t 的 D_9 型凹底平车。在参照国外车型结构的基础上，我国研制了载重 90 t 的 D_{10} 型、载重 50 t 的 D_{50} 型和载重 60 t 的 D_5 型凹底平车。

20 世纪 70 年代至 80 年代，我国自行研制并改造了一批凹底平车。1973 年，对 D_{10} 型凹底平车进行改进，加大中梁、侧梁断面尺寸，提高了凹底架刚度。1976 年至 1978 年，我国自主研发了载重 210 t 的 D_2 型凹底平车。

20 世纪 90 年代，随着国民经济的发展，国家重点项目中的大型电机、变压器、轧钢机、反应器等重型超限货物日益增多，我国又研制了一批凹底平车，从 1991 年到 1998 年，分别研制了载重 180 t 的 D_{18A} 型、载重 120 t 的 D_{12} 型、载重 260 t 的 D_{26} 型、载重 150 t 的 D_{15} 型、载重 210 t 的 D_{2A} 型、载重 250 t 的 D_{25A} 型凹底平车。

从 2000 年至今，我国研制了多种技术性能先进的凹底平车。2002 年至 2003 年，研制了载重 320 t 的 D_{32} 型凹底平车；2005 年研制了载重 150 t 的 D_{15B} 型和载重 280 t 的 D_{28} 型凹底平车；2006 年，研制了载重 90 t 的 D_{9A} 型和载重 320 t 的 D_{32A} 型凹底平车；2007 年至今，研制了载重 370 t 的 DA_{37} 型、载重 210 t 的 DA_{21} 型、载重 250 t 的 DA_{25} 型、载重 260 t 的 DA_{26} 型和载重 60 t 的 D_6 型凹底平车。

11.1.2 主要结构特点

凹底平车的结构特征是承载底架沿车辆纵向呈凹形结构，一般由凹底架、小底架、转向架三层结构组成。根据载重的不同，有些车型还设有大底架、中底架，最多可达五层结构，而有些车型只有凹底架和转向架二层结构。

1. D_{10} 型凹底平车

D_{10} 型凹底平车主要由 1 个凹底架、2 个 3D 轴焊接构架式转向架以及车钩缓冲装置、空气制动装置、手制动装置等组成。

凹底架为全钢焊接结构，主要材质为 Q345A，采用中、侧梁共同承载结构，承载面低，通用性强。凹底架与转向架间采用浅球型心盘、滚子式间隙旁承。

转向架为 3D 轴焊接构架式转向架，主要材质为 Q345A，中间轮对为轮缘减薄轮对。

全车装有 2 套空气制动装置，主要由 120 型空气控制阀、254 mm×254 mm 密封式制动缸、折角塞门、组合式集尘器等组成，无空重车调整装置。车辆一端安装链式手制动机。

车钩缓冲装置采用 13 型下作用车钩，MT-3 型或 MT-2 型缓冲器。

D_{10} 型凹底平车车辆外形如图 11-1 所示。

图 11-1 D_{10} 型凹底平车

2. D_{12K} 型凹底平车

D_{12K} 型凹底平车由 1 个凹底架、2 个小底架、4 个转 K2 型转向架、空气制动装置、手制动装置及车钩缓冲装置等组成，是对 D_{12} 型凹底平车换装转 K2 型转向架改造而成。

凹底架主要由中梁、侧梁及地板组成，中梁、侧梁均为箱型焊接结构。凹底架两端装有浅球型上心盘。在凹底架、小底架间装有心盘防脱装置。

小底架为箱形焊接结构，中部装有浅球形下心盘、滚轮式下旁承，两端装有平面上心盘及上旁承。

全车采用 2 套空气制动装置，每套空气制动装置由 120 型空气控制阀、254 mm×254 mm 的整体旋压密封式制动缸、嵌入式风缸、ST2-250 型双向闸瓦间隙自动调整器、手动空重车调整装置、组合式集尘器等组成。车辆两端各安装 1 套 NSW 型手制动机。

车钩缓冲装置采用 13B 型下作用车钩及锻造钩尾框、MT-3 型缓冲器。

D_{12K} 型凹底平车车辆外形如图 11-2 所示。

图 11-2　D_{12K} 型凹底平车

3. DA_{25} 型凹底平车

DA_{25} 型凹底平车主要由 1 个凹底架、2 个小底架、4 个 4E 轴焊接构架式转向架、空气制动装置、手制动装置及车钩缓冲装置等组成。

凹底架采用全封闭焊接结构，弯角处上部圆弧过渡，下部为折角过渡。凹底架两端装有 *SR*250 mm 凸球型上心盘。凹底架材质主要为 Q345E。

小底架为箱形焊接结构，两端装有 *SR*165 mm 凸球型上心盘，中部装有 *SR*260 mm 凹球型下心盘。在小底架与转向架间装有心盘防脱装置。小底架材质主要为 Q345E。

转向架为 4E 轴焊接构架式转向架，分 A、B 型，端部装有车钩缓冲装置的为 A 型，其余为 B 型。转向架 1、4 位轮对装有斜楔减振装置。转向架构架材质主要为 Q345E。

凹底架与小底架间，小底架与转向架间均采用双作用弹性旁承。

全车采用 2 套空气制动装置，每套制动装置主要由 120 型空气控制阀、203 mm×254 mm 旋压密封式制动缸、ST2-250 型双向闸瓦间隙自动调整器、不锈钢管系等组成。车辆两端各安装 1 套 FSW 型手制动机。

车钩缓冲装置采用 17 型车钩、锻造钩尾框、MT-2 型缓冲器。

DA_{25} 型凹底平车车辆外形如图 11-3 所示。

4. DA_{21} 型凹底平车

DA_{21} 型凹底平车主要由 1 个凹底架、2 个小底架、4 个 4E 轴焊接构架式转向架、空

图 11-3 DA_{25} 型凹底平车

气制动装置、手制动装置及车钩缓冲装置等组成。

凹底架采用全封闭焊接结构，弯角处上部圆弧过渡，下部为折角过渡。大底架两端装有 *SR*250 mm 凸球型上心盘。凹底架材质主要为 Q345E。

小底架为箱形焊接结构，两端装有 *SR*165 mm 凸球型上心盘，中部装有 *SR*260 mm 凹球型下心盘。在小底架与转向架间装有心盘防脱装置。小底架材质主要为 Q345E。

该车与 DA_{25} 型凹底平车采用同一转向架，只是弹簧不同。转向架构架材质主要为 Q345E。

凹底架与小底架间，小底架与转向架间均采用双作用弹性旁承。

全车采用 2 套空气制动装置，每套制动装置主要由 120 型空气控制阀、203 mm×254 mm 旋压密封式制动缸、ST2-250 型双向闸瓦间隙自动调整器、不锈钢管系等组成。车辆两端各安装 1 套 FSW 型手制动机。

车钩缓冲装置采用 17 型车钩、锻造钩尾框、MT-2 型缓冲器。

DA_{21} 型凹底平车车辆外形如图 11-4 所示。

图 11-4 DA_{21} 型凹底平车

5. DA_{26} 型凹底平车

DA_{26} 型凹底平车主要由 1 个凹底架、2 个小底架、4 个 4E 轴焊接构架式转向架、空气制动装置、手制动装置及车钩缓冲装置等组成。

凹底架为封闭全钢焊接结构，弯角处上部圆弧过渡，下部为折角过渡，弯角处中部留有 1 m 宽的开口，主要材质为 Q460E。凹底架两端装有 *SR*250 mm 凸球型上心盘。折角组成采用组焊的丁字形结构，材质为 HG785E。

小底架为箱形焊接结构，主要材质为 Q460E，两端装有 *SR*165 mm 凸球型上心盘，中部装有 *SR*260 mm 凹球型下心盘。在小底架与转向架间装有心盘防脱装置。

转向架为 4E 轴焊接构架式转向架，分 A、B 型，端部装有车钩缓冲装置的为 A 型，其余为 B 型，构架材质主要为 Q345E。转向架 1、4 位轮对装有斜楔减振装置，2、3 位轮对为轮缘减薄轮对。

凹底架与小底架间，小底架与转向架间均采用双作用弹性旁承。

全车采用 2 套空气制动装置，每套制动装置主要由 120 型空气控制阀、254 mm×254 mm 旋压密封式制动缸、紧急阀、ST2-250 型双向闸瓦间隙自动调整器、不锈钢管系等组成。车辆两端各安装 1 套 NSW 型手制动机。

车钩缓冲装置采用 17 型车钩、锻造钩尾框、MT-2 型缓冲器。

DA_{26} 型凹底平车车辆外形如图 11-5 所示。

图 11-5 DA_{26} 型凹底平车

6. D_{15} 型凹底平车

D_{15} 型凹底平车主要由 1 个凹底架、2 个小底架、4 个 2E 轴焊接构架式转向架、空气制动装置、手制动装置、车钩缓冲装置等组成。

凹底架采用折角过渡全封闭焊接结构，弯角处上下部均为折角的形式，材质为 Q345qE。凹底架两端装有浅球型上心盘。

小底架为箱形焊接结构，材质为 Q345Q，中央装有浅球型下心盘，两端装有平面上心盘。

转向架采用 2E 轴焊接构架式转向架，构架材质为 Q345qE。转向架装有直顶式及斜楔式减振装置。

凹底架与小底架间采用滚轮式间隙旁承，小底架与转向架间采用旁承块式间隙旁承。

全车装有 2 套空气制动装置，每套空气制动装置主要由 120 型控制阀、356 mm×254 mm 密封式制动缸、ST2-250 型闸瓦间隙调整器、手动空重车调整装置、制动管系等组成。

车辆两端各安装 1 套链式手制动机。

车钩缓冲装置采用 13 型下作用车钩及配套钩尾框，MT-3 型缓冲器。

D15 型凹底平车车辆外形如图 11-6 所示。

图 11-6　D15 型凹底平车

7. D18A 型凹底平车

D18A 型凹底平车主要由 1 个凹底架、2 个小底架、4 个四轴焊接构架式转向架、空气制动装置、手制动装置及车钩缓冲装置等部分组成。

凹底架为全封闭焊接结构，上弯角、下弯角采用圆弧过渡，材质主要为 Q345A。大底架两端装有凸球型上心盘。

小底架为箱形焊接结构，中央装有凹球型下心盘及滚轮式下旁承、两端装有凸球型上心盘及上旁承，材质主要为 Q420。在小底架与转向架间装有心盘防脱装置。

全车采用 4 个 4D 轴焊接构架式转向架，其中 1、4 位转向架装有车钩缓冲装置，转向架构架材质主要为 Q420。转向架采用下均衡弹簧装置。

凹底架与小底架间采用滚轮式间隙旁承，小底架与转向架间采用旁承块式间隙旁承。

全车装有 4 套空气制动装置。空气制动装置有 2 种配置形式：第一种主要采用 GK 型三通阀、356 mm×254 mm 制动缸，无空重车调整装置；第二种主要采用 120 型空气控制阀、356 mm×254 mm 密封式制动缸，无空重车调整装置。车辆两端各安装 1 套链式手制动机。

车钩缓冲装置采用 13 型下作用车钩及配套钩尾框，ST 或 MT-3 型缓冲器。

D18A 型凹底平车车辆外形如图 11-7 所示。

图 11-7　D18A 型凹底平车

8. D_{25A} 型凹底平车

D_{25A} 型凹底平车主要由 1 个凹底架、2 个小底架、4 个四轴焊接构架式转向架、空气制动装置、手制动装置及车钩缓冲装置等部分组成。

凹底架为全封闭焊接结构，上弯角、下弯角采用圆弧过渡，材质为 Q345qE，两端装有凸球型上心盘。

小底架为箱形焊接结构，材质主要为 Q345qE。小底架中部装有凹球型下心盘、两端装有凸球型上心盘。小底架与转向架间装有心盘防脱装置。

全车采用 4 个 4E 轴焊接构架式转向架，其中 1、4 位转向架装有车钩缓冲装置，构架材质主要为 Q345qE。转向架采用下均衡弹簧装置。

凹底架与小底架间采用橡胶堆式弹性旁承，小底架与转向架间采用滚轮式间隙旁承。

全车装有 4 套空气制动装置，主要由 120 型空气控制阀、356 mm×254 mm 密封式制动缸、组合式集尘器和球芯折角塞门等部分组成，无空重车调整装置。车辆两端各安装 1 套链式手制动机。

车钩缓冲装置采用 13 型下作用车钩及配套钩尾框，ST 或 MT-3 型缓冲器。

D_{25A} 型凹底平车车辆外形如图 11-8 所示。

图 11-8 D_{25A} 型凹底平车

9. D_2 型凹底平车

D_2 型凹底平车主要由 1 个凹底架、2 个小底架、4 个 4E 轴焊接构架式转向架、空气制动装置、手制动装置及车钩缓冲装置等部分组成。

凹底架为全钢焊接结构，材质为 Q345A，采用上弯角、下弯角圆弧过渡的纵向梁承载结构。凹底架两端装有凸球型上心盘。心盘装有油润装置。

小底架为箱形全钢焊接结构，材质为 Q345A，中央装有凹球型下心盘，两端装有凸球型上心盘。

全车采用 4 个 4E 轴焊接构架式转向架，构架材质为 Q345A，其中 1、4 位转向架装有车钩缓冲装置，凹底架与小底架间采用滚轮式间隙旁承，小底架与转向架间采用滚子式间隙旁承。

全车装有 4 套空气制动装置。空气制动装置有两种配置形式：第一种主要采用 GK 型三通阀、356 mm×254 mm 制动缸，无空重车调整装置；第二种主要采用 120 型空气控制阀、356 mm×254 mm 密封式制动缸，无空重车调整装置。车辆两端各安装 1 套链式手制动机。

车钩缓冲装置采用 13 型下作用车钩及配套钩尾框，ST 或 MT-3 缓冲器。

D_2 型凹底平车车辆外形如图 11-9 所示。

图 11-9　D_2 型凹底平车

10. D_{2G} 型凹底平车

D_{2G} 型凹底平车是在保持 D_2 型凹底平车转向架基本不变的情况下，重新设计了凹底架及小底架。

该车主要由 1 个凹底架、2 个小底架、4 个 4E 轴焊接构架式转向架、空气制动装置、手制动装置及车钩缓冲装置等部分组成。

凹底架采用上弯角、下弯角圆弧过渡的全封闭结构，材质主要为 Q345qE。大底架两端装有凸球型上心盘。

小底架为箱形焊接结构，材质主要为 Q345qE。小底架中部装有凹球型下心盘，两端装有凸球型上心盘。

凹底架与小底架间采用滚轮式间隙旁承，小底架与转向架间采用滚子式间隙旁承。

全车装有 4 套空气制动装置。空气制动装置有 2 种配置形式：第一种主要采用 GK 型三通阀、356 mm×254 mm 制动缸，无空重车调整装置；第二种主要采用 120 型空气控制阀、356 mm×254 mm 密封式制动缸，无空重车调整装置。车辆两端各安装 1 套链式手制动机。

车钩缓冲装置采用 13 型下作用车钩及配套钩尾框，ST 或 MT-3 缓冲器。

D_{2G} 型凹底平车车辆外形如图 11-10 所示，车辆二维图如图 11-11 所示。

图 11-10　D_{2G} 型凹底平车

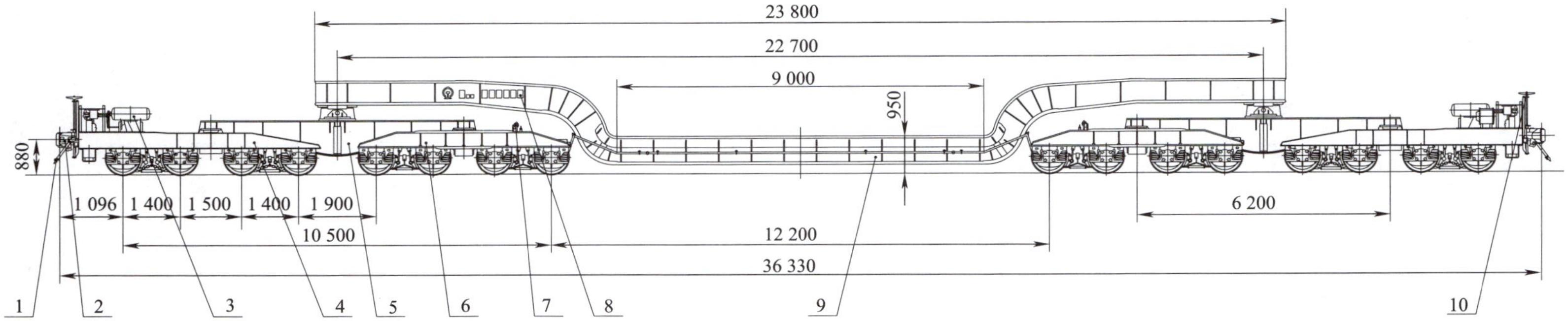

图 11-11　D2G型凹底平车二维图

1—风控管路; 2—车钩缓冲装置; 3—空气制动装置(1、4位); 4—A型转向架; 5—小底架;
6—B型转向架; 7—空气制动装置(2、3位); 8—标记; 9—大底架; 10—手制动装置

11. D_6 型凹底平车

D_6 型凹底平车主要由折角式凹底架、端板组成、风制动装置、手制动装置、车钩缓冲装置、转 K6 型转向架(大自重车用)及随车止轮挡等部分组成。

底架结构采用无中梁整体凹底式框架结构,纵向折弯、中部低于两端的折角式凹形底架,折角式凹形底架中部断面为横向抽鱼腹结构,中部集载明显提高,适应重载运输的需求。该车采用新型铸铝止轮挡,重量轻、抗腐蚀性能好、操作方便。地板上纵向布置了 4 条系留槽,满足各种轮式装备的捆绑加固要求。制动装置采用错位摇臂式杠杆,实现拉力在高度方向的转换,保证长大货物车制动力的有效传递,增强了制动效果,提高了制动效率。该车采用摇枕内圆弹簧优化的转 K6 型转向架(大自重车用),保证了车辆质量,方便了车辆检修与维护。地板纵向涂刷两条高凸起型大颗粒防滑涂料带,保证轮式装备装卸安全。

D_6 型凹底平车车辆外形如图 11-12 所示。

图 11-12　D_6 型凹底平车

12. D_9A 型凹底平车

D_9A 型凹底平车主要由 1 个凹底架、2 个 3D 轴焊接构架式转向架、空气制动装置、手制动装置及车钩缓冲装置等部分组成。

凹底架组成为全封闭焊接结构,主要由纵向腹板、地板、中部下盖板、端部上盖板、端部下盖板以及隔板、筋板等组装焊接而成。两端有 *SR*165 mm 球型上心盘。

全车采用 2 个 3D 轴焊接构架式转向架。该转向架主要由构架、轮对、轴箱、轴箱弹簧及基础制动装置等几部分组成。转向架采用整体焊接构架式结构,轴箱定位方式为导框定位,制动方式为 3 轴单侧吊挂式制动梁制动,闸瓦采用高摩擦系数合成闸瓦。前后两轴端由 4 个外圆弹簧和 4 个内圆弹簧及组合式斜楔组成两级刚度变摩擦减振系统。其中斜楔主摩擦面为高分子复合材料,改善摩擦减振器的摩擦减振性能。轮对采用 RD2 型轮对,车轮型式为 HDSA 型二次磨耗轮,中间轮对无摩擦减振器,车轮为减薄轮辋设计,提高车辆曲线通过能力。下心盘为 *SR*173 mm(不含心盘衬垫)半球型。

全车装有 1 套空气制动装置,主要包括 120 型货车空气控制阀,60 L 风缸、17 L 风缸、11 L 风缸,2 个 203 mm×254 mm 整体旋压密封式制动缸,2 套 ST2-250 型双向闸瓦间隙自动调整器,球芯折角塞门、组合式集尘器、新型高摩合成闸瓦、编织制动软管总成、不锈钢管系及配件。全车采用手动空、重车调整装置;采用 FSW 型手制动机,安装在车辆 1 位端。

该车在转向架端部安装有车钩缓冲装置,采用 17 型下作用车钩及配套钩尾框、MT-2 型缓冲器。

D_{9A} 型凹底平车车辆外形如图 11-13 所示。

图 11-13　D_{9A} 型凹底平车

13. D_{15A} 型凹底平车

D_{15A} 型凹底平车主要由 1 个凹底架、2 个小底架、4 个转 K6 型转向架、空气制动装置、手制动装置及车钩缓冲装置等部分组成。

凹底架组成为全钢焊接结构,主要由 4 组纵向腹板、上下盖板、枕梁、横梁、球型心盘等组成。其中,弯角部下盖板、腹板、前立板材质为 Q450NQR1 高强度结构钢,其余为 Q345E 低合金结构钢。

小底架组成为全钢焊接结构,主要由中梁、小枕梁、大枕梁、球型下心盘、平面上心盘及常接触旁承等部分组成。其中,中梁上下盖板采用 Q450NQR1 高强度结构钢,其余主要结构材质为 Q345E 低合金结构钢。

全车装有 1 套空气制动装置,采用 120 型空气控制阀、手动空重车调整装置、2 个 254 mm×254 mm 旋压密封式制动缸、ST2-250 型双向闸瓦间隙调整器,球芯折角塞门、组合式集尘器和高摩合成闸瓦等。其中,制动管系采用不锈钢管。该车采用 FSW 型或 NSW 型手制动机,安装在车辆 1 位端。

车钩缓冲装置采用 13B 型车钩、配套钩尾框、合金钢钩尾销、MT-2 型缓冲器,加装含油尼龙防脱钩尾框托板磨耗板及防跳插销。

D_{15A} 型凹底平车车辆外形如图 11-14 所示。

图 11-14　D_{15A} 型凹底平车

14. D_{32} 型凹底平车

D_{32} 型凹底平车主要由凹底架、大底架、中底架、小底架、侧移及导向装置、制动装置、车钩缓冲装置、转向架等组成，同时设有液压装置等主要设备。

凹底架为折角式全封闭焊接结构，主要由中部上、下盖板、隔板、折角前立板、折角后立板、变厚度纵向腹板、变厚度的端部上、下盖板及导向销座等组成。端部上、下盖板、腹板、折角前立板均为变厚度板；中部上、下盖板为多层板组焊而成。导向销座由上盖板、无缝钢管、筋板等组焊而成。

大底架为全封闭不对称焊接结构，主要由侧梁、小枕梁、辅助梁、导向销座、大横梁、大枕梁及上下封板组焊而成。侧梁由变厚度的上、下盖板、变厚度的腹板及若干筋板组焊成箱形断面的不对称鱼腹形结构；大枕梁、小枕梁(1)、小枕梁(2)均为箱型组焊结构；大横梁由上、下盖板，腹板组焊成工字型结构；辅助梁为工字型组焊结构。

中底架主要由侧梁、小枕梁及大枕梁组焊而成。侧梁由变厚度的上、下盖板、腹板及若干隔板组焊成箱形断面的鱼腹形结构；大、小枕梁均由上、下盖板，腹板及若干隔板组焊成箱型组焊结构。

小底架主要由中梁、小枕梁及大枕梁组焊而成。中梁由上、下盖板，4 块纵向腹板及若干隔板组焊成箱形断面的鱼腹形结构。端部小底架的牵引梁部位由上、下盖板，腹板组焊成箱形结构；大、小枕梁均由上、下盖板组焊为变断面箱型结构。

全车采用 12 台焊接构架式转向架，主要由构架、减振装置、轴箱弹簧装置、基础制动装置、轮对装置等组成。

构架由枕梁、侧梁、导框及滑槽等组焊而成，枕梁及侧梁分别由上下盖板、腹板组焊而成。枕梁及侧梁材料采用 Q345E 低合金钢，导框采用 C 级钢，滑槽采用 B 级钢。减振装置为斜楔与直顶组合的变摩擦减振器。斜楔与顶座采用贝氏体球墨铸铁。轴箱弹簧悬挂装置采用两级刚度圆弹簧和 C 级钢轴箱组成。基础制动采用滑槽式弓形制动梁和高摩闸瓦。轮对采用 50 钢车轴，车轴中部采用 RE2A 型轴轴身，轴承座部采用与 F 型滚动轴承配套结构，车轮为 E 型轮，轮径为 800 mm。轴承为 SKFF 型 6½英寸×12 英寸滚动轴承。下心盘上加装含油尼龙心盘磨耗盘。

全车采用 2 套空气制动装置。每套空气制动装置控制半节车的 6 台转向架，主要由 120 型控制阀、203 mm×254 mm 旋压密封式制动缸、ST2-250 型双向闸瓦间隙自动调整器、高摩合成闸瓦等组成，采用不锈钢管系。全车采用 2 套 FSW 型手制动装置，安装在 1、6 位小底架上。

液压系统主要由液压控制台、起升油缸、旁承油缸及油路等组成。液压系统的动力来源有两种方式，一种是通过外接电源及电缆线盘向电动机供电，带动齿轮泵向各油缸供油产生动作。另一种是通过手动泵直接向各油缸供油产生动作。

D_{32} 型凹底车车辆外形如图 11-15 所示。

图 11-15 D_{32} 型凹底车

15. DA_{37} 型凹底平车

DA_{37} 型凹底平车主要由凹底架、大底架、小底架、8 组 3E 轴转向架、导向侧移装置、旁承装置、空气制动装置、手制动装置、车钩缓冲装置等部分组成，同时设有液压装置等主要设备。

凹底架为焊接结构，主要由中部承载梁、端部悬臂梁和横梁组成。其中，中部承载梁横断面为圆弧结构，半径为 1 850 mm。凹底架承载面每端最低点设有排水孔。

大底架为焊接结构，主要由侧梁、主横梁、枕梁、导向销座、大横梁及上下封板组焊而成。侧梁由上盖板、下盖板、腹板及筋板组焊成变截面的箱形结构；主横梁、枕梁均由上盖板、下盖板、腹板及隔板组焊成箱型组焊结构；大横梁由上下盖板、腹板组焊成工字型结构。

小底架为焊接结构，主要由侧梁、主横梁及枕梁组焊而成。侧梁由上盖板、下盖板、腹板及隔板组焊成变截面的箱型结构；主横梁、枕梁均由上盖板、下盖板、腹板及隔板组焊成箱型结构。

全车采用 8 组 3E 轴焊接构架式转向架，主要由构架、减振装置、轴箱弹簧装置、基础制动装置、轮对装置等组成。其中，端部转向架装有车钩缓冲装置。

构架采用整体焊接结构，主要由心盘梁、横梁和侧梁组焊而成；采用两级刚度弹簧；在 1、3 位轮对处设置斜楔减振系统，斜楔主摩擦面采用高分子复合材料磨耗板；采用加强型 E 型车轴、F 型轴承、HESA 型辗钢车轮（初始直径加工到 ϕ816 mm），车轴轴承座部采用与 F 型滚动轴承配套结构，采用轴箱导框定位方式，轴箱与轴承之间加装承载鞍；中间轮对采用减薄轮缘车轮；下心盘内装用含油尼龙心盘磨耗盘；基础制动装置采用奥—贝球铁衬套、组合式制动梁。

全车采用 4 套空气制动装置，每套空气制动装置控制 2 组转向架，主要由 120 型空气控制阀、203 mm×254 mm 整体旋压密封式制动缸、改进的 ST2-250 型双向闸瓦间隙自动调整器、不锈钢嵌入式储风缸等组成；采用不锈钢球芯折角塞门、组合式集尘器、法兰接头、不锈钢制动管系及配件；采用编织制动软管总成、尼龙管卡垫、奥—贝球铁衬套、高摩擦系数合成闸瓦。车辆两端各安装 1 套 NSW 型手制动机。

该车采用 E 级钢 17 型车钩，以及锻造钩尾框、HM-1 型缓冲器、含油尼龙钩尾框托板磨耗板。

该车主要设备为液压系统，由泵站、油缸、管系等组成。系统的额定工作压力 35 MPa，动力源为柴油机，采用手动比例控制方式。

DA_{37} 型凹底车车辆外形如图 11-16 所示。

图 11-16　DA_{37} 型凹底车

16. DF_{1H} 型机翼运输凹底平车

DF_{1H} 型机翼运输凹底平车主要由凹底架、二次缓冲装置、押运室、2 台转 K4 型转向架、制动装置及车钩缓冲装置等组成。凹底架为全钢焊接结构，主要材料采用 Q345 低合金结构钢。凹底架上设有二次缓冲装置，以改善车辆运行时货物的振动加速度。

全车采用优化中央弹簧参数的转 K4 型转向架、120 阀空气制动系统、链式手制动机、13A 型下作用式车钩及 MT-3 型缓冲器。

DF_{1H} 型机翼运输凹底平车车辆外形如图 11-17 所示。

图 11-17　DF_{1H} 型机翼运输凹底平车

17. DF_{2H} 型机身运输凹底平车

DF_{2H} 型机身运输凹底平车主要由凹底架、2 台转 K5 型转向架、风手制动装置、车钩缓冲装置、二次缓冲装置和押运室等组成。凹底架为全钢焊接结构，主要材料采用 Q345qE 低合金结构钢；凹底架上设有二次缓冲装置，以改善车辆运行时货物的振动加速度。

全车采用取消承载及减振弹簧内簧的转 K5 型转向架、120 阀空气制动系统、NSW 型手制动机、17 型车钩、HN-1 型弹性胶泥缓冲器。

DF_{2H} 型飞机机身运输凹底平车车辆外形如图 11-18 所示。

图 11-18　DF_{2H} 型飞机机身运输凹底平车

18. D_{26} 型凹底平车

D_{26} 型凹底平车主要由 1 个凹底架、2 个中底架、4 个小底架、液压旁承装置，8 台 2E 轴焊接构架式转向架、制动装置及车钩缓冲装置等组成。凹底架、中底架、小底架为全钢焊接结构，主要材料采用 Q345qE 低合金结构钢。凹底架在国内首次采用上、下弯角折角过渡结构。

凹底架与中底架间的旁承采用液压旁承，主要由 4 个旁承油缸及管路组成。旁承油缸安装在凹底架心盘梁两侧，同侧 2 个油缸连通。

全车采用 2E 轴焊接构架式转向架，构架材料采用 Q345qE 低合金结构钢；采用 120 阀空气制动系统、链式手制动机、13 型上作用式车钩及 2 号缓冲器。

D_{26} 型凹底平车车辆外形如图 11-19 所示。

图 11-19　D_{26} 型凹底平车

19. D_{10A} 型凹底平车

D_{10A} 型凹底平车主要由 1 个凹底架、2 台 3D 轴焊接构架式转向架、制动装置和车钩缓冲装置组成。凹底架采用上弯角圆弧过渡、下弯角折角过渡的全钢焊接结构，主要材料为 Q345qE 低合金结构钢。

全车采用装有双作用常接触弹性旁承的 3D 轴焊接构架式转向架，构架材料为 Q345qE 低合金结构钢；采用 120 阀空气制动系统、NSW 型手制动机、13A 型下作用式车钩及 MT-3 型缓冲器。

D_{10A} 型凹底平车车辆外形如图 11-20 所示。

图 11-20　D_{10A} 型凹底平车

20. D_{28} 型凹底平车

D_{28} 型凹底平车主要由 1 个凹底架，2 个中底架、4 个小底架、液压旁承装置、8 个 2E 轴焊接构架式转向架、制动装置及车钩缓冲装置组成。凹底架、中底架、小底架为全钢焊接结构，主要材料采用 Q345qE 低合金结构钢。凹底架采用上弯角圆弧过渡、下弯角折角过渡结构。

凹底架与中底架间的旁承采用液压旁承装置，主要由 4 个旁承油缸及管路组成。旁承油缸安装在凹底架心盘梁两侧，同侧 2 个油缸连通。

全车采用装有 BD 型弹性旁承的 2E 轴焊接构架式转向架，构架材料采用 Q345qE 桥梁用结构钢；采用 120 阀空气制动系统、链式手制动机、13A 型上作用式车钩、MT-3 型缓冲器。

D_{28} 型凹底平车车辆外形如图 11-21 所示。

图 11-21　D_{28} 型凹底平车

21. D_{32A} 型凹底平车

D_{32A} 型凹底平车主要由 1 个凹底架，2 个中底架、4 个小底架、旁承装置、侧移装置、导向装置、液压系统、电气系统、操作室、8 台 3E 轴焊接构架式转向架、制动装置及车钩缓冲装置等组成。凹底架、中底架、小底架为全钢焊接结构，凹底架和中底架主要材料采用 Q460E 低合金高强度结构钢，小底架主要材料采用 Q345qE 桥梁用结构钢。凹底架采用上弯角圆弧过渡、下弯角折角过渡结构。

凹底架与中底架、中底架与小底架间的旁承采用液压旁承。2 套液压旁承装置主要由 12 个旁承油缸、旁承块及其管路组成。旁承油缸安装在凹底架心盘梁、中底架端横梁两侧，沿车体纵向同侧 2 个油缸连通。

为扩大运输超限货物能力，减少通过曲线时的偏移量，设有侧移、导向装置，并通过优化转向架轴距及其邻轴距，提高了过桥限速及运输效率。

侧移装置主要由移动心盘、滚子排等组成。该装置使用外导向时，可左、右横向强迫移位 500 mm，也可根据曲线半径选用中导向或内导向自由移位 500 mm。

导向装置主要由导向销、导向销座及支架等组成。通过调整导向销的位置，使车辆处于不同的导向工况，以减少车辆通过曲线时的偏移量。

液压装置主要由液压泵、电机、油箱、液压操作台、油缸、液压阀、管路等组成。

电气装置主要由柴油发电机、电气控制台和电气元件组成。

全车采用装有双作用常接触弹性旁承的 3E 轴焊接构架式转向架，构架材料采用 Q345qE 桥梁用结构钢；采用 120 阀空气制动系统、NSW 型手制动机、17 型车钩及 MT-2 型缓冲器。

D_{32A} 型凹底平车车辆外形如图 11-22 所示。

图 11-22　D_{32A} 型凹底平车

22. D_{15B} 型凹底平车

D_{15B} 型凹底平车主要由 1 个凹底架、2 个小底架、4 台 2E 轴焊接构架式转向架、制动装置和车钩缓冲装置组成。凹底架、小底架为全钢焊接结构，主要材料采用 Q345qE 低合金结构钢。凹底架采用上弯角圆弧过渡、下弯角折角过渡结构。

液压旁承装置主要由 4 个旁承油缸及管路组成，旁承油缸安装在凹底架心盘梁两侧，同侧两个油缸连通。

全车采用装有 BD 型弹性旁承的 2E 轴焊接构架式转向架，构架材料为 Q345qE 低合金结构钢；采用 120 阀空气制动系统、链式手制动机、13A 型上作用式车钩及 MT-3

型缓冲器。

D15B 型凹底平车车辆外形如图 11-23 所示。

图 11-23　D15B 型凹底平车

11.1.3　技术参数及配置

凹底平车技术参数及配置见表 11-1。

表 11-1　凹底平车技术参数及配置

车型代号		D10	D2	D2G	D25A	D18A	D12K
项　目		参数及说明					
用　途		凹底车	凹底车	凹底车	凹底车	凹底车	凹底车
轨距(mm)		1 435	1 435	1 435	1 435	1 435	1 435
轴重(t)		21	20.4	22.4	24.5	19.7	20.97
每延米重(t/m)		6.2	9.2	9.9	9.6	8.9	6.9
车钩中心线距轨面高度(空车)(mm)		880	880	880	880	880	880
通过最小曲线半径(m)		145	180	180	180	180	145
商业运行速度(km/h)		80	80	80	80/60	80	100
重量参数	载重(t)	90	160	210	250	180	120
	自重(t)	36	166.8	148.6	142	135.1	47.87
	自重系数	0.4	1.04	0.71	0.57	0.75	0.4
车辆尺寸	车辆长度(mm)	20 338	35 429	36 330	40 910	35 470	24 230
	最大宽度(mm)	3 120	2 780	2 780	2 630	2 800	3 000
	车辆定距(mm)	14 800	22 200	22 700	25 570	22 440	16 200
承载面尺寸	长度(mm)	10 000	9 000	9 000	9 800	9 000	9 000
	宽度(mm)	3 000	2 780	2 780	2 630	2 800	3 000
	承载面距轨面高(空车)(mm)	777	950	950	1 080	930	850

续上表

车型代号			D10	D2	D2G	D25A	D18A	D12K
钩缓装置	缓冲器型号		MT-3 或 MT-2 型	ST 或 MT-3 型	ST 或 MT-3 型	ST 或 MT-3 型	ST 或 MT-3 型	MT-3 型
	车钩型号		13 型	13 型	13 型	13 型	13 型	13B 型
	钩尾框		13 型	13 型	13 型	13 型	13 型	13 型
转向架			3D 轴焊接构架式	4E 轴焊接构架式	4E 轴焊接构架式	4E 轴焊接构架式	4D 轴焊接构架式	转 K2 型
制动装置	主要配置	制动阀	120 型	120 型	120 型	120 型	120 型	120 型
		制动缸	254 mm×254 mm	356 mm×254 mm 旋压密封式	356 mm×254 mm 旋压密封式	356 mm×254 mm	356 mm×254 mm	254 mm×254 mm 旋压密封式
		闸调器	无	无	无	无	无	ST2-250 型
		脱轨自动制动阀	无	无	无	无	无	无
		空重车阀	无	无	无	无	无	手动
		手制动机	链式	链式	链式	链式	链式	NSW 型
车型代号			D15	DA21	DA25	DA26	D6	D9A
项　目			参数及说明					
用　途			凹底车	凹底车	凹底车	凹底车	凹底车	凹底车
轨距(mm)			1 435	1 435	1 435	1 435	1 435	1 435
轴重(t)			24.86	20.8	23.6	23.4	23	21
每延米重(t/m)			8	8.76	9.43	9.36	4.5	5.95
车钩中心线距轨面高度(空车)(mm)			880	880	880	880	880	880
通过最小曲线半径(m)			150	180	180	145	145	145
商业运行速度(km/h)			90	120	120	100	120	120
重量参数	载重(t)		150	210	250	260	60	90
	自重(t)		48.88	122.8	127.5	114.4	32	35.8
	自重系数		0.33	0.58	0.51	0.44	0.53	0.4
车辆尺寸	车辆长度(mm)		24 830	37 966	40 026	39 966	20 466	21 130
	最大宽度(mm)		2 773	2 700	2 700	2 684	3 110	3 000
	车辆定距(mm)		16 700	24 130	25 260	25 200	16 000	15 500
承载面尺寸	长度(mm)		9 000	9 800	10 000	10 000	12 000	10 500
	宽度(mm)		2 700	2 700	2 700	2 650	2 960	3 000
	承载面距轨面高(空车)(mm)		900	940	1 050	1 115	675	730
钩缓装置	缓冲器型号		MT-3 型	MT-2 型	MT-2 型	MT-2 型	MT-2 型	MT-2 型
	车钩型号		13 型	17 型	17 型	17 型	17 型	17 型
	钩尾框		13 型	17 型	17 型	17 型	17 型	17 型
转向架			2E 轴焊接构架式	4E 轴焊接构架式	4E 轴焊接构架式	4E 轴焊接构架式	转 K6 型	3D 轴焊接构架式

续上表

车型代号			D_{15}	DA_{21}	DA_{25}	DA_{26}	D_{6}	D_{9A}
制动装置	主要配置	制动阀	120 型	120 型	120 型	120 型	120 型	120 型
		制动缸	356 mm×254 mm	203 mm×254 mm 旋压密封式	203 mm×254 mm 旋压密封式	254 mm×254 mm 旋压密封式	LBC-1 型	203 mm×254 mm
		闸调器	ST2-250 型	ST2-250 型	ST2-250 型	ST2-250 型	ST2-250 型	ST2-250 型
		脱轨自动制动阀	无	无	无	无	TZD-1 型	无
		空重车阀	手动	手动	手动	手动	KZW-A 型	手动
		手制动机	链式	FSW 型	FSW 型	NSW 型	NSW-Ⅰ型	FSW 型

车型代号			D_{15A}	D_{32}	DA_{37}	DF_{1H}	DF_{2H}	D_{26}
项目			参数及说明					
用途			凹底车	凹底车	凹底车	凹底车	凹底车	凹底车
轨距(mm)			1 435	1 435	1 435	1 435	1 435	1 435
轴重(t)			25	22.75	23.75	21	25	25
每延米重(t/m)			7.6	9.27	9.29	2.1	2.5	9.66
车钩中心线距轨面高度(空车)(mm)			880	880	880	880	880	880
通过最小曲线半径(m)			145	180	145	145	145	145
商业运行速度(km/h)			120	100/50	100/60	120	120	90/50
重量参数	载重(t)		150	320	370	15	10	260
	自重(t)		49.6	226	200	29.5	27.1	140
	自重系数		0.33	0.71	0.54	1.97	2.71	0.54
车辆尺寸	车辆长度(mm)		26 330	58 860	61 416	20 938	15 210	41 396
	最大宽度(mm)		2 700	3 000	3 000	3 000	3 030	2 680
	车辆定距(mm)		17 350	33 800	37 300	16 000	10 260	25 200
承载面尺寸	长度(mm)		9 500	10 500	11 250	10 500	6 595	9 800
	宽度(mm)		2 700	2 900	2 900	3 000	3 000	2 680
	承载面距轨面高(空车)(mm)		850	1 360	1 380	577	595	1 150
钩缓装置	缓冲器型号		MT-2 型	MT-3 型	MT-2 型	MT-3 型	HN-1 型	2 号
	车钩型号		13 型	13 型	17 型	13A 型	17 型	13 型上作用
	钩尾框		13 型	13 型	17 型	13 型	17 型	13 型
转向架			转 K6 型	2E 轴焊接构架式	3E 轴焊接构架式	转 K4 型	转 K5 型	2E 轴焊接构架式
制动装置	主要配置	制动阀	120 型	120 型	120 型	120 型	120 型	120 型
		制动缸	254 mm×254 mm	203 mm×254 mm	203 mm×254 mm	203 mm×254 mm 旋压密封式	203 mm×254 mm 旋压密封式	356 mm×254 mm 旋压密封式
		闸调器	ST2-250 型	ST2-250 型	ST2-250 型	无	无	无
		脱轨自动制动阀	无	无	无	无	TZD 型	无

续上表

车型代号			D15A	D32	DA37	DF1H	DF2H	D26
制动装置	主要配置	空重车阀	手动	手动	手动	无	无	手动
		手制动机	FSW 或 NSW 型	FSW 型	NSW 型	链式	NSW 型	链式

车型代号			D10A	D28	D32A	D15B
项　　目			参数及说明			
用　　途			凹底车	凹底车	凹底车	凹底车
轨距(mm)			1 435	1 435	1 435	1 435
轴重(t)			21	25	23.3	25
每延米重(t/m)			6.01	9.59	9.05	7.81
车钩中心线距轨面高度(空车)(mm)			880	880	880	880
通过最小曲线半径(m)			145	145	150	145
商业运行速度(km/h)			120	100/50	100/50	120
重量参数	载重(t)		90	280	320	150
	自重(t)		36	120	0.75	50
	自重系数		0.4	0.43	0.43	0.33
车辆尺寸	车辆长度(mm)		20 958	41 696	61 010	25 606
	最大宽度(mm)		3 000	2 714	3 000	2 900
	车辆定距(mm)		15 420	25 500	36 900	16 750
承载面尺寸	长度(mm)		10 000	9 800	10 500	9 000
	宽度(mm)		3 000	2 680	2 760	2 900
	承载面距轨面高(空车)(mm)		690	1 160	1 225	800
钩缓装置		缓冲器型号	MT-3 型	MT-3 型	MT-2 型	MT-3 型
		车钩型号	13A 型 下作用	13A 型 上作用	17 型	13A 型 上作用
		钩尾框	13 型或 13A 型	13 型或 13A 型	17 型	13 型或 13A 型
转向架			3D 轴焊接构架式	2E 轴焊接构架式	3E 轴焊接构架式	2E 轴焊接构架式
制动装置	主要配置	制动阀	120 型	120 型	120 型	120 型
		制动缸	254 mm×254 mm 旋压密封式	356 mm×254 mm 旋压密封式	203 mm×254 mm 旋压密封式	254 mm×254 mm 旋压密封式
		闸调器	无	无	ST2-250 型	无
		脱轨自动制动阀	无	无	无	无
		空重车阀	手动	手动	手动	手动
		手制动机	NSW 型	链式	NSW 型	链式

11.2 长大平车

11.2.1 发展历程

我国于20世纪50年代制造了D_{21}型载重60 t长大平车，1959～1973年间设计制造了D_{22}型载重120 t长大平车，1975年制造了D_{27}型载重150 t长大平车，1974年设计制造了D_{23}型载重235 t长大平车，1996年设计制造了D_{25}型载重250 t长大平车，1997年设计制造了D_{23G}型载重265 t长大平车，1998年设计制造了D_{70}型载重70 t长大平车。

进入21世纪，陆续设计制造了D_{22A}型载重120 t铁地板长大平车、D_{22B}型载重120 t木地板长大平车、D_{26A}及D_{26AK}型组合式长大平车。而一些运用年限较长的，如D_{21}型、D_{22}型、D_{27}型长大平车等车型已经停止使用，陆续报废。

目前，我国在用的长大平车主要有D_{22A}、D_{22B}、D_{23G}、D_{70}、D_{26A}、D_{26AK}型长大平车，为满足国民经济不断发展的需要，还将向大型化、系列化发展。

11.2.2 主要结构特点

从承载底架结构型式上看，长大平车与通用平车基本上相同，结构特性主要是前者的底架长度和地板面距轨面高度比较大；运输特性是装载货物底架为较长的承载货物平面，用于装运高度不高而长度较长的货物，如长钢轨、长型钢、桥式起重机构架、锅筒、锅炉散热管排以及化工反应器等。

1. D_{22A}型长大平车

D_{22A}型长大平车可适应装运长钢轨、大型机械及电站设备、化工设备等长大货物，也可用于普通货物的运输。

该车主要由底架、风制动装置、手制动装置、车钩缓冲装置及4D轴焊接转向架等部分组成。

底架为全钢焊接结构，主要由中梁、侧梁、枕梁、端梁、大横梁、小横梁及铁地板组成。中梁、枕梁为箱形变断面组焊结构，侧梁、大横梁为工字形组焊结构，小横梁为冷弯槽形结构。底架采用球型上心盘，上、下心盘间设有防脱装置。

全车采用两组4D轴焊接构架式转向架，该转向架由构架组成、弹簧传动装置、基础制动装置、下心盘组成和旁承组成五部分组成。

该车有2套空气制动装置，主要由120型空气控制阀、直径为254 mm整体旋压密封式制动缸、ST2-250型双向闸瓦间隙自动调整器等组成。全车采用编织制动软管总成、奥一贝球铁衬套、高摩擦系数合成闸瓦、手动两级空重车调整装置；采用手动两级空、重车调整装置；采用NSW型手制动机，安装在车辆1位端。

车钩缓冲装置采用 E 级钢 13 系列车钩、配套钩尾框、合金钢钩尾销，MT-2 型缓冲器，加装含油尼龙防脱钩尾框托板磨耗板及防跳插销。

D_{22A} 型长大平车车辆外形如图 11-24 所示。

图 11-24 D_{22A} 型长大平车

2. D_{22B} 型长大平车

D_{22B} 型长大平车主要由 1 个底架、2 套空气制动装置、1 组手制动装置、车钩缓冲装置及 2 组 4D 轴焊接转向架等部分组成。

底架主要由中梁、枕梁、侧梁、端梁、大横梁、小横梁、纵向梁组成。中梁、枕梁为箱形组焊结构，侧梁、大横梁为工字形组焊结构，小横梁为冷弯槽形结构，纵向梁为冷弯几字形结构。采用 *SR*165 mm 球形上心盘。

全车采用与 D_{22A} 型长大平车相同的 4D 轴焊接构架式转向架。

全车采用两套空气制动系统，每套空气制动装置均采用 120 型控制阀、改进的 ST2-250 型双向闸瓦间隙自动调整器、手动两级空、重车调整装置、254 mm×254 mm 整体旋压密封式制动缸、不锈钢球芯折角塞门、组合式集尘器、不锈钢储风缸、不锈钢或不锈钢复合材质制动管系；采用 NSW 型手制动机，安装在车辆 1 位端。

车钩缓冲装置采用 E 级钢 17 型车钩、17 型锻造钩尾框，MT-2 型缓冲器，加厚型钩舌、合金钢钩尾销、含油尼龙防脱钩尾框托板磨耗板及防跳插销。

D_{22B} 型长大平车车辆外形如图 11-25 所示。

图 11-25 D_{22B} 型长大平车

3. D_{26A} 型长大平车/ D_{26AK} 型长大平车

该车采用组合式模块化设计，可分别组合成两种形式，即载重 260 t 时，轴数为 16；载重 138 t 时，轴数为 8。其中 D_{26A} 型长大平车装用转 8G 转向架，D_{26AK} 型长大平车是 D_{26A} 型车换装转 K2 型转向架。

载重 260 t 平车主要由 1 组大底架、2 组中底架、4 组小底架、8 组转向架及空气制动装置、手制动装置、车钩缓冲装置等组成。载重 138 t 平车主要由 1 组中底架、2 组小底架、4 组转向架及空气制动装置、手制动装置、车钩缓冲装置等组成。

大底架为全钢焊接结构，主要由侧梁、枕梁、横梁、球面心盘、滚轮式旁承等组成。

中底架为全钢焊接结构，主要由中梁、小枕梁、大枕梁、球面心盘、滚轮式旁承等部分组成。

小底架为全钢焊接结构，主要由中梁、小枕梁、大枕梁、球型下心盘及平面上心盘等部分组成。

D_{26A} 车采用 8 组转 8G 型转向架，D_{26AK} 车采用 8 组转 K2 型转向架，基础制动装置均按需要进行调整。

车辆装有两套空气制动装置，采用 120 型控制阀、手动空重车调整装置、旋压密封式制动缸，球芯折角塞门、组合式集尘器、高摩合成闸瓦等。其中，D_{26A} 装用 203 mm×254 mm 制动缸、D_{26AK} 装用 254 mm×254 mm 制动缸。

车辆两端分别装有一套手制动机。D_{26A} 车采用蜗轮蜗杆式手制动机，手轮直径为 400 mm。D_{26AK} 车采用 FSW 型手制动机，手轮直径为 560 mm。

D_{26A} 车采用 C 级钢 13 型上作用车钩及 C 级钢材质的钩尾框，MT-3 型缓冲器。

D_{26AK} 车采用 C 级钢 13A 型上作用车钩及 C 级钢材质的钩尾框，MT-2 型缓冲器。

D_{26A}/D_{26AK} 型长大平车车辆外形如图 11-26 所示。

图 11-26　D_{26A}/D_{26AK} 型长大平车

4. D_{25} 型长大平车

D_{25} 型长大平车是用于运输锅筒和长 9～32 m 等筒形货物的专用车辆。

该车主要由一个大底架、两个凹底桥架、四个小底架、液压旁承装置，押运室、八台转 8A 型转向架、制动装置及车钩缓冲装置等组成。大底架采用箱型侧梁和承载横梁组焊结构；凹底桥架应用凹形结构，以降低承载面高度；小底架为全钢焊接结构。其主要材料均采用 Q345qE 低合金结构钢。

大底架与凹底桥架间的旁承采用液压旁承，由 4 个旁承油缸及管路组成。旁承油缸安装在大底架端横梁外侧，同侧 2 个油缸连通。

全车采用转 8A 型转向架、120 阀空气制动系统、链式手制动机、C 级钢 13 型上作用式车钩及 2 号缓冲器。

D_{25} 型长大平车车辆外形如图 11-27 所示。

图 11-27　D_{25} 型长大平车

5. NF_{1H} 型飞机机身运输平车

NF_{1H} 型飞机机身运输平车是用于运输 ARJ21 型飞机机身或类似货物的专用车辆。

该车主要由底架、二次缓冲装置、押运室、2 台转 K4 型转向架、制动装置及车钩缓冲装置等组成。底架为中、侧梁承载的全钢焊接结构，主要材质采用 Q345 低合金结构钢。底架上设有二次缓冲装置，以改善车辆运行时货物的振动加速度。在车辆 1 位端设押运室，用于押运人员观察和休息。

全车采用优化中央弹簧参数的转 K4 型转向架、120 型空气制动系统、链式手制动机、13A 型下作用式车钩及 MT-3 型缓冲器。

NF_{1H} 型机身运输平车车辆外形如图 11-28 所示。

图 11-28　NF_{1H} 型机身运输平车

6. D_{23G} 型长大平车

D_{23G} 型长大平车主要用于装运 260 t 级大型筒形化工设备或重型货物。

该车主要由 1 个大底架、2 个小底架、4 个四轴焊接构架式转向架、空气制动装置、手制动装置及车钩缓冲装置等部分组成。

大底架采用全钢焊接结构，主要由 2 根箱型侧梁、2 根带有圆弧面的箱型枕横梁及若干横梁等组成，材质主要为 Q345A。枕横梁上装有浅球型上心盘。

小底架为箱形焊接结构，中部装有浅球型下心盘及下旁承、两端装有浅球型上心盘及上旁承。

转向架为 4D 轴焊接构架式转向架。1、4 位转向架装有车钩缓冲装置及手制动装置。转向架装有均衡弹簧装置，均载性好。

大底架与小底架间采用滚轮式间隙旁承，小底架与转向架间采用滚子式间隙旁承。

全车装有两套空气制动装置，每套空气制动装置主要由 120 型空气控制阀、254 mm×254 mm 旋压密封式制动缸、组合式集尘器及制动管路等部分组成，设有手动空重车调整装置。

车辆采用 13A 型下作用车钩，MT-3 型缓冲器。

D_{23G} 型长大平车车辆外形如图 11-29 所示。

图 11-29　D_{23G} 型长大平车

7. D_{70} 型长大平车

D_{70} 型长大平车主要用于装运电力、冶金、化工、机械等行业的 70 t 级长大货物。

该车主要由一个底架、两台焊接构架式转向架及车钩缓冲装置、制动装置等组成。

底架为焊接结构，主要由两个箱形侧梁、枕横梁、大横梁、牵引梁、端梁、地板、盖板及下盖板等组成。

全车采用 2 台 2E 轴焊接构架式转向架。每台转向架装有斜楔式减振器装置。

底架与转向架采用旁承块式间隙旁承。

全车采用 1 套空气制动装置，主要由 120 型空气控制阀、356 mm×254 mm 密封式制动缸、ST2-250 型双向闸瓦间隙自动调整器、球芯折角塞门、组合式集尘器、制动管系等组成。

车辆安装 1 套链式手制动机。

车钩缓冲装置采用 13 型下作用车钩，MT-3 型缓冲器。

D_{70} 型长大平车车辆外形如图 11-30 所示，车辆二维图如图 11-31 所示。

图 11-30 D70 型长大平车

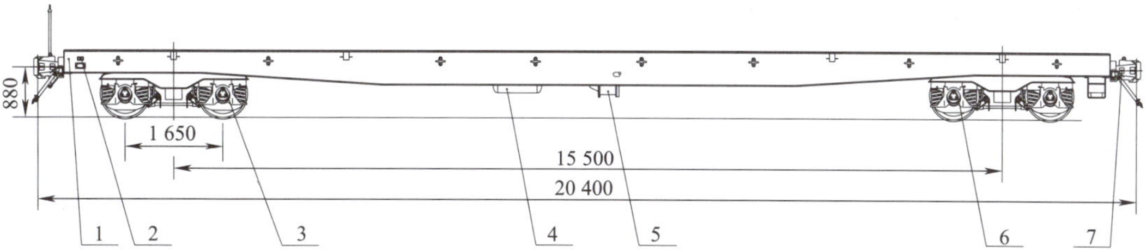

图 11-31 D70 型长大平车二维图

1—底架组成;2—标记;3—转向架;4—底架附属件;5—冯制动装置;6—转向架;7—车钩缓冲装置

11.2.3 技术参数及配置

长大平车技术参数及配置表见表 11-2。

表 11-2 长大平车技术参数及配置

车型代号		D22A	D22B	D26A	D26AK	D25	NF1H
项目		参数及说明					
用途		长大平车					
轨距(mm)		1 435	1 435	1 435	1 435	1 435	1 435
轴重(t)		20.5	21	20.85	21	21	21
每延米载重(t/m)		6.32	6.47	10.38	10.45	9.84	2.3
车钩中心线距轨面高度(空车)(mm)		880	880	880	880	880	880
通过最小曲线半径(m)		180	180	145	145	145	145
商业运行速度(km/h)		120	100	90	100	90/50	120
重量参数	载重(t)	120	120	260	260	250	10
	自重(t)	44	48	73.6	75.6	86	22.5
	自重系数	0.37	0.4	0.28	0.29	0.34	2.25
车辆尺寸	车辆长度(mm)	25 930	25 966	32 138	32 130	34 146	14 328
	最大宽度(mm)	3 180	3 180	3 170	3 170	2 940	3 180
	车辆定距(mm)	17 800	17 800	16 500	16 500	18 000	9 260

续上表

车型代号			D_{22A}	D_{22B}	D_{26A}	D_{26AK}	D_{25}	NF_{1H}
承载面尺寸	长度(mm)		25 000	25 000	16 500	16 500	18 900	9 400
	宽度(mm)		3 000	3 000	1 960	1 960	2 940	2 600
	承载面距轨面高(空车)(mm)		1 080	1 350	1 600	1 620	1 650	1 004
钩缓装置	缓冲器型号		MT-2 型	MT-2 型	MT-3 型	MT-2 型	2 号	MT-3 型
	车钩型号		13B 型	17 型	13 型	13 型	13 型	13A 型
	钩尾框		13 型	17 型	13 型	13 型	13 型	13 型
转向架			4D 轴焊接构架式	4D 轴焊接构架式	转 8G 型	转 K2 型	转 8A 型	转 K4 型
制动装置	主要配置	制动阀	120 型	120 型	120 型	120 型	120 型	120 型
		制动缸	254 mm×254 mm	254 mm×254 mm	203 mm×254 mm	254 mm×254 mm	356 mm×254 mm	203 mm×254 mm
		闸调器	ST2-250 型	ST2-250 型	无	ST2-250 型	无	无
		脱轨自动制动阀	无	无	无	无	无	无
		空重车阀	手动	手动	手动	手动	手动	无
		手制动机	NSW 型	NSW 型	蜗轮蜗杆式	FSW 型	链式	链式

车型代号		D_{23G}	D_{70}
项　　目		参数及说明	
用　　途		长大平车	
轨距(mm)		1 435	1 435
轴重(t)		20. 98	24. 15
每延米载重(t/m)		10. 9	4. 73
车钩中心线距轨面高度(空车)(mm)		880	880
通过最小曲线半径(m)		180	180
商业运行速度(km/h)		80	120
重量参数	载重(t)	265	70
	自重(t)	70. 7	26. 6
	自重系数	0. 26	0. 38
车辆尺寸	车辆长度(mm)	30 950	20 400
	最大宽度(mm)	3 128	3 142
	车辆定距(mm)	18 000	15 500
承载面尺寸	长度(mm)	19 170	19 462
	宽度(mm)	2 904	2 950
	承载面距轨面高(空车)(mm)	1 496	1 169
钩缓装置	缓冲器型号	MT-3 型	MT-3 型
	车钩型号	13A 型	13 型
	钩尾框	13 型	13 型

续上表

车型代号			D_{23G}	D_{70}
转向架			4D 轴焊接构架式	2E 轴焊接构架式
制动装置	主要配置	制动阀	120 型	120 型
		制动缸	254 mm×254 mm 旋压密封式	356 mm×254 mm
		闸调器	无	ST2-250
		脱轨自动制动阀	无	无
		空重车阀	手动	手动
		手制动机	链式	链式

11.3 落下孔车

11.3.1 发展历程

1956 年，我国从原民主德国进口了一批落下孔车，有 D_{16} 型载重 110 t、D_{17} 型载重 150 t、D_{18} 型载重 180 t、D_{19} 型载重 230 t 等四种共计 18 辆。这批车最大的缺点是落下孔长度太小，仅为 4 600 mm，与其载重量不匹配，造成很多货物无法运输。因此其中有些车已被陆续改制为其他车型或进行了改造。1969 年设计制造了 D_{17} 型载重 150 t 落下孔车，落下孔尺寸为 10 200 mm×2 300 mm，共生产 25 辆。

随着我国冶金、重型机械等行业的发展，轧钢机改造或更新换代越来越多，轧钢机机架、轧辊及下梁等件运输市场逐渐增大。因此，这些装备的运输工具——落下孔车也随之有了较大的发展。2003 年研制了 D_{17A} 型载重 155 t 落下孔车，2007 年对该车转向架进行了改造，采用转 K2 型转向架，定型为 DK_{17A} 型，其最高运行速度达到了 120 km/h。2004 年，在 D_{32} 型凹底平车基础上进行了组合式改造，通过换装承载框架，组合为载重 350 t 落下孔车。

随着大型变压器的发展，陆续研制了载重 290 t 的 D_{26B}、DK_{29} 型落下孔车和载重 360 t 的 DK_{36}、DK_{36A} 型落下孔车；2005 年，为运输 5 m、5.5 m 轧机机架，研制了目前国际上装货尺寸最长的 D_{45} 型载重 450 t 落下孔车，该车是目前我国载重吨位最大的铁路货车。

我国现在在用的落下孔车主要有 D_{17A}、DK_{17A}、DK_{23}、D_{26B}、DK_{29}、D_{32}、DK_{36}、DK_{36A}、D_{45} 型落下孔车。

11.3.2 主要结构特点

落下孔车的结构特征是承载底架中部为一定长度和宽度的落下孔，装载时货物落入孔内，主要由侧承梁组成、大小底架、转向架、车钩缓冲装置、制动装置及液压装置等组成，货物的重量由两根截面高度较大的侧梁承担。运输特性是适用于装运较高的大型货物，如轧钢机机架、大型变压器等。落下孔车自重系数较小、能充分利用铁路限界，适合运输截面尺寸很高的大型货物，但由于两根侧梁占据了一定的限界宽度及落下孔的长度有一定的限制，不适合运输较宽及特别长的货物。

1. D_{17A} 型落下孔车

该车主要由 1 组大底架、2 组小底架、4 组 25 t 轴重转向架、空气制动装置、手制动装置及车钩缓冲装置等组成。

大底架组成为全钢焊接结构，主要由箱型侧梁、枕梁、横梁、球型心盘、滚子式旁承等组成。

小底架组成为全钢焊接结构，主要由中梁、小枕梁、大枕梁、球型下心盘及平面上心盘等部分组成。

全车采用四组通用的 25 t 轴重中交叉转向架。该转向架主要由轮对、侧架、摇枕、基础制动装置、弹性交叉支撑装置等几部分组成，其中基础制动装置按该车需要进行配置。

该车装有一套空气制动装置，采用 120 型控制阀、手动空重车调整装置、203 mm×254 mm 旋压密封式制动缸及 ST2-250 型双向闸瓦间隙调整器，球芯折角塞门、组合式集尘器，采用 FSW 型手制动机，安装在车辆 1 位端。该车采用 C 级钢 13A 上作用车钩及 C 级钢 13A 型钩尾框，MT-2 型缓冲器。

D_{17A} 型落下孔车车辆外形如图 11-32 所示。

图 11-32　D_{17A} 型落下孔车

2. DK_{17A} 型落下孔车

DK_{17A} 型落下孔车是在原 D_{17A} 型落下孔车的基础上，研制开发的产品，主要由 1 组大底架、2 组小底架、4 组转 K6 型转向架、空气制动装置、手制动装置及车钩缓冲装置等部分组成。

大底架组成为全钢焊接结构，主要由箱型侧梁、枕梁、横梁、球型心盘、滚子式旁承等组成。

小底架组成为全钢焊接结构，主要由中梁、小枕梁、大枕梁、球型下心盘及平面上心盘等部分组成。

全车采用 4 组转 K6 型转向架。

该车装有一套空气制动装置，主要由 120 型控制阀、手动空重车调整装置、两个 254 mm×254 mm 旋压密封式制动缸及改进的 ST2-250 型双向闸瓦间隙调整器、不锈钢制动管系、组合式集尘器、球芯折角塞门、编织制动软管总成、尼龙管卡垫、奥—贝球铁衬套、高摩合成闸瓦等组成。该车采用 FSW 型手制动机，安装在车辆 1 位端。

车钩缓冲装置采用 E 级钢 13B 型或 17 型车钩、配套钩尾框、合金钢钩尾销，MT-2 型或 HM-1 型缓冲器，加装含油尼龙防脱钩尾框托板磨耗板及防跳插销。

DK_{17A} 型落下孔车车辆外形如图 11-33 所示。

图 11-33 DK_{17A} 型落下孔车

3. DK_{23} 型落下孔车

DK_{23} 型落下孔车是用于装运电力、冶金、重型机械等行业的大型设备，如轧机机架、变压器等货物的专用车辆。

该车主要由一组承载框架、两根一字心盘梁或两根十字心盘梁、两个小底架、液压旁承装置、四台 3E 轴焊接构架式转向架、制动装置及车钩缓冲装置等组成。为扩大使用范围，装运不同宽度货物，该车采用可调撑杆连接侧承梁和一字形心盘梁或十字心盘梁结构技术，承载框架心盘梁采用一字梁时，适用于运输轧机机架等较窄货物，且符合标准轨距机车车辆限界的要求。承载框架心盘采用十字梁时，使用长臂位，适用于运输变压器等较宽货物；使用短臂位，车辆符合标准轨距机车车辆限界的要求。

承载框架主要由两根侧承梁、两件一字形心盘梁或两件十字形心盘梁和 5 组可调撑杆等组成，侧承梁由腹板和上下盖板组焊成箱型断面结构，两端部焊有用于与心盘梁连接的导框。一字形心盘梁是由腹板和上下盖板焊接成的箱形断面梁，下盖板中央装有球面心盘。十字心盘梁由长臂、短臂组焊而成，长、短臂均为由腹板和上下盖板组焊的箱形断面梁，下盖板中央装有球面心盘，端部与承载框侧承梁导框连接。承载框架主要材料采用 Q460E 低合金高强度结构钢。承载框架与小底架间的旁承采用液压旁承。

小底架为全钢焊接结构，主要材料采用 Q345qE 桥梁用结构钢。

液压旁承装置主要由旁承油缸、手动液压泵及管路组成。旁承油缸安装在承载框架心盘梁两侧，沿车体纵向连通。

该车采用装有双作用常接触弹性旁承的 3E 轴焊接构架式转向架，构架材料采用 Q345qE 低合金结构钢；采用 120 阀空气制动系统、NSW 型手制动机、E 级钢 17 型车钩及 MT-2 型缓冲器。

DK23 型落下孔车车辆外形如图 11-34 所示。

图 11-34　DK23 型落下孔车

4. D32 型落下孔车

350 t 落下孔车是在 D32 型凹底平车基础上，采用组合式长大货物车的方式，将 D32 型凹底平车的凹底架换装为侧承梁、导向梁和调宽装置而组成，既降低了大型车辆的制造成本，缩短了车辆的研制周期，也提高了特种车辆的利用率。该车主要由车体、液压系统、制动装置、车钩缓冲装置、转向架等组成。

D32 型凹底平车换装 350 t 落下孔车后，除侧承梁、导向梁、调宽装置需重新制造外，其余大底架、中底架、小底架、侧移及导向装置、液压旁承装置、空气制动装置、手制动装置、车钩缓冲装置、转向架等采用 D32 型凹底平车原车部件。

侧承梁由上、下盖板、腹板、隔板、连接管等组焊而成。

导向梁主要是由导向梁腹板及侧板、端部上下盖板及腹板、等分撑杆座、导向销套管等组焊而成的 T 形梁。

调宽装置主要由上拉杆、下压杆、端部调整杆、等分撑杆及连接销等组成。各杆均为梯形螺纹，手动操纵调整侧承梁宽度，落下孔调宽幅度为 2 300～3 400 mm。

载重 350 t 落下孔车车辆外形如图 11-35 所示。

图 11-35　载重 350 t 落下孔车

5. DK36 型落下孔车

DK36 型落下孔车是主要用于装运变压器、轧机机架等阔大货物的专用车辆。

该车主要由一组承载框架、两个中底架、两个端部小底架、两个中部小底架、旁承装置、侧移装置、导向装置、称重装置、液压系统、电气系统、操作室、八台 3E 轴焊接构架式转向架、制动装置及车钩缓冲装置等组成，采用可调撑杆连接侧承梁和空、重车两种心盘梁导向梁结构，通过换装心盘梁导向梁和调整撑杆长度可实现承载框架在空、重车状态下不同的宽度。

承载框架主要由两根侧承梁，两件空、重车心盘梁导向梁和 9 组可调撑杆等组成，侧承梁由腹板和上下盖板组焊成箱型断面结构，两端部焊有用于与心盘梁导向梁连接的导框，空、重车心盘梁导向梁均为由腹板和上下盖板组焊的箱形断面梁，下盖板中央装有球面心盘，端部与承载框侧承梁导框连接，承载框架主要材料采用 HG70E 高强度结构钢。承载框架与中底架间的旁承采用液压旁承。

中底架、小底架为全钢焊接结构，中底架主要材料采用 Q460E 低合金高强度结构钢，小底架主要材料采用 Q345qE 桥梁用结构钢。中底架与小底架间的旁承采用液压旁承。

两套液压旁承装置主要由十二个旁承油缸、旁承块及其管路组成。旁承油缸安装在心盘梁导向梁的心盘梁、中底架端横梁两侧，沿车体纵向同侧两个油缸连通。

为扩大运输超限货物能力，减少通过曲线时的偏移量，该车设有侧移、导向装置，并通过优化转向架轴距及其邻轴距，提高了过桥限速及运输效率。为防止货物超重和偏载，该车设有称重装置。

侧移装置主要由移动心盘、滚子排等组成。该装置当使用外导向时，可左、右横向强迫移位 500 mm，也可根据曲线半径选用中导向或内导向自由移位 500 mm。

导向装置主要由导向销、导向销座及支架等组成。通过调整导向销的位置，车辆处于不同的导向工况，以减少车辆通过曲线时的偏移量。

液压系统主要由液压泵、电机、油箱、液压操作台、油缸、液压阀、管路等组成。

电气装置主要由柴油发电机、电气控制台和电气元件组成。

该车采用装有双作用常接触弹性旁承的 3E 轴焊接构架式转向架，构架材料采用 Q345qE 桥梁用结构钢；采用 120 阀空气制动系统、NSW 型手制动机、E 级钢 17 型车钩及 MT-2 型缓冲器。

DK_{36} 型落下孔车车辆外形如图 11-36 所示。

图 11-36　DK_{36} 型落下孔车

6. DK_{36A} 型落下孔车

DK_{36A} 型落下孔车是在 D_{32} 型载重 350 t 落下孔车成熟结构及运用经验的基础上，通过采用 3 轴转向架和双作用常接触旁承等措施完成的新型落下孔车。

该车主要由侧承梁、导向梁、大底架、小底架、调宽装置、侧移及导向装置、旁承装置、转向架、车钩缓冲装置、风手制动装置及液压装置等部分组成。其中，侧承梁、导向梁、大底架、小底架等的主要钢结构采用屈服强度为 685 MPa 的高强度钢材。转向架构架采用 Q345E 低合金结构钢。

侧承梁为焊接结构，主要由上、下盖板、腹板、隔板、连接管等组焊而成。

导向梁为焊接结构，主要是由上、下盖板及侧板、导向销套管等组焊而成。

大底架为焊接结构，主要由侧梁、小枕梁、大枕梁、大横梁、辅助梁、导向销座及上下封板组焊而成。侧梁、大枕梁、小枕梁均为变截面的箱型结构；大横梁、辅助梁由上、下盖板、腹板组焊成工字形结构。

小底架为焊接结构，主要由侧梁、小枕梁及大枕梁组焊而成。侧梁、大、小枕梁均为箱型组焊结构。

调宽装置主要由上拉杆、下压杆、拉压杆及连结销等组成。

全车采用 8 组 3 轴焊接构架式转向架，主要由构架、减振装置、轴箱弹簧装置、基础制动装置、轮对装置等组成。其中，端部的两组转向架装有车钩缓冲装置。

构架采用整体焊接结构，主要由枕梁和侧梁组焊而成；采用两级刚度弹簧；在 1、3 位轮对处设置斜楔减振系统，斜楔主、副摩擦面采用高分子复合材料磨耗板；采用加强型 E 型车轴、F 型轴承、HESA 型辗钢车轮，车轴轴承座部采用与 F 型滚动轴承配套结构；采用轴箱导框定位方式，轴箱与轴承之间加装承载鞍；中间轮对采用减薄轮缘车轮；下心盘内装用含油尼龙心盘磨耗盘；基础制动装置采用奥—贝球铁衬套、组合式制动梁。

全车采用 4 套空气制动装置，每套空气制动装置控制 2 组转向架。每套制动装置主要由 1 个 120 型控制阀、2 个直径为 203 mm 的整体旋压密封式制动缸等组成，采用改进的 ST2-250 型双向闸瓦间隙自动调整器、球芯折角塞门、组合式集尘器、编织制动软管总成、法兰接头、奥—贝球铁衬套及配套圆销等。车辆在两端各安装 1 套 NSW 型手制动机。

车钩缓冲装置安装在端部转向架上，采用 E 级 13B 型车钩、13B 型锻造钩尾框、防跳插销及非金属钩尾框托板磨耗板、钩尾销，采用 MT-2 型缓冲器。

该车主要设备为液压系统，由液压泵站、旁承油缸、导向油缸、侧移油缸及管路等组成，液压系统的工作压力为 31.5 MPa，采用手动比例控制方式。

DK_{36A} 型落下孔车车辆外形如图 11-37 所示。

7. D_{45} 型落下孔车

D_{45} 型落下孔车载重 450 t，是目前国内载重量最大的长大货物车。落下孔尺寸长

图 11-37 DK36A 型落下孔车

度为 16.1 m、最大宽度为 2.35 m，是国内外铁路落下孔长度尺寸最大车辆，主要用于装运电力、冶金、化工、重型机械等行业的超限、超重货物的专用落下孔式长大货物车，如运输 5 m、5.5 m 轧钢机机架设备等。

该车主要由侧承梁、导向梁、大底架、中底架、小底架、14 组二轴转向架、侧移及导向装置、液压旁承装置、调宽装置、空气制动装置、手制动装置、车钩缓冲装置等部分组成。

侧承梁由上、下盖板、腹板、隔板等组焊成变断面箱形梁。

导向梁主要是由导向梁腹板及侧板，端部上、下盖板及腹板等分撑杆座，导向销套管等组焊而成的 T 形梁。

大底架为全封闭不对称组焊结构，主要由侧梁、小枕梁、大枕梁、大横梁、辅助梁、导向销座及上下封板组焊而成。侧梁、大枕梁、小枕梁均为箱型组焊结构，大横梁由上、下盖板，腹板组焊成工字形结构，辅助梁为工字形组焊结构。

该车中底架包括端部中底架和中部中底架。

端部中底架主要由中梁、小枕梁及大枕梁组焊而成；中梁由上、下盖板，2 块纵向腹板及隔板组焊成变断面箱形结构。大、小枕梁均由上、下盖板，腹板组焊为变断面箱型结构。

中部中底架主要由侧梁、小枕梁及大枕梁组焊而成；侧梁由上、下盖板，腹板及隔板组焊成变断面箱形结构。大、小枕梁均由上、下盖板，腹板及若干隔板组焊成箱型组焊结构。

该车小底架包括端部小底架和中部小底架。

中部小底架主要由中梁、小枕梁及大枕梁组焊而成。中梁由上、下盖板，纵向腹板及隔板组焊成变断面箱形结构，大、小枕梁均由上、下盖板组焊为变断面箱型结构。

端部小底架主要由牵引梁、中梁、小枕梁及大枕梁组焊而成。其中牵引梁部位由上、下盖板，腹板组焊成箱形结构，其余与中部小底架相同。

调宽装置主要由上拉杆、下压杆、端部调整杆、等分撑杆及连结销等组成。各杆均为梯形螺纹，手动操纵无级调整落下孔宽度。

全车采用 14 组焊接构架式二轴转向架，主要由构架组成、直顶式减振器、轴箱弹簧装置、基础制动装置、轮对组成等组成。构架采用整体焊接结构，主要由枕梁和侧梁组焊而成。全车采用 50 钢车轴，车轴中部采用 E 型轴轴身，轴承座部采用与 F 型滚动轴承配套结构，车轮为 E 型轮，轮径为 ϕ800 mm。轴承为 F 型 6½英寸×12 英寸滚动轴承，下心盘上加装含油尼龙心盘磨耗盘，基础制动采用滑槽式弓形制动梁及新型高摩闸瓦。

全车采用 2 套空气制动装置，每套空气制动装置控制车辆一端的转向架群；采用制动主管压力满足 500 kPa 和 600 kPa 的制动装置，主要由 120 型控制阀、直径为 203 mm 的整体旋压密封式制动缸、ST2-250 型双向闸瓦间隙自动调整器等组成；采用球芯折角塞门、组合式集尘器、编织制动软管总成、法兰接头、奥—贝球铁衬套及配套圆销等；采用 2 套 FSW 型手制动装置，分别安装在车辆两端。

车钩缓冲装置采用 13A 型小间隙车钩及与之配套的钩尾框，合金钢钩尾销，MT-2 型缓冲器。

液压系统是由定量泵与液压油缸组成的开式液压系统，采用手动操纵、节流调速的操纵方式。压力油主要由电动泵站提供，经由操纵阀和连接管路，分别进入到心盘油缸或旁承油缸推动活塞运动，达到起升车体高度和调整车体状态作用。同时，该车配有 2 台手动油泵，作为辅助动力。为了在行车途中临时向旁承油缸补压和补油，设置了两台手动油泵，通过连接管路可调整旁承油缸的压力和行程。

D_{45} 型落下孔车车辆外形如图 11-38 所示，车辆二维图如图 11-39 所示。

图 11-38　D_{45} 型落下孔车

8. D_{26B} 型落下孔车

D_{26B} 型落下孔车是用于装运电力、冶金、重型机械等行业超限、超重货物，如大型变压器、轧钢机架等货物的专用车辆。

该车主要由 1 组承载框架、2 个中底架、4 个小底架、液压旁承装置、8 台 2E 轴焊接构架式转向架、制动装置及车钩缓冲装置等组成。在国内首次采用可调撑杆连接侧承梁和十字形心盘梁框架结构技术。承载框架十字梁使用长臂位，适用于运输变压器等较宽货物；使用短臂位，车辆符合标准轨距机车车辆限界的要求。

承载框架主要由 2 根侧承梁、2 件十字形心盘梁和 7 组可调撑杆等组成，侧承梁由腹板和上下盖板组焊成箱型断面结构，两端部焊有用于与十字形心盘梁连接的导框。十字形心盘梁由长臂、短臂组焊而成，长、短臂均为由腹板和上下盖板组焊的箱形断面梁，下盖板中央装有球面心盘，端部与承载框侧承梁导框连接。承载框架主要材料采用 WH70 高强度结构钢。承载框架与中底架间的旁承采用液压旁承装置。

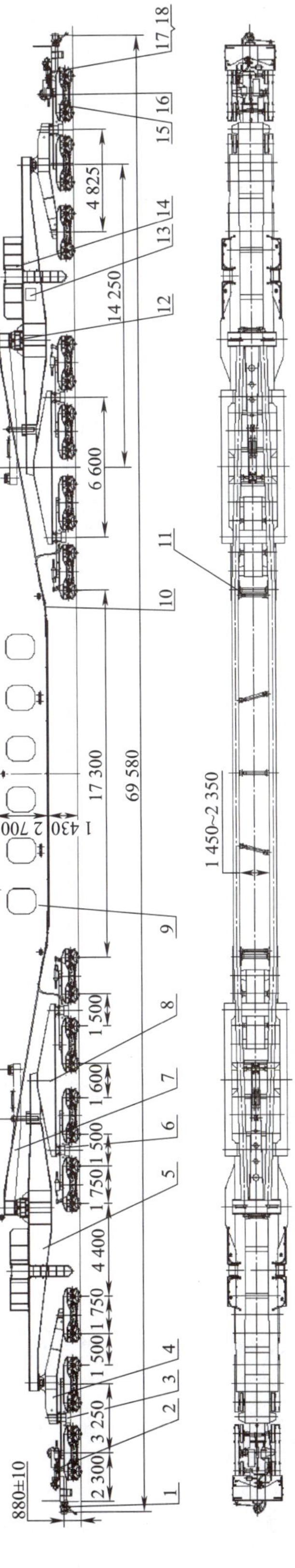

图 11-39 D45型落下孔车二维图

1—车钩缓冲装置; 2—二轴转向架; 3—端部小底架组成; 4—端部中底架组成; 5—大底架组成; 6—中部小底架组成; 7—导向梁组成; 8—中部中底架组成; 9—侧承梁组成; 10—制动主管组装; 11—调宽装置; 12—液压装置; 13—标记; 14—栏杆组装; 15—二轴转向架; 16—手制动装置; 17—风制动装置; 18—底架附属件

中底架、小底架为全钢焊接结构，中底架主要材料采用 Q460E 低合金高强度结构钢，小底架主要材料采用 Q345qE 桥梁用结构钢。

液压旁承装置主要由 4 个旁承油缸及管路组成。旁承油缸安装在十字形心盘梁长、短臂两侧，每侧 2 个油缸连通。

全车采用 2E 轴焊接构架式转向架，构架材料采用 Q345qE 低合金结构钢。

全车采用 120 阀空气制动系统、链式手制动机、C 级钢 13 型上作用式车钩、ST 型缓冲器。

D_{26B} 型落下孔车车辆外形如图 11-40 所示。

图 11-40　D_{26B} 型落下孔车

9. DK_{29} 型落下孔车

DK_{29} 型落下孔车是用于装运电力、冶金、重型机械等行业超限、超重货物，如大型变压器、轧钢机架等货物的专用车辆。

该车主要由 1 组承载框架、2 个中底架、4 个小底架、液压旁承装置、8 台 2E 轴焊接构架式转向架、制动装置及车钩缓冲装置等组成，采用可调撑杆连接侧承梁和十字形心盘梁框架结构技术。承载框架十字梁使用长臂位，适用于运输变压器等较宽货物；使用短臂位，车辆符合标准轨距机车车辆限界的要求。

承载框架主要由 2 根侧承梁、2 件十字形心盘梁和 7 组可调撑杆等组成，侧承梁由腹板和上下盖板组焊成箱型断面结构，两端部焊有用于与十字形心盘梁连接的导框；十字形心盘梁由长臂、短臂组焊而成，长、短臂均为由腹板和上、下盖板组焊的箱形断面梁，下盖板中央装有球面心盘，端部与承载框侧承梁导框连接。承载框架主要材料采用 WH_{70E} 高强度结构钢。承载框架与中底架间的旁承采用液压旁承装置。

中底架、小底架为全钢焊接结构，中底架主要材料采用 Q460E 低合金高强度结构钢，小底架主要材料采用 Q345qE 桥梁用结构钢。

液压旁承装置主要由 4 个旁承油缸及管路组成。旁承油缸安装在十字形心盘梁长、短臂两侧，每侧 2 个油缸连通。

全车采用装有 BD 型弹性旁承的 2E 轴焊接构架式转向架，构架材料采用 Q345qE 低合金结构钢。

全车采用 120 阀空气制动系统、NSW 型手制动机、E 级钢 17 型车钩及 MT-2 型缓冲器。

DK29 型落下孔车车辆外形如图 11-40 所示。

图 11-41 DK29 型落下孔车

11.3.3 技术参数及配置

落下孔车的主要技术参数及配置见表 11-3。

表 11-3 落下孔车技术参数及配置

车型代号		D17A	DK17A	D32	DK36A	D45
项目		参数及说明				
用途		落下孔车				
轨距(mm)		1 435	1 435	1 435	1 435	1 435
轴重(t)		25	25	21.88	22.58	23.29
每延米载重(t/m)		7.18	7.19	8.82	9.51	9.37
车钩中心线距轨面高度(空车)(mm)		880	880	880	880	880
通过最小曲线半径(m)		145	145	180	145	180
商业运行速度(km/h)		100	120	80/50	100/60	100/50
重量参数	载重(t)	155	155	350	360	450
	自重(t)	44.5	45	175	182	202
	自重系数	0.29	0.29	0.5	0.51	0.45
车辆尺寸	车辆长度(mm)	27 780	27 780	59 560	56 980	69 580
	最大宽度(空车)(mm)	2 950	2 950	3 000	3 000	3 000
	车辆定距(mm)	18 800	18 800	34 500	34 000	40 900
落下孔尺寸	长度(mm)	12 500	12 500	14 000	13 000	16 100
	宽度(mm)	2 350	2 350	2 300～3 400	2 460～3 550	1 450～2 350
	承载面距轨面高(空车)(mm)	2 000	2 000	3 790	3 760	4 110
钩缓装置	缓冲器型号	MT-2 型	MT-2 或 HM-1 型	MT-3 型	MT-2 型	MT-2 型
	车钩型号	13 型	13B 或 17 型	13 型	13B 或 17 型	13 型
	钩尾框	13 型	13 或 17 型	13 型	13B 或 17 型	13 型

续上表

车型代号			D_{17A}	DK_{17A}	D_{32}	DK_{36A}	D_{45}
转向架			转 K6 型	转 K6 型	2 轴焊接构架式	3E 轴焊接构架式	2 轴焊接构架式
制动装置	主要配置	制动阀	120 型	120 型	120 型	120 型	120 型
		制动缸	203 mm×254 mm	254 mm×254 mm	203 mm×254 mm	203 mm×254 mm	203 mm×254 mm
		闸调器	ST2-250 型	ST2-250 型	ST2-250 型	ST2-250 型	ST2-250 型
		脱轨自动制动阀	无	无	无	无	无
		空重车阀	手动	手动	无	手动	无
		手制动机	FSW 型	NSW 型	FSW 型	NSW 型	FSW 型

车型代号			D_{26B}	DK_{29}	DK_{23}		DK_{36}
项　目			参数及说明				
用　途			落下孔车	落下孔车	落下孔车 一字形心盘梁	落下孔车 十字形心盘梁	落下孔车
轨距(mm)			1 435	1 435	1 435		1 435
轴重(t)			25	25	25		23.3
每延米载重(t/m)			9.66	9.35	8.5		9.18
换长			3.6	3.9	3.2		5.6
车钩中心线距轨面高度(空车)(mm)			880	880	880		880
通过最小曲线半径(m)			145	145	145		150
商业运行速度(km/h)			90/50	100/50	120/50		100/50
重量参数	载重(t)		290	290	230	227	360
	自重(t)		110	110	70	73	200
	自重系数		0.37	0.37	0.3	0.32	0.55
车辆尺寸	车辆长度(mm)		40 096	42 796	35 290		61 910
	最大宽度(mm)	空车	2 900	2 700	2 880		3 000
		重车	4 100	4 100	2 880	4 000	4 000
	最大高度(空车)(mm)		3 400	3 400	3 060		4 340
	承载框架心盘距(外导向距)(mm)		23 900	26 600	23 440		36 000
承载框架尺寸	落下孔长(mm)		10 800	13 200	13 500		13 200
	落下孔宽(mm)	空车	2 440	2 240	2 200～2 360		2 420
		重车	3 140～3 640	3 140～3 640	2 200～2 360	2 500～3 480	3 000～3 540
	承载面距轨面高(空车)(mm)		3 400	3 400	3 060		3 720
钩缓装置	缓冲器型号		ST 型	MT-2 型	MT-2 型		MT-2 型
	车钩型号		13 型	17 型	17 型		17 型
	钩尾框		13 型	17 型锻造	17 型锻造		17 型锻造

续上表

车型代号			D_{26B}	DK_{29}	DK_{23}	DK_{36}
转向架			2E 轴焊接构架式	2E 轴焊接构架式	3E 轴焊接构架式	3E 轴焊接构架式
制动装置	主要配置	制动阀	120 型	120 型	120 型	120 型
		制动缸	356 mm×254 mm 旋压密封式	305 mm×254 mm 旋压密封式	203 mm×254 mm 旋压密封式	203 mm×254 mm 旋压密封式
		闸调器	无	ST2-250 型	ST2-250 型	ST2-250 型
		脱轨自动制动阀	无	无	无	无
		空重车阀	手动	手动	手动	手动
		手制动机	链式	NSW 型	NSW 型	NSW 型

11.4 钳 夹 车

11.4.1 发展历程

1959 年我国设计制造了第一台 D_{20} 型载重 280 t 钳夹车，钳夹宽度(两车耳中心距)2 600 mm，钳夹高度 1 912 mm。1975～1978 年间，我国设计制造了 D_{35} 型 32 轴载重 350 t 及 D_{35} 型 24 轴载重 280 t 钳夹车各 1 辆。

针对国内钳夹车仍存在着自重大、载重小、数量少、运行速度低、过桥需限制、满足不了大件运输的需要的问题，1995 年设计制造了 D_{30A} 型载重 300 t 的钳夹车，该车系针对 D_{20} 型载重 280 t 钳夹车自重大及重车运行速度低的主要问题进行改型设计的。1996 年齐厂与四方所、铁科院合作研制了 D_{38} 型钳夹车，它借鉴了德国 500 t 钳夹车的先进技术，采用了高强度钢材，具有内、中、外三种导向，液压侧移，压柱油缸可提升、下降货物，纵向连通的液压旁承，车耳镶球套，半球形心盘及自润滑聚四氟乙烯心盘衬垫等新技术，钳夹宽度和高度均可调整。该车还配有 4 组高钳形梁，用以运输国产 600 MW 发电机定子。

针对国内发电机定子的发展，2007 年研制了 DQ_{35} 型钳夹车，该车结构更加紧凑，适合 600 MW 发电机定子的专用运输，运输效率高，车辆使用周转快。2009 年，为整体运输哈尔滨电机厂研制的 1 000 MW 发电机定子，研制开发了 DQ_{45} 型载重 450 t 钳夹车。

目前，我国在用的钳夹车主要有 D_{38}、DQ_{35}、DQ_{45} 型钳夹车三种，每种车型 1 辆，共计 3 辆。其他车辆随着使用年限及性能的落后已经报废。

11.4.2 主要结构特点

钳夹车具有独特的超限运输能力。结构特性是用钳形梁将整车分为两个相同对称的半节车部分，货物被夹持和悬挂在两个钳形梁之间，使货物与钳形梁成为一个整体，货物成为整个车辆的一部分；运输特性是空车运行时，两个对称的半节车由辅助装置将它们连在一起，称为短连挂，适合于装运短、粗、重等自承式货物，如发电机定子、变压器等。该种类型的车辆主要由钳形梁组成、大小底架组成、导向梁组成、转向架、车钩缓冲装置、制动装置、液压电气装置及操纵室等组成。

钳夹车能最有效地利用铁路限界空间，它不仅能运输有自承载能力的货物，而且通过附加的装备也可运输那些没有自承载能力的货物。它可装有多导向、侧移机构，以解决车辆在宽度方向的极度超限。大多数钳夹车设有液压起升、下降机构，且钳夹车结构无承货的地板面，使装载货物最大限度地利用限界高度。除了不适合运输特别长的货物外，钳夹车是运输能力最强的铁路运输工具。

1. D_{38} 型钳夹车

D_{38} 型钳夹车主要由车体、转向架、操纵室等部分组成，同时设有液压系统、电气系统等主要设备。

大底架组成主要由两根侧梁、小枕梁、辅助梁、横挡梁及 3 根大横梁、1 根大枕梁、一个导向销座支持梁及上下封板组焊而成。侧梁为工字形变断面的鱼腹梁。大、小枕梁均为箱型组焊结构；大横梁、辅助梁为工字型组焊结构；横挡梁为槽型组焊结构；导向销座支持梁系由箱型组焊结构梁及内、外销套组成。

小底架组成主要由两根侧梁、小枕梁及一根大枕梁组焊而成。侧梁为变断面的工字形组焊结构，大小枕梁均为箱形组焊结构。

钳形梁组成主要由变断面的箱形组焊结构梁、车耳、压柱等部分组成。压柱为液压油缸。油缸底座与钳形梁用螺栓连接，它在钳形梁上有四个位置供运货时选用，即油缸底座中心(压柱油缸中心)距耳孔中心可选 2 300 mm、2 400 mm、2 500 mm、2 600 mm。

导向梁组成主要是由上下盖板及侧板、导向销套等组焊而成的 T 形梁。

调宽装置主要由上拉杆、下压杆、等分撑杆及连结销组成。各杆均为梯形螺纹，手动操纵调整钳夹宽度，幅度为 2 000 mm～3 100 mm。

每半节车有一个操纵室，设在大底架的上方。室内除装有电气总控制台外，还设有座椅、软卧下铺和工具箱、灭火箱、空调、照明装置等。操纵室外端设有探照灯。该车还配有便携式无线对讲机，作为操纵时的通信联络用。

全车采用 8 组四轴转向架，其中 1、8 位转向架位于端部，组装有 13 型车钩缓冲装置和风、手制动装置，其余 6 组仅有风制动装置。构架为包板式焊接构架，轴承采用 197730B 滚动轴承，车轴采用 50 钢车轴，弹簧为板弹簧及附加螺旋弹簧。

空气制动装置主要由 120 型控制阀、手动空重车调整装置、254 mm×254 mm 旋压密封式制动缸、高摩合成闸瓦、球芯折角塞门、组合式集尘器等组成。该车采用蜗轮、蜗杆式手制动机，可在地面上操作，手轮直径为 400 mm。

该车每半节车具有一套独立的液压系统。整车在短连挂或长连挂时，两套液压系统仅旁承油路连通，其余部分均独立工作。

每套液压系统分别由动力装置、压柱油路系统、旁承油路系统、导向油路系统、支撑油路系统、侧移油路系统、调位系统及液压控制台、油箱等组成。系统压力分两级，压柱油路系统及旁承油路系统(称重时)，工作压力为 35 MPa，其余油路系统工作压力为 20 MPa。系统压力通过总溢流阀调定。

每半节车具有一套独立的电气系统，全车两套电气系统完全对称。每套电气系统由电源、柴油机控制及电动机控制装置、电磁阀组控制装置、照明及温度调节装置等组成。

D_{38} 型钳夹车车辆外形如图 11-42 所示。

图 11-42　D_{38} 型钳夹车

2. DQ_{35} 型钳夹车

DQ_{35} 型钳夹车主要由车体、转向架、车钩缓冲装置、风手制动装置及操纵室等部分组成，同时设有液压系统、电气系统等主要设备。

车体主要由钳形梁、导向梁、大底架、小底架、调宽装置、空车短连挂装置等组成。车体主要承载部件采用屈服强度为 685 MPa 的国产高强度可焊结构钢。

全车共有 4 组钳形梁，钳形梁主要由变断面的箱型组焊结构梁、车耳、压柱等部分组成。车耳厚度 150 mm，外圆半径 400 mm。

全车共有 2 组导向梁，导向梁主要由上、下盖板及侧板、导向销套等组焊而成的 T 形梁。

全车共有 2 组大底架，大底架由侧梁、小枕梁、大枕梁、大横梁及上下封板组焊而成。

全车共有 4 组小底架，小底架主要由侧梁、小枕梁及大枕梁组焊而成。侧梁、大枕梁、小枕梁均为箱型组焊结构。2、3 位小底架端部设有钳形梁支撑座。

该车转向架分为带车钩和不带车钩两种结构形式，主要由构架、弹簧传动装置、基础制动装置、下心盘和旁承等部分组成。

全车采用 4 套空气制动装置，每套空气制动装置控制车辆 2 组转向架。制动装置满足制动主管压力 500 kPa 和 600 kPa 的要求。每套制动装置主要由 1 个 120 型控制阀、2 个直径为 203 mm 的整体旋压密封式制动缸、2 组闸调器等组成，采用球芯折角塞门、组合式集尘器、编织制动软管总成、法兰接头、奥—贝球铁衬套及配套圆销等。全车采用 2 套 NSW 型手制动装置，分别安装在车辆两端。

车钩缓冲装置采用 E 级钢材质的 13A 型下作用车钩，配套使用 E 级钢材质钩尾框，合金钢钩尾销，MT-2 型缓冲器。

车辆两端大底架上各安装有 1 个操纵室。室内设有控制台、边座、转椅、1 个下铺、灭火器、空调、电暖气、照明装置等。

该车设有 2 套液压系统，整车在短连挂或长连挂时，两套液压系统仅液压旁承油路纵向连通，其余部分均独立工作。每套液压系统分为压柱油缸油路系统、调位油缸油路系统、旁承油缸油路系统、支撑油缸油路系统、侧移油缸油路系统及导向油缸油路系统，主要由管系、油缸、液压泵站三大部分组成，系统的额定工作压力为 31.5 MPa。系统采用手动比例、电比例(操纵室内操作)及遥控比例三种控制方式，其中电比例(操纵室内操作)及遥控比例两种操作方式可相互转换并互锁。

电气系统由两套完全相同的电气系统组成，即每半节车设有一套独立的电气系统。每套独立的电气系统均采用本机电源(柴油发电机组)与备用电源(车载电源或其他电源)相结合的形式供电，电源制式为三相四线制(3AC 380 V)。其主要作用是为整机用电设备提供工作电源，对整机的各种运用工况进行控制、监视和保护，以保证整机能够安全、可靠地工作。每套电气系统由电源系统、液压泵站动力控制与保护装置、电液比例控制及车辆状态监控系统、摄像监控系统、照明与操纵室供电系统、通信装置等部分组成。

DQ_{35} 型钳夹车车辆外形如图 11-43 所示。

图 11-43　DQ_{35} 型钳夹车

3. DQ_{45} 型钳夹车

DQ_{45} 型钳夹车主要由车体、转向架、车钩缓冲装置、风手制动装置及操纵室等部分组成，同时设有液压系统、电气系统等主要设备。

钳形梁采用钢板焊接结构，主要由变断面箱形结构梁及车耳等部分组成。

导向梁采用钢板焊接结构，主要是由上下盖板及侧板、导向销套管等组焊成 T 形梁。

大底架采用钢板焊接结构，主要由侧梁、枕梁、横梁及上下封板组焊而成。侧梁由上盖板、下盖板及腹板组焊成变断面箱形结构；枕梁由上盖板、下盖板及腹板组焊成箱型结构；横梁由上、下盖板、腹板组焊成工字形结构。

小底架采用钢板焊接结构，主要由侧梁、枕梁组焊而成。侧梁由上盖板、下盖板、腹板及隔板组焊成变断面箱型结构;枕梁由上盖板、下盖板、腹板及隔板组焊成变断面箱型结构。

全车采用 4 组三轴和 4 组四轴焊接构架式转向架,主要由构架、减振装置、轴箱弹簧装置、基础制动装置、轮对等组成。其中,端部的两组转向架装有车钩缓冲装置。

构架采用整体焊接结构,主要由心盘梁、横梁和侧梁组焊而成;采用两级刚度弹簧;采用加强型 E 型车轴、K 型轴承、HESA 型车轮,车轴轴承座部分采用与 K 型滚动轴承配套结构;采用轴箱导框定位方式,中间轮对采用减薄轮缘车轮;下心盘内装用含油尼龙心盘磨耗盘。

全车采用 4 套空气制动装置,每套空气制动装置控制 2 组转向架,主要由 120 型空气控制阀、203 mm×254 mm 整体旋压密封式制动缸、改进的 ST2-250 型闸调器、不锈钢嵌入式储风缸等组成。全车采用不锈钢球芯折角塞门、组合式集尘器、法兰接头、不锈钢制动管系及配件,采用编织制动软管总成、尼龙管卡垫、奥—贝球铁衬套、高摩闸瓦。该车无空重车调整装置。车辆两端各安装 1 套 NSW 型手制动机。

车钩缓冲装置由 E 级钢 17 型车钩、17 型锻造钩尾框、合金钢钩尾销、MT-2 型缓冲器组成。

该车设有 2 个操纵室。操纵室内装有电气总控制台、座椅、卧铺、工具箱、灭火器、空调及照明装置等。

该车设有 2 套液压系统。整车在短连挂或长连挂时,两套液压系统仅液压旁承油路纵向连通,其余部分均独立工作。系统的额定工作压力为 35 MPa,采用手动比例(泵站内操作)、电比例(操纵室内操作)两种控制方式。

该车电气系统由两套完全对称的电气系统组成,即每半节车设有一套独立的电气系统。每套独立的电气系统均采用本机电源(柴油发电机组)与备用电源(车载电源或其他电源)相结合的形式供电,电源制式为三相四线制(3AC 380 V)。其主要作用是为整机用电设备提供工作电源,对整机的各种运用工况进行控制、监视和保护,以保证整机能够安全、可靠地工作。每套电气装置由电源系统、液压泵站动力控制与保护装置、电液比例控制及车辆状态监控系统、摄像监控系统、照明与操纵室供电系统、通信装置等部分组成。

DQ_{45} 型钳夹车车辆外形如图 11-44 所示,车辆二维图如图 11-45 所示。

图 11-44 DQ_{45} 型钳夹车

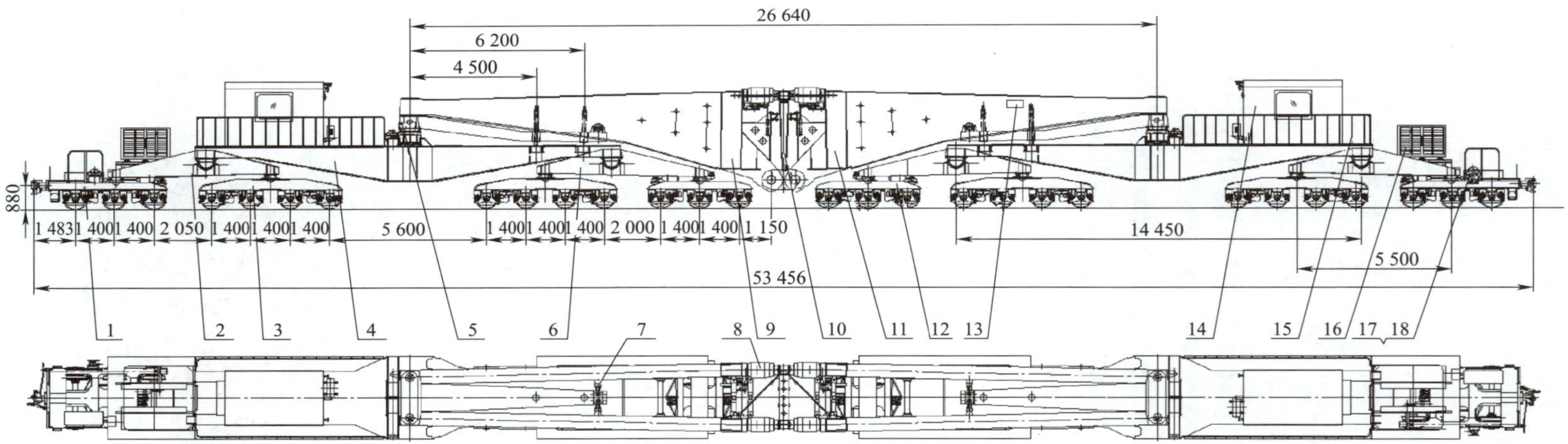

图 11-45 DQ45型钳夹车二维图

1—3E轴转向架; 2—1、4位小底架组成; 3—四轴转向架; 4—大底架组成; 5—导向梁组成; 6—2、3位小底架组成; 7—调宽装置; 8—液压装置; 9—2、3位钳形梁组成; 10—空车连接装置; 11—1、4位钳形梁组成; 12—3E轴转向架; 13—标记; 14—操纵室组成; 15—走板及栏杆组装; 16—电气装置; 17—风手制动装置; 18—底架附属件

11.4.3 技术参数及配置

钳夹车的主要技术参数及配置见表 11-4。

表 11-4 钳夹车技术参数及配置

车型代号			D_{38}	DQ_{35}	DQ_{45}
项　　目			参数及说明		
用　　途			钳夹车	钳夹车	钳夹车
轨距(mm)			1 435	1 435	1 435
轴重(t)			18.97	22.17	23.39
每延米载重(t/m)			9.36	9.38	10.05
车钩中心线距轨面高度(空车)(mm)			880	880	880
通过最小曲线半径(m)			150	145	145
商业运行速度(km/h)			90/50	100/60	100/60
重量参数	载重(t)		380	350	450
	自重(t)		227	182	205
	自重系数		0.6	0.4	0.46
车辆尺寸	车辆长度(空车)(mm)		52 718	45 520	53 456
	最大宽度(mm)		3 000	3 000	3 000
	车辆定距(空车)(mm)		26 150	22 890	26 640
承载面尺寸	钳夹高度(mm)		3 295	3 295	3 150
	钳夹宽度(mm)		2 032	2 032	2 000
	车耳销距轨面高(空车)(mm)		1 280	850	1 000
钩缓装置	缓冲器型号		MT-2 型	MT-2 型	MT-2 型
	车钩型号		13 型	13 型	17 型
	钩尾框		13 型	13 型	17 型
转向架			4 轴包板式	3 轴焊接构架式	3、4 轴焊接构架式
制动装置	主要配置	制动阀	120 型	120 型	120 型
		制动缸	254 mm×254 mm	203 mm×254 mm	203 mm×254 mm
		闸调器	无	ST2-250 型	ST2-250 型
		脱轨自动制动阀	无	无	无
		空重车阀	手动	手动	无
		手制动机	蜗轮蜗杆式	NSW 型	NSW 型

11.5 双 联 平 车

11.5.1 发展历程

为解决进口大型化肥设备中氨合成塔和尿素合成塔及其他重型设备的运输问题,1974 年设计制造了 2 辆 D_{30} 型载重 370 t 的双联平车。全车由两组完全相同的凹形平车组成一体,鞍座和卡带的圆弧半径根据所运货物的实际尺寸来确定。鞍座可以在空车时将其旋转

90°,沿车辆纵向中心安放并固定,以免空车回送超限。该车在当时的桥梁活载标准条件下,只能装运 325 t 以 2 km/h 的速度通过最不利铁路桥梁,从而限制了其使用范围。

1999 年,对其进行了结构优化,降低车辆自重,提高了该车的过桥速度,满载时可以 15 km/h 的速度通过最不利桥梁,车辆定型为 D_{30G}。2005 年,对该车 5E 轴转向架的滑动轴承装置、车钩缓冲装置和风制动装置等进行改造,改造后车辆的性能参数及主要尺寸不变。到目前为止,我国仅有 D_{30G} 型双联平车 1 辆。

11.5.2 主要结构特点

双联平车无承载底架,结构特征是由结构相同两个平车单元组成,由两个安装于两转向架群中央心盘上的可回转鞍座支承货物,货物跨装于这两辆车的底架上,为了使货物免受过大纵向冲击力的作用,在两节车之间有缓冲装置。这种车的主要运输特性是自重系数小、货物支承点可根据货物长度进行调节,适合运输细长、较重、有自承载能力的圆筒形货物,如加氢反应器、催化裂化炉等。

D_{30G} 型双联平车主要由底架、转动鞍座、牵引装置、五轴包板式转向架、空气制动装置、手制动装置和车钩缓冲装置等部分组成。

底架为全钢焊接结构,由两根侧梁、一根大枕梁、两根小枕梁、四根横梁及上、下心盘、旁承等部分组成。

转动鞍座为全钢焊接结构,材质为 Q345B 低合金结构钢,主要由上、下盖板、腹板、卡带及上心盘、旁承等部分组成。

牵引装置主要由双头螺纹管、拉杆头、连接销、牵引座等部分组成。

转向架为包板式焊接构架转向架,采用 RE2A 型车轴、E 型滚动轴承装置,弹簧为板弹簧。

空气制动装置采用 120 阀空气控制阀、254 mm×254 mm 密封制动缸、高磷闸瓦、手动空重车调整装置等。

手制动装置采用蜗轮、蜗杆式手制动机,手轮直径为 ϕ400 mm。

车钩缓冲装置采用 13A 型上作用车钩、钩尾框及 MT-2 型缓冲器。

D_{30G} 型双联平车车辆外形如图 11-46 所示,车辆二维图如图 11-47 所示。

图 11-46　D_{30G} 型双联平车

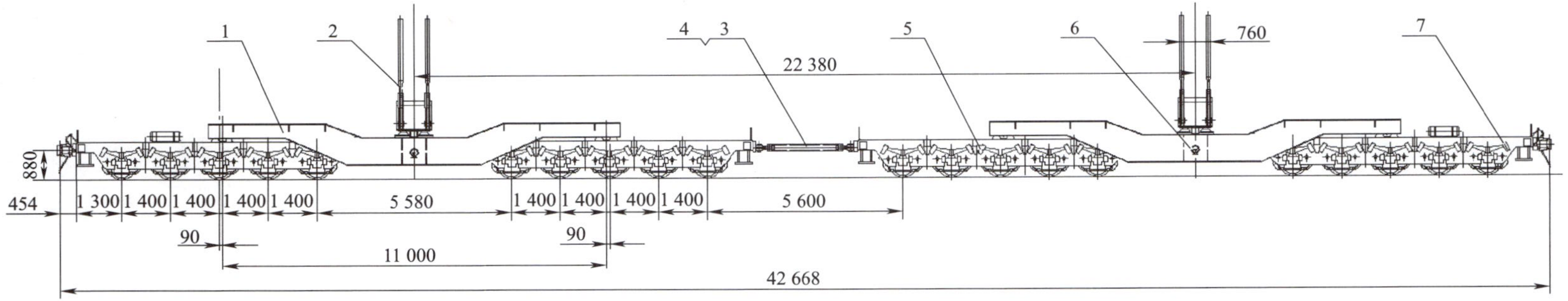

图 11-47　D30G型双联平车二维图

1—底架组成; 2—转动鞍座组成; 3—牵引装置; 4—牵引装置; 5—5E轴转向架; 6—标记; 7—5E轴转向架

11.5.3 技术参数及配置

双联平车的主要技术参数及配置见表 11-5。

表 11-5 双联平车技术参数及配置

车型代号			D_{30G}
项　目			参数及说明
用　途			双联平车
轨距(mm)			1 435
轴重(t)			23.55
每延米载重(t/m)			12.3
车钩中心线距轨面高度(空车)(mm)			880
通过最小曲线半径(m)			180
商业运行速度(km/h)			80/50
重量参数		载重(t)	370
重量参数		自重(t)	101
重量参数		自重系数	0.27
车辆尺寸		车辆长度(空车)(mm)	42 668
车辆尺寸		最大宽度(mm)	3 180
车辆尺寸		车辆定距(空车)(mm)	22 380
承载面尺寸		长度(mm)	21 500～22 380
承载面尺寸		宽度(mm)	—
承载面尺寸		承载面距轨面高(空车)(mm)	1 735
钩缓装置		缓冲器型号	MT-2 型
钩缓装置		车钩型号	13 型
钩缓装置		钩尾框	13 型
转向架			5E 轴包板式
制动装置	主要配置	制动阀	120 型
制动装置	主要配置	制动缸	254 mm×254 mm
制动装置	主要配置	闸调器	无
制动装置	主要配置	脱轨自动制动阀	无
制动装置	主要配置	空重车阀	手动
制动装置	主要配置	手制动机	蜗轮蜗杆式

12 冷藏保温车

冷藏保温车具有较好的保温性能和温度调节能力，主要用于装运鲜活、易腐等货物。其根据用途和冷却装置不同，分冰冷保温车（以下简称“冰冷车”）和机械保温车（以下简称“机冷车”）两大类。车辆可单节运行，也可成组运行，禁止过驼峰和冲撞。

冰冷车设有冰箱作为制冷装置，以天然冰或人造冰加盐的混合物为冷媒，冷却车内空气，从而达到降低车内货物温度的目的。机冷车采用制冷机组对车内进行加热和降温，以调整车内温度。

12.1 发展历程

12.1.1 冰冷车

我国冰冷车主要有 B_{13}、B_4、B_5、B_6、B_{11}、B_{12}、B_{12A}、B_{25} 等型号，其中 B_6 系列加冰冷藏车约占 64%。

冰冷车由于使用时限长，老化严重，食品品质难以保证；控温复杂，降温能力有限且精度不高；同时沿途需持续补充冰盐，适用线路受限，以及冰盐对线路腐蚀等原因，于 2007 年全部淘汰出冷藏运输市场，状态较好的车体改造为 B_{15K} 型和 PB 型棚车。

12.1.2 机冷车

我国机冷车主要有原装进口、散件进口组装和自主研发三种方式。1956 年～1990 年从前东德引进 B_{16} 型、B_{17} 型、B_{18} 型、B_{20} 型、B_{21} 型和 B_{22} 型机械冷藏车，目前除部分 B_{22} 型机械冷藏车在从事冷藏运输外，其余全部淘汰。

我国从 1958 年开始自主研发机冷车，1963 年研制了 JB_5 型五节式机冷车组；1973 年在 JB_5 型五节式机冷车组的基础上，研制了 B_{19} 型五节式机冷车组；1993 年在 B_{22} 型机冷车的基础上研制了 B_{23} 型五节式机冷车组；1997 年研制了 B_{10} 型单节式机冷车，并形成 B_{10A}、B_{10B} 和 B_{10BT} 系列产品。其中 B_{10A} 和 B_{19} 型机冷车已淘汰，B_{23} 和 B_{10B}/B_{10BT} 型机冷车 2010 年以后作为普通棚车使用。

2015 年对 20 辆 B_{10BT} 型系列机冷车进行了改造，主要是恢复制冷功能和押运人员生活设施，增加 GPS 定位和远程监控功能。改造后的 B_{10BT} 机冷车采用单车和主辅车固定编组两种运输模式，其中单车运输模式为 10 辆，主辅车运输模式 5 组。

12.2 主要结构特点

12.2.1 B_{22} 型机械冷藏车组

B_{22} 型机械冷藏车组由德国进口或散件国内组装，由一辆发电乘务车和四辆货物车组成。其中发电乘务车主要为押运人员提供生活设施和为货物车制冷机提供动力。发电乘务车编挂于车组中部；货物车可任意调头、连挂，满足人工或机械化装卸作业要求。

货物车型号为 B_{22}，发电乘务车型号进口的为 $B_{22\text{-}1}$ 型，国产的为 $B_{22\text{-}2}$ 型。车组外形如图 12-1 所示。

货物车主要由车体、制冷系统、制动装置、车钩缓冲装置和转向架等组成。其中车体主要由底架、侧墙、端墙、车顶、车门和门框等组成，各部件连接处间隙采用现车注入聚氨酯发泡成型。制冷系统主要由设置在两端的制冷机组、车内的送风道和回风道、离水格子等组成。该车采用进口 210 型转向架、13 型下作用车钩、2 号缓冲器、GK 型阀空气制动系统、手轮链轮式手制动机。车辆二维如图 12-2 所示。

发电乘务车主要由车体、制动装置、车钩缓冲装置、转向架等组成，配有柴油发电系统、电气系统和生活设施等。车内根据功能主要分为机器间、电气控制间、会议室、大卧室、小卧室、炊事室、走道、盥洗间、厕所。机器间为设备区，其余为生活区。机器间内设置 2 台 64 kW 的主柴油发电机组和 1 台 20 kW 的辅助柴油发电机组。主柴油发电机组主要为制冷机组供电，辅助柴油发电机组主要为生活用电。该车采用进口 210 型转向架、13 型下作用车钩、2 号缓冲器；GK 阀空气制动系统、手轮链轮式手制动机。$B_{22\text{-}2}$ 型发电乘务车二维图如图 12-3 所示。

图 12-1 B_{22} 型机械冷藏车组

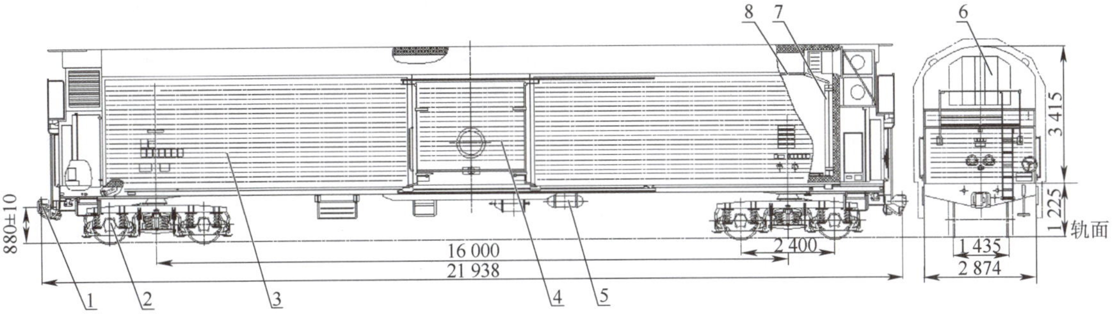

图 12-2　B22 型货物车

1—车钩缓冲装置；2—转向架；3—车体；4—车门；5—制动装置；6—制冷机组；7—回风道；8—送风道

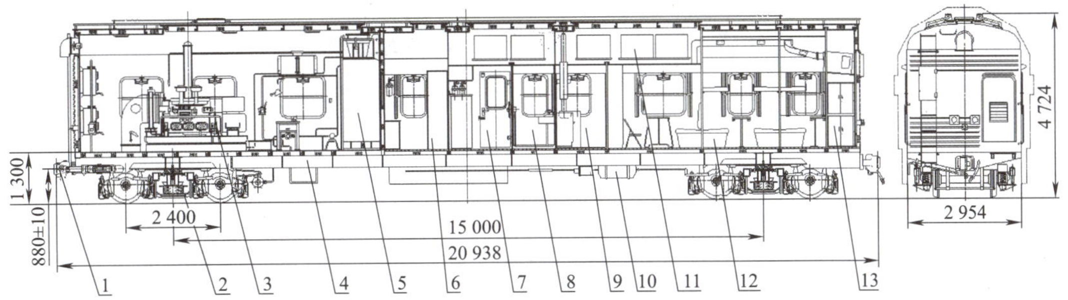

图 12-3　B22-2 型发电乘务车

1—车钩缓冲装置；2—转向架；3—柴油发电机组；4—车体；5—燃油系统；6—电气控制系统；7—过道；8—卫生室；9—厨房；10—制动系统；11—给水装置；12—卧室；13—杂物间

12.2.2　B23 型机械冷藏车组

B23 型机械冷藏车组是在参照 B22 型机械冷藏车自主设计的产品，由一辆发电乘务车和四辆货物车组成。其中发电乘务车主要为押运人员提供生活设施和为货物车制冷机提供动力。发电乘务车编挂于车组中部；货物车可任意调头、连挂满足人工或机械化装卸作业要求。

货物车型号为 B23，发电车乘务车包括 B23-1 和 B23-2 两种型号，B23-2 型发电车乘务车是在 B23-1 型发电车乘务车上优化设计。车组外形如图 12-4 所示。

货物车主要由车体、制冷系统、制动装置、车钩缓冲装置和转向架等组成。其中车体主要由底架、侧墙、端墙、车顶、车门和门框等组成，各部件连接处间隙采用现车注入聚氨酯发泡成型。制冷系统主要由设置在两端的制冷机组、车内的送风道和回风道、离水格子等组成。该车采用 Z26 型或 Z26G 型转向架、13 型下作用车钩、2 号或 ST 型缓冲器、GK 阀或 120 阀型空气制动系统、手轮链轮式手制动机。

发电车主要由车体、制动装置、车钩缓冲装置、转向架等组成，配有柴油发电系统、电气系统和生活设施等。车内根据功能主要分为机器间、电气控制间、会议室、大卧室、小卧室、炊事室、走道、盥洗间、厕所，机器间为设备区，其余为生活区。机器间内设置 2 台 64 kW 的主柴油发电机组和 1 台 20 kW 的辅助柴油发电机组。主柴油发电机组主要为制冷机组供电，辅助柴油发电机组主要为生活用电。该车采用 Z26 型或 Z26G 型转向架、13 型下作用车钩、2 号或 ST 型缓冲器、GK 阀或 120 阀空气制动系统、链式手制动机。

图 12-4　B_{23} 型五节式机械冷藏车

12.2.3　B_{10B}/B_{10BT} 型单节机械冷藏车

车辆主要由车体、制冷系统、柴油发电系统、燃油系统、电气控制系统、制动系统、车钩缓冲装置、转向架和押运人员生活设施等组成。其中车体分货物间、机器间和乘务室三大部分，主要由底架、侧墙、端墙、车顶、车门和门框等组成，各部件连接处间隙采用现车注入聚氨酯发泡成型。

制冷机组采用国产“蓝鲸”制冷机组，设置在机器间上部。循环通风系统采用两侧送风，主要由货间车顶风道、离水格子和回风道组成。

B_{10B}/B_{10BT} 型单节机械冷藏车采用 13 型下作用车钩、ST 型缓冲器、120 阀空气制动系统、NSW 型手制动机。其中：B_{10B} 型单节机械冷藏车采用 Z26 或 Z26G 型转向架，B_{10BT} 型单节机械冷藏车采用 Z26G 型转向架，车辆外形如图 12-5 所示。

图 12-5　B_{10B}/B_{10BT} 型单节机械冷藏车

12.2.4 B_{10BT} 型单节机械冷藏车（改造）

B_{10BT} 型单节机械冷藏车（改造）是在代棚运输的 B_{10BT} 型单节机冷车的基础上，恢复制冷功能进行冷藏货物运输，车辆结构与原 B_{10BT} 型单节机冷车保持一致。其主要改造内容为：

(1)采用美国冷王 SXLe400 型制冷机组代替原国产 LFT98NR 型（“蓝鲸Ⅰ”）制冷机组机组，提高制冷机组的可靠性；

(2)采用软风道远端送风代替原两侧送风，提高货间温度均匀性；

(3)采用燃油取暖代替电取暖，提高生活生活舒适性；

(4)更换生活柴油发电机组，提高低温启动性能；

(5)恢复生活设施；

(6)增加制冷机组 GPS 定位和远程监控功能，可实时掌握货物状况和车辆位置、监控机组运行状态，提高服务质量，同时为实现无人押运创造了条件。

车辆外形如图 12-6 所示。

图 12-6 B_{10BT} 型单节机械冷藏车（改造）

12.3 技术参数及配置

机冷车的技术参数及配置见表 12-1。

表 12-1 冷藏保温车技术参数及配置

车型代号		B22	B22-1（B22-2）	B23	B23-1（B23-2）	B10（B10B/B10BT）	B10BT（改造）
项目		参数及说明					
用途		冷藏保温车					
轨距(mm)		1 435	1 435	1 435	1 435	1 435	1 435
轴重(t)		21	21	21	21	21	21
每延米载重(t/m)		3.82	2.7/2.53	3.82	2.53/2.58	3.6	3.6
换长		2.0	1.8/1.9	2.0	1.9	2.0	2.0
车钩中心线距轨面高度(空车)(mm)		880±10	880±10	880±10	880±10	880±10	880±10
通过最小曲线半径(m)		145	145	145	145	145	145
商业运行速度(km/h)		120	120	120	120	120	120
重量参数	载重(t)	45.5	—	45.5	—	38	38
	自重(t)	38.2	54/53	38.2	53/54	41	41
	自重系数	0.84	—	0.84	—	1.08	1.08
容积参数	容积(m^3)	105	—	105	—	100	100
	比容(m^3/t)	2.31	—	2.31	—	2.63	2.63
车辆尺寸	车辆长度(mm)	21 938	19 938/20 938	21 938	20 938	21 938	21 938
	最大宽度(mm)	3 035	2 965/3 234	3 100	3 234	3 100	3 100
	最大高度(空车)(mm)	4 329	4 790/4 724	4 640	4 724	4 640	4 640
	车辆定距(mm)	16 000	14 000/15 000	15 000	15 000	16 000	16 000
车体尺寸	内长(mm)	18 537	—	18 537	—	17 337	17 337
	内宽(mm)	2 556	—	2 556	—	2 556	2 556
	地板面距轨面高(空车)(mm)	1 365	—	1 365	—	1 396	1 396
	内高(mm)	2 300	—	2 300	—	3 071	3 071
货间门孔	(宽×高)(mm)	2 700×2 300	—	2 700×2 300	—	2 700×2 300	2 700×2 300
钩缓装置	缓冲器型号	2号	2号	2号或ST型	2号或ST型	ST型	ST型
	车钩型号	13型	13型	13型	13型	13型	13型
	钩尾框	13A型	13A型	13A型	13A型	13A型	13A型

续上表

车型代号			B_{22}	B_{22-1} （B_{22-2}）	B_{23}	B_{23-1} （B_{23-2}）	B_{10}（B_{10B}/ B_{10BT}）	B_{10BT} （改造）
转向架			210 型	210 或 Z26 型	Z26 或 Z26G 型	Z26 或 Z26G 型	Z26 或 Z26G 型	Z26 或 Z26G 型
制动装置	主要配置	制动阀	GK 型	GK 型	120 型	120 型	120 型	120 型
		制动缸	356 mm× 254 mm	356 mm× 254 mm	356 mm× 254 mm	356 mm× 254 mm	356 mm× 254 mm	356 mm× 254 mm
		闸调器	ST1-600 型	ST1-600 型	ST1-600 型	ST1-600 型	ST1-600 型	ST1-600 型
		脱轨自动制动阀	无	无	无	无	无	无
		空重车阀	手动	无	手动	无	KZW-4G 型	KZW-4G 型
		手制动机	蜗轮蜗杆式	蜗轮蜗杆式	蜗轮蜗杆式	蜗轮蜗杆式	NSW 型	NSW 型

13 特 种 车

13.1 检 衡 车

检衡车是轨道衡性能检测的主要装备，可用于静态轨道衡、动态轨道衡及超偏载检测装置的计量检测，通过检衡车实现我国轨道衡质量计量量值的全国统一传递。

我国现有 T_{6DK}、T_{6FK}、T_7 三种 21 t 轴重检衡车，T_{6DK} 车用于检定动态轨道衡及超偏载检测装置，T_{6FK} 和 T_7 车用于检定静态轨道衡。

13.1.1 发展历程

中华人民共和国成立后，我国共有轨道衡 30 多台，检衡车不足 10 辆，全部为日本制造的 2 轴车，总重 25 t，没有形成全国的量值传递系统。1965 年，铁道部在各铁路局成立了衡器管理所并开始了 30 t、40 t 检衡车的研制。

1971 年，30 t 检衡车投入运用，该车为 2 轴，在单辆或 2 辆连挂使用时，可实现 30 t、60 t 两种吨位的检测。与此同时，40 t、50 t 的 4 轴检衡车研制成功。目前这两种车型均已报废。

1979 年在总结各型检衡车运用经验的基础上，研制了 T_6 型检衡车，车辆总重 40 t。该车运用后，对静态轨道衡的检测实现了量值的全国统一传递，为我国早期的轨道衡检测做出了贡献。但由于该车动力学性能差，检测精度低，目前车辆已报废。

1982 年研制了 T_{6D} 型动态检衡车、T_{6F} 型静态检衡车，2006 年经提速改造后，车辆分别定型为 T_{6DK}、T_{6FK}。

2001 年研制了 T_7 型静态检衡车，替代 T_6 型检衡车。该车采用遥控操作，较大地提高了工作效率，降低了劳动强度。一定程度上解决了老型检衡车运行速度低、操作不便、检修困难、劳动强度大、运转周期长等问题。

2015 年研制了 T_8 型静态检衡车、T_{8D} 型动态检衡车、T_{8P} 型超偏载检衡车，适应铁路货运计量发展需求，进一步解决了我国既有检衡车检测量程（轴重）小、数量不足、设备老化、技术落后等问题。目前已完成运用考验。

检衡车的发展历程如图 13-1 所示。

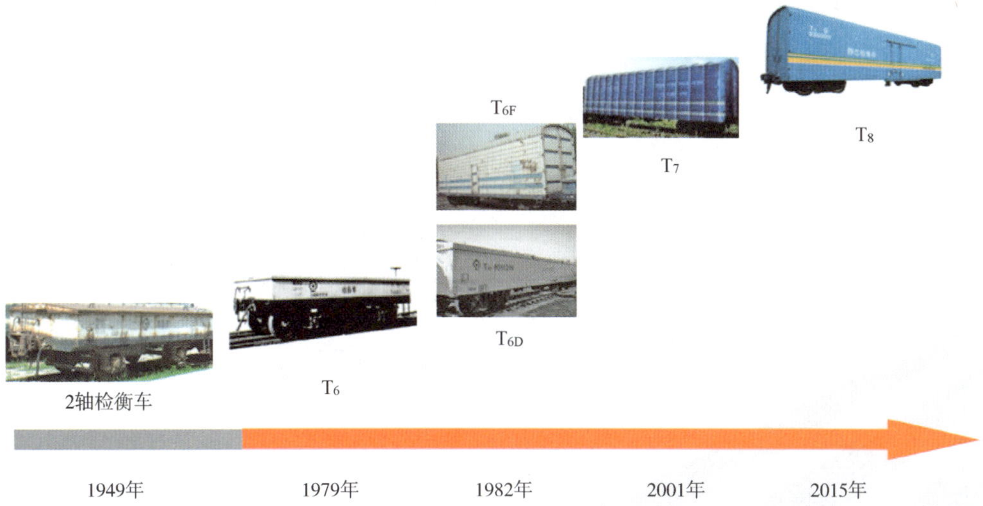

图 13-1 检衡车发展历程

13.1.2 主要结构特点

1. T6 系列检衡车

(1)T6DK 型动态检衡车

T6DK 型动态检衡车主要由车体、砝码布置、转向架、制动装置和车钩缓冲装置等组成。其中车体主要由底架、侧墙、端墙、车顶等组成；采用转 K2 型转向架、13A 型车钩及配套钩尾框、MT-3 型缓冲器、120 空气制动系统和 NSW 手制动机。T6DK 型动态检衡车车辆外形如图 13-2 所示。

图 13-2 T6DK 型动态检衡车

(2)T6FK 型静态检衡车

T6FK 型静态检衡车主要由车体、砝码小车、起重装置、大砝码、柴油发电机组、电气系统、制动装置、车钩缓冲装置、转向架等组成。车体采用 C62A 型敞车底架加固改造而成；侧墙外墙板采用辊筋钢板，每个侧墙中部均设有一扇侧门；端门采用焊接式的对开车门；车顶采用弯梁与内外顶棚板组焊结构，在顶棚上设有一个检修孔。全车采用手轮式手制动机、转 K2 型转向架、13A 型车钩及配套钩尾框、ST 型缓冲器。T_{6FK} 型静态检衡车车辆外形如图 13-3 所示。

图 13-3　T_{6FK} 型静态检衡车

2. T_7 型静态检衡车

T_7 型静态检衡车主要由车体、车内设备、转向架、车钩缓冲装置及制动装置等组成。车体为全钢焊接整体承载结构，主要由底架、侧墙、端墙、车顶和侧门等组成；车内设备主要由砝码小车、起重小车、轨道、电气系统、砝码、电磁吊钩和操纵台等组成；全车采用转 K2 型转向架、13 型车钩及配套钩尾框、MT-3 型缓冲器、120 空气制动系统和 NSW 型手制动机。T_7 型静态检衡车车辆外形如图 13-4 所示。

图 13-4　T_7 型静态检衡车

3. T_8 系列检衡车

(1)T_8 型静态态检衡车

T_8 型静态态检衡车主要由车体、砝码小车、起重小车、砝码组成、电气系统、制动装置、车钩缓冲装置、转向架等组成。车体主要由底架、侧墙、侧门、端门、车顶等组成。全车采用 120 型空气制动系统、DZ1 型下交叉支撑转向架、17 型车钩及配套钩尾框、HM-1 型缓冲器。T_8 型静态检衡车车辆外形如图 13-5 所示。

(2)T_{8D} 型动态检衡车

T_{8D} 型动态检衡车主要由车体、砝码小车、起重小车、砝码组成、电气系统、制动装置、车钩缓冲装置、转向架等组成。车体主要由底架、侧墙、侧门、端门、车顶等组成。全

图 13-5 T_8 型静态检衡车

车采用 120 型空气制动系统、DZ1 型下交叉支撑转向架、17 型车钩及配套钩尾框、HM-1 型缓冲器。T_{8D} 型动态检衡车车辆外形如图 13-6 所示。

图 13-6 T_{8D} 型动态检衡车

(3)T_{8P} 型超偏载检衡车

T_{8P} 型超偏载检衡车主要由车体、砝码小车、起重小车、砝码组成、电气系统、制动装置、车钩缓冲装置、转向架等组成。其中，车体主要由底架、侧墙、侧门、端门、车顶等组成。全车采用 120 型空气制动系统、DZ1 型下交叉支撑转向架、17 型车钩及配套钩尾框、HM-1 型缓冲器。T_{8P} 型超偏载检衡车车辆外形如图 13-7 所示，车辆二维图如图 13-8 所示。

图 13-7 T_{8P} 型超偏载检衡车

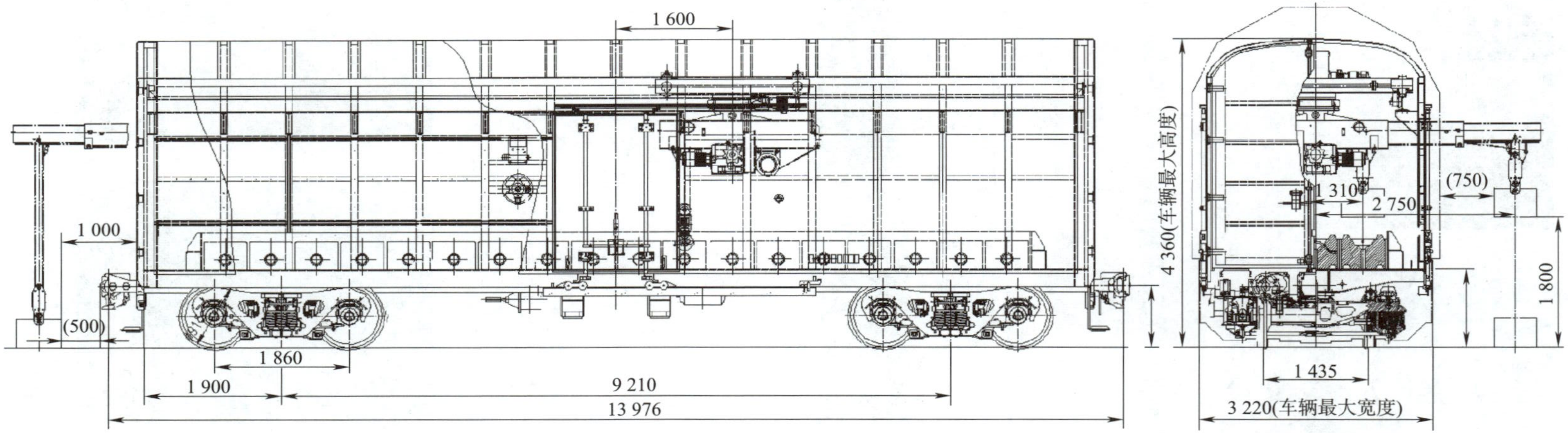

图 13-8　T8P型超偏载检衡车

1—车钩缓冲装置; 2—侧墙组成; 3—DZ1型转向架; 4—底架组成; 5—砝码组成; 6—1位侧墙内饰组成; 7—风制动装置; 8—底架附属件; 9—电气系统; 10—车门组装; 11—标记; 12—DZ1型转向架; 13—端门组装; 14—手制动装置; 15—2位侧墙内饰组成; 16—轨道组装; 17—起重小车组装; 18—车顶组成; 19—车顶内饰组成

13.1.3 技术参数及配置

各型检衡车的性能参数见表 13-1。

表 13-1 各型检衡车性能参数

车型代号			T_{6FK}	T_{6DK}	T_7	T_8	T_{8D}	T_{8P}
项　目			参数及说明					
用　途			检衡车					
轨距(mm)			1 435	1 435	1 435	1 435	1 435	1 435
轴重(t)			21	21	21	23.5	23	21
每延米载重(t/m)			6.1	—	6.06	6.73	6.58	6.01
车钩中心线距轨面高度(空车)(mm)			880	880	880	880	880	880
通过最小曲线半径(m)			145	145	145	145	145	145
商业运行速度(km/h)			100	100	120	120	120	120
重量参数	载重(t)		53	系列	50	57	66	41
	自重(t)		29	22	32	37	26	43
	自重系数		0.55	—	0.64	0.65	0.39	1.05
车辆尺寸	车辆长度(mm)		13 438	13 438	13 530	13 976	13 976	13 976
	最大宽度(mm)		3 064	3 084	3 020	3 220	3 250	3 220
	车辆定距(mm)		8 700	8 700	8 700	9 210	9 210	9 210
起重装置	起重装置操纵		手动	—	遥控	遥控	—	遥控
	起重装置重量(t)		2.5	—	2/3.2	3.2	—	1
	起重装置起升速度(m/min)		8	—	8	8	—	9
	起重装置走行速度(m/min)		20	—	15/20	9/18	—	9/18
钩缓装置	缓冲器型号		ST 型	MT-3 型	MT-3 或 MT-2 型	HM-1 型	HM-1 型	HM-1 型
	车钩型号		13A 型	13 型	13 型	17 型	17 型	17 型
	钩尾框		13A 型	13A 型	13 型	17 型	17 型	17 型
转向架			转 K2 型	转 K2 型	转 K2 型	DZ1 型	DZ1 型	DZ1 型
制动装置	主要配置	制动阀	120 型	120 型	120 型	120 型	120 型	120 型
		制动缸	254 mm×254 mm	254 mm×254 mm	254 mm×254 mm	305 mm×254 mm	305 mm×254 mm	305 mm×254 mm
		闸调器	ST2-250 型	ST2-250 型	ST2-250 型	ST2-250 型	ST2-250 型	ST2-250 型
		脱轨自动制动阀	无	无	无	TZD 型	TZD 型	TZD 型
		空重车阀	手动或 KZW-A 型	手动或 KZW-A 型	手动或 KZW-A 型	KZW-A 型	KZW-A 型	KZW-A 型
		手制动机	NSW 型	NSW 型	NSW 型	NSW 型	NSW 型	NSW 型

13.2 长钢轨运输车组

13.2.1 发展历程

长钢轨运输车组(以下简称长轨车组)是铺设无缝线路的专用车组,供在我国标准轨距铁路上使用，用于焊接长钢轨的运输和卸轨及收轨，具有装，运、卸 500 m 60 kg/m、75 kg/m 钢轨作业功能，同时也具有线路上 50 kg/m、60 kg/m 旧轨的回收功能。

1986 年试制生产了第一列长轨车组，车型初定为 T_{11}，1989 年修改设计后定型 T_{11A}，1999 年对车上功能进行技术升级改型为 T_{11B}，2001 年装用转 8G 型转向架确定改型为 T_{11BT}。为适应技术进步和铁路提速的要求，2005 年对长轨车组在车体结构、车上设施等方面进行了全面改进和重新设计，采用了转 K2 型转向架等一系列新技术并完成了长轨车组的试制，车辆定型为 T_{11BK}。从 2006 年开始陆续对先期的 T_{11A} 型、T_{11B} 型、T_{11BT} 型长轨车组按 T_{11BK} 型进行技术提升及换装转 K2 型转向架提速改造，改造后车型统一改为 T_{11BK} 型。

13.2.2 主要结构特点

T_{11BK} 型长轨车组由 13 种车型 43 辆车组成，其车型及编组顺序依次为：发电车 → 安全车(一)→ 运轨车(16 辆) → 锁定车(一) → 锁定车(二) → 锁定车(三) → 锁定车(四) → 运轨车(15 辆) → 安全车(二) → 作业首车 →作业中车(一) → 作业中车(二) → 作业中车(三) → 作业尾车。长轨车组编组如图 13-9 所示。

除发电车和作业尾车外，其余车型均采用 NX_{17K} 型车体。各车型均采用转 K2 型转向架(其中发电车和 5 个作业车转向架抽取枕内簧)、13A(B)型车钩及配套钩尾框、MT-3 型缓冲器、120 空气制动系统，除作业尾车采用链式手制动机外，其他车型采用 NSW 型或 NSW-Ⅰ手制动机。

车组中各车型用途见表 13-2。

表 13-2 车组中各车型用途

序号	车型	数量(辆)	车辆用途
1	发电车	1	用于为车组提供作业及照明电源
2	安全车(一)	1	用于装运钢轨及防护运输中钢轨的冲击
3	运轨车	31	用于装载及运输钢轨
4	锁定车(一)	1	用于装运钢轨及锁定第一层钢轨
5	锁定车(二)	1	用于装运钢轨及锁定第二层钢轨
6	锁定车(三)	1	用于装运钢轨及锁定第三层钢轨
7	锁定车(四)	1	用于装运钢轨及锁定第四层钢轨
8	安全车(二)	1	用于装运钢轨及防护运输中钢轨的冲击
9	作业首车	1	用于在收、卸轨作业中调整钢轨的运行位置
10	作业中车(一)	1	用于卸轨作业时将运轨车上装载的钢轨输送至地面
11	作业中车(二)	1	用于收、卸轨作业时钢轨的高度调整过渡
12	作业中车(三)	1	用于收、卸轨作业时钢轨的高度调整过渡
13	作业尾车	1	用于卸轨作业时调控钢轨的卸轨位置 利用车上装载的收轨小车回收旧钢轨

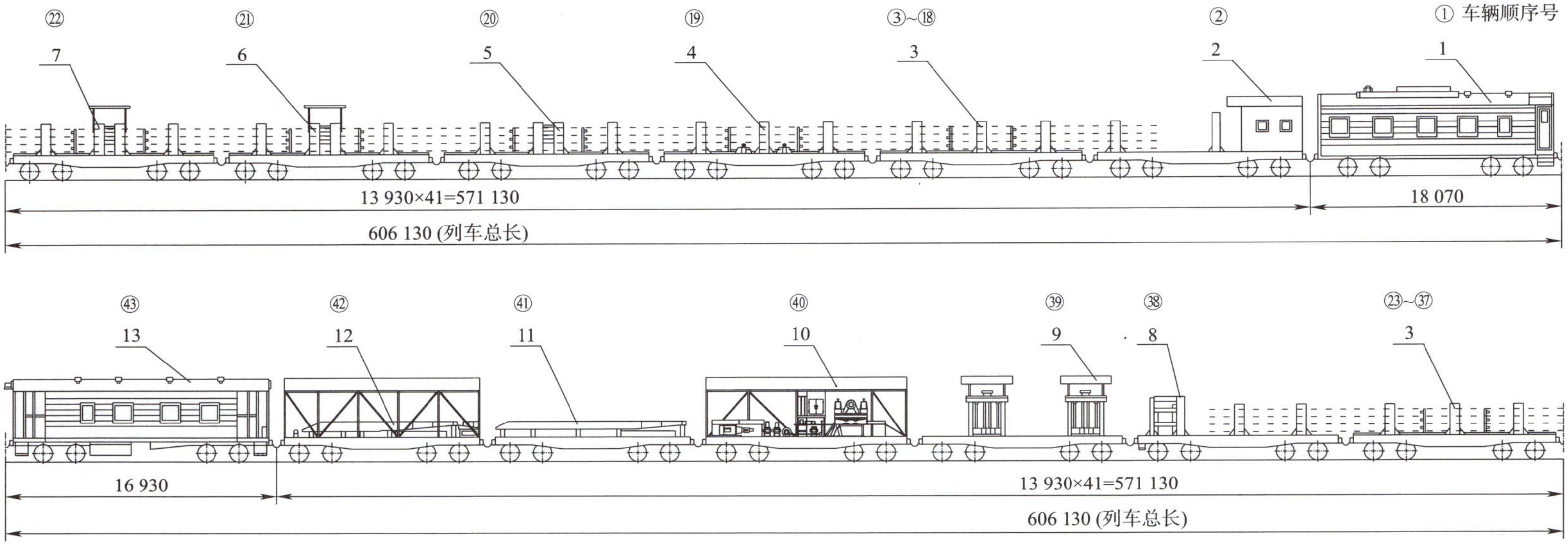

图 13-9　长轨车组编组

1—发电车; 2—安全车（一）; 3—运轨车; 4—锁定车（一）; 5—锁定车（二）; 6—锁定车（三）; 7—锁定车（四）; 8—安全车（二）; 9—作业首车; 10—作业中车（一）; 11—作业中车（二）; 12—作业中车（三）; 13—作业尾车

1. 运轨车

运轨车车体上部设有 3 组滚道梁组成，每组滚道梁组成中装有四层滚道梁。第一层滚道梁设在地板面上，第二、三、四层滚道梁与侧柱铰接可旋转 90°，每根滚道梁安装 14 个滚轮。第四层滚道梁设有锁紧手轮用于与侧柱连接锁紧。车体中部滚道梁组成的每根滚道梁上均装有间隔铁组成，用于限制长钢轨运输过程中横向移动。运轨车结构如图 13-10 所示。

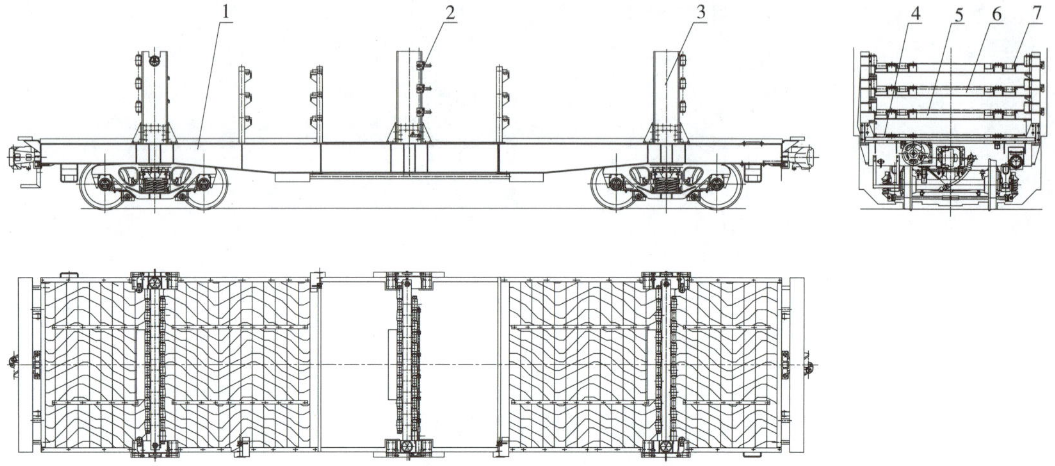

图 13-10　运轨车结构

1—车体组成；2—间隔铁组成；3—滚道梁组成；4—第一层滚道梁；
5—第二层滚道梁；6—第三层滚道梁；7—第四层滚道梁

2. 安全车(一)、安全车(二)

安全车(一)、安全车(二)均为钢轨运输安全防护车。

安全车(一)车体上部设有 1 组滚道梁组成(滚道梁组成结构与运轨车一致)用于承载钢轨。车辆 2 位端设有工具棚，内设工具存放架并安装一台 5 t 拉轨卷扬机用于收轨作业时拉轨。在滚道梁和工具棚之间装有安全挡，安全挡由两侧门柱和安全门组成，用于防护运输中钢轨窜动的冲击。

安全车(二)车体上部设有 2 组滚道梁组成(滚道梁组成结构与运轨车一致)用于承载钢轨。车辆 1 位端设有安全挡[其结构与安全车(一)基本一致]用于防护运输中钢轨窜动的冲击。

安全车(一)结构如图 13-11 所示。

3. 锁定车(一)、锁定车(二)、锁定车(三)、锁定车(四)

锁定车(一)车体上设有 3 组滚道梁组成用于承载钢轨(滚道梁组成结构与运轨车一致)，中间一组滚道梁组成的一侧地板上焊装 1 组锁定梁。锁定梁由槽钢和钢板焊接而成，配备有锁定压铁、锁定螺栓等锁定夹具，并配有锁定扳手及电动扳手，其作用是将第一层钢轨锁定在锁定梁上。锁定 60 kg/m 钢轨时紧固锁紧螺母的扭力矩应大于

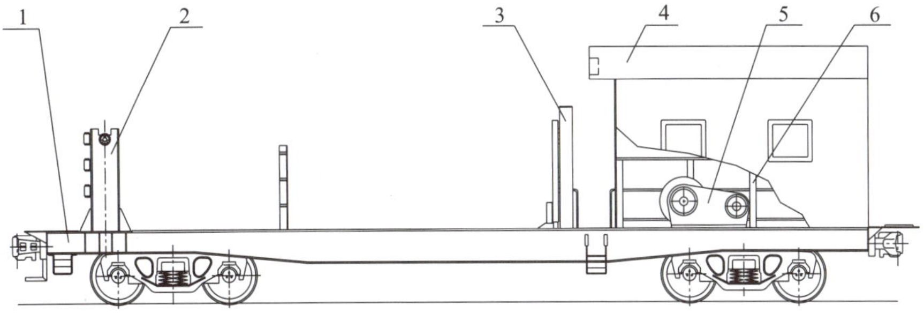

图 13-11 安全车(一)结构

1—车体组成;2—滚道梁组成;3—安全门挡组成;4—工具间组成;5—收轨卷扬机;6—工具架

280 N·m;锁定 75 kg/m 钢轨时应大于 350 N·m。

锁定车(二)、锁定车(三)、锁定车(四)上各设有 3 组滚道梁组成用于承载钢轨(滚道梁组成结构与运轨车基本一致)。每辆车的中间一组滚道梁组成分别在第二、三、四层滚道梁高度位置各安装了一组锁定梁,另各设有一组锁定侧柱分别在第二、三、四层滚道梁高度安装一组锁定梁,锁定梁均由槽钢和钢板焊接而成,与侧柱铰接可旋转 90°,其作用是分别将第二、三、四层钢轨锁定在锁定梁上,所配备的锁定夹具及锁紧扭力矩要求与锁定车(一)一致。锁定车(三)、锁定车(四)在中间两组侧柱上装有静电屏蔽防护装置,用于保障在电气化线路上作业时作业人员的安全。

锁定车(一)结构如图 13-12 所示,锁定梁锁定钢轨如图 13-13 所示,锁定车(四)结构如图 13-14 所示。

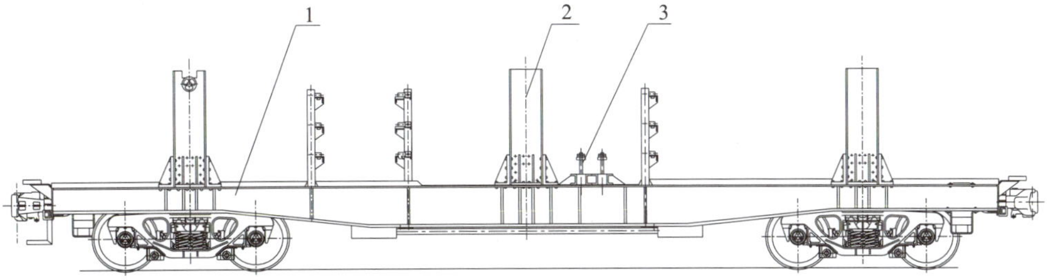

图 13-12 锁定车(一)结构

1—车体组成;2—滚道梁组成;3—锁定梁组成

4. 作业首车

作业首车车体上设有 2 组调高拨轨装置,用于在收、卸轨作业中,当钢轨通过时调整钢轨的高度和横向运行位置。调高拨轨装置主要由焊接构架(包括侧柱、平台、横梁和托架等)、2 台 5.5 kW 电机、2 台 ZL25-7Ⅲ型减速器、2 组拨轨伞齿轮箱组成、4 组调拨伞齿轮箱组成、调高丝杠、拨轨丝杠、传动轴、导向轴、拨轨器、拨轨滚轮等组成。工作时,一台电机通过减速器、调拨伞齿轮箱驱动调高丝杠带动升降架升降,用以调整卸轨、

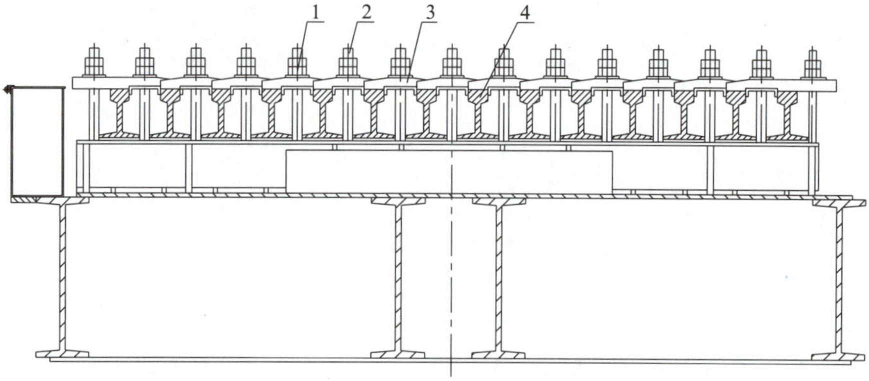

图 13-13　锁定梁锁定钢轨

1—锁定螺母；2—锁定螺栓；3—锁定压铁；4—钢梁

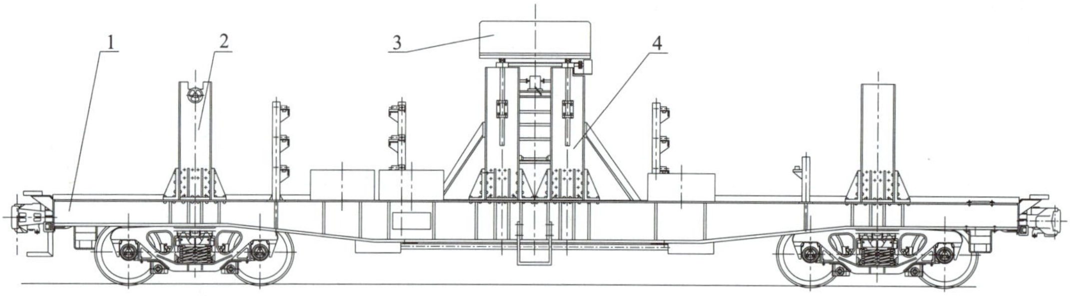

图 13-14　锁定车(四)结构

1—车体组成；2—滚道梁组成；3—静电屏蔽防护装置；4—锁定染组成

收轨作业钢轨通过时的高度，另一台电机通过减速器、拨轨伞齿轮箱驱动带动拨轨滚轴作横向移动，用以调整卸轨、收轨作业时钢轨的横向位置。作业首车结构如图 13-15 所示。

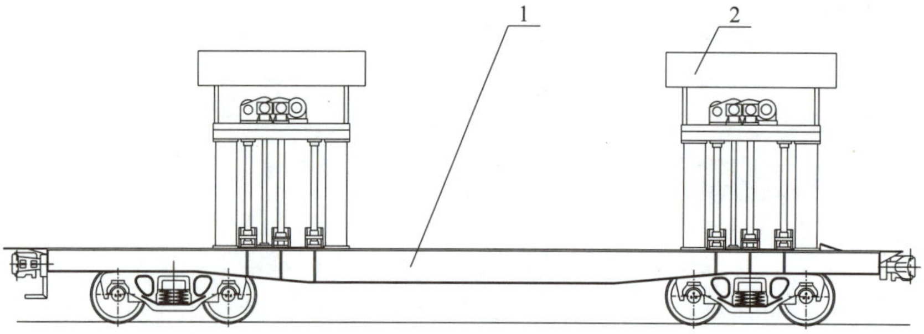

图 13-15　作业首车结构

1—车体组成；2—调高拨轨装置组成

5. 作业中车(一)

作业中车(一)为车组作业的控制中心,其车体上部设有钢轨输送机、控制操作台、拉轨卷扬机、液压系统、卸轨导槽、收轨滚轮座等收、卸轨作业装置。其中除收轨滚轮座设于车辆中间外,其余装置各 2 组左右对称分布。整车设有封闭式车棚,两端为不锈钢卷帘门。作业中车(一)结构如图 13-16 所示。

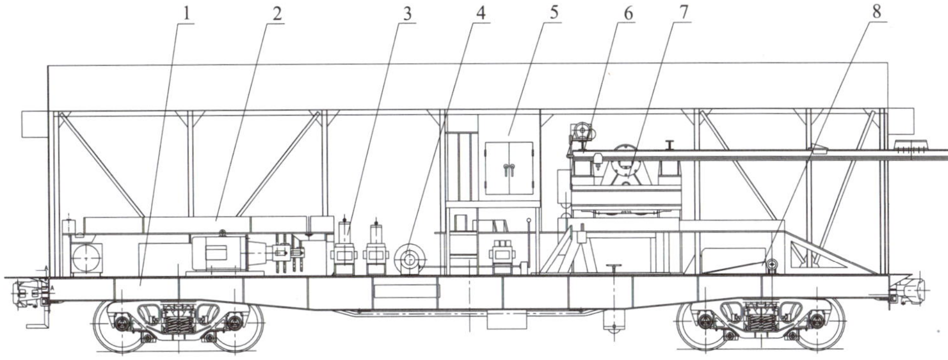

图 13-16　作业中车(一)结构

1—车体组成;2—卸轨导槽;3—液压系统组成;4—拉轨卷扬机;5—卡具回送装置
6—操作控制台;7—钢轨输送机;8—收轨滚轮座

(1)钢轨输送机

钢轨输送机用于将钢轨输送至地面。输送机机体由钢板焊接而成,其上部装有压轨滚轮座,压轨滚轮座装有液压马达及一对主动压轨滚轮。压轨滚轮座由两个压轨油缸带动可上下移动。机体下部装有一对被动滚轮。输轨工作时,将钢轨置于上下滚轮之间,压轨油缸带动压轨滚轮座向下压紧钢轨,使滚轮与钢轨间产生足够的摩擦力后,利用液压马达驱动压轨滚轮使钢轨移动,将钢轨输送至地面。500 m 钢轨输轨速度:最高 2.5 km/h。钢轨输送机工作如图 13-17 所示。

(2)控制操作台

控制操作台上设有电气控制柜和控制盒。电气控制柜上设有控制开关和控制按钮,主要用于控制作业首车调高拨轨装置调高拨轨作业;控制输送机压轨、输轨及调整输轨速度。控制盒主要用于控制向输送机滚轮下拨轨以及拉轨卷扬机拉轨。

(3)拉轨卷扬机

拉轨卷扬机用于将运轨车上的钢轨依次拉至钢轨输送机前,与输送机联合进行卸轨作业。卷扬机由卷筒、离合器,操纵杆、液压马达组成。拉轨速度:最高 1.5 m/min。

(4)卡具回送装置

卡具回送装置主要由小卷扬机组成、滑道钢梁、滑车组成、钢丝绳、卡具吊钩等组成。利用作业中车(一)上的卡具回送装置将拉轨卡具送至安全车(二)。

(5)液压系统组成及工作原理

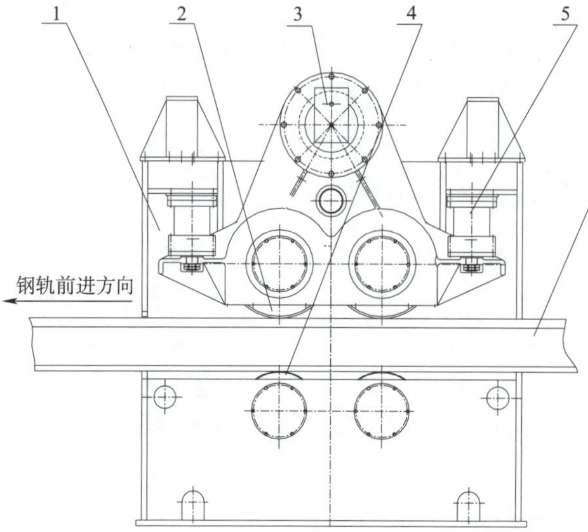

图 13-17　钢轨输送机输轨

1—钢轨输送机；2—输轨主动轮；3—液压驱动马达；4—输轨从动轮；5—压轨油缸组成；6—钢轨

①液压系统组成

液压系统主要由交流电机、油箱、滤油器、液位计、大小变量泵、各种液压阀、液压马达、油缸等液压元件组成。交流电机功率 $P=75$ kW。液压油泵(大)输出压力 $P=22$ MPa。液压油泵(小)输出压力 $P=22$ MPa。液压马达输出额定扭矩 $M_n=10\ 160$ N·m。

②工作原理

电机带动大、小油泵输出压力油。大油泵输出的压力油经电液阀、安全阀、制动缓冲阀驱动输轨马达，调整输轨马达的速度和扭矩完成输轨工作。小油泵输出的压力油经电液阀、安全阀、缓冲阀驱动拉轨马达执行拉轨工作。另小油泵输出的压力油经减压阀、电液阀进入压轨油缸带动压轨滚轮座执行压轨工作。

6. 作业中车(二)、作业中车(三)

作业中车(二)、作业中车(三)为收、卸轨作业钢轨运行过渡车。两车各设有 2 组卸轨导槽焊接在车体两侧的地板上成对称布置，用于卸轨作业时控制钢轨挠度引导钢轨过渡。卸轨导槽由钢板和槽钢焊接而成，且每组卸轨导槽都装有滚轮。两车中部地板上各设有 3 个收轨导向滚轮座，用于收轨作业时引导钢轨过渡。作业中车(三)设有封闭式车棚。作业中车(二)结构如图 13-18 所示。

7. 作业尾车

作业尾车为整体承载结构，车体由钢木结构组成，其端墙、侧墙、顶棚、车窗、车门、内部装饰等参照 25B 型客车设计。底架由中梁、端梁、侧梁、枕梁、横梁、铁地板、卸轨导槽等组焊而组成，中梁采用 310 乙字型钢，侧梁采用 180 热轧槽钢。车内一位端设有

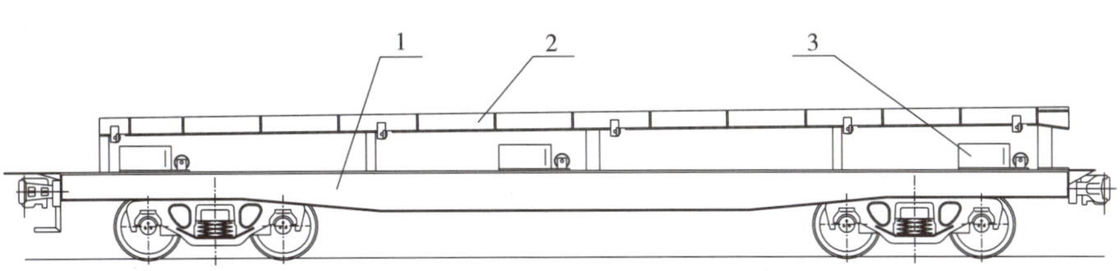

图 13-18 作业中车(二)结构

1—车体组成;2—卸轨导槽组成;3—收轨滚轮座

车长室,室内设 3 个卧铺。收轨导槽组焊在车体一位端地板面纵向中心处且处于卧铺下面。在车内另设有收轨系统并安装有配电柜、充电设备等。车下两侧设有卸轨孔道、调高拨轨装置、液压拨轨装置及蓄电池箱等。作业尾车结构如图 13-19 所示。

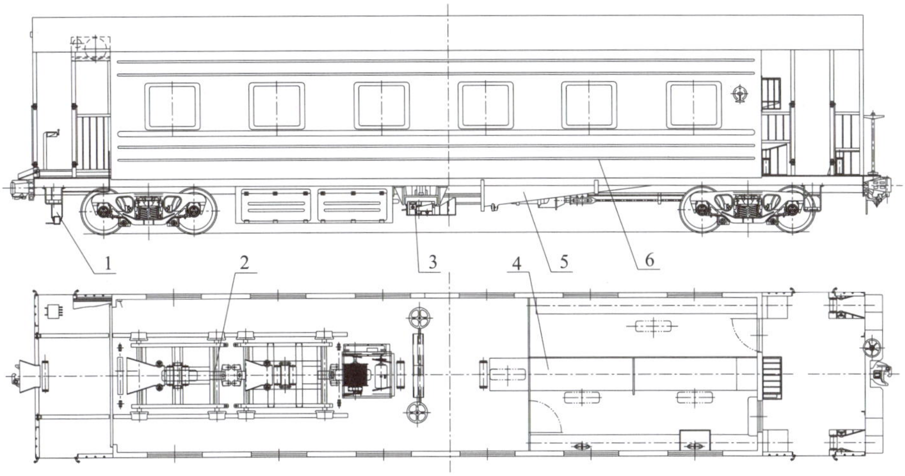

图 13-19 作业尾车结构

1—液压拨轨装置;2—收轨系统组成;3—调高拨轨装置;4—收轨孔道;5—卸轨导槽;6—车体组成

(1)调高拨轨装置

调高拨轨装置设置在卸轨导槽卸轨口前端,由控制手轮、齿轮箱、连接轴、滚轮、压轮、升降架等组成。用于卸轨作业时调整钢轨出卸轨孔道的位置。车下两侧各设一组。控制手轮在车上地板面两侧,一组手轮控制调整钢轨高度,一组手轮控制拨轨。

(2)液压拨轨装置

液压拨轨装置安装在车辆 1 位端的尾部,由液压站、手动控制阀、油缸、吊架等组成,电机功率 4 kW,液压系统压力 10 MPa。卸轨作业时利用手动控制阀通过液压站控制油缸行程,带动活动臂拨动钢轨横向移动,用于调整钢轨落地的横向位置。

(3)收轨系统组成

收轨系统组成由 2 台收轨小车、1 台卷扬机、收轨孔道、收轨导槽、收轨滚轮、安全挡、电控柜等组成。其中收轨小车由轮轴、连杆支架、活动支撑、连杆及销轴等组成。收轨作业时用卷扬机将 2 台收轨小车下放到地面线路钢轨上用连杆连接在一起，用于将线路轨枕上的旧钢轨回收到车上。

8. 发电车

发电车是车组用电控制中心。发电车为整体承载结构，车体由钢木结构组成，其端墙、侧墙、顶棚、车窗、车门、内部装饰等参照 25B 型客车设计。底架由中梁、端梁、侧梁、枕梁、横梁、铁地板等组焊而成，中梁采用 310 乙字型钢，侧梁采用 180 热扎槽钢。车内设有发电间、控制间、卧铺间、洗漱间及厕所等。车下设有柴油箱、蓄电池箱。发电车结构如图 13-20 所示。

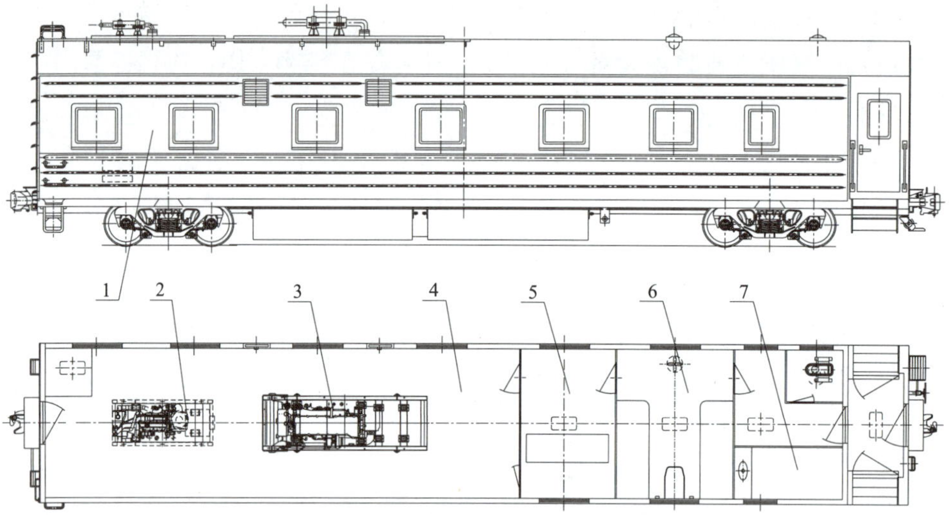

图 13-20　发电车结构

1—车体组成；2—小发电机组；3—大发电机组；4—发电间；5—控制间；6—卧铺间；7—洗漱间

(1)发电间设有 200 kW 和 56 kW 发电机组各一台，200 kW 发电机组供车组作业时机械设备用电，56 kW 发电机组用于车组照明、空调、电暖气等生活用电。发电机组基本参数见表 13-3。

表 13-3　发电机组基本参数

序　号	发电机组型号	输出电压	输出功率	柴油机转速	备　注
1	康明斯 C250-D5 型	380～440 V	200 kW	1 500 r/min	个别车组机组型号有差异
2	康明斯 C70-D5 型	380～440 V	56 kW	1 500 r/min	个别车组机组型号有差异

(2)控制室设有两台电气控制柜，主要由断路器、双投开关、电流表、电压表、整流电源、逆变器等电气元件组成，用于车组电源调控配送。电压 380 V 三相四线制，最大电流 400 A。

(3)卧铺间设有上、下卧铺共 4 个，以及储物柜、茶桌、灯具、电扇、空调等。

(4)洗漱间设有洗面柜及洗手架、镜子等。

13. 2. 3 技术参数及配置

长钢轨运输车组主要技术性能及配置见表 13-4。

表 13-4 长钢轨运输车组主要技术性能及配置

序号	车型	自重(t)	载重(t)	数量(辆)	转向架型号	车钩缓冲装置			制动装置					
						车钩型号	缓冲器型号	钩尾框	制动阀	制动缸	闸调器	脱轨自动制动阀	空重车阀	手制动机
1	发电车	41	9	1	转 K2 型	13A 或 13B 型下作用	MT-3 型	13B 型锻造	120 型	254 mm ×254 mm 旋压密封式	ST2-250 型	TZD 型	无	NSW 型
2	安全车(一)	28	56	1	转 K2 型	13A 或 13B 型下作用	MT-3 型	13B 型锻造	120 型	254 mm ×254 mm 旋压密封式	ST2-250 型	TZD 型	KZW-A 型	NSW 型
3	运轨车	27	57	31	转 K2 型	13A 或 13B 型下作用	MT-3 型	13B 型锻造	120 型	254 mm× 254 mm 旋压密封式	ST2-250 型	TZD 型	KZW-A 型	NSW 型
4	锁定车(一)	29	55	1	转 K2 型	13A 或 13B 型下作用	MT-3 型	13B 型锻造	120 型	254 mm ×254 mm 旋压密封式	ST2-250 型	TZD 型	KZW-A 型	NSW 型
5	锁定车(二)	29	55	1	转 K2 型	113A 或 13B 型下作用	MT-3 型	13B 型锻造	120 型	254 mm ×254 mm 旋压密封式	ST2-250 型	TZD 型	KZW-A 型	NSW 型
6	锁定车(三)	29	55	1	转 K2 型	13A 或 13B 型下作用	MT-3 型	13B 型锻造	120 型	254 mm ×254 mm 旋压密封式	ST2-250 型	TZD 型	KZW-A 型	NSW 型
7	锁定车(四)	29	55	1	转 K2 型	13A 或 13B 型下作用	MT-3 型	13B 型锻造	120 型	254 mm× 254 mm 旋压密封式	ST2-250 型	TZD 型	KZW-A 型	NSW 型
8	安全车(二)	28	56	1	转 K2 型	13A 或 13B 型下作用	MT-3 型	13B 型锻造	120 型	254 mm ×254 mm 旋压密封式	ST2-250 型	TZD 型	KZW-A 型	NSW 型
9	作业首车	30	20	1	转 K2 型	13A 或 13B 型下作用	MT-3 型	13B 型锻造	120 型	254 mm ×254 mm 旋压密封式	ST2-250 型	TZD 型	KZW-A 型	NSW 型
10	作业中车(一)	39	11	1	转 K2 型	13A 或 13B 型下作用	MT-3 型	13B 型锻造	120 型	254 mm ×254 mm 旋压密封式	ST2-250 型	TZD 型	KZW-A 型	NSW 型
11	作业中车(二)	26	24	1	转 K2 型	13A 或 13B 型下作用	MT-3 型	13B 型锻造	120 型	254 mm ×254 mm 旋压密封式	ST2-250 型	TZD 型	KZW-A 型	NSW 型
12	作业中车(三)	29	21	1	转 K2 型	13A 或 13B 型下作用	MT-3 型	13B 型锻造	120 型	254 mm ×254 mm 旋压密封式	ST2-250 型	TZD 型	KZW-A 型	NSW 型

续上表

序号	车型	自重(t)	载重(t)	数量(辆)	转向架型号	车钩缓冲装置			制动装置					
						车钩型号	缓冲器型号	钩尾框	制动阀	制动缸	闸调器	脱轨自动制动阀	空重车阀	手制动机
13	作业尾车	38	12	1	转K2型	13A或13B型下作用	MT-3型	13B型锻造	120型	254 mm×254 mm旋压密封式	ST2-250型	TZD型	无	链式
列车组性能参数														
1	轨距	1 435 mm												
2	车辆使用的环境温度	−40 ℃～+50 ℃												
3	商业运行速度	空车 120 km/h;重车 90 km/h												
4	全车制动率(常用制动位)	符合《铁路技术管理规程》有关规定												
5	通过最小曲线半径	空车 145 m;重车 300 m												
6	装轨规格	60 kg/m、75 kg/m 重轨,轨长 500 m												
7	装轨量	60 kg/m 钢轨:每层 14 根,4 层总计 56 根												
		75 kg/m 钢轨:每层 10 根,总计 40 根												
8	满载时可铺无缝线路长度	14 km(60 kg/m 轨);10 km (75 kg/m 轨)												
9	卸轨最大速度(机车牵引速度)	≤15 km/h												
10	收轨最大速度(机车牵引速度)	≤3 km/h												
11	装轨方式	采用横向吊装方式												
12	卸轨方式	采用纵向两侧卸轨方式												
13	收轨方式	采用列车倒退从列车尾部采用收轨小车将旧钢轨铲收上车的方式												
14	限界	符合 GB 146.1—1983《标准轨距铁路机车车辆限界》的要求												

车组主要尺寸见表 13-5。

表 13-5　车组主要尺寸

序号	项目	车型	数值
1	车组各车辆长度	发电车	18 070 mm
		作业尾车	16 930 mm
		其余车型	13 930 mm
2	车组各车辆定距	发电车	12 000 mm
		作业尾车	11 500 mm
		其余车型	9 000 mm
3	车组中车辆最大宽度	作业中车(一)	3 310 mm
4	车组中车辆最大高度	发电车	4 751 mm
5	车钩中心线距轨面高(空车)	发电车	870 mm
		作业尾车	870 mm
		其余车型	880 mm

续上表

序号	项目	车型	数值
6	转向架固定轴距	全部车型	1 750 mm
7	转向架车轮直径	全部车型	840 mm
8	第一层滚轮距轨面高度	运轨车	1 278 mm
9	滚道梁相邻两层滚轮中心距	运轨车	400 mm
10	滚道梁中心距	运轨车	4 500 mm
11	卸轨出口两侧中心距	作业尾车	2 600～2 750 mm
12	车组总长(不包括机车)		606.130 m

13.3 自翻车

自翻车是卸货设备与车辆结构结合在一起的特种车辆，适用于备有机械化装车设备的工厂、矿山、大型建筑工地，用来运输矿石、岩石、砂砾、煤炭、建筑材料等散粒货物。自翻车具有可倾翻的车厢及下开式的侧门，在车辆的两侧有可使车厢左、右倾翻的倾翻缸。当车厢倾翻到一定角度时，侧门与地板构成一延续面，将货物卸至远离线路一侧。

13.3.1 发展历程

20 世纪 20 年代初，我国一些矿山开始使用了美国生产的载重 20～40 t 的自翻车，20 年代末期逐步发展到 60 t 自翻车。30 年代初我国仿制了美国 60 t 自翻车，中华人民共和国成立在原 60 t 自翻车的基础上，对该车进行了多次的改进，从全铆结构逐步改为铆焊结构，定型为 K_1 型自翻车。

随着我国冶金、煤炭等采掘事业的发展，矿山对自翻车的需求量逐步增加，原 K_1 型自翻车已不能适应使用要求。1963 年，在 K_1 型自翻车的基础上，采取厂矿企业的建议，并针对历年生产的各型 60 t 自翻车存在的问题，进行了改进设计。改进设计充分考虑了结构的继承性和配件的标准化、简统化和互换性，同时根据个别结构件或配件的易损和换修的频繁程度，合理的采用了铆焊混合结构，改进后的车型原定为 K_4 型，后来为区别于 K 型漏斗车，改为 KF_{60} 型。该车成为我国生产和使用的 60 t 自翻车中的主型产品。

1967 年，我国研制了载重 100 t 液压自翻车，该车采用侧梁承载结构、液压倾翻动力装置、四连杆开门机构等技术。该车后经适当改进后于 1979 年正式定型为 KF_5-100 型自翻车。

1973 年，我国研制了 KF_{70} 型自翻车，1974 年进行了运用考验。该车原设计为 E 轴滚动轴承转向架，后考虑到矿山铁路运行速度较低及备件供应不能保证等情况，1975 年改为铸钢侧架导框式滑动轴承转向架。该车未批量生产。

21 世纪初，随着我国铁路提速的要求，我国在原 KF_{60} 型自翻车的基础上又研制了商业运行速度为 100 km/h 的 $KF_{60(N)}$ 型自翻车和商业运行速度为 120 km/h 的 KF_{60QK}、KF_{60AK}、KF_{60H} 型自翻车。

13.3.2 主要结构特点

1. KF_{60} 型自翻车

KF_{60} 型自翻车主要由车厢组成、底梁组成、倾翻装置、转向架、制动装置、车钩缓冲装置等部分成。车厢为全钢铆焊结构，其材质主要为 Q235A，由车厢底架、侧门及端壁等部分组成；底梁组成为全钢焊接结构，主要由箱形鱼腹底梁、端梁、枕梁等组成，在中梁的两侧组焊有倾翻缸架、方支承、人支承及其他附属件；倾翻装置主要由倾翻管路系统、倾翻缸、侧门开闭装置等部分组成；全车采用 H2E-B 型转向架、13 系列车钩及配套钩尾框，2 号或 ST 缓冲器、GK 或 120 型空气制动系统、链式手制动机。KF_{60} 型自翻车车辆外形如图 13-21 所示。

图 13-21 KF_{60} 型自翻车

2. KF_{60QK} 型自翻车

KF_{60Q} 型自翻车是在 KF_{60} 型自翻车基本结构不变的基础上进行换装转 K6 型转向架提速改造而设计制造的，商业运营速度达到 120 km/h。全车采用 120 型空气制动系统、NSW 型手制动机、13B 型车钩、锻造钩尾框、MT-3 型缓冲器。KF_{60QK} 型自翻车车辆外形如图 13-22 所示。

3. KF-60(N)型自翻车

KF-60(N)型自翻车主要由底架、车厢、倾翻装置、转向架、制动装置和车钩缓冲装置等组成。底架和车厢为全钢焊接结构，采用 09CuPTiRe 耐候钢材料。底架由端梁、中梁、枕梁等组焊而成，中梁为上、下盖板组焊成的箱型鱼腹结构梁，底架上设有倾翻气缸架及门扇抑制支撑，采用锻造上心盘。车厢主要由车厢底架、两侧门及两端壁组成，车厢底架由端梁、中梁、侧梁、横梁、顺梁等组焊而成。倾翻装置主要由侧门开闭机构、倾翻管路、操作阀、逆止阀、倾翻气缸组成。全车采用转 E21 型转向架、120 型空气制动系统、链式手制动机、13 型 C 级钢上作用式车钩，ST 型缓冲器等。KF-60(N)型自翻车车辆外形如图 13-23 所示。

图 13-22　KF_{60QK} 型自翻车

图 13-23　KF-60(N)型自翻车

4. KF_{60H} 型自翻车

KF_{60H} 型自翻车主要由底架、车厢、倾翻装置、转向架、制动装置和车钩缓冲装置等组成。底架和车厢为全钢焊接结构，采用 09CuPTiRe 或 Q400NQR1 材料。底架由端梁、中梁、枕梁等组焊而成，中梁为上、下盖板组焊成的箱型鱼腹结构梁，底架上设有倾翻气缸架及门扇抑制支撑，采用锻造上心盘。车厢主要由车厢底架、两侧门及两端壁组成，车厢底架由端梁、中梁、侧梁、横梁、顺梁等组焊而成。倾翻装置主要由侧门开闭机构、倾翻管路、操作阀、逆止阀、倾翻气缸组成。全车采用转 K5 型转向架、120 型空气制动系统、NSW 型手制动机、13A 型 C 级钢上作用式车钩，MT-3 型缓冲器等。KF_{60H} 型自翻车车辆外形如图 13-24 所示。

图 13-24　KF_{60H} 型自翻车

5. KF_{60AK} 型自翻车

KF_{60AK} 型自翻车主要由车厢、底架、倾翻装置、车钩缓冲装置、制动装置及转向架等组成。车厢主要由车厢底架、侧门、端壁等组成。车厢底架由中梁、侧梁、主横梁等组成一体构架；底架由中梁、枕梁、端梁等组成，中梁为上、下盖板组焊成的箱型鱼腹结构梁；倾翻装置主要由倾翻管路系统、倾翻缸、侧门开闭装置等组成。侧门开闭机构采用折页和抑制肘结构，倾翻缸采用两级活塞式；全车采用转 K6 型大自重转向架、13A 型上作用车钩及配套钩尾框、MT-2 型缓冲器、120 阀空气制动系统和 NSW 型手制动机。KF_{60AK} 型自翻车车辆外形如图 13-25 所示。

图 13-25　KF_{60AK} 型自翻车

6. KF_5-100 型自翻车

KF_5-100 型自翻车主要由车厢组成、底梁组成、液压装置、电气装置、倾翻机构、制动装置、车钩缓冲装置、转向架等组成。车厢组成由车厢底架、侧门、端壁等三大部件组成，材料均为 Q345D 低合金结构钢，各部件均采用铆焊混合以焊为主的结构；底架组成由箱型断面鱼腹型中梁、枕梁、端梁、油缸支架及支撑等附件组成，在底架上装有油缸、油管、电气装置等部件；液压装置由双级双作用式油缸、齿轮油泵、集成阀组、油箱、油箱缺油保护装置、线隙式滤油器及液压管路等部分组成；倾翻机构是由侧门折页、吊板、支撑杆等组成的四连杆吊板机构；全车采用 H3EA 型三轴焊接构架式转向架、13 型下作用车钩及配套钩尾框、MT-2 型缓冲器、120 型空气制动系统、链式手制动机。KF_5-100 型自翻车车辆外形如图 13-26 所示，车辆二维图如图 13-27 所示。

图 13-26　KF_5-100 型自翻车

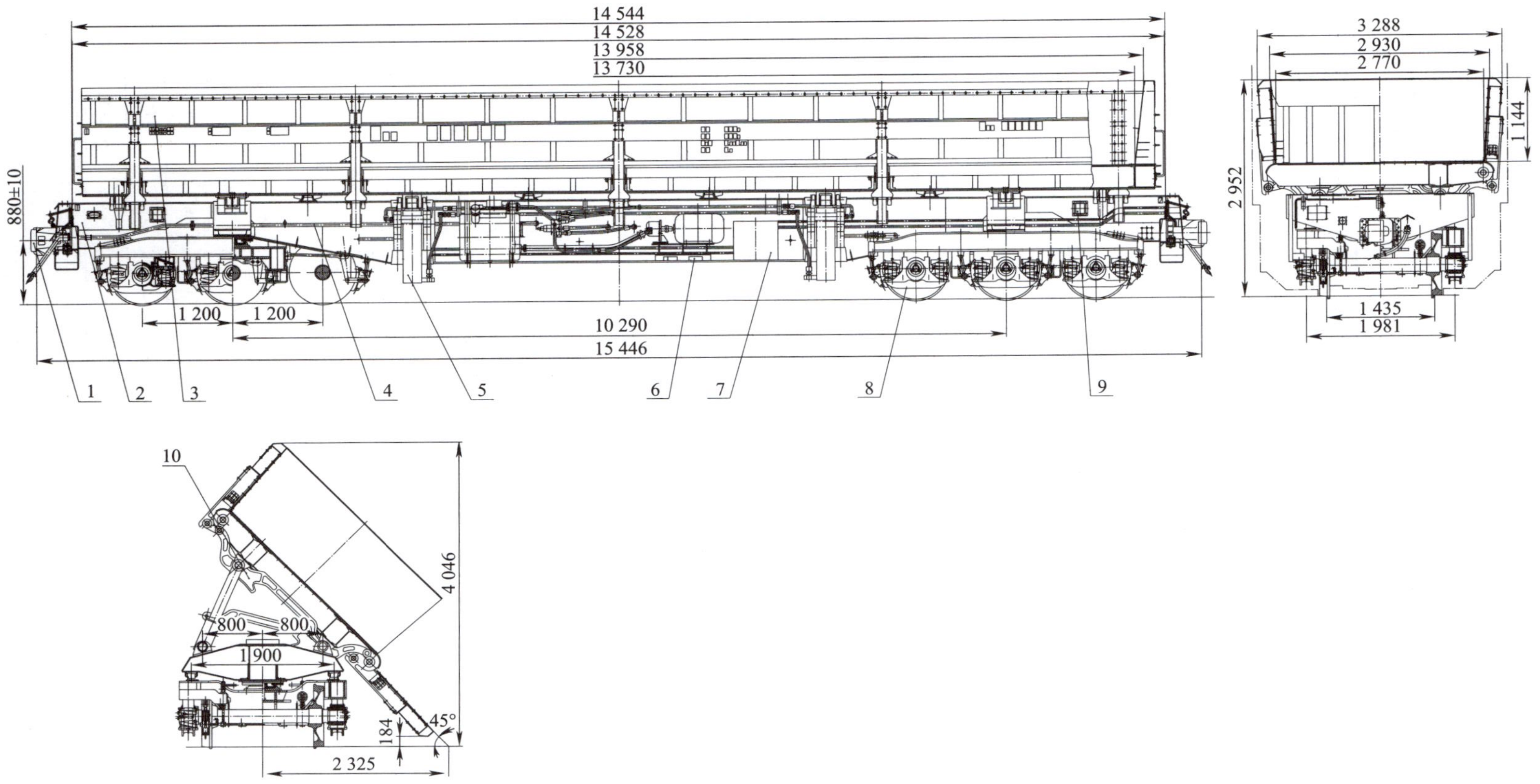

图 13-27　KF5-100型自翻车

1—车钩缓冲装置; 2—底架组成; 3—车厢组成; 4—空气制动装置; 5—液压装置; 6—底架附属件; 7—电气装置; 8—转向架; 9—标记; 10—倾翻机构组成

13.3.3 技术参数及配置

自翻车技术参数及配置见表 13-6。

表 13-6 自翻车技术参数及配置

车型代号			KF$_{60}$	KF$_{60AK}$	KF$_{60H}$	KF$_{60QK}$	KF-60(N)	KF$_5$-100
项　目			参数及说明					
用　途			自翻车	自翻车	自翻车	自翻车	自翻车	自翻车
轨距(mm)			1 435	1 435	1 435	1 435	1 435	1 435
轴重(t)			23.5	23.5	23.5	23.7	23.5	24.7
每延米重(t/m)			7.2	6.87	7.2	7.2	7.2	9.6
车钩中心线距轨面高度(空车)(mm)			880	880	880	880	880	880
通过最小曲线半径(m)			80	145	145	145	80	80
商业运行速度(km/h)			80	120	120	120	100	80
重量参数	载重(t)		60	60	60	60	60	100
	自重(t)		33.5	33.8	34	34.8	34	49.2
	自重系数		0.56	0.56	0.57	0.58	0.57	0.49
容积参数	容积(m^3)		27	29	27	27	27	44
	比容(m^3/t)		0.45	0.48	0.45	0.45	0.45	0.44
车厢尺寸	车辆长度(mm)		13 134	13 656	13 126	13 126	13 126	15 446
	最大宽度(mm)		3 325	3 229	3 324	3 230	3 324	3 288
	最大高度(空车)(mm)		2 462	2 487	2 464	2 472	2 464	2 952
	车辆定距(mm)		8 686	8 900	8 686	8 686	8 686	10 290
车厢尺寸	内长(mm)	上边	11 230	11 598	11 230	11 230	11 230	13 958
		下边	11 020	11 388	11 020	11 020	11 020	13 730
	内宽(mm)	上边	2 820	2 828	2 820	2 820	2 820	2 930
		下边	2 626	2 626	2 626	2 626	2 626	2 770
	内高(mm)		890	925	889	890	889	1144
	地板面距轨面高(mm)(空车)		1 572	1 564	1 585	1 582	1 575	1 808
倾翻参数	车厢倾翻角度(°)		45	1564	45	45	45	45
	车厢侧门全开角度(°)		45	45	45	45	45	26
	倾翻缸工作压力(kPa)		500	500	500	500	500	8 000
钩缓装置	缓冲器型号		2 号	MT-2 型	MT-3 型	MT-2 型	ST 型	MT-3 型
	车钩型号		13 型	13A 型	13A 型	13B 型	13 型	13 型
	钩尾框		13 型	13A 型	13 型	13 型锻造	13 型	13 型
转向架			H2E-B 型	转 K6 型	转 K5 型	转 K6 型	转 E21 型	H3EA 型

续上表

车型代号			KF_{60}	KF_{60AK}	KF_{60H}	KF_{60QK}	KF-60(N)	KF_5-100
制动装置	主要配置	制动阀	GK 或 120 型	120 型	120 型	120 型	120 型	120 型
		制动缸	356 mm×254 mm	254 mm×254 mm 旋压密封式	254 mm×254 mm 旋压密封式	305 mm×254 mm 旋压密封式	356 mm×254 mm 旋压密封式	356 mm×254 mm 旋压密封式
		闸调器	无	ST2-250 型	ST2-250 型	ST2-250 型	ST2-250 型	ST2-250 型
		脱轨自动制动阀	无	无	TZD 型	无	无	无
		空重车阀	手动	KZW-A 型	KZW-4G 型	KZW-A 型	手动	无
		手制动机	链式	NSW 型	NSW 型	NSW 型	链式	无

13.4 驮 背 车

驮背运输作为公铁联运的主要方式之一，广义地讲，是指一种铁路货车载运公路车辆的公铁联运方式。根据欧美等国驮背运输运营及我国物流实际情况，驮背运输是指公路货车或半挂车装载货物后，在始发地铁路站场自行开上或吊装至铁路专用车辆(驮背车)，通过铁路完成长距离运输，到达目的地铁路车站后，公路货车或半挂车自行开下或吊离驮背车并驶往最终目的地的公铁联合运输方式。驮背运输包括滚装和吊装两种主要装卸方式。

13.4.1 发展历程

随着国家经济结构调整，产业转型升级，全社会货物运输需求发生了重大变化。为了适应经济新常态的需要，我国综合运输行业正在经历一场改变传统运输模式的变革。在这场变革中，深入推进货运组织改革和建设现代物流企业，积极推进欧美发达国家已经成熟的先进的驮背运输业，是我国交通运输向现代物流运输转型发展的必由之路。

随着我国一带一路建设的实施，建设一个高效、便捷和安全的公路、铁路综合货运体系势在必行，我国的多式联运已经迎来一个历史性的发展机遇。驮背运输作为多式联运的重要环节，将为提升我国综合运输能力，建设绿色、高效的现代物流服务体系，降低社会物流成本、促进经济社会持续健康发展提供可靠保障。

我国于 2010 年开始进行驮背运输的调研、论证等工作，2016 年完成 QT_1、QT_2 型驮背运输车设计方案评审，2017 年完成 QT_1、QT_2 型驮背运输车样车试用评审，已具备运用条件。QT_1 型驮背运输车用于运输公路货车整车或半挂车，QT_2 型驮背运输车用于运输公路半挂车或小型公路货车整车。2015 年开始研发主要用于运输公路半挂车、20 ft 集装箱、40 ft 集装箱、45 ft 集装箱等运载单元的铁路多式联运专用凹底平车，2016 年完成设计方案评审，车辆定型为 X_5，2017 年完成了样车试用评审，2018 年开始小批量生产，已具备运用条件。

13.4.2 主要结构特点

1. QT_1、QT_2 型驮背运输车

铁路驮背运输车由车体、转向架、车钩缓冲装置、关节连接器、制动装置、传动装置、固定鞍座、液压装置、电气装置等组成。

铁路驮背运输车两节车体为一组，两端采用 13F 型车钩、MT-2 型缓冲器，车体间采用关节连接器连接，采用 3 个 120 空气控制阀，采用 KZW-A 型空重车调整装置、NSW-I 型手制动机、BAB-2 型集成制动装置；QT_1 型驮背运输车采用四个转 K6 型转向架，关节连接器通过中部底架共用两个转向架；QT_2 型驮背运输车两端采用转 K6 型转向架、中部采用三轴焊接构架式转向架，通过关节连接器共用三轴转向架。QT_1 型驮背运输车、QT_2 型驮背运输车车辆外形如图 13-28、图 13-29 所示。

图 13-28　QT_1 型驮背运输车

图 13-29　QT_2 型驮背运输车

2. X_5 型多式联运专用车

X_5 型多式联运专用车为无中梁凹底平车，主要由车体、锁闭装置、制动装置、车钩

缓冲装置、转向架等部分组成。车体为全钢焊接结构，主要型钢板材采用 Q450NQR1 高强度耐候钢，主要由端部底架、中部底架、侧墙等组成凹底形式；锁闭装置主要由集装箱锁闭装置和半挂车装载加固装置组成，其中集装箱锁闭装置采用固定式锁闭装置和推拉翻转式锁闭装置，半挂车装载加固装置主要由牵引销锁紧装置、轮挡装置组成；全车采用转 K6 型转向架(BAB-2 型集成制动装置)、17 型车钩及配套钩尾框、MT-2 型或 HM-1 型缓冲器、120 空气制动系统和 NSW-1 型手制动机等。X_5 型多式联运专用车车辆外形如图 13-30 所示。

图 13-30　X_5 型多式联运专用车

13.4.3　技术参数及配置

驮背运输车技术参数及配置见表 13-7。

表 13-7　驮背运输车技术参数及配置

车型代号		QT_1	QT_2	X_5 型
项　目		参数及说明		
用　途		驮背车	驮背车	多式联运专用车
轨距(mm)		1 435	1 435	1 435
轴重(t)		23	23	23
每延米载重(t)		3.7	3.8	4.79
车钩中心线距轨面高度(空车)(mm)		880±10	880±10	880±10
通过最小曲线半径(m)		145	145	145
商业运行速度(km/h)		120	120	120
重量参数	载重(t)	2×49	2×40	70
	自重(t)	2×43	2×33	23.7
车辆尺寸	车辆长度(mm)	49 846	38 646	19 566
	最大宽度(mm)	3 330	3 330	3 080
	车辆定距(mm)	22 600	17 000	15 766
	内宽(mm)	2 760	2 760	2 600
	承载面长度(mm)	18 300	12 300	12 300
	承载面高度(空车)(mm)	295	295	1 095

续上表

车型代号			QT_1	QT_2	X_5 型
钩缓装置		缓冲器型号	MT-2 型	MT-2 型	MT-2/HM-1 型
		车钩型号	13F 型(E 级钢)	13F 型(E 级钢)	17 型(加厚型钩舌)
		钩尾框	17 型锻造	17 型锻造	17 型锻造
转向架			转 K6 型	转 K6 型、三轴焊接构架式转向架	转 K6 型(BAB-2 型集成制动装置)
制动装置	主要配置	制动阀	120 型	120 型	120 型
		空重车阀	KZW-A 型	KZW-A 型	KZW-A 型
		手制动机	NSW-I 型	NSW-I 型	NSW-I 型

参 考 文 献

[1] 严隽耄,傅茂海. 车辆工程[M]. 北京:中国铁道出版社,2012.
[2] 赵洪伦. 轨道车辆结构与设计[M]. 北京:中国铁道出版社,2009.
[3] 王春山,陈雷. 铁路重载提速货车技术[M]. 北京:中国铁道出版社,2010.
[4] 刘宏友,邵文东,王宝磊,等. 货车转向架 60 年的回顾与展望[J]. 铁道车辆,2013,51(12):42、(7):43.
[5] 陈雷,张志建. 70 t 级铁路货车及新型零部件[M]. 北京:中国铁道出版社,2006.
[6] 王福天. 车辆系统动力学[M]. 北京:中国铁道出版社,1993.
[7] 饶忠. 列车制动[M]. 北京:中国铁道出版社,2012.
[8] 王春山. 铁路货车铸造技术[M]. 北京:中国铁道出版社,2014.
[9] 中国铁路总公司. 铁路技术管理规程(普速铁路部分)[M]. 北京:中国铁道出版社,2014.
[10] 周磊,陈雷. 铁路货车主要结构与使用[M]. 北京:中国铁道出版社,2011.
[11] 陈雷. 铁路货车技术与管理[M]. 北京:中国铁道出版社,2010.
[12] 陈雷. 铁路货车性能评价概论[M]. 北京:中国铁道出版社,2010.
[13] 赵长波,陈雷. 铁路货车现代化检查技术[M]. 北京:中国铁道出版社,2012.
[14] 王春山,姜强俊,吴天园,等. 27 t 轴重铁路货车技术及发展——制造工艺与创新[J]. 铁道车辆,2015,53(5).
[15] 于世明,杨丹华,王武建,等. 我国铁路货车发展简述[J]. 铁道车辆,2006,44(3).
[16] 刘海鹏,赵天军,李立东,等. 既有铁路货车提速改造及方案简介[J]. 铁道车辆,2005,43(1).
[17] 田葆栓,魏鸿亮,刘凤伟,等. 我国铁路货车车体技术的回顾与展望[J]. 铁道车辆,2013,51(12).
[18] 于跃斌,雷恩强. 新常态下我国铁路货车技术发展分析[J]. 铁道车辆,2015,53(12).